新世纪高职高专规划教材·计算机系列

中文版 Flash CS5动画制作实训教程

王建生 杜静芬 编著

清华大学出版社
北京

内 容 简 介

本书由浅入深、循序渐进地介绍了 Adobe 公司最新推出的动画制作软件——Flash CS5 的操作方法和使用技巧。全书共分 14 章，分别介绍了 Flash CS5 动画基础，图形的绘制与编辑，设置对象的颜色，创建与编辑 Flash 文本，编辑与操作对象，元件、实例和库资源，导入外部元素，使用时间轴制作基础动画，高级动画制作，ActionScript 编程基础，ActionScript 3.0 语言应用，Flash 组件应用以及测试与发布影片等内容，第 14 章安排了一些代表性的综合应用实例。

本书内容丰富，结构清晰，语言简练，图文并茂，具有很强的实用性和可操作性，是一本适合于高职高专院校、成人高等学校相关专业的优秀教材，也是广大初、中级 Flash 用户的自学参考书。

本书对应的电子教案、实例源文件和习题答案可以到 http://www.tupwk.com.cn/teach 网站下载。

图书在版编目(CIP)数据

中文版 Flash CS5 动画制作实训教程/王建生，杜静芬 编著. —北京：清华大学出版社，2011.1
(新世纪高职高专规划教材·计算机系列)
ISBN 978-7-302-24127-0
Ⅰ. 中…　Ⅱ. 王…　Ⅲ. 动画—设计—图形软件，Flash CS5—高等学校：技术学校—教材
Ⅳ. TP391.41

中国版本图书馆 CIP 数据核字(2010)第 232262 号

责任编辑：胡辰浩(huchenhao@263. net)　袁建华
装帧设计：孔祥丰
责任校对：成凤进
责任印制：何　芊
出版发行：清华大学出版社　　**地　址**：北京清华大学学研大厦 A 座
http://www. tup. com. cn　　**邮　编**：100084
社 总 机：010-62770175　　**邮　购**：010-62786544
投稿与读者服务：010-62776969，c-service@tup. tsinghua. edu. cn
质 量 反 馈：010-62772015，zhiliang@tup. tsinghua. edu. cn
印 刷 者：北京四季青印刷厂
装 订 者：三河市兴旺装订有限公司
经　销：全国新华书店
开　本：185×260　**印　张**：19　**字　数**：511 千字
版　次：2011 年 1 月第 1 版　　**印　次**：2011 年 1 月第 1 次印刷
印　数：1～4000
定　价：30.00 元

产品编号：039686-01

编审委员会

新世纪高职高专规划教材

高职高专教育是我国高等教育的重要组成部分，它的根本任务是培养生产、建设、管理和服务第一线需要的德、智、体、美全面发展的高等技术应用型专门人才，所培养的学生在掌握必要的基础理论和专业知识的基础上，应重点掌握从事本专业领域实际工作的基本知识和职业技能，因此与其对应的教材也必须有自己的体系和特色。

为了顺应当前我国高职高专教育的发展形势，配合高职高专院校的教学改革和教材建设，进一步提高我国高职高专教育教材质量，在教育部的指导下，清华大学出版社组织出版了“新世纪高职高专规划教材”。

为推动规划教材的建设，清华大学出版社组织并成立“新世纪高职高专规划教材编审委员会”，旨在对清华版的全国性高职高专教材及教材选题进行评审，并向清华大学出版社推荐各院校办学特色鲜明、内容质量优秀的教材选题。教材选题由个人或各院校推荐，经编审委员会认真评审，最后由清华大学出版社出版。编审委员会的成员皆来源于教改成效大、办学特色鲜明、师资实力强的高职高专院校和普通高校，教材的编写者和审定者都是从事高职高专教育第一线的骨干教师和专家。

编审委员会根据教育部最新文件政策，规划教材体系，“以就业为导向”，以“专业技能体系”为主，突出人才培养的实践性、应用性的原则，重新组织系列课程的教材结构，整合课程体系；按照教育部制定的“高职高专教育基础课程教学基本要求”，教材的基础理论以“必要、够用”为度，突出基础理论的应用和实践技能的培养。

“新世纪高职高专规划教材”具有以下特点。

(1) 前期调研充分，适合实际教学。本套教材在内容体系、系统结构、案例设计、编写方法等方面进行了深入细致的调研，目的是在教材编写前充分了解实际教学需求。

(2) 精选作者，保证质量。本套教材的作者，既有来自院校一线的授课老师，也有来自IT企业、科研机构等单位的资深技术人员。通过老师丰富的实际教学经验和技术人员丰富的实践工程经验相融合，为广大师生编写适合教学实际需求的高质量教材。

(3) 突出能力培养，适应人才市场要求。本套教材注重理论技术和实际应用的结合，注重实际操作和实践动手能力的培养，为学生快速适应企业实际需求做好准备。

(4) 教材配套服务完善。对于每一本教材，我们在出版的同时，都将提供完备的PPT教学课件、案例的源程序、相关素材文件、习题答案等内容，并且提供实时的网络交流平台。

高职高专教育正处于新一轮改革时期，从专业设置、课程体系建设到教材编写，依然是新课题。清华大学出版社将一如既往地出版高质量的优秀教材，并提供完善的教材服务体系，为我国的高职高专教育事业作出贡献。

新世纪高职高专规划教材编审委员会

丛书书目

本套教材涵盖了计算机各个应用领域，包括计算机硬件知识、操作系统、数据库、编程语言、文字录入和排版、办公软件、计算机网络、图形图像、三维动画、网页制作以及多媒体制作等。众多的图书品种可以满足各类院校相关课程设置的需要。

➢ 已经出版的图书书目

书　名	书　号	定　价
《中文版 Photoshop CS5 图像处理实训教程》	978-7-302-24377-9	30.00 元
《中文版 Flash CS5 动画制作实训教程》	978-7-302-24127-0	30.00 元
《SQL Server 2008 数据库应用实训教程》	978-7-302-24361-8	30.00 元
《AutoCAD 机械制图实训教程(2011 版) 》	978-7-302-24376-2	30.00 元
《AutoCAD 建筑制图实训教程(2010 版) 》	978-7-302-24128-7	30.00 元
《网络组建与管理实训教程》	978-7-302-24342-7	30.00 元
《ASP.NET 3.5 动态网站开发实训教程》	978-7-302-24188-1	30.00 元
《Java 程序设计实训教程》	978-7-302-24341-0	30.00 元
《计算机基础实训教程》	978-7-302-24074-7	30.00 元
《电脑组装与维护实训教程》	978-7-302-24343-4	30.00 元
《电脑办公实训教程》	978-7-302-24408-0	30.00 元
《Visual C#程序设计实训教程》	978-7-302-24424-0	30.00 元
《ASP 动态网站开发实训教程》	978-7-302-24375-5	30.00 元
《中文版 AutoCAD 2011 实训教程》	978-7-302-24348-9	30.00 元
《中文版 3ds Max 2011 三维动画创作实训教程》	978-7-302-24339-7	30.00 元
《中文版 CorelDRAW X5 平面设计实训教程》	978-7-302- 24340-3	30.00 元
《网页设计与制作实训教程》	978-7-302-24338-0	30.00 元

前言

中文版 Flash CS5 是 Adobe 公司最新推出的专业化网页动画制作软件，该软件广泛应用于美术设计、网页制作、多媒体软件及教学光盘等诸多领域。近年来，越来越多的公司、单位及个人需要制作网站，方便地制作和处理网页图像和动画成为用户的迫切需要。为了适应网络时代人们对网页动画处理软件的要求，Flash CS5 在原有版本的基础上进行了诸多功能改进，如增加了“滤镜”面板、脚本助手，并增强了 Flash 视频与编码技术等。

本书从教学实际需求出发，合理安排知识结构，从零开始、由浅入深、循序渐进地讲解 Flash CS5 的基本知识和使用方法，本书共分 14 章，主要内容如下：

第 1 章介绍了 Flash 动画的应用，使用户掌握 Flash CS5 的界面及其基本操作方法。

第 2 章介绍了在 Flash CS5 中基本绘图工具的使用方法。

第 3 章介绍了对对象颜色的设置。

第 4 章介绍了文本的创建和编辑，以及文字特效的创建方法。

第 5 章介绍了在 Flash CS5 中对对象的使用、编辑和其他各种操作。

第 6 章介绍了在 Flash CS5 中元件、实例和库的概念及其使用方法。

第 7 章介绍了在 Flash CS5 中导入各种外部文件的方法，主要包括图形、声音等。

第 8 章介绍了使用时间轴与帧组织和创建动画的方法。

第 9 章介绍了图层的基本操作，其中主要包括了遮罩层、引导层等图层的应用。

第 10 章介绍了 ActionScript 3.0 脚本语言的基础知识。

第 11 章介绍了使用 ActionScript 3.0 脚本语言及外部类创建交互动画的方法。

第 12 章介绍了 Flash 组件的应用，包括了 UI 组件和视频组件。

第 13 章介绍了影片的测试、发布及导出等操作方法。

第 14 章以实例的方式介绍了一些高级交互式动画的制作。

本书图文并茂，条理清晰，通俗易懂，内容丰富，在讲解每个知识点时都配有相应的实例，方便读者上机实践。同时在难于理解和掌握的部分内容上给出相关提示，让读者能够快速地提高操作技能。此外，本书配有大量综合实例和练习，让读者在不断的实际操作中更加牢固地掌握书中讲解的内容。

本书免费提供书中所有实例的素材文件、源文件以及电子教案、习题答案等教学相关内容，读者可以在丛书支持网站(http://www.tupwk.com.cn/teach)上免费下载。

本书是集体智慧的结晶，参加本书编写和制作的人员还有陈笑、方峻、何亚军、王通、高娟妮、李亮辉、杜思明、张立浩、曹小震、蒋晓冬、洪妍、孔祥亮、王维、牛静敏、葛剑雄等人。由于作者水平有限，加之创作时间仓促，本书不足之处在所难免，欢迎广大读者批评指正。我们的邮箱是：huchenhao@263.net，电话：010-62796045。

作　者

2010 年 11 月

前言

[illegible]

推荐课时安排

章　　名	重点掌握内容	教学课时
第 1 章　Flash CS5 动画基础	1. 认识 Flash 动画及 Flash CS5 2. Flash CS5 工作界面的组成元素 3. 设置 Flash CS5 的首选参数和快捷键 4. 新建和保存 Flash 文档	2 学时
第 2 章　图形的绘制与编辑	1. 【矩形】工具的使用 2. 【钢笔】工具的使用 3. 【任意变形】工具的使用 4. 【椭圆】工具的使用 5. 【部分选取】工具的使用	4 学时
第 3 章　设置对象的颜色	1. 【墨水瓶】工具的使用 2. 【刷子】工具的使用 3. 【喷涂刷】工具的使用 4. 线性渐变填充 5. 放射性渐变填充	2 学时
第 4 章　创建与编辑 Flash 文本	1. TLF 文本模式 2. 传统文本模式 3. 设置文本属性 4. 文本的滤镜效果	3 学时
第 5 章　编辑与操作对象	1. 排列对象 2. 使用【套索】工具 3. 使用【3D 平移】工具 4. 使用【3D 旋转】工具	3 学时
第 6 章　元件、实例和库资源	1. 元件的概念及基本类型 2. 创建与编辑元件的方法 3. 实例的概念及使用方法 4. 【库】面板的使用	2 学时
第 7 章　导入外部元素	1. 导入各类外部图像的方法 2. 编辑导入的位图 3. 导入声音文件 4. 压缩和导出声音	3 学时

(续表)

章　名	重点掌握内容	教学课时
第 8 章　使用时间轴制作基础动画	1. 帧的操作 2. 逐帧动画制作 3. 动作补间动画制作 4. 形状补间动画制作	3 学时
第 9 章　高级动画制作	1. 图层的创建 2. 图层属性的设置 3. 制作引导层动画 4. 制作遮罩层动画 5. 制作反向运动动画	3 学时
第 10 章　ActionScript 编程基础	1. 了解 ActionScript 3.0 的特点及其常用元素 2. 数据类型 3. 关键字 4. 函数 5. ActionScript 语法规则	3 学时
第 11 章　ActionScript 3.0 语言应用	1. 条件判断语句 2. 循环控制语句 3. 类的创建和使用	3 学时
第 12 章　Flash 组件应用	1. 组件的基本操作 2. 添加和删除组件 3. 常用 UI 组件应用 4. 视频组件应用	2 学时
第 13 章　测试与发布影片	1. 测试影片 2. 优化影片 3. 测试影片下载性能 4. Flash 发布格式设置	2 学时
第 14 章　Flash 综合应用实例	1. 绘制图像 2. 设置动画效果 3. 外部类文件应用 4. 使用 ActionScript 3.0 创建交互效果	4 学时

注：1. 教学课时安排仅供参考，授课教师可根据情况作调整。

2. 建议每章安排与教学课时相同时间的上机实战练习。

目录 CONTENTS

第1章

Flash CS5 动画基础

主要内容

Flash 是 Adobe 公司的一款多媒体矢量动画软件，在互联网、多媒体课件制作以及游戏软件制作等领域得到了广泛应用。为了使读者对 Flash 动画及 Flash CS5 有初步了解，本章主要介绍 Flash 动画的特点、应用领域以及 Flash CS5 的新增功能和工作界面等内容。

本章重点

- Flash 动画的特点
- Flash 中的常用术语
- Flash CS5 的工作界面
- 命令的创建和管理
- 自定义工作环境
- Flash 文档的操作

1.1 Flash 动画概述

Flash 动画是一种以 Web 应用为主的二维动画形式，它不仅可以通过文字、图片、视频以及声音等综合手段展现动画意图，还可以通过强大的交互功能实现与观众之间的互动。

§ 1.1.1 Flash 动画的特点

Flash 软件提供的物体变形和透明技术使得创建动画更加简便；交互设计使用户可以随意控制动画，用户具有更多的主动权；优化的界面设计和强大的工具使 Flash 更简单实用。Flash 还具有导出独立运行程序的能力。由于 Flash 记录的只是关键帧和控制动作，因此所生成的编辑文件(*.fla)和播放文件(*.swf)都非常小巧。与其他动画制作软件制作的动画相比，Flash 动画主要具有以下特点：

- Flash 可使用矢量绘图。有别于普通位图图像，矢量图像无论放大多少倍都不会失真，因此 Flash 动画的灵活性较强，其情节和画面也往往更加夸张，以便在最短的时间内表达出最佳效果。

- Flash 动画具有交互性，能更好地满足用户的需要。设计者可以在动画中加入滚动条、复选框或下拉菜单等各种交互组件，使观看者可以通过单击、选择等动作决定动画运行过程和结果，这一点是传统动画所无法比拟的。
- Flash 动画拥有强大的网络传播能力。由于 Flash 动画文件较小且是矢量图，因此它的网络传输速度优于其他动画文件，而其采用的流式播放技术，可以使用户在边看边下载的模式下欣赏动画，从而大大减少了下载等待时间。
- Flash 动画拥有崭新的视觉效果。Flash 动画比传统的动画更加简易和灵巧，已经逐渐成为一种新兴的艺术表现形式。
- Flash 动画制作成本低，效率高。使用 Flash 制作的动画在减少了大量人力和物力资源消耗的同时，也极大地缩短了制作时间。
- Flash 动画在制作完成后可以把生成的文件设置成带保护的格式，从而维护了设计者的版权利益。

§ 1.1.2 Flash 动画的应用

随着 Internet 网络的不断推广，Flash 动画被延伸到了多个领域。不仅可以在浏览器中观看，还具有在独立的播放器中播放的特性，诸多多媒体光盘也使用 Flash 制作。

Flash 动画凭借生成文件小、动画画质清晰、播放速度流畅等特点，在以下诸多领域中都得到了广泛的应用。

- 制作多媒体动画
- 制作交互性游戏
- 制作多媒体教学课件
- 制作电子贺卡
- 制作网站动态元素
- 制作 Flash 网站

1. 制作多媒体动画

Flash 动画的流行源于网络，其诙谐幽默的演绎风格吸引了大量的网络观众。另外，Flash 动画比传统的 GIF 动画文件要小很多，一个几分钟长度的 Flash 动画片可能只有 1~2Mb，在网络带宽局限的条件下，它要更适合网络传输。图 1-1 即为使用 Flash 制作的多媒体动画。

2. 制作游戏

Flash 动画有别于传统动画的重要特征之一在于其互动性，观众可以在一定程度上参与或控制 Flash 动画的进行，该功能得益于 Flash 拥有较强的 ActionScript 动态脚本编程语言。

ActionScript 编程语言发展到 3.0 版本，其性能更强、灵活性更大、执行速度更快，从而用户可以利用 Flash 制作出各种有趣的 Flash 游戏。图 1-2 即为使用 Flash 制作的游戏。

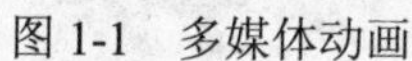
图 1-1　多媒体动画

图 1-2　Flash 游戏

3. 制作教学课件

为了摆脱传统的文字式枯燥教学，远程网络教育对多媒体课件的要求非常高。一个基础的课件需要将教学内容播放成为动态影像，或者播放教师的讲解录音；而复杂的课件更是在互动性方面有着更高的要求，它需要学生通过课件融入到教学内容中。利用 Flash 制作的教学课件，能够很好地满足这些需求，如图 1-3 所示即为一个物理课用的 Flash 教学课件，学生可以通过操作控制实验的进行。

4. Flash 电子贺卡

Flash 贺卡是人们交流感情的重要方式之一，对于沟通有着积极意义。如图 1-4 所示的是使用 Flash 制作的端午节贺卡。

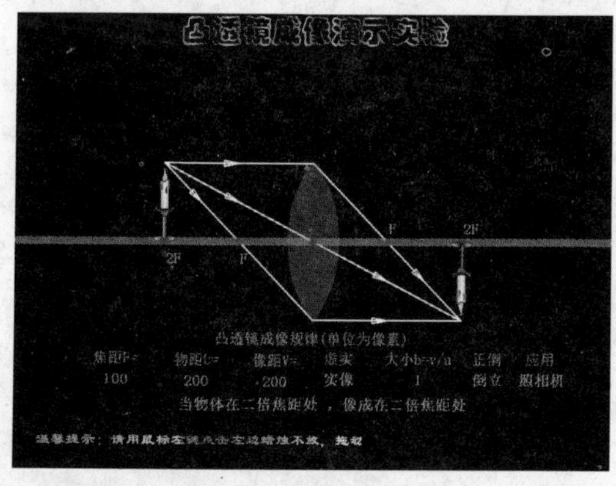

图 1-3　制作课件

图 1-4　电子贺卡

5. 制作网站动态元素

广告是大多数网站的收入来源，Flash 在网站广告方面必不可少，任意打开一个门户网站，基本上都可以看到 Flash 广告元素的存在。这是由于网站中的广告不仅要求具有较强的视觉冲击力，而且为了不影响网站正常运作，广告占用的空间应越小越好，Flash 动画可以满足以上条件，如图 1-5 所示即为使用 Flash 制作的产品广告。

6. 制作 Flash 网站

Flash 不仅是一种动画制作技术，同时也是一项功能强大的网站设计技术，现在大多数网站中都加入了 Flash 动画元素，借助其高水平的视听效果吸引浏览者的注意。设计者可以使用 Flash 制作网页动画，甚至制作出整个网站。如图 1-6 所示是使用 Flash 制作的一个商务网站。

图 1-5　网站广告

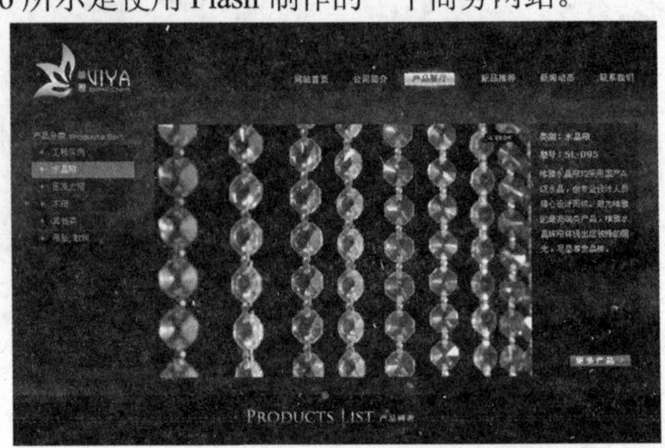

图 1-6　Flash 网站

§ 1.1.3　Flash 动画的常用术语及概念

在使用 Flash CS5 制作动画之前，首先需要熟悉 Flash 中的常用术语及其概念。

1. 位图和矢量图

位图也被称为光栅图(或点阵图、像素图)，平时的数码照片，就是一种典型的位图，如图 1-7 所示。位图由许多像小方块一样的像素点(pixels)组成，并通过这些像素点的排列和染色构成图样。因此，位图的像素值越高，图像就越清晰，但同时也会增大文件大小。位图通常用在对色彩丰富度或真实感要求比较高的场合，在 Flash 动画中常常会用到位图，但它一般只作为静态元素或背景图出现。

矢量图是由计算机根据包含颜色和位置属性的直线或曲线来描述的图形，它的图形基本构成元素是对象，每个对象都具有独立的颜色、形状、轮廓、大小和屏幕位置等属性。计算机在存储和显示矢量图形时只需记录图形的边线位置和边线之间的颜色这两种信息，因此矢量图形的文件大小由图像的复杂程度决定，而与其大小无关。在制作 Flash 动画的过程中设计师通常会尽可能地使用矢量图形，以减少文件的大小，如图 1-8 所示。

图 1-7　位图图像

图 1-8　矢量图形

位图和矢量图的主要区别有两点：一是位图占用的存储空间比矢量图要大得多；二是位图在放大到一定倍数时会出现明显的失真现象，如图 1-9 所示；而矢量图无论放大多少倍都不会出现失真现象，如图 1-10 所示。

图 1-9　局部放大后的位图

图 1-10　局部放大后的矢量图

2. 帧

帧是 Flash 动画中最基本的组成单位，Flash 动画通过对帧的连续播放来实现动画效果。Flash 动画中有多种类型的帧，主要分为普通帧、关键帧和空白关键帧 3 种类型。

- ➢ 关键帧定义了动画变化的环节，它特指在动画播放过程中，产生关键性动作或关键性内容变化的帧。因此在制作动画时，所有的图像都必须在关键帧中进行编辑。
- ➢ 空白关键帧中不包含任何内容，通常用于分隔两个相连的补间动画或结束前一个关键帧的内容。
- ➢ 普通帧都位于某个关键帧的后方，用于延长该关键帧在动画中的播放时间，一个关键帧后的普通帧越多，该关键帧的播放时间越长。

在 Flash CS5 的时间轴中，这 3 种帧的标识方法不同，如图 1-11 所示。

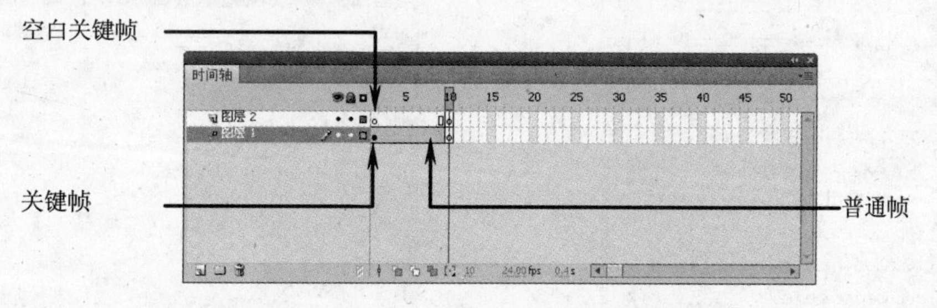

图 1-11　空白关键帧、关键帧和普通帧

3. 图层

制作动画时通常要用到多个图层，此时可以将这些图层看成是一叠透明纸。在制作复杂动画时，可以将动画进行划分，把不同的对象放在不同的图层上，这样每个图层之间是相互独立的，都有各自的时间轴，包含各层独立的多个帧，修改某个图层时，不会影响到其他图

层上的对象。在 Flash CS5 的时间轴中，多个图层的表示方式如图 1-12 所示。

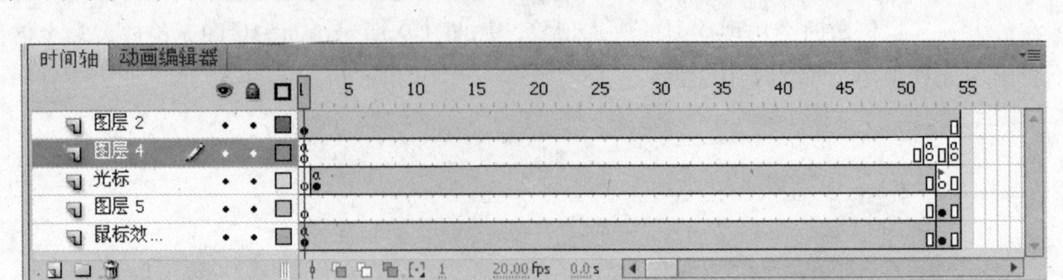

图 1-12　时间轴中多个图层的表示

4. 元件和库

元件是 Flash 中的一个重要概念。在 Flash CS5 中，元件有 3 种类型，分别是【图形】元件、【按钮】元件和【影片剪辑】元件。在制作动画的过程中，如果需要反复使用同一个对象，可以将该对象先创建为元件或将其转换为元件，然后即可反复使用该元件来创建其在舞台中的实例。元件的使用使制作者不需要重复制作动画中多次使用的相同部分，从而大大提高了工作效率。

在 Flash 中，库的作用主要是预览和管理元件。在 Flash CS5 中包含有两种库，一种是 Flash 自带的公用库，其中包含了软件提供的一些常用元件，如图 1-13 所示；另一种是通常意义的库，即编辑 Flash 动画时与当前文件关联的库，一般由用户创建，如图 1-14 所示。

图 1-13　公用库

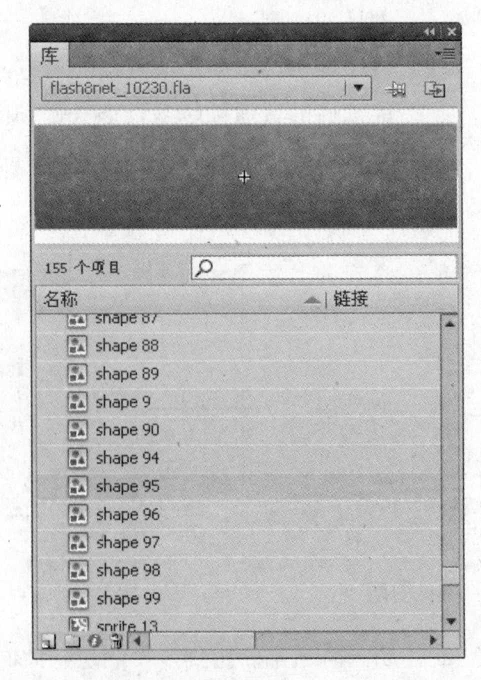

图 1-14　与当前文件关联的库

1.2 Flash CS5 的工作界面

要正确高效地运用 Flash CS5 软件制作动画，首先需要熟悉 Flash CS5 的工作界面以及工作界面中各部分的功能。主要包括 Flash CS5 中的菜单命令、工具、面板的使用方法及相关专业术语。

§ 1.2.1　开始页面

启动 Flash CS5 后，程序将打开其默认的开始页面，如图 1-15 所示。该页面将常用的任务都集中放在一起，供用户随时调用。使用该页面，用户可以方便地打开最近创建的 Flash 文档，创建一个新文档或项目文件，或者选择从任意一个模板创建 Flash 文档等。另外，用户还可以在学习区域中单击学习内容选项，获取 Flash CS5 官方学习支持。

技巧

默认情况下，每次启动 Flash CS5 时都要进入开始页面，但用户也可以在开始页面中选中【不再显示】复选框，则下次启动 Flash CS5 时，会跳过开始页面并直接进入工作界面。

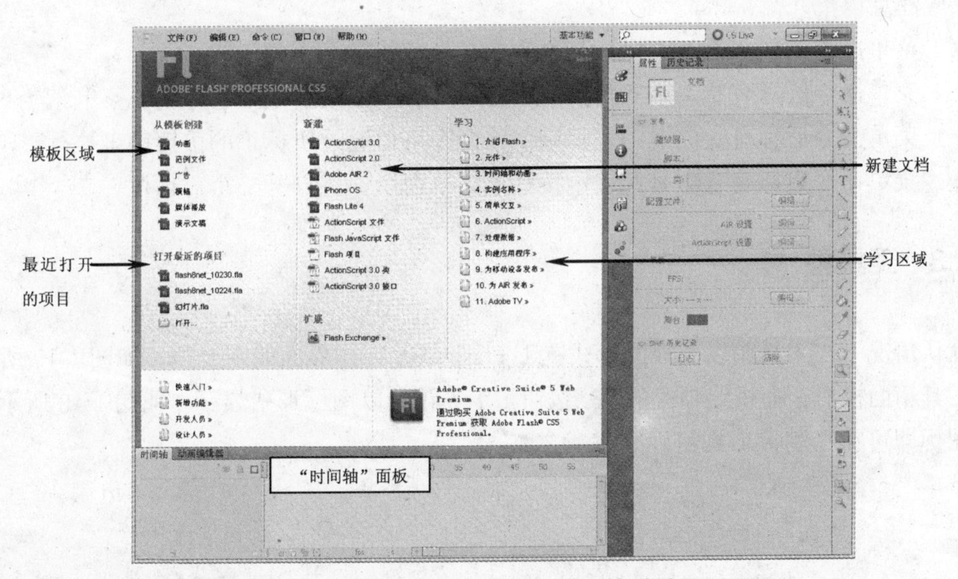

图 1-15　Flash CS5 默认的开始页面

Flash CS5 的工作界面中包括菜单栏、工具箱、【时间轴】面板、舞台、【属性】面板及面板集等界面元素，如图 1-16 所示。Flash CS5 提供了 6 种界面布局以方便完成不同的任务，分别是：动画、传统、调试、设计人员、开发人员和基本功能。用户可通过【窗口】|【工作区】菜单下的相应命令进行切换。图 1-16 显示的是【设计人员】布局。

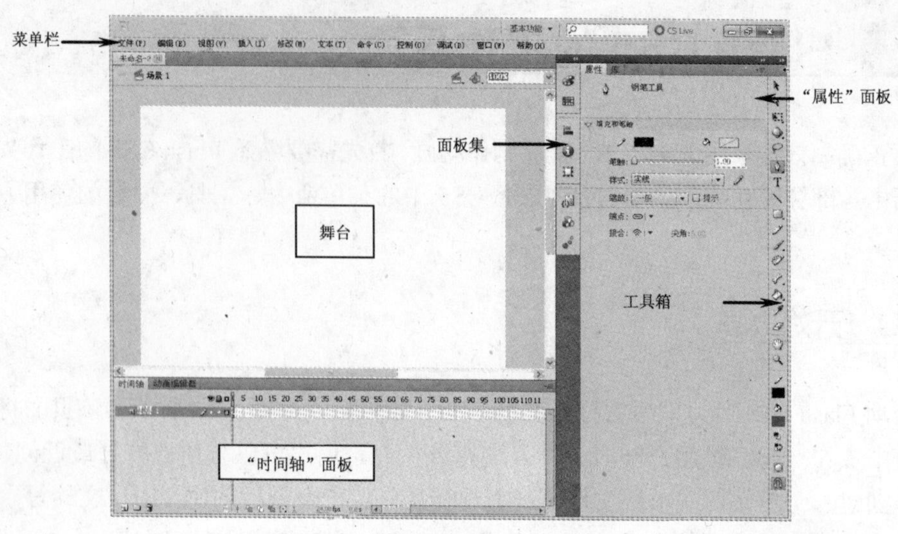

图 1-16　Flash CS5 的工作界面

§ 1.2.2　菜单栏

Flash CS5 的菜单栏包括【文件】、【编辑】、【视图】、【插入】、【修改】、【文本】、【命令】、【控制】、【调试】、【窗口】和【帮助】共 11 个下拉菜单。用户在使用菜单命令时，应注意以下几点。

- 菜单命令呈现灰色：表示该菜单命令在当前状态下不可用。
- 菜单命令后标有黑色小三角按钮符号▸：表示该菜单命令下有级联菜单。
- 菜单命令后标有快捷键：表示该菜单命令可以通过所标识的快捷键来执行。
- 菜单命令后标有省略号：表示执行该菜单命令，将打开一个对话框。

§ 1.2.3　工具箱

默认情况下，工具箱以面板的形式置于 Flash CS5 工作界面的左上侧，如图 1-17 所示。单击工具箱面板所在面板组顶端的▸▸按钮，工具箱会以图标形式显示，如图 1-18 所示，单击该图标即可在右侧将工具箱再次展开。

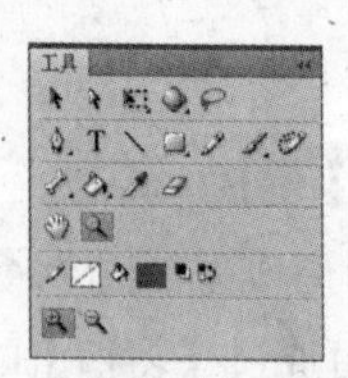

图 1-17　工具箱以单列的形式显示

图 1-18　工具箱以图标的形式显示

选择【窗口】|【工具】命令可以显示或隐藏工具箱；将鼠标指向工具箱面板的名称标签【工具】，单击并拖动鼠标，即可改变工具箱在工作界面中的位置。

工具箱中包含了 10 多种工具，其中一部分工具按钮的右下角有◢图标，表示其包含一组工具，如图 1-19 所示。

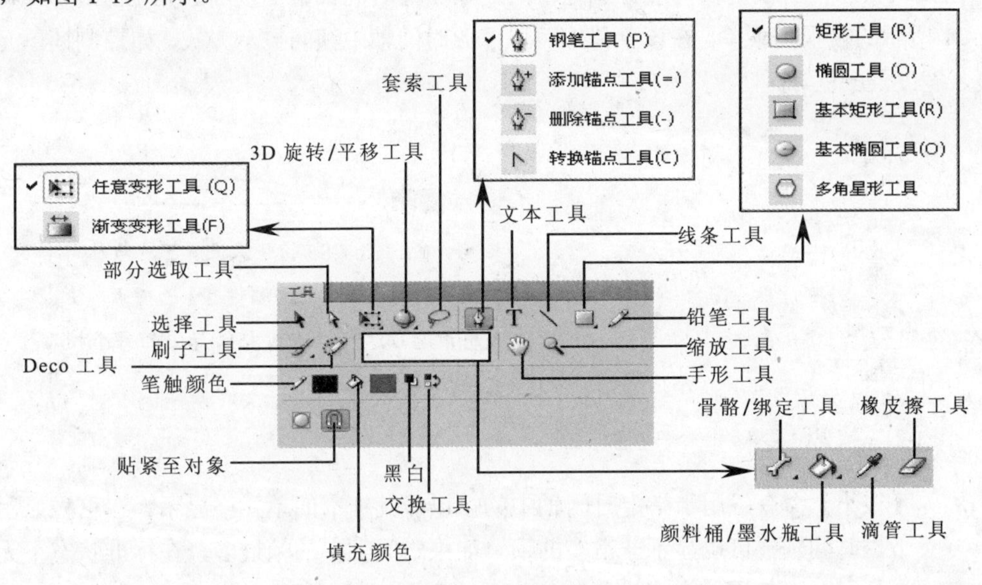

图 1-19　工具箱

§ 1.2.4　时间轴

时间轴用于组织和控制影片内容在一定时间内播放的层数和帧数。Flash 影片将时间长度划分为帧。图层相当于层叠的幻灯片，每个图层都包含一个显示在舞台中的不同图像。时间轴的主要组件是图层、帧和播放头，如图 1-20 所示。

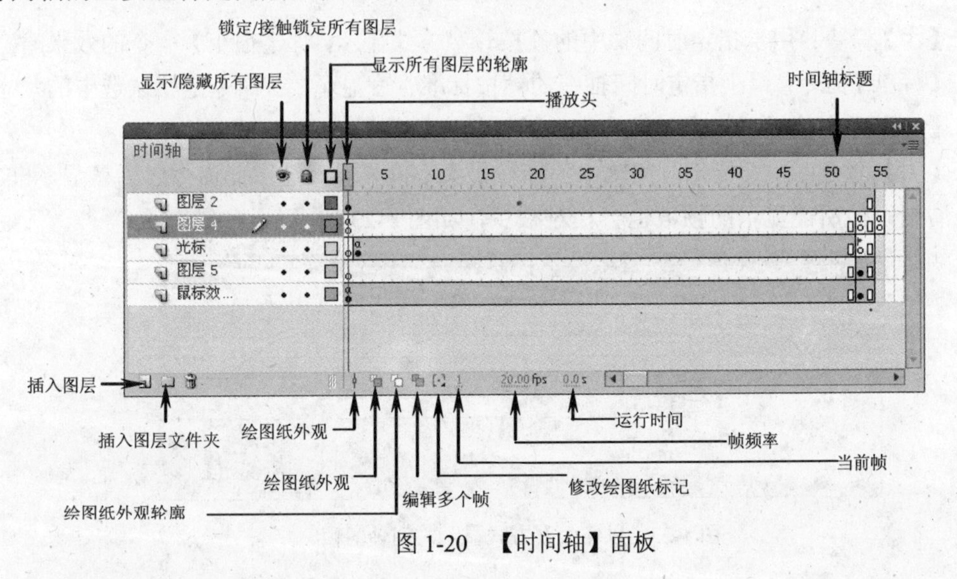

图 1-20　【时间轴】面板

文档中的图层显示在时间轴左侧区域中，每个图层中包含的帧显示在该图层名称右侧的区域中，时间轴顶部的时间轴标题显示帧编号，播放头指示舞台中当前显示的帧。时间轴状态显示在时间轴的底部，它指示所选的帧编号、当前的帧频以及到当前帧为止的运行时间。

在默认状态下，帧是以标准方式显示的，单击【时间轴】面板右上角的按钮，将打开图 1-21 所示的帧视图菜单。在该菜单中可以修改时间轴中帧的显示方式，如控制帧单元格的高度、宽度及颜色等。

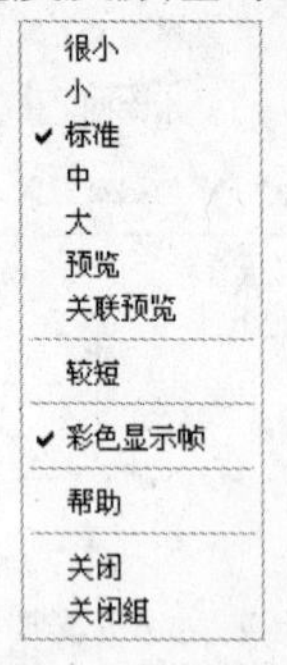

图 1-21　帧视图菜单

提示

在 Flash CS5 的默认状态下，与时间轴并列的还有【动画编辑器】选项卡，使用该选项卡可以查看补间范围的每个帧的属性。

➢ 【很小】命令：用于指定时间轴中的帧以极其细窄的单元格显示。在这种显示状态下，时间轴中可以显示非常多的帧。如果时间轴中的帧过多，在标准状态下无法完全显示，可使用此命令进行整体查看，如图 1-22 所示。

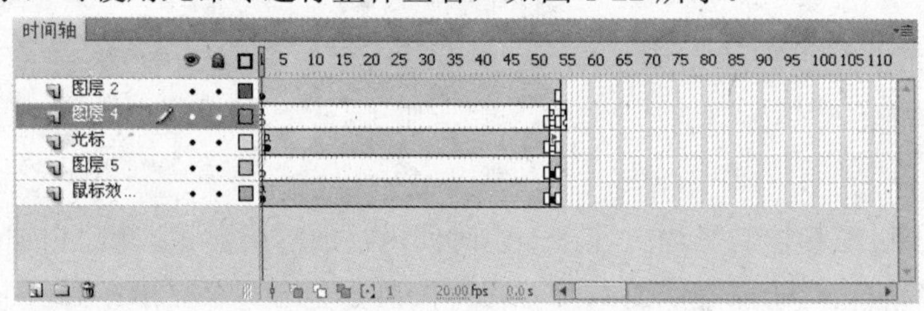

图 1-22　以【很小】方式显示时间轴的帧

➢ 【小】命令：用于指定时间轴中的帧按较窄方式显示，比【很小】命令的效果略宽。

➢ 【标准】命令：用于指定时间轴中的帧按标准宽度显示。该命令是默认选中的状态。

➢ 【中】命令：用于指定时间轴中的帧按较宽比例显示。

➢ 【大】命令：用于指定时间轴中的帧按最大宽度显示。选中此命令之后帧显示非常清晰，但所能显示的帧数也会相对减少，如图 1-23 所示。

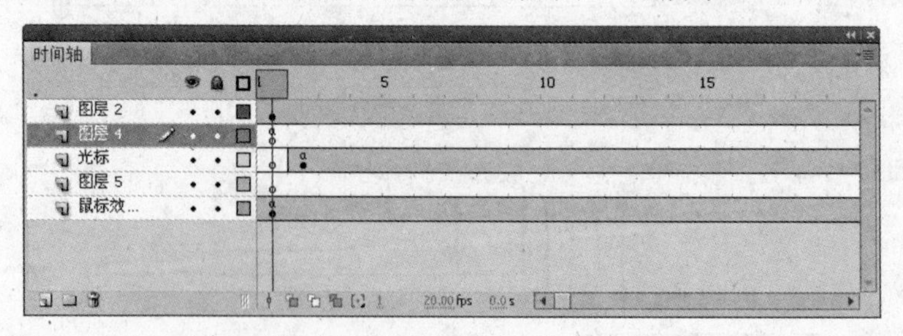

图 1-23　以【大】方式显示时间轴的帧

➢ 【预览】命令：用于将动画内容以缩略图形式显示在时间轴中。这些缩略图可使动画中所有的帧一目了然，如图 1-24 所示。

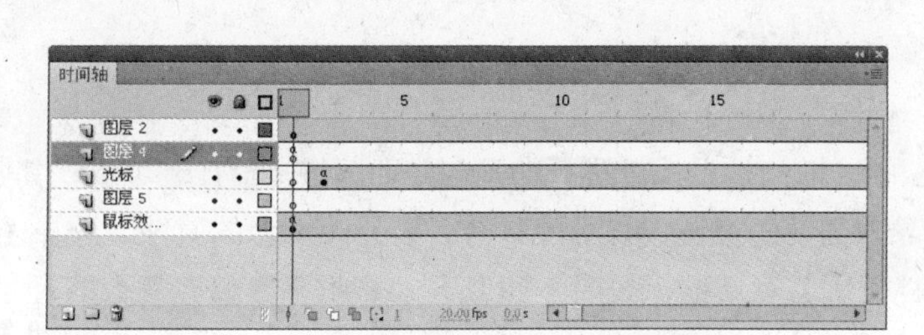

图 1-24 以【预览】方式显示时间轴的帧

➢ 【关联预览】命令：用于以缩略图形式显示电影的每一帧。这种显示方式有利于查看元素的移动变化，元素的外观显示通常比使用【预览】命令小，如图 1-25 所示。

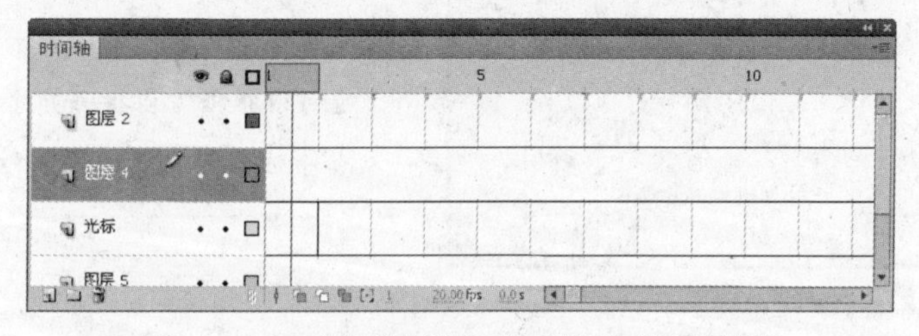

图 1-25 以【关联预览】方式显示时间轴的帧

➢ 【较短】命令：用于控制时间轴中帧的显示高度。在选中状态下，帧的高度将变小，可以同时浏览更多的图层，如图 1-26 所示。

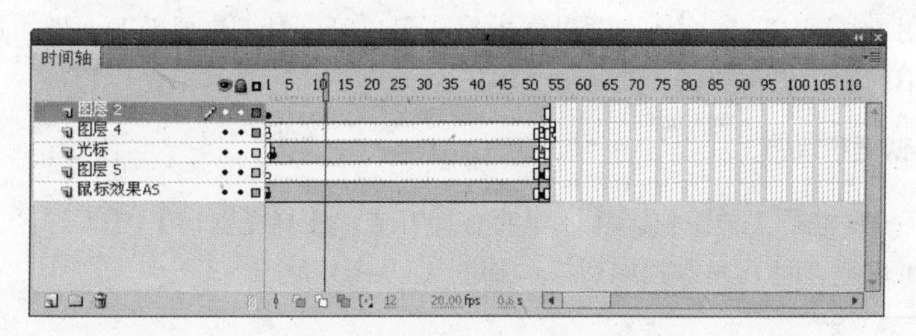

图 1-26 以较短方式显示时间轴的帧

➢ 【彩色显示帧】命令：取消选中该命令，可使时间轴中的帧以无底色的方式显示；反之，时间轴中的帧以有底色的方式显示，如图 1-27 所示。

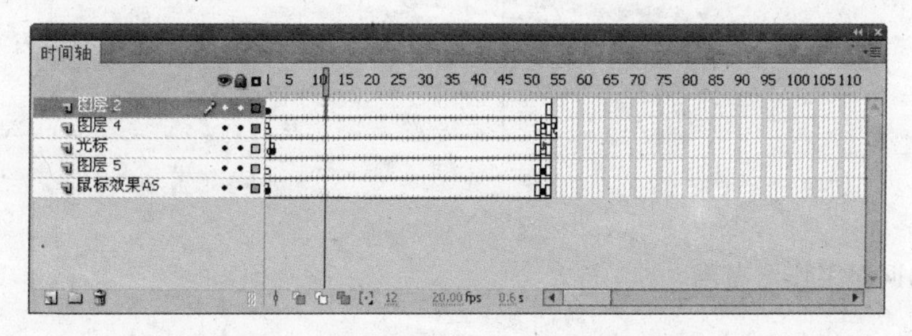

图 1-27 以无底色方式显示时间轴的帧

§ 1.2.5 舞台

在 Flash CS5 中，舞台是设计者进行动画创作的区域，设计者可以在其中直接绘制插图，也可以在舞台中导入需要的插图、媒体文件等。要修改舞台的属性，选择【修改】|【文档】命令，打开【文档设置】对话框，如图 1-28 所示。根据需要修改舞台的尺寸大小、背景、帧频等信息后，单击【确定】按钮即可。

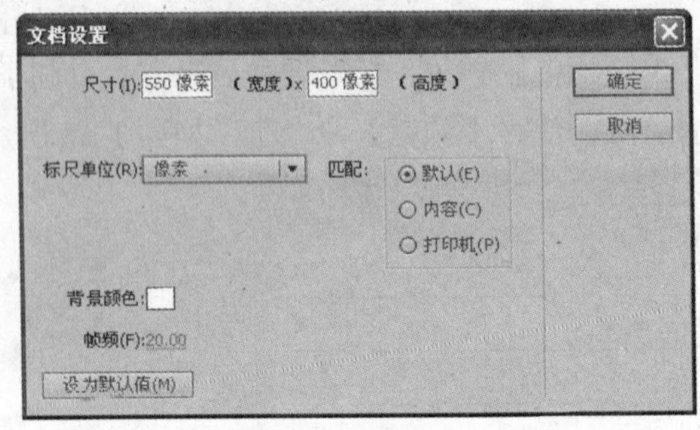

图 1-28 【文档设置】对话框

> **提示**
> 默认情况下，在【文档设置】对话框中以像素为标尺单位显示舞台尺寸，用户也可以根据需要按照英寸、厘米、毫米或点等标尺单位进行计量和设置。

§ 1.2.6 面板集

面板集用于管理 Flash 面板，通过面板集，用户可以对工作界面的面板布局进行重新组合，以适应不同的工作需要。

1. 使用默认布局方式

Flash CS5 提供了 7 种工作区面板集的布局方式，选择【窗口】|【工作区】子菜单下的相应命令，可以在 7 种布局方式间切换，如图 1-29 所示。

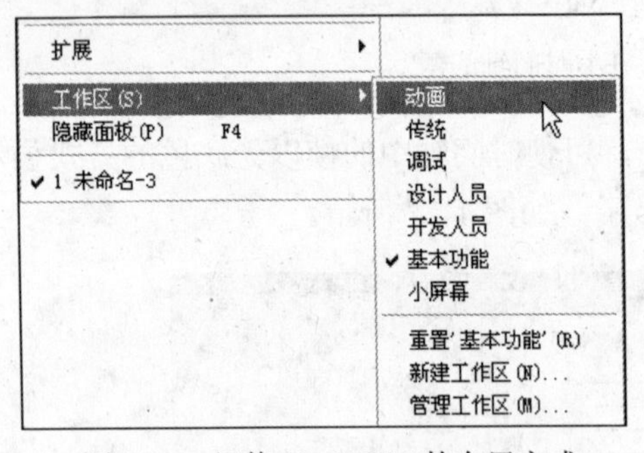

图 1-29 切换 Flash CS5 的布局方式

> **提示**
> 【小屏幕】是 Flash CS5 提供的一种新的工作区布局方式，使用该模式可以尽可能大地突出舞台，以适应在小屏幕显示器下的操作。

2. 手动调整工作区布局

除了使用预设的 7 种布局方式以外，还可以对整个工作区进行手动调整，使工作区更加符合个人的使用需要。

拖动任意面板进行移动时，该面板将以半透明的方式显示，如图 1-30 所示；当被拖动的面板停靠在其他面板旁边时，其边界将出现一个蓝边的半透明条，表示如果此时释放鼠标，则被拖动的面板将停放在半透明条的位置，如图 1-31 所示。

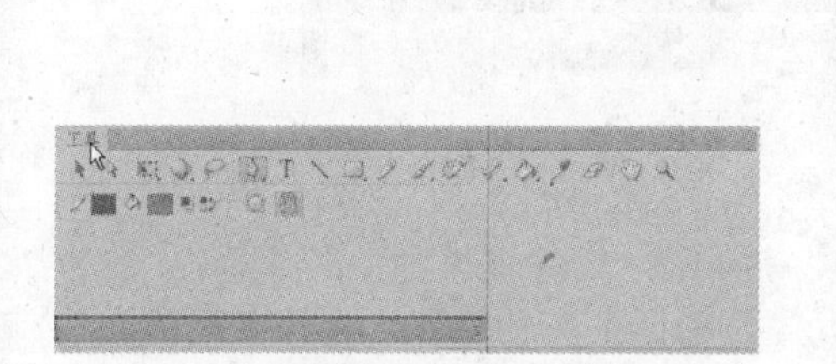

图 1-30　拖动面板

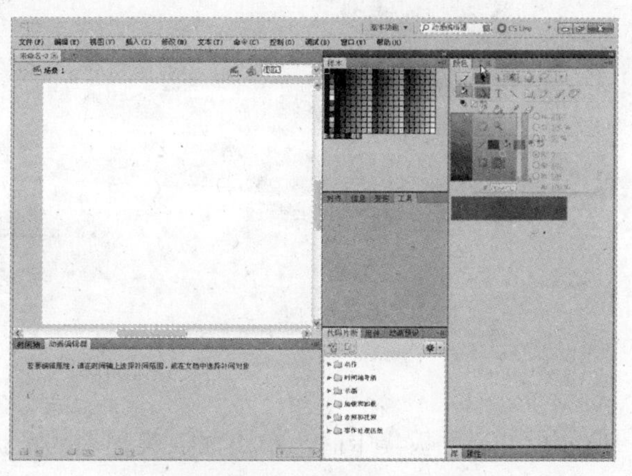

图 1-31　停放面板的位置

将一个面板拖放到另一个面板中时，目标面板会呈现蓝色的边框，如图 1-32 所示。如果此时释放鼠标，被拖放的面板将会以选项卡的形式出现在目标面板中，如图 1-33 所示。

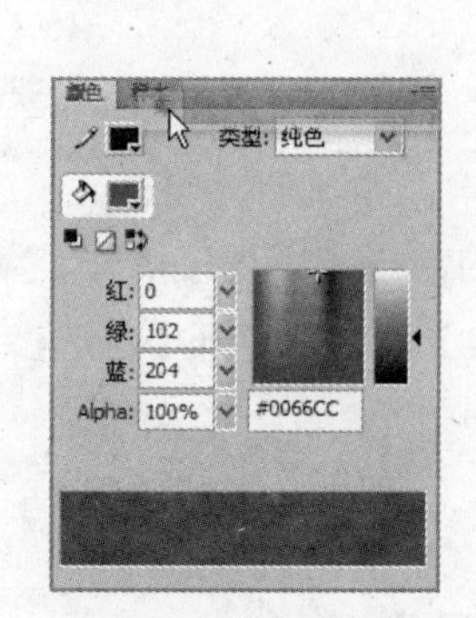

图 1-32　将一个面板拖放至另一个面板

图 1-33　以选项卡的形式出现在目标面板中

通过以上操作可以将常用的面板全部整合到一个面板集中，并可以对整个工作区进行重新布局，从而减少通过菜单命令开关面板的操作次数，提高工作效率。

3. 调整面板大小

如果将需要的面板全部打开，会占用大量的屏幕空间，此时可以双击面板顶端的空白处将其最小化，如图 1-34 所示。再次双击面板顶端的空白处，可以将面板最大化。

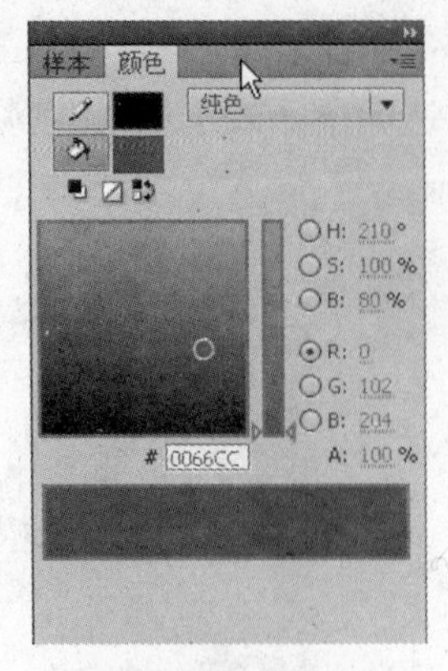

双击面板顶端的空白处

最小化面板

图 1-34　调整面板大小

当面板处于面板集中时，单击面板集顶端的【折叠为图标】按钮，可以将整个面板集中的面板以图标方式显示，再次单击该按钮则恢复面板的显示。在默认设置下，使用 F4 快捷键可以显示或隐藏所有面板。

1.3 自定义 Flash CS5 的工作环境

为了提高工作效率，使软件最大程度地符合个人操作习惯，用户可以在动画制作之前先对 Flash CS5 的首选参数和快捷键进行相应设置。

§ 1.3.1 设置首选参数

用户可以在【首选参数】对话框中对 Flash CS5 中的常规应用程序操作、编辑操作和剪贴板操作等参数选项进行设置。选择【编辑】|【首选参数】命令，打开【首选参数】对话框，如图 1-35 所示，可以在不同的选项卡设置不同的参数选项。

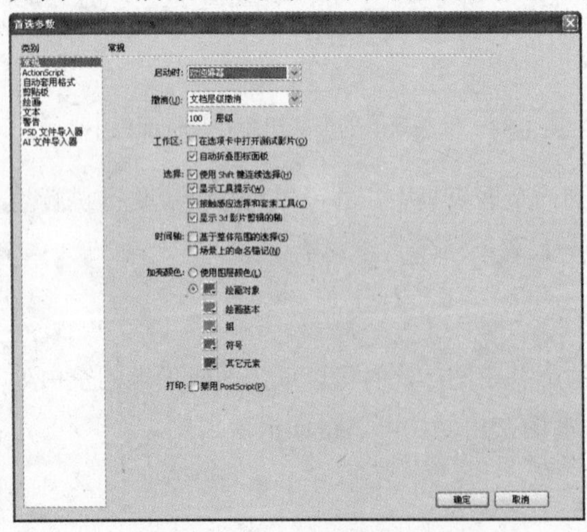

图 1-35　【首选参数】对话框

提示

在【首选参数】对话框的【类别】列表框中包含【常规】、【ActionScript】以及【自动套用格式】等 9 个选项卡。这些选项卡中的内容基本包括了 Flash CS5 中所有工作环境参数的设置，根据每个选项旁的说明文字进行修改即可。

§ 1.3.2　设置快捷键

使用快捷键可以使制作 Flash 动画的过程更加流畅，工作效率更高。在默认情况下，Flash CS5 使用的是 Flash 应用程序专用的内置快捷键方案，涉及菜单、命令、面板、窗口中的大量操作，用户也可以根据需要和习惯自定义快捷键方案。

选择【编辑】|【快捷键】命令，打开【快捷键】对话框，如图 1-36 所示。可以在【当前设置】下拉列表框中选择 Adobe 标准、Fireworks 4、Flash 5、FreeHand 10、Illustrator 10 和 Photoshop 6 等多套快捷键方案，并在【命令】选项区域中设置具体操作对应的快捷键。

快捷键设置完毕后，可以单击【将设置导出为 HTML】按钮对设置进行保存，导出的 HTML 文件可以用 Web 浏览器查看和打印，以便查阅。单击【删除设置】按钮，打开【删除设置】对话框，可在该对话框中删除快捷键方案，如图 1-37 所示。

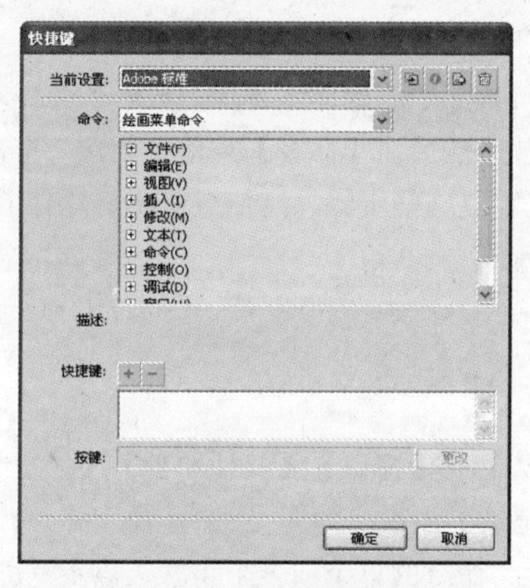

图 1-36　【快捷键】对话框

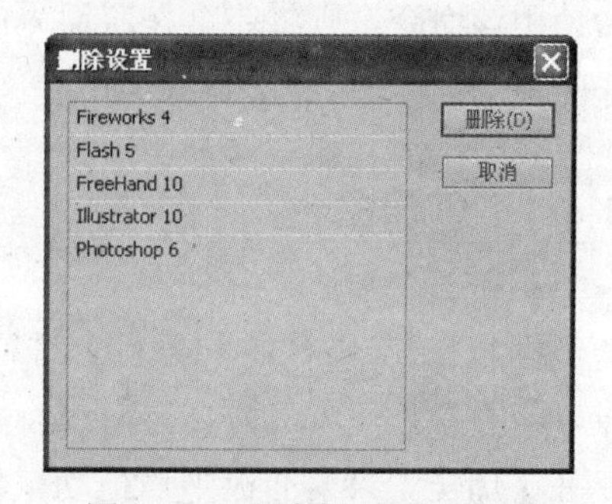

图 1-37　【删除设置】对话框

提示

在 Adobe 标准下的快捷键方式不可以被修改，因为该快捷键方案是 Flash CS5 内置的标准配置，只能将其复制为副本后再做修改。

§ 1.3.3　自定义【工具】面板

自定义【工具】面板的好处是简化了【工具】面板，可以将很少使用的工具隐藏起来，当要使用这些工具时，可以恢复【工具】面板中的工具或者重新添加到自定义的【工具】面板中。

选择【编辑】|【自定义工具面板】命令，打开【自定义工具面板】对话框，如图 1-38 所示。在该对话框中的左侧显示当前在【工具】面板中显示的工具，在【当前选择】列表框中选择要删除的工具，然后单击【删除】按钮即可。要增加工具，在【可用工具】列表框中选中要增加的工具，然后单击【增加】按钮即可。

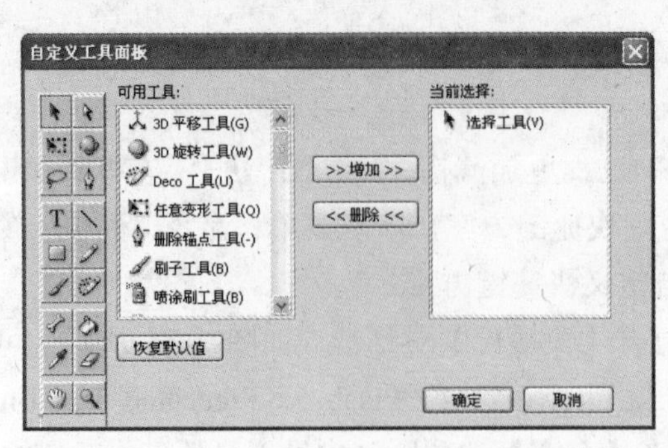

图 1-38　【自定义工具面板】对话框

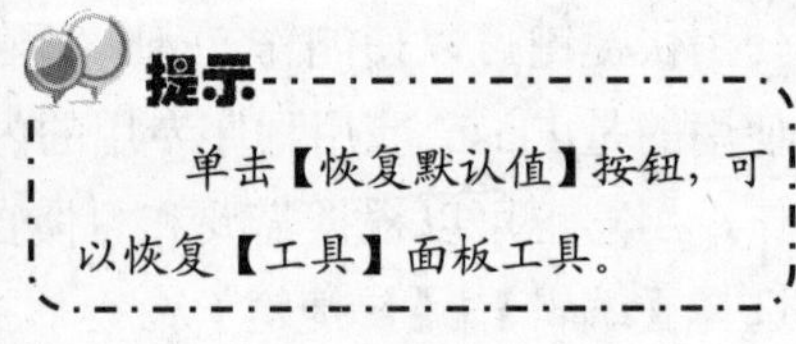

1.4 使用和管理命令

使用 Flash CS5 的【命令】菜单，可以将用户在 Flash 中的操作步骤保存成一个命令动作。选中【历史记录】 面板中的某一个或某一系列步骤，然后在【命令】菜单中创建一个命令，再次使用该命令，则将完全按照原先的执行顺序来重复这些步骤，这使得 Flash 具有了批量操作的能力。

§ 1.4.1　创建命令

当用户在 Flash CS5 的舞台上进行操作后，可以选择【窗口】|【其他面板】|【历史记录】命令，或直接按下 Ctrl+F10 组合键，打开【历史记录】面板，如图 1-39 所示。

在【历史记录】面板中，拖动鼠标选中要保存为命令的单个或多个步骤，该步骤可以是中间的一部分，但一定要是连贯的一段，右击鼠标将会打开一个快捷菜单，如图 1-40 所示。

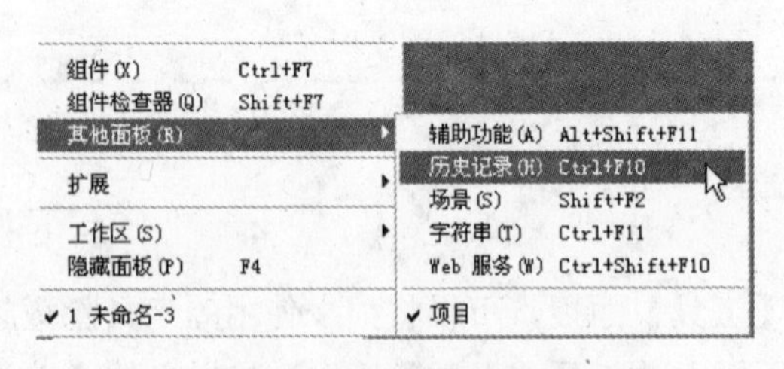

图 1-39　打开【历史记录】面板

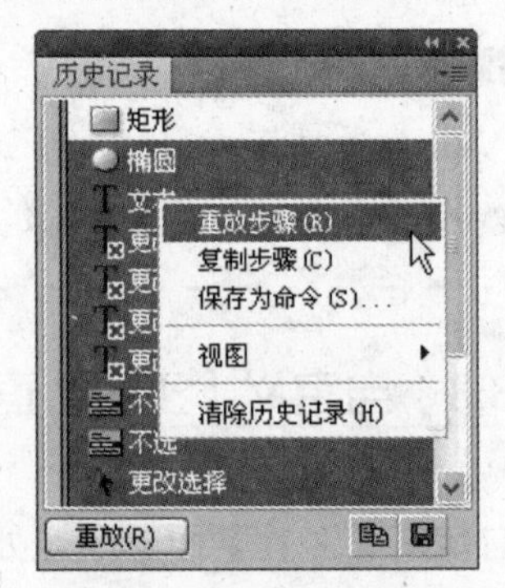

图 1-40　选中步骤

选择【重放步骤】命令，或者单击左下角的【重放】按钮将会重播选中的这一系列步骤；选择【复制步骤】命令或者单击右下角的【复制步骤】按钮，可以将步骤复制然后粘贴到其他的 Flash 文档中；选择【保存为命令】按钮或者单击【保存】按钮，即可将步骤保存为命令文件，此时将打开【另存为命令】对话框，如图 1-41 所示。用户在该对话框的【命令名称】文本框中输入命令的名称，然后单击【确定】按钮即可，此时打开【命令】菜单，系统将会显示最近保存的命令，如图 1-42 所示。

图 1-41　【另存为命令】对话框

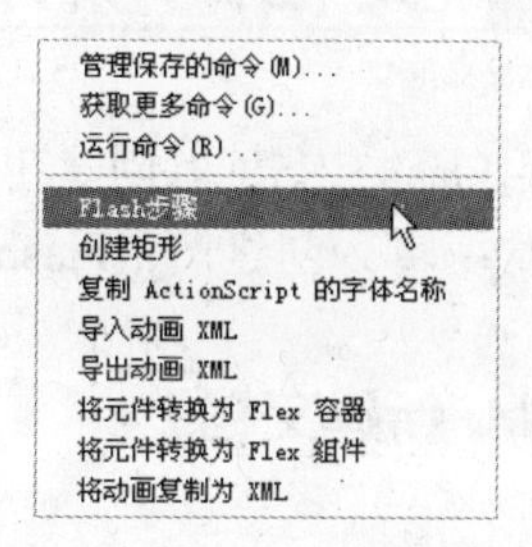

图 1-42　显示保存的命令

但值得注意的是，在步骤名称前有红色叉✖的步骤将被无法重播、复制或保存，此时如果单击【复制步骤】或者【保存】按钮，将会弹出如图 1-43 所示的提示框，提示用户是否确定继续操作。

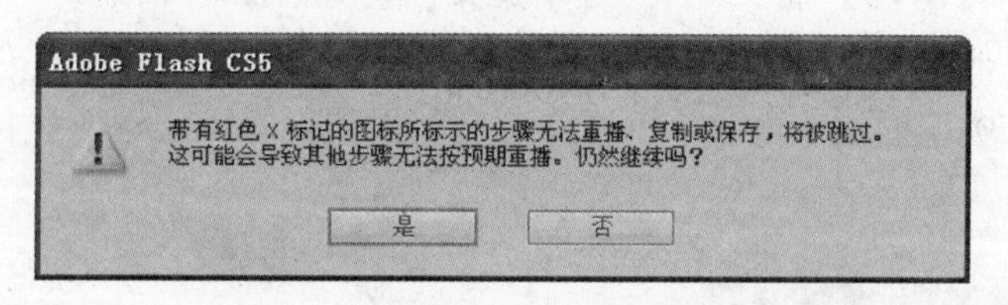

图 1-43　系统提示无法保存的部分步骤

§ 1.4.2　编辑【命令】菜单中的命令

对于已经保存在【命令】菜单中的命令，用户可以对其进行编辑管理操作，在菜单栏上选择【命令】|【管理保存的命令】命令，将会打开【管理保存的命令】对话框，如图 1-44 所示。选中要编辑的命令，单击【重命名】按钮可以打开【重命名命令】对话框，修改命令的名称，如图 1-45 所示；如果单击【删除】按钮，则可以将该命令删除。

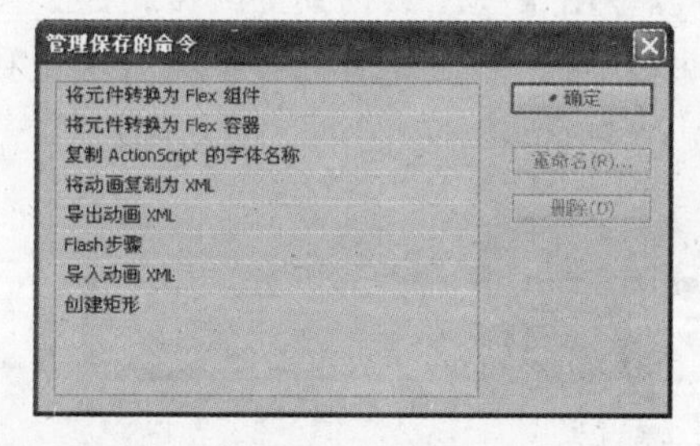

图 1-44　【管理保存的命令】对话框

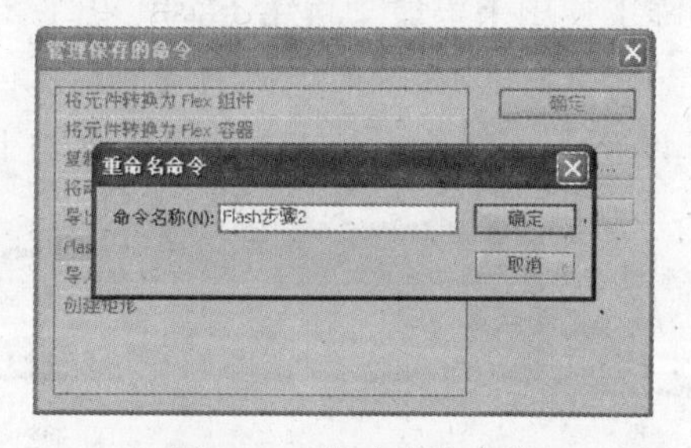

图 1-45　修改命令名称

提示

注意：命令一旦被创建就是完整和不可修改的，用户不可以在重放步骤时对这些命令进行修改，也不可以在命令中插入其他步骤。

1.5 文档的操作

使用Flash CS5可以创建新文档以进行全新的动画制作，也可以打开以前保存的文档对其进行再次编辑。创建一个Flash动画文档有新建空白的动画文件和新建模板文件两种方式。

§ 1.5.1 新建文档

使用 Flash CS5 可以创建新的文档或打开以前保存的文档，也可以在工作时打开新的窗口并设置新建文档或现有文档的属性。

1. 新建空白文档

选择【文件】|【新建】命令，打开【新建文档】对话框，如图 1-46 所示。默认打开的是【常规】选项卡，在【类型】列表框中可以选择需要新建文档的类型，在右侧的【描述】列表框中会显示该类型的说明内容，单击【确定】按钮，即可创建一个名为【未命名-1】的空白文档。

技巧

默认第一次创建的文档名称为【未命名-1】，最后的数字符号是文档的序号，它是根据创建的顺序依次命名的，例如再次创建文档，默认的文档名称为【未命名-2】，依此类推。

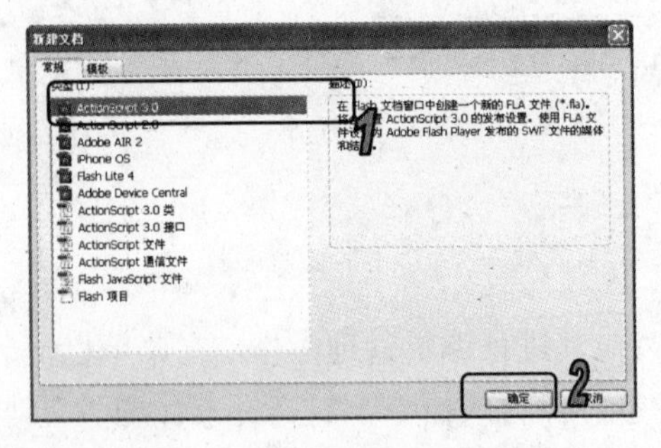

图 1-46 【新建文档】对话框

除了使用菜单命令新建 Flash 文档外，也可以单击【主工具栏】上的【新建】按钮，新建一个空白 Flash 文档，选择【窗口】|【工具栏】|【主工具栏】命令，打开主工具栏，如图 1-47 所示。但使用此方法只能创建与上次创建文档的类型相同的空白文档。

图 1-47 主工具栏

2. 新建模板文档

选择【文件】|【新建】命令，打开【新建文档】对话框后，单击【模板】选项卡，打开【从模板新建】对话框，如图 1-48 所示，在【类别】列表框中选择创建的模板文档类别，在【模板】列表框中选择【模板】样式，单击【确定】按钮，即可新建一个模板文档。

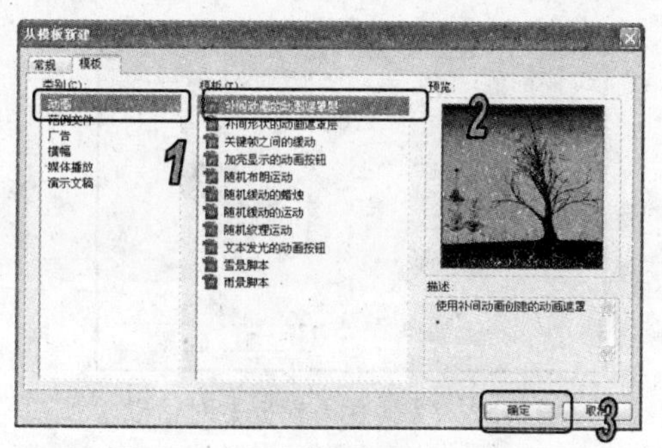

图 1-48　【从模板新建】对话框

技巧

如果要同时打开了多个文档，可以单击文档标签的，轻松地在多个文档之间切换。默认情况下，各文档的标签是按创建先后顺序排列的，而且各文档的标签顺序无法通过拖动进行更改。

§ 1.5.2　保存文档

在完成对 Flash 文档的编辑和修改后，需要对其进行保存操作。可以选择【文件】|【保存】命令，也可以单击主工具栏上的【保存】按钮，打开【另存为】对话框，如图 1-49 所示，在该对话框中设置文件的保存路径、文件名和文件类型后，单击【保存】按钮。

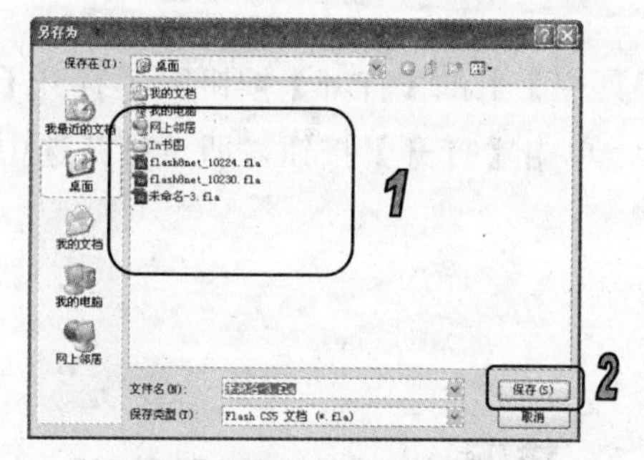

图 1-49　【另存为】对话框

知识点

Flash 中有两种文件格式，分别是 Fla 源文件格式和 swf 动画格式，其中只有 Fla 格式才可以被编辑。

未保存文档的文档标签中的文档名称后显示一个*号，而当文档被保存后*号会消失。如图 1-50 所示，其中【未命名-2】和【未命名-3】文档都是已保存的文档，其余文档为未保存的文档。

图 1-50　文档保存前后标题栏和选项卡的对比

此外，如果将当前文档以低于 Flash CS5 版本的格式保存，如另存为 Flash CS4 格式的文档，则系统会打开一个【Flash 兼容性】对话框，如图 1-51 所示。单击【另存为 Flash CS4】按钮，执行保存操作；单击【取消】按钮，将退出保存。还可以将文档保存为模板进行使用。选择【文件】|【另存为模板】命令，打开【另存为模板】对话框，如图 1-52 所示。在【名称】文本框中可以输入模板的名称，在【类别】下拉列表框中可以选择类别或新建类别名称，在【描述】文本框中可以输入模板的说明，然后单击【保存】按钮，即可以模板模式保存文档。

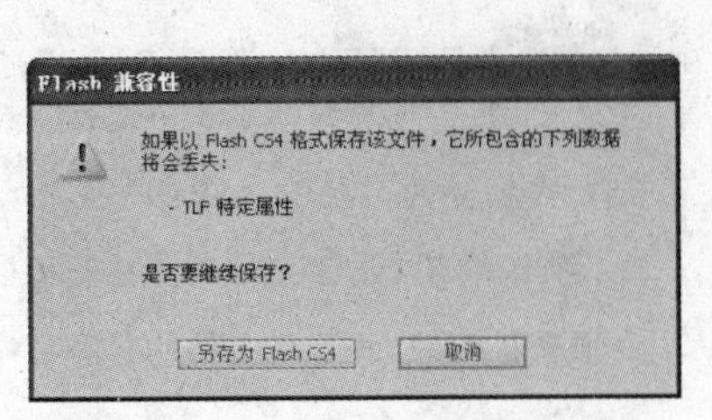

图 1-51 【Flash 兼容性】对话框

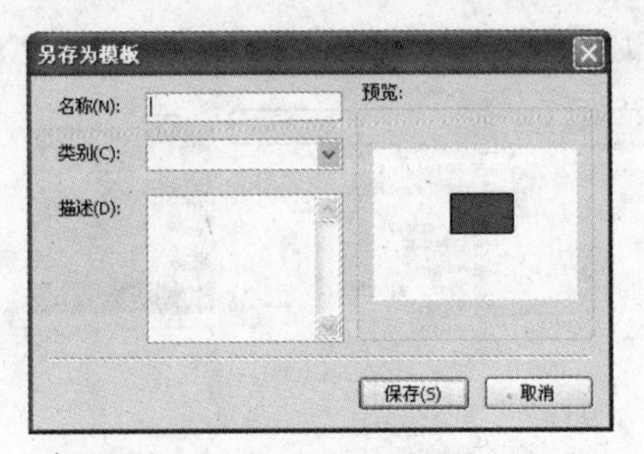

图 1-52 【另存为模板】对话框

在【描述】文本框中，最多可以输入 255 个字符的说明文字。

§ 1.5.3 打开文档

选择【文件】|【打开】命令，或者单击【主工具栏】上的【打开】按钮，打开【打开】对话框，如图 1-53 所示，选择要打开的文件，单击【打开】按钮，即可打开选中的文件。

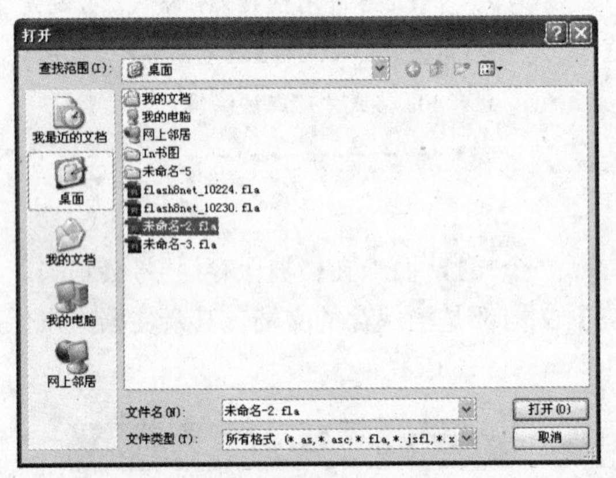

图 1-53 【打开】对话框

技巧

在【打开】对话框中，显示了 fla 和 swf 两种格式的文件，如果打开的是 swf 文件，将自动打开 SWF 播放器播放该文件。

1.6 上机实战

本章主要对 Flash 动画以及 Flash CS5 软件进行了概述，主要介绍了 Flash CS 的工作界面的设置，以及文档的一些基本操作内容。本章中的其他内容，例如 Flash 动画的一些基础知识等，可以根据相应的章节进行练习。

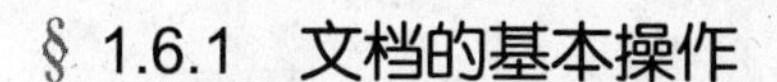

§ 1.6.1　文档的基本操作

打开一个 Flash 文档，在【文档属性】对话框中，设置文档的帧频为 15fps，最后将其保存为模板文档。新建模板文档，进行略微的改动，测试动画效果。

(1) 启动 Flash CS5，选择【文件】|【打开】命令，打开【打开】对话框，如图 1-54 所示。选择要打开的文档，单击【打开】按钮，打开文档，如图 1-55 所示。

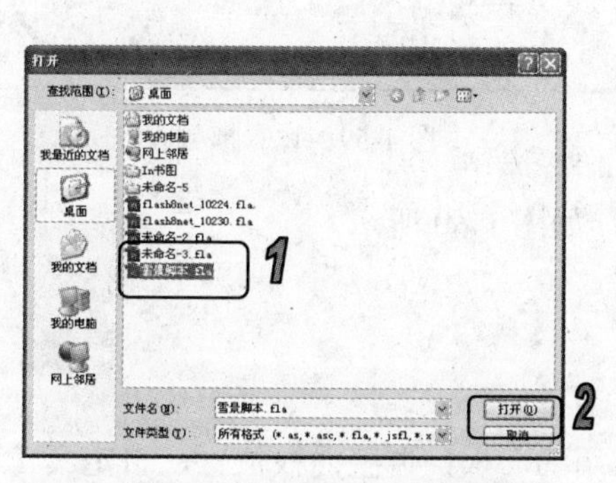

图 1-54　选择要打开的文档

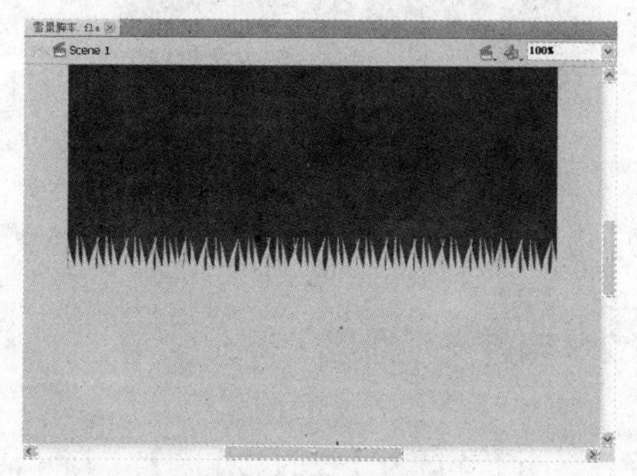

图 1-55　打开文档

(2) 选择【文件】|【另存为模板】命令，打开【另存为模板】对话框。在【名称】文本框中输入保存的模板名称【雪景模板】，在【类别】文本框中输入保存的模板类别为【我的模板】，在【描述】列表框中输入关于保存模板的描述说明内容，如图 1-56 所示。

(3) 单击【保存】按钮，保存模板，关闭文档。

(4) 选择【文件】|【新建】命令，打开【新建文档】对话框，单击【模板】选项卡，打开【从模板新建】对话框。

(5) 在【类别】列表框中显示步骤(3)保存的模板类别，如图 1-57 所示。

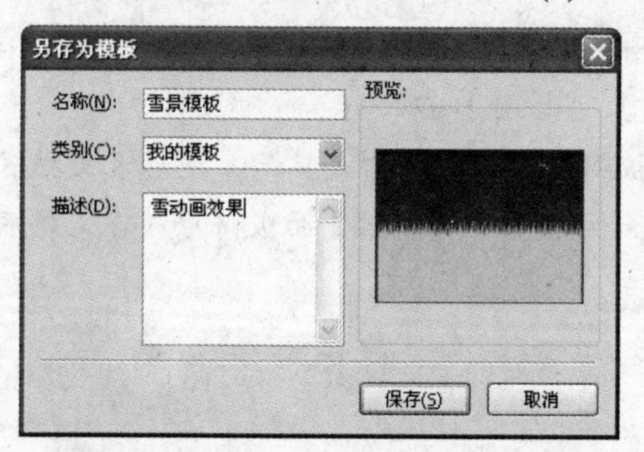

图 1-56　【另存为模板】对话框

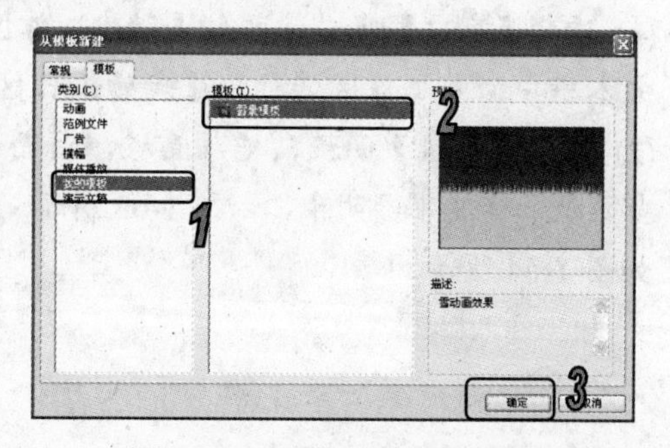

图 1-57　显示保存的模板类别

(6) 在【从模板新建】对话框的【模板】列表框中选择保存的模板，单击【确定】按钮，从模板新建一个文档。

(7) 将舞台中下面的小草底纹选中并删除，如图 1-58 所示。

(8) 选择【修改】|【文档】命令，打开【文档属性】对话框，在【帧频】文本框中输入数值 15，设置帧频为 15fps，然后设置【背景颜色】为浅蓝色，如图 1-59 所示，最后单击【确

新世纪高职高专规划教材

定】按钮。

图 1-58 删除底纹

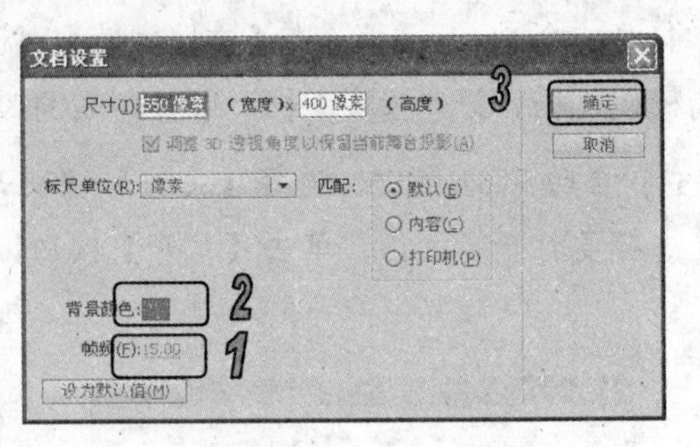

图 1-59 设置帧频

(9) 按下 Ctrl+Enter 组合键，测试动画效果，如图 1-60 所示。

§ 1.6.2 自定义工作区

新建一个工作区为【我的工作区】，打开常用的面板，调整面板位置，自定义【工具】面板，最后设置的工作区如图 1-61 所示。

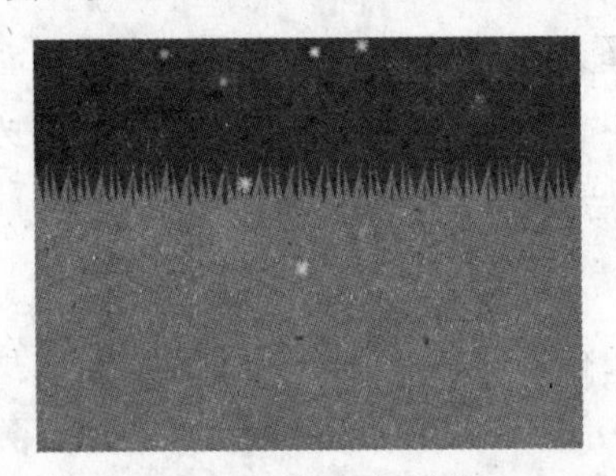
图 1-60 测试动画效果

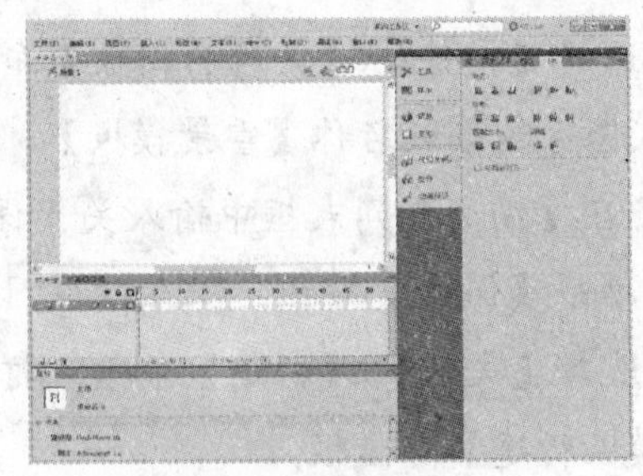
图 1-61 自定义工作区

(1) 选择【窗口】|【工作区】|【新建工作区】命令，打开【新建工作区】对话框，在【名称】文本框中输入工作区名称为【我的工作区】，如图 1-62 所示。

(2) 选中【属性】面板，拖动面板，该面板将以半透明的方式显示。拖动至文档底部位置，当显示蓝边的半透明条，如图 1-63 所示。释放鼠标，【属性】面板将停放在文档底部位置，如图 1-64 所示。

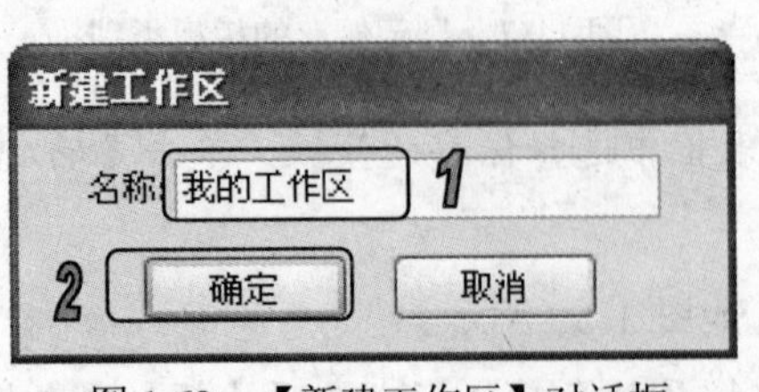

图 1-62 【新建工作区】对话框

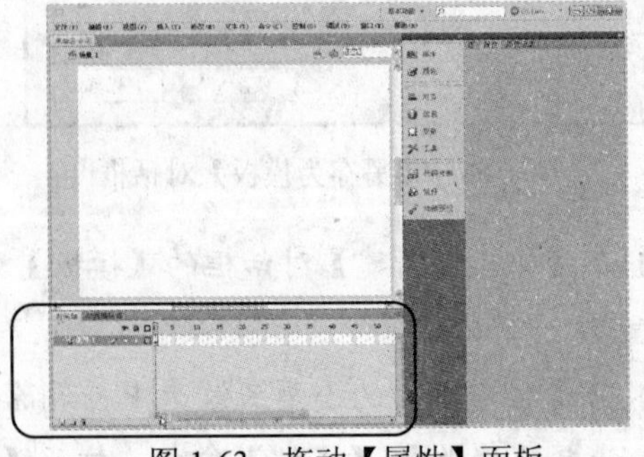
图 1-63 拖动【属性】面板

(3) 关闭默认打开的【变形】、【对齐】和【信息】面板。参照步骤(2)，在面板集中打开【颜色】面板和【对齐】面板，将它们拖动至右侧，如图 1-65 所示。

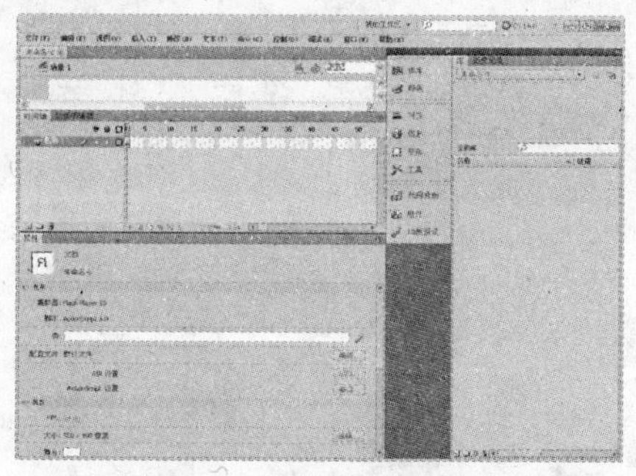

图 1-64　停放【属性】面板

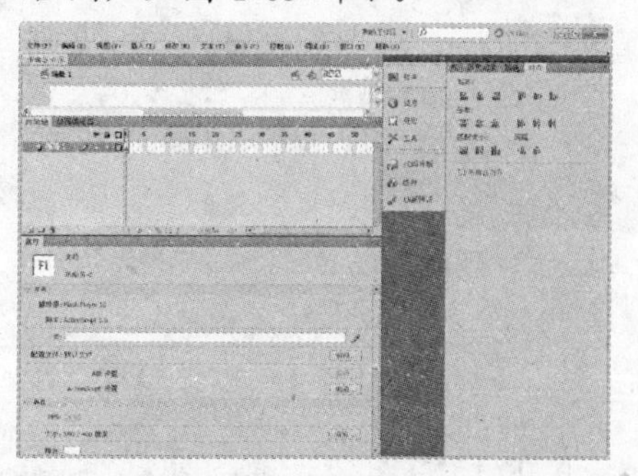

图 1-65　调整【颜色】和【库】面板位置

(4) 选择【编辑】|【自定义工具面板】命令，打开【自定义工具面板】对话框。在该对话框左侧显示的工具中选中【3D 旋转】工具，在【当前选择】列表框中显示该工具，单击【删除】按钮，删除该工具。重复操作，删除【钢笔】工具，最后设置的对话框如图 1-66 所示。

(5) 单击【确定】按钮，定义的【工具】面板如图 1-67 所示。

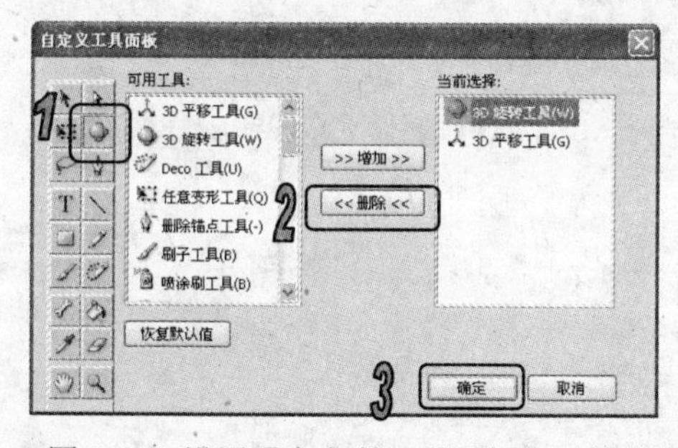

图 1-66　设置【自定义工具面板】对话框

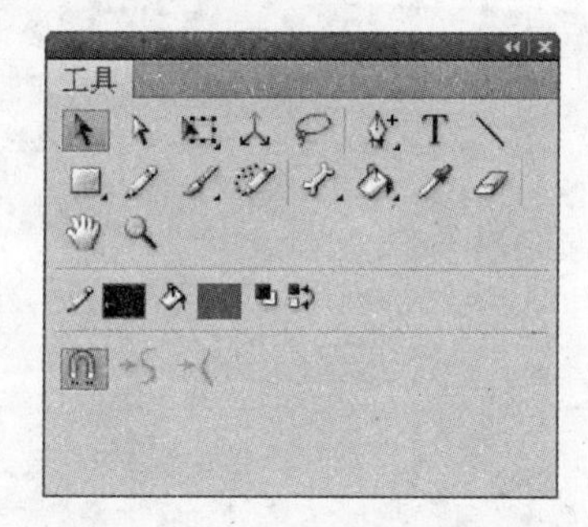

图 1-67　自定义【工具】面板

(6) 拖动舞台上的边框将其显示区域扩大，最后自定义的工作区如图 1-61 所示。

1.7 习题

1. 简述 Flash 动画的特点？
2. Flash CS5 包括哪几种面板集的布局方式？如何切换这些布局方式？

图形的绘制与编辑

主要内容

在 Flash CS5 中，用户可以使用线条、椭圆、矩形和五角星形等基本图形绘制工具绘制基本图形，可以使用钢笔、铅笔等工具进行精细图形的绘制，还可以对已经绘制的图形进行旋转、缩放和扭曲等变形操作。另外，使用 Deco 绘图工具可以提高绘图工作效率。

本章重点

- 【矩形】工具使用
- 【椭圆】工具使用
- 【钢笔】工具使用
- 【部分选取】工具使用
- 【任意变形】工具使用
- 辅助绘图工具的使用

2.1 绘制简单图形

Flash 动画由基本的图形组成，若要制作出高质量的动画效果，就必须熟练掌握 Flash CS5 中各种绘图工具的使用。每一个 Flash 形状都有其各自的构成元素，其中基本的构成元素包括线条、椭圆、矩形和多角星形等。

§ 2.1.1 使用【线条】工具

在 Flash CS5 中，【线条】工具主要用于绘制不同角度的矢量直线。在【工具】面板中选择【线条】工具，将光标移动到舞台上，会显示为十字形状+，按住鼠标左键向任意方向拖动，即可绘制出一条直线。要绘制垂直或水平直线，按住 Shift 键，然后按住鼠标左键拖动即可，并且可以绘制以 45° 为角度增量倍数的直线。

如果绘制的是一条垂直或水平直线，光标中会显示一个较大的圆圈，如图 2-1 所示，则表示正在绘制的是垂直或水平线条；如果绘制的是一条斜线，光标中会显示一个较小的圆圈，如图 2-2 所示，表示正在绘制的是斜线，通过这种方式可以很方便地确定绘制的是水平、垂直或倾斜直线。

图 2-1　绘制水平直线时的光标显示的圆圈较大　　图 2-2　绘制倾斜直线时的光标显示的圆圈较小

选择【线条】工具，打开【属性】面板，如图 2-3 所示。在【属性】面板中可以设置线条的位置和大小以及线条的笔触大小等参数选项。该对话框中的主要参数选项的具体作用如下。

- 【位置和大小】：在该选项卡面板中可以设置线条在 x 和 y 轴上的位置以及线条相对于于 x 和 y 轴的宽度和高度。
- 【笔触颜色】：可以设置线条的笔触颜色，即线条颜色。
- 【笔触】：可以设置线条的笔触大小，即线条的宽度。
- 【样式】：可以设置线条的样式，例如虚线、点状线或锯齿线等。可以单击右侧的【编辑笔触样式】按钮，打开【笔触样式】对话框，如图 2-4 所示，在该对话框中可以自定义笔触样式。

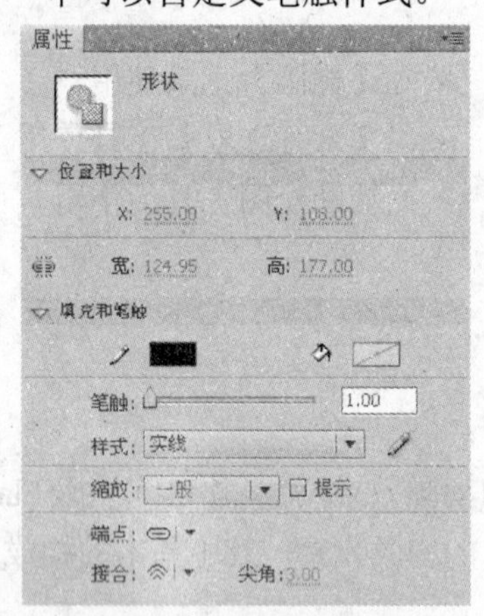

图 2-3　【属性】面板

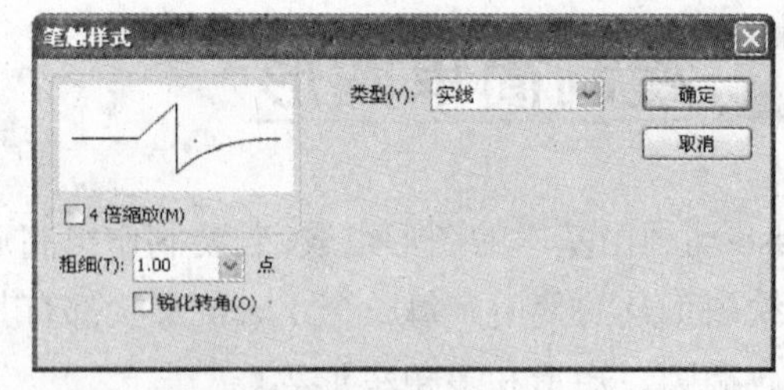

图 2-4　【笔触样式】对话框

- 【端点】：可以设置线条的端点样式，有【无】、【圆角】或【方型】端点样式供用户选择。
- 【接合】：可以设置两条线段相接处的拐角端点样式，有【尖角】、【圆角】或【斜角】几种样式。

§ 2.1.2　使用【矩形】和【基本矩形】工具

选择【工具】面板中的【矩形】工具，在设计区中按住鼠标左键拖动，即可开始绘制矩形。如果按住 Shift 键，可以绘制正方形图形。

选择【矩形】工具后，打开【属性】面板，如图 2-5 所示。在该面板中的主要参数选项的具体作用与【椭圆】工具属性面板相同，其中的【矩形选项】选项卡中的参数可以用来设置矩形的 4 个直角半径，正值为正半径，负值为反半径，如图 2-6 所示。

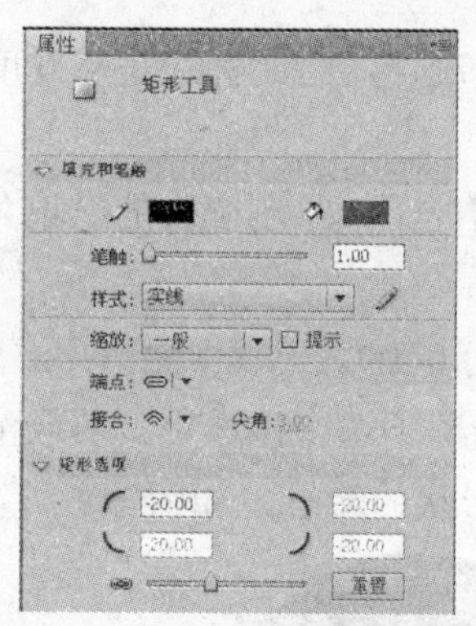

图 2-5　【矩形】工具属性面板

图 2-6　绘制正半径和反半径矩形

单击【属性】面板中的【将边角半径控件锁定为一个控件】按钮，可以对矩形的 4 个角设置不同的角度值。单击【重置】按钮将重置所有数值，即角度值还原为默认值 0。

与【基本椭圆】工具相似，使用【基本矩形】工具，可以绘制出更加易于控制和修改的椭圆形状。在工具箱中选择【基本工具】工具后，在设计区中按下鼠标左键并拖动，即可绘制出基本矩形图。绘制完成后，择【工具】面板中的【部分选取】工具，可以调节矩形图形的角半径。

§ 2.1.3　使用【椭圆】和【基本椭圆】工具

选择【工具】面板中的【椭圆】工具，在设计区中按住鼠标拖动，即可绘制出椭圆。按住 Shift 键，可以绘制一个正圆图形。如图 2-7 所示为使用【椭圆】工具绘制的椭圆和正圆图形。

选择【椭圆】工具后，打开【属性】面板，如图 2-8 所示。

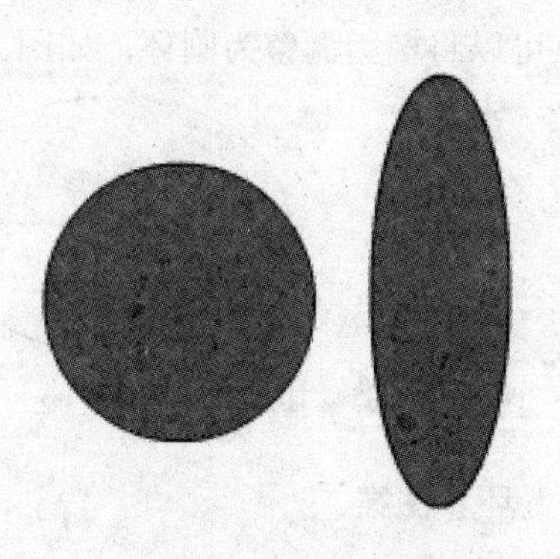

图 2-7　绘制椭圆和正圆图形

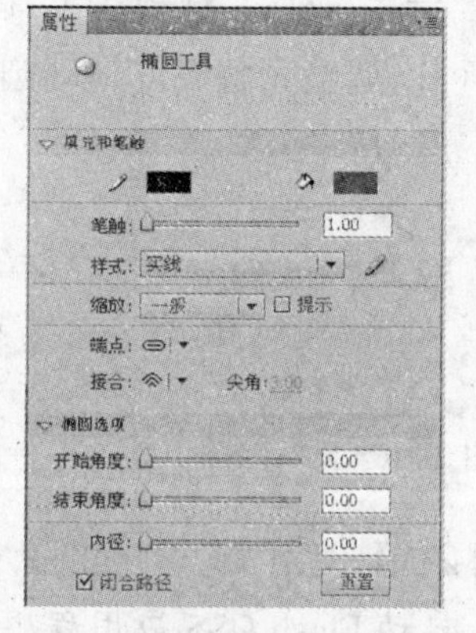

图 2-8　【椭圆】工具属性面板

在【椭圆】工具属性面板中，一些参数选项的作用与【线条】工具属性面板中类似，可以参考前文内容进行设置，以下是关于【椭圆】工具属性面板中一些主要参数选项的具体作用。

➢　【笔触颜色】：设置椭圆的笔触颜色，即椭圆的外框颜色。

➢　【填充颜色】：设置椭圆的内部填充颜色。

➢　【笔触】：设置椭圆的笔触大小，即椭圆的外框大小。

- 【开始角度】：设置椭圆绘制的起始角度，正常情况下，绘制椭圆是从 0 度开始绘制的。
- 【结束角度】：设置椭圆绘制的结束角度，正常情况下，绘制椭圆的结束角度为 0 度，默认绘制的是一个封闭的椭圆。
- 【内径】：设置内侧椭圆的大小，内径大小范围为 0~99。
- 【闭合路径】：设置椭圆的路径是否闭合。默认情况下选中该选项，若取消选中该选项，则要绘制一个未闭合的形状，只能绘制该形状的笔触，如图 2-9 所示。

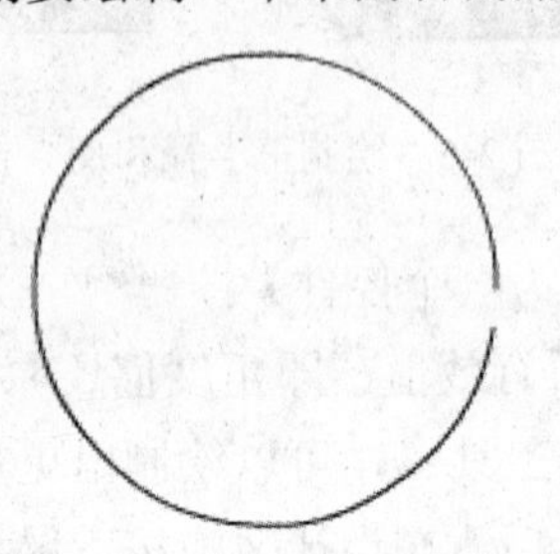

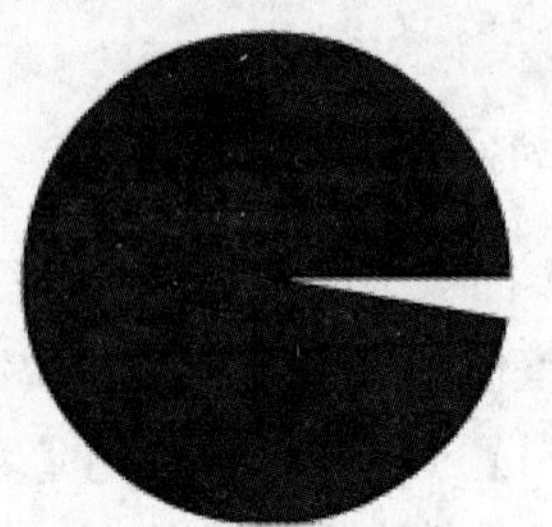

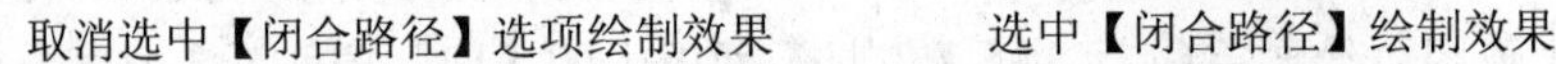

取消选中【闭合路径】选项绘制效果　　选中【闭合路径】绘制效果

图 2-9　设置【闭合路径】选项

- 【重置】：恢复【属性】面板中所有选项设置，并将在舞台上绘制的基本椭圆形状恢复为原始大小和形状。

在 Flash CS5 中，单击【椭圆】工具，将显示其他图形绘制工具，如图 2-10 所示。其中的【基本椭圆】工具在【椭圆】工具的基础上增加了两个椭圆节点。

与【基本矩形】工具的属性类似，使用【基本椭圆】工具可以绘制出更加易于控制和修改的椭圆形状。在工具箱中选择【基本椭圆】工具，按下鼠标左键并拖动，即可绘制出基本椭圆。绘制完成后，选择【工具】面板中的【部分选取】工具，拖动基本椭圆圆周上的控制点，可以调整完整性；拖动圆心处的控制点可以将椭圆调整为圆环，如图 2-11 所示。

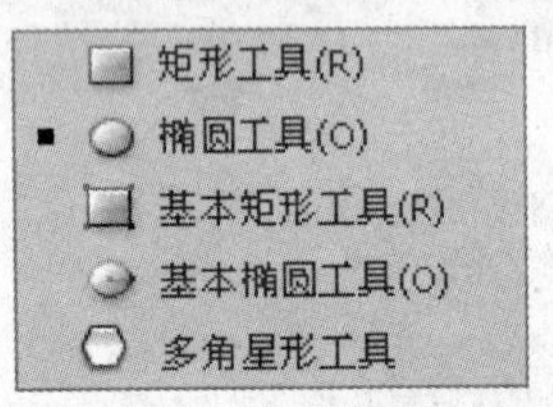

图 2-10　显示绘图工具

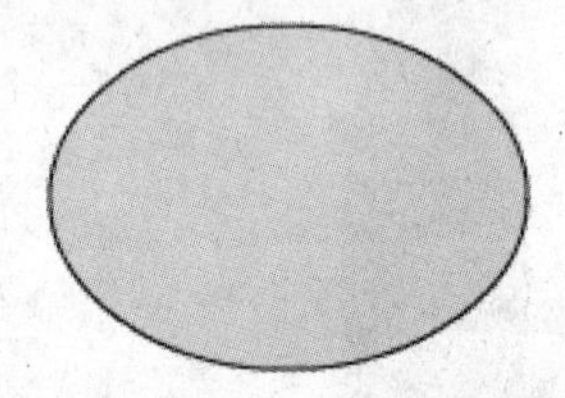

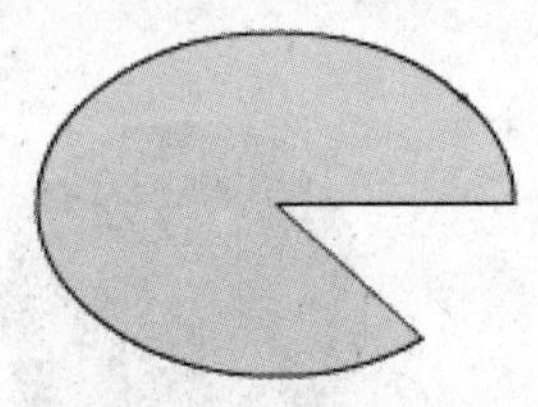

图 2-11　调整基本椭圆

【例 2-1】 使用【基本椭圆】工具绘制奥运五环旗图案。

(1) 启动 Flash CS5 应用程序，新建一个空白文档。

(2) 在工具箱中选择【基本椭圆】工具，在其【属性】面板中设置【笔触颜色】为【透明】，【填充颜色】为【蓝色】，笔触为 3，在【内径】文本框中输入 85，如图 2-12 所示。

(3) 按住 Shift 键在舞台中按住鼠标左键，拖动鼠标绘制一个正圆圆环形状，如图 2-13 所示。

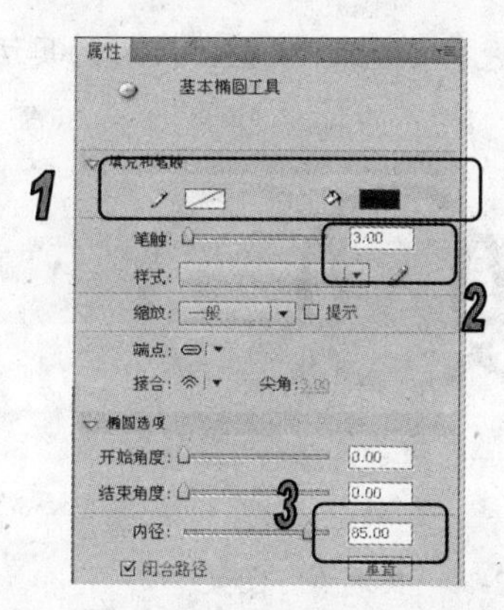

图 2-12　设置【基本椭圆】工具的属性

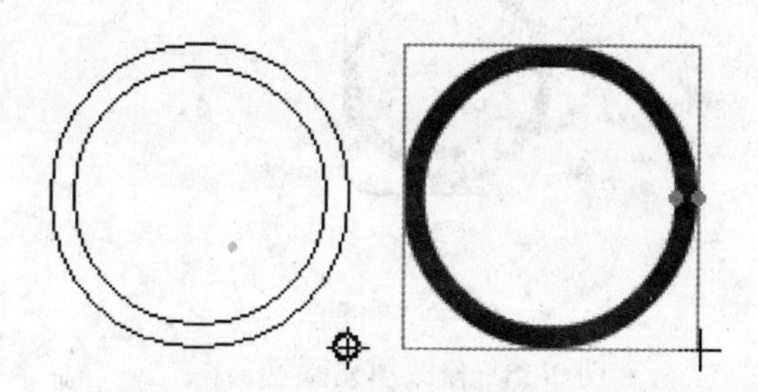

图 2-13　拖动鼠标绘制圆环

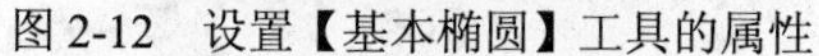

(4) 为了规范圆环的大小，在圆环绘制完毕后，在属性面板中的【宽】文本框中输入 137.5，在【高】文本框中也输入 137.5，如图 2-14 所示。

(5) 在工具箱上选择【选择】工具，选中舞台中的圆环形状，然后按住 Alt 键将其向右拖动并复制，如图 2-15 所示。

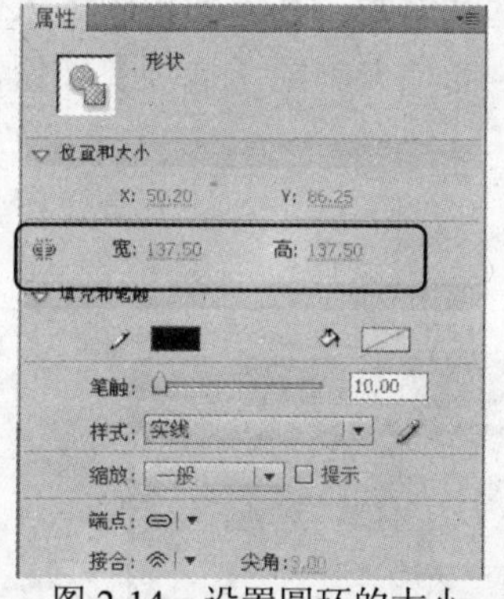

图 2-14　设置圆环的大小

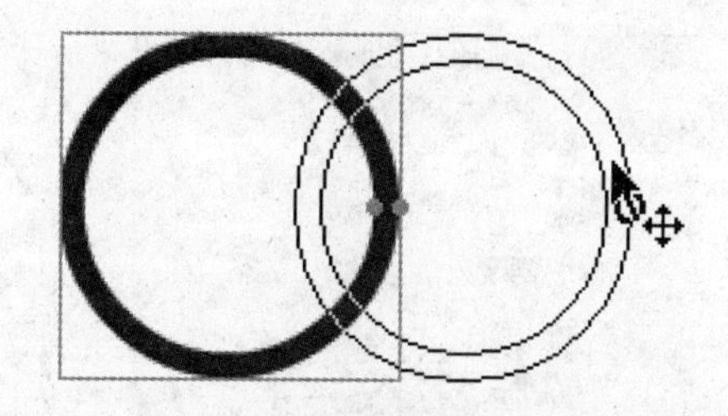

图 2-15　拖动鼠标复制圆环

(6) 参考步骤(4)的操作，将该圆环复制并拖到至不同位置组合成五环旗图形，效果如图 2-16 所示。

(7) 双击第 1 行中第 2 个圆环形状，将打开【编辑对象】对话框提示用户是否要将其转换为绘制对象，单击【确定】按钮，如图 2-17 所示。

图 2-16　组合后的图形

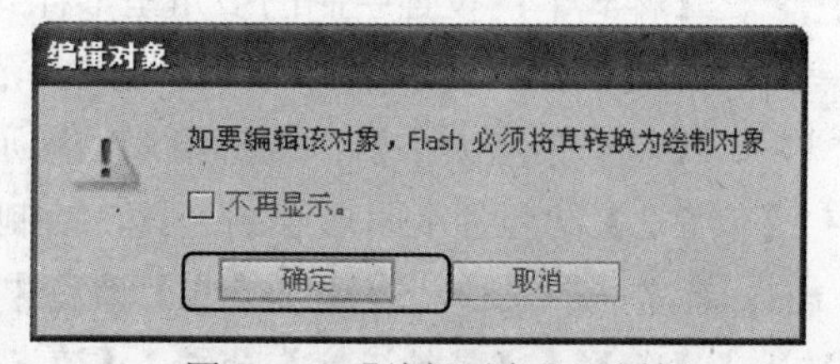

图 2-17　【编辑对象】对话框

(8) 进入对象的绘制模式后，再次选中圆环，在其属性面板中修改其填充颜色为【黑色】，如图 2-18 所示。

新世纪高职高专规划教材

(9) 参考之前操作，将其他圆环的填充颜色分别修改为红色、黄色、绿色，最后的奥运五环图案效果如图 2-19 所示。

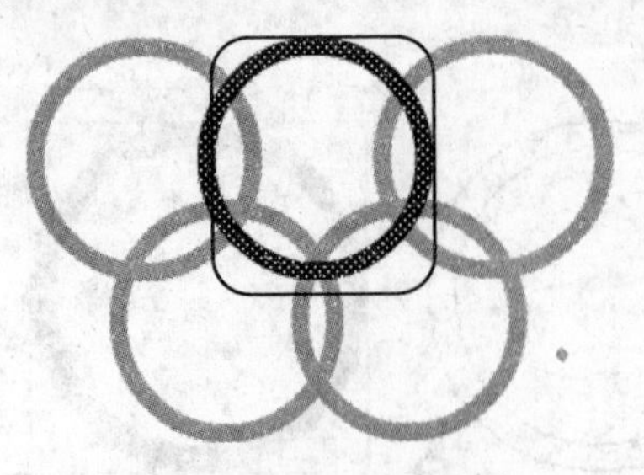

图 2-18　修改填充颜色

图 2-19　奥运五环图案

§ 2.1.4　使用【多角星形】工具

绘制几何图形时，【多角星形】工具也是常用工具。使用【多角星形】工具可以绘制多边形图形和多角星形图形，在实际动画制作过程中，这些图形很常用。

选择【多角星形】工具后，打开【属性】面板，如图 2-20 所示。在该面板中的大部分参数选项与之前介绍的图形绘制工具相同，单击【工具设置】选项卡中的【选项】按钮，可以打开【工具设置】对话框，如图 2-21 所示。

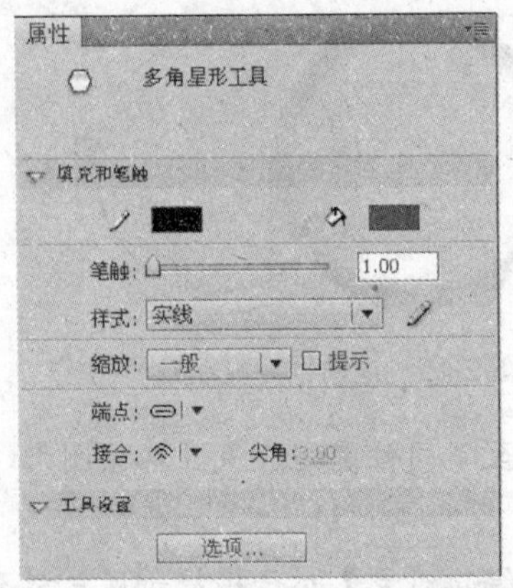

图 2-20　【多角星形】工具属性面板

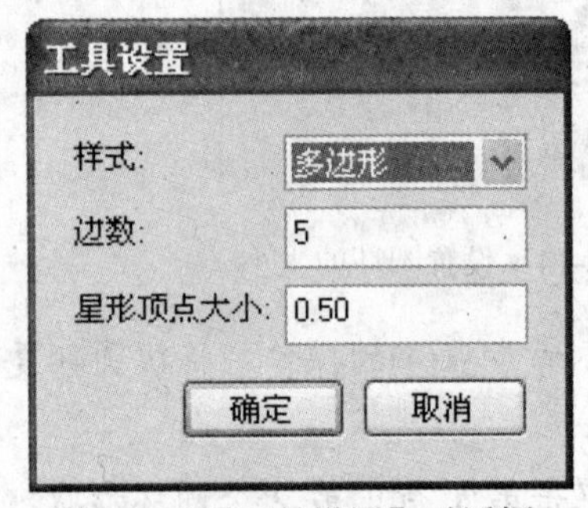

图 2-21　【工具设置】对话框

在【工具设置】对话框中的主要参数选项的具体作用如下。

- 【样式】：设置绘制的多角星形样式，可以选择【多边形】或【星形】选项。
- 【边数】：设置绘制的图形边数，范围为 3~32。
- 【星形顶点大小】：设置绘制的图形顶点大小。

【例 2-2】结合各个图形绘制工具，绘制一个篮球场示意图。

(1) 新建一个文档，选择【工具】面板中的【矩形】工具，在属性面板中设置【笔触颜色】为【黑色】、【笔触高度】为 5、【填充颜色】为【透明】，如图 2-22 所示。在设计区中绘制一个矩形图形，如图 2-23 所示。

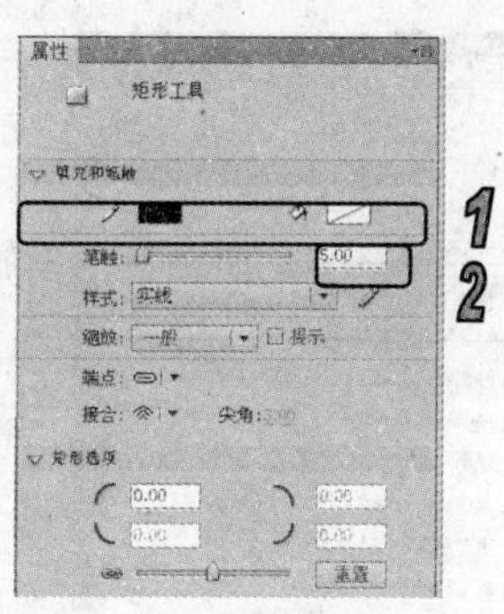

图 2-22　设置【属性】面板

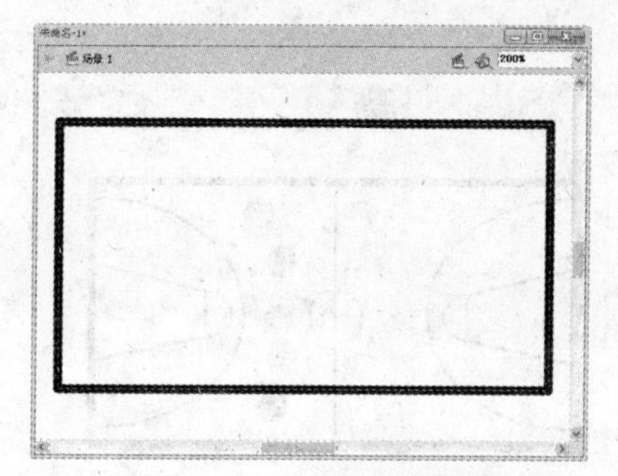

图 2-23　绘制矩形图形

(2) 选择【椭圆】工具，在【属性】面板中设置【笔触颜色】为【黑色】、【笔触高度】为 2，在矩形图形的右侧绘制一个正圆形，然后将其移动到如图 2-24 所示的位置。

(3) 参考步骤(2)，在左侧也绘制一个同样的圆形，然后将多余的线条擦除，如图 2-25 所示。

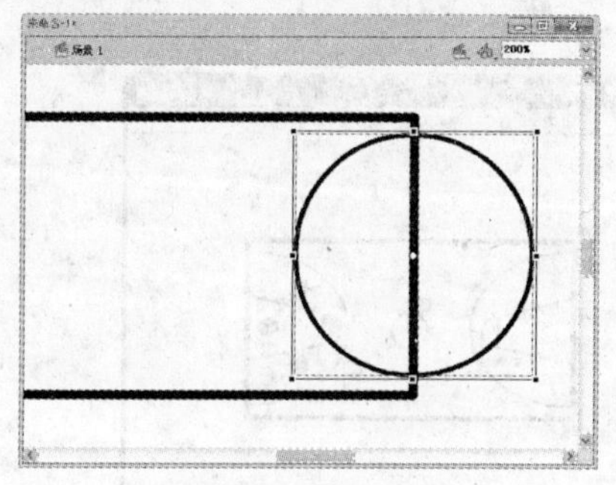

图 2-24　绘制圆形

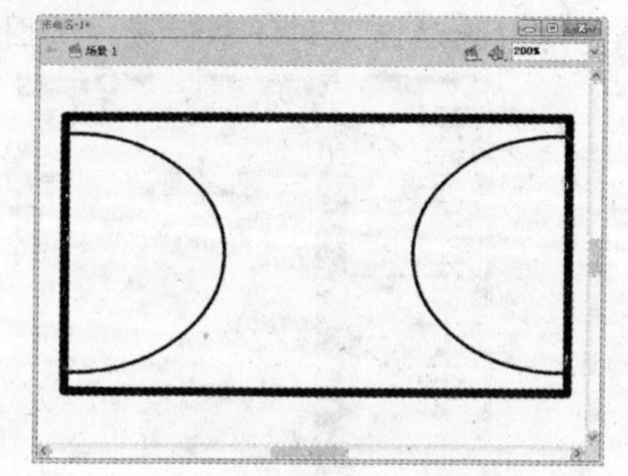

图 2-25　绘制三分线

(4) 选择【线条】工具，在矩形内绘制中线以及三秒犯规区域，如图 2-26 所示。

(5) 选择【基本椭圆】工具，在中央绘制一个正圆作为中圈，设置【起始角度】为 90、【结束角度】为 270，然后绘制两侧的罚球区，如图 2-27 所示。

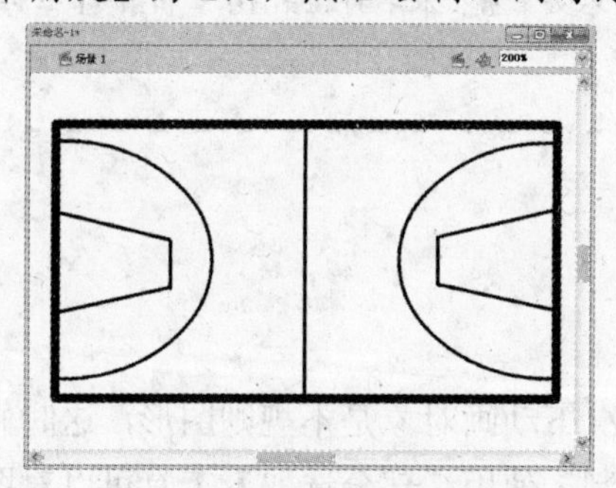

图 2-26　绘制三秒区

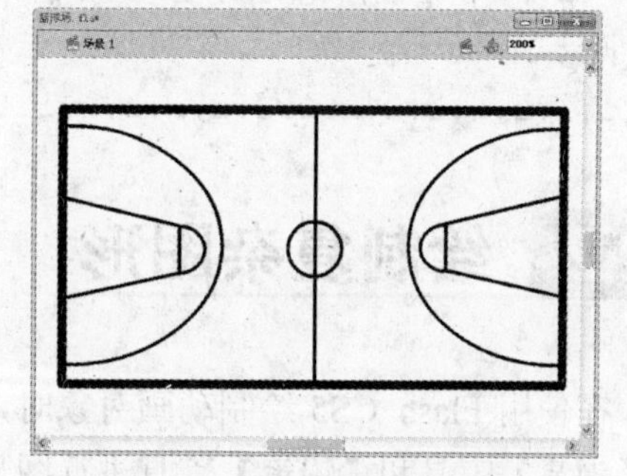

图 2-27　绘制中圈和罚球区

(6) 接下来可以绘制一些圆形图案作为球员标识，并可以根据喜好来安排阵容，如图 2-28 所示，一个简单篮球场示意图就在 Flash 中实现了。

(7) 将舞台中的圆形图案分别保存为元件，选中一个元件，然后选择【窗口】|【代码片断】命令，在打开的【代码片断】窗口中选择【动作】命令组下的【拖放】命令，如图 2-29 所示。

(8) 参照步骤(9)，将其他各元件选中并添加【拖放】命令。

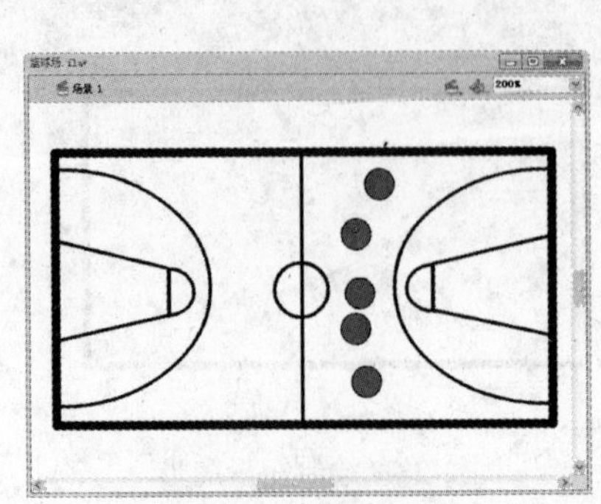

图 2-28　编排阵容

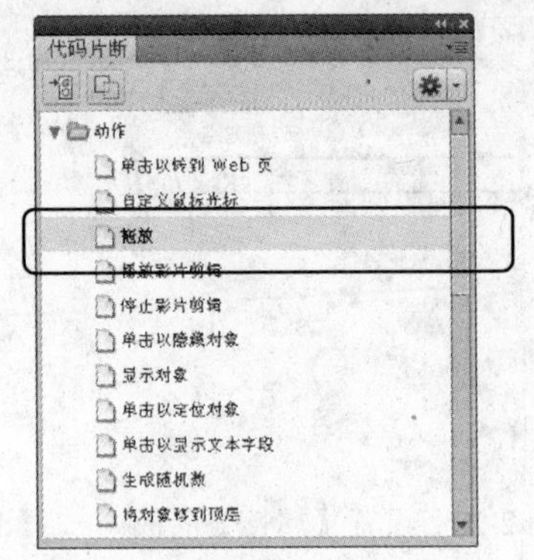

图 2-29　选择【拖放】命令

(9) 此时，Flash CS5 将会自动打开【动作-帧】对话框，显示添加的语言，如图 2-30 所示。

(10) 最后，将文档保存为“篮球场”，然后按下 Ctrl+Enter 组合键，查看动画效果，在动画中可以拖动圆圈到任意位置，如图 2-31 所示。

图 2-30　【动作-帧】对话框

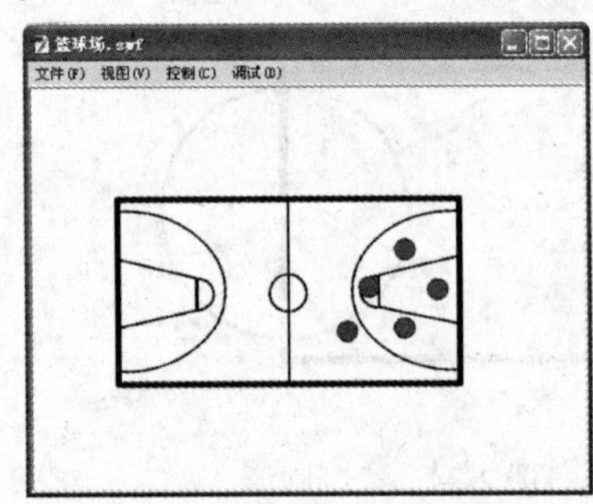

图 2-31　最终动画效果

提示

上例中有关动作脚本方面的知识读者可以参考学习，不必掌握，本书将在第 10 章和第 11 章详细讲解该内容。

2.2 绘制复杂图形

在使用 Flash CS5 绘制动画对象时，大多数情况下动画对象是不规则图形，这时候就需要【钢笔】工具和【铅笔】工具进行图形的自由绘制。使用【部分选取】工具可以对图形的节点进行调整，从而达到图形的创建和编辑。使用【橡皮擦】工具不仅可以帮助用户修改绘制错误，还可以编辑图形。

§ 2.2.1 使用【钢笔】工具

【钢笔】工具常用于绘制比较复杂、精确的曲线。在 Flash CS5 中的【钢笔】工具分为【钢笔】、【添加锚点】、【删除锚点】和【转换锚点】工具，如图 2-32 所示。

选择工具箱中的【钢笔】工具，当光标变为形状时，在设计区中单击确定起始锚点，然后选择合适的位置单击确定第 2 个锚点，此时，系统会在起点和第 2 个锚点之间自动连接一条直线。如果在创建第 2 个锚点时按下鼠标左键并拖动，会改变连接两锚点直线的曲率，使直线变为曲线，如图 2-33 所示。重复上述步骤，即可创建带有多个锚点的连续曲线。

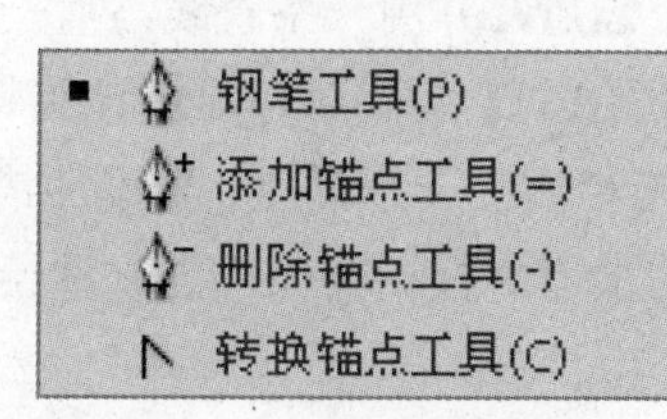

图 2-32　钢笔工具组的菜单

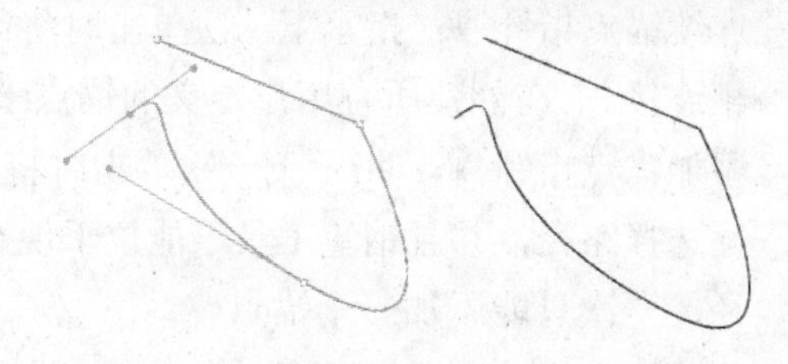

图 2-33　使用【钢笔】工具绘制曲线

提示

要结束开放曲线的绘制，可以双击最后一个绘制的锚点或单击工具箱中的【钢笔】工具，也可以按住 Ctrl 键单击舞台中的任意位置；要结束闭合曲线的绘制，可以移动光标至起始锚点位置上，当光标显示为形状时在该位置单击，即可闭合曲线并结束绘制操作。

在使用【钢笔】工具绘制曲线后，还可以对其进行简单编辑，如增加或删除曲线上的锚点。要在曲线上添加锚点，在工具箱中选择【添加锚点】工具，直接在曲线上单击即可，如图 2-34 所示。

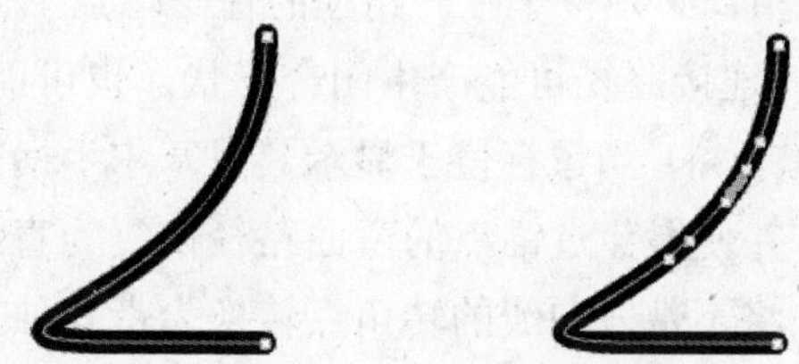

图 2-34　增加曲线锚点

要删除曲线上多余的锚点，在工具箱中选择【删除锚点】工具，直接在需要删除的锚点上单击即可。如果曲线只有两个锚点，在使用【删除锚点】工具删除了其中一个锚点后，整条曲线都将被删除。

使用【锚点转换】工具，可以转换曲线上的锚点类型。在工具箱中选择【转换锚点】工具，当光标变为形状时，移动光标至曲线上需操作的锚点位置单击，该锚点两边的曲线将转换为直线，如图 2-35 所示。

图 2-35　转换锚点

知识点

使用【钢笔】工具，还可以为使用其他图形工具绘制的曲线添加或删除锚点。

另外，使用【钢笔】工具时显示的不同指针反映其当前绘制状态，以下是指示各种绘制状态的指针。

- 初始锚点指针：选中【钢笔】工具后看到的第一个指针。指示下一次在舞台上单击时将创建初始锚点，它是新路径的开始(所有新路径都以初始锚点开始)。
- 连续锚点指针：指示下一次单击时将创建一个锚点，并用一条直线与前一个锚点相连接。在创建所有用户定义的锚点(路径的初始锚点除外)时，显示该指针。
- 添加锚点指针：指示下一次单击时将向现有路径添加一个锚点。要添加锚点，必须选择路径，并且钢笔工具不能位于现有锚点的上方。根据其他锚点，重绘现有路径，一次只能添加一个锚点。
- 删除锚点指针：指示下一次在现有路径上单击时将删除一个锚点。若要删除锚点，必须用选取工具选择路径，并且指针必须位于现有锚点的上方。根据删除的锚点，重绘现有路径，一次只能删除一个锚点。
- 连续路径指针：从现有锚点扩展新路径。要激活该指针，鼠标必须位于路径上现有锚点的上方。仅在当前未绘制路径时，该指针才可用。锚点未必是路径的终端锚点；任何锚点都可以是连续路径的位置。
- 闭合路径指针：在正绘制的路径的起始点处闭合路径。只能闭合当前正在绘制的路径，并且现有锚点必须是同一个路径的起始锚点。生成的路径没有将任何指定的填充颜色设置应用于封闭形状，单独应用填充颜色。
- 连接路径指针：除了鼠标不能位于同一个路径的初始锚点上方外，与闭合路径工具基本相同。该指针必须位于唯一路径的任一端点上方。可能选中路径段，也可能不选中路径段。连接路径可能产生闭合形状，也可能不产生闭合形状。
- 回缩贝塞尔手柄指针：当鼠标位于显示其贝塞尔手柄的锚点上方时显示。单击将回缩贝塞尔手柄，并使得穿过锚点的弯曲路径恢复为直线段。
- 转换锚点指针：将不带方向线的转角点转换为带有独立方向线的转角点。要启用转换锚点指针，可以使用 Shift + C 快捷键切换钢笔工具。

【例 2-3】结合各个图形绘制工具，绘制一个简单的水桶模型。

(1) 启动 Flash CS5 应用程序，新建一个空白文档。

(2) 在工具箱中选择【线条】工具，在舞台中绘制一个梯形，如图 2-36 所示。

(3) 然后在工具箱中选择【矩形】工具，在梯形中偏左上方绘制一个矩形图案，如图 2-37 所示。

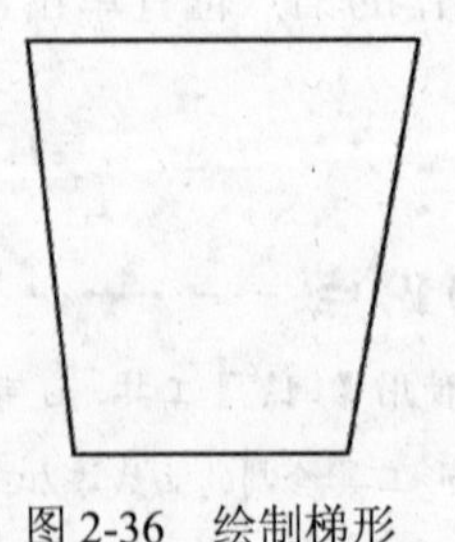
图 2-36　绘制梯形

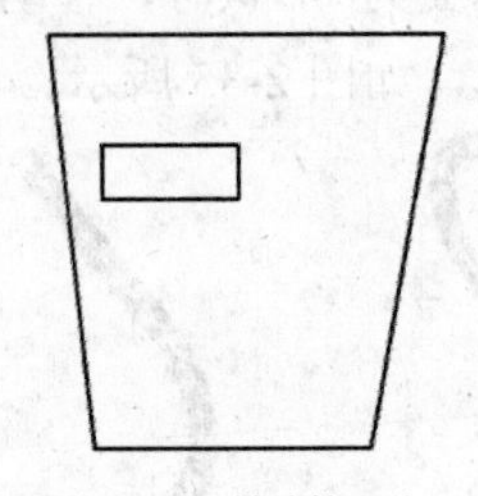
图 2-37　绘制矩形

(4) 使用【钢笔】工具，在矩形的右边中点和梯形的右上角两点之间创建一个曲线图案，如图 2-38 所示。

(5) 添加锚点，调整曲线的形状后，再使用【钢笔】工具，在矩形左边的中点和梯形的左上角之间创建一个曲线图案，如图 2-39 所示。

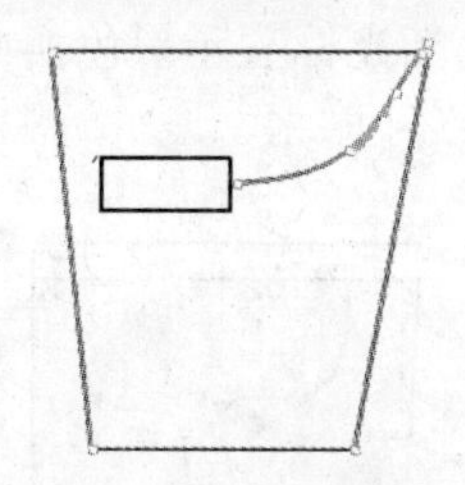

图 2-38　绘制右侧曲线

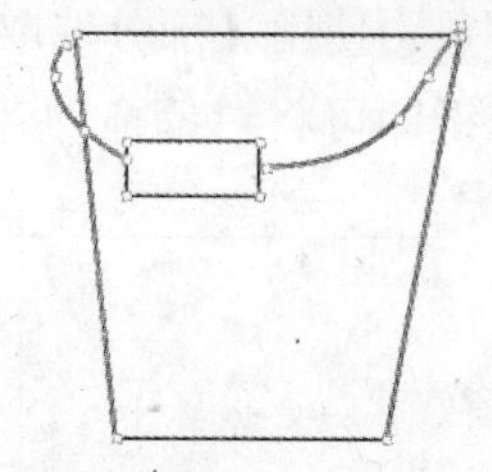

图 2-39　绘制左侧曲线

(6) 使用【选择】工具，将两段曲线略做调整，使其样式更加逼真，如图 2-40 所示。最后，用户可以使用【颜料桶】工具为不同的部分添加颜色，效果如图 2-41 所示。

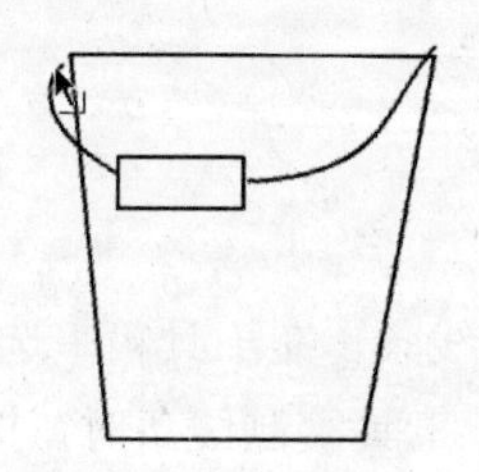

图 2-40　略微调整曲线

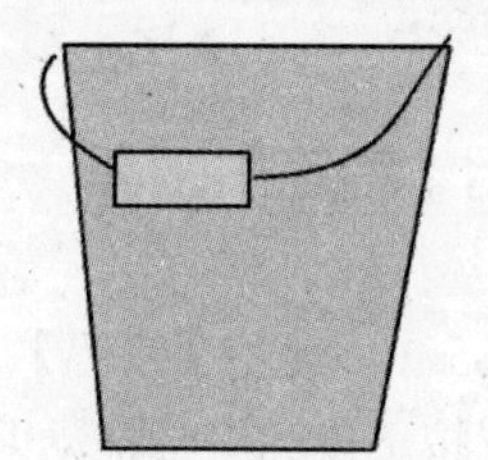

图 2-41　添加颜色

§ 2.2.2　使用【部分选取】工具

【部分选取】工具 主要用于选择线条、移动线条和编辑节点以及节点方向等。其使用方法和作用与【选择】工具 类似，区别在于，使用【部分选取】工具选中一个对象后，对象的轮廓线上将出现多个控制点，如图 2-42 所示，表示该对象已经被选中。

在使用【部分选取】工具选中路径之后，可对其中的控制点进行拉伸或修改，具体操作如下。

➢ 移动控制点：选择的图形对象周围将显示由控制点围成的边框，用户可以选择其中的一个控制点，此时，光标右下角会出现一个空白方块，拖动该控制点，可以改变图形轮廓，如图 2-43 所示。

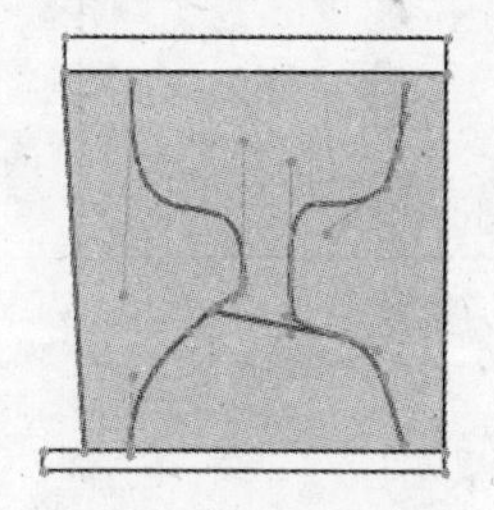

图 2-42　显示控制点

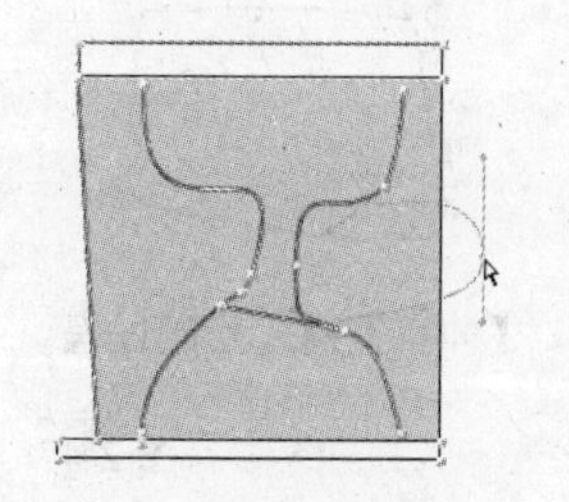

图 2-43　移动控制点

新世纪高职高专规划教材

- 改控制点曲度：可以选择其中一个控制点来设置图形在该点的曲度。选择某个控制点之后，该点附近将出现两个在此点调节曲形曲度的控制柄，此时，空心的控制点将变为实心，拖动这两个控制柄，可以改变长度或者位置以实现对该控制点的曲度控制。如图 2-44 所示。
- 移动对象：使用【部分选取】工具靠近对象，当光标显示黑色实心方块时，按下鼠标左键即可将对象拖动到所需位置，如图 2-45 所示。

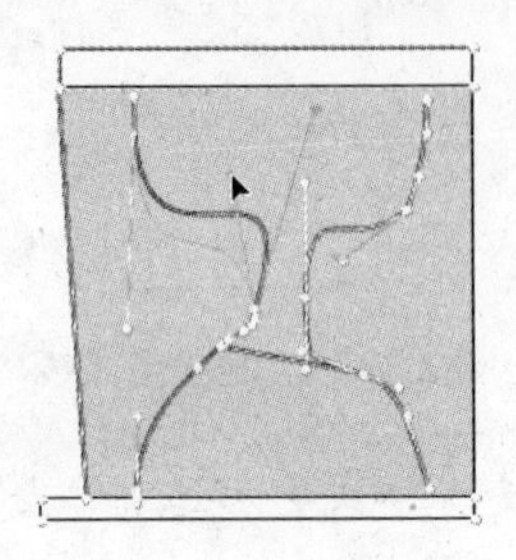

图 2-44 修改控制点曲度

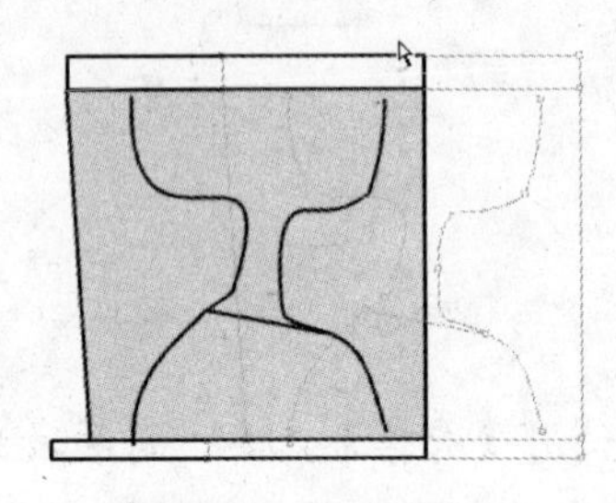

图 2-45 移动对象

§ 2.2.3 使用【铅笔】工具

在 Flash CS5 中，使用【铅笔】工具可以绘制任意线条。在工具箱中选择【铅笔】工具后，在所需位置按下鼠标左键拖动即可。使用【铅笔】工具绘制线条时，按住 Shift 键，可以绘制出水平或垂直方向的线条。

选择【铅笔】工具后，【工具】面板中会显示【铅笔模式】按钮。单击该按钮，会打开模式选择菜单。在该菜单中，可以选择【铅笔】工具的绘图模式，如图 2-46 所示。

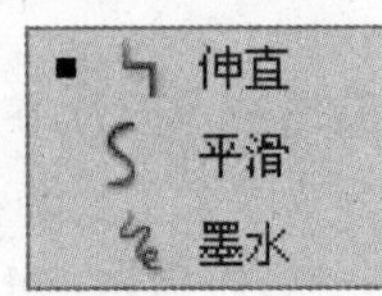

图 2-46 【铅笔模式】选择菜单

提示

使用【铅笔】工具，无法绘制出以 45° 为角度增量的线条。

【铅笔模式】选择菜单中的 3 个选项具体作用如下。

- 【伸直】：可以使绘制的线条尽可能地规整为几何图形。如图 2-47 所示为使用该模式绘制图形的效果。

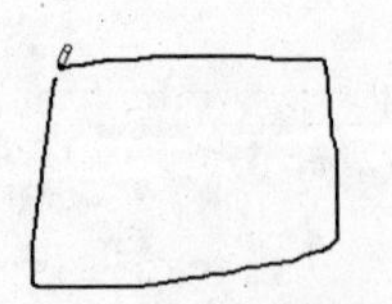

【伸直】模式绘制过程

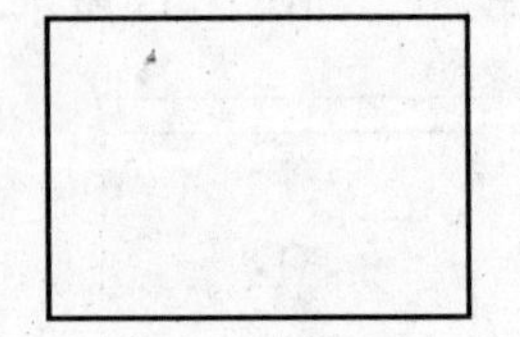

绘制效果

图 2-47 【伸直】模式绘制效果

新世纪高职高专规划教材

➢ 【平滑】：可以使绘制的线条尽可能地消除线条边缘的棱角，使绘制的线条更加光滑。如图 2-48 所示为使用该模式绘制图形的效果。

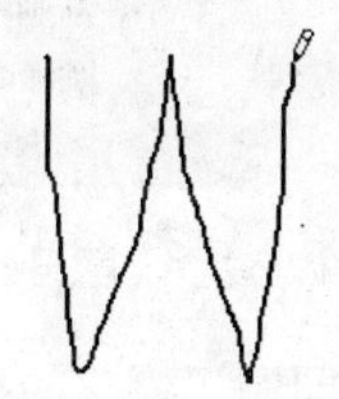

【平滑】模式绘制过程

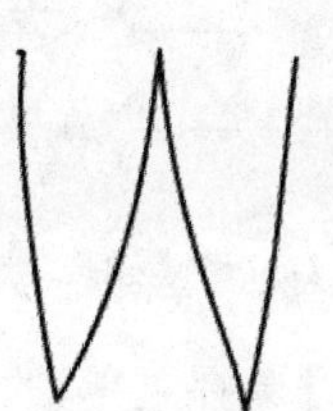

绘制效果

图 2-48　使用【平滑】模式绘制效果

➢ 【墨水】：可以使绘制的线条更接近手写的感觉，在舞台上可以任意勾画。如图 2-49 所示为使用该模式绘制图形的效果。

【墨水】模式绘制过程

绘制效果

图 2-49　使用【墨水】模式绘制效果

使用【铅笔】工具绘制线条时，在【属性】面板(如图 2-50 所示)中可以对所绘制的矢量线条的宽度、线型和颜色等属性进行设置。

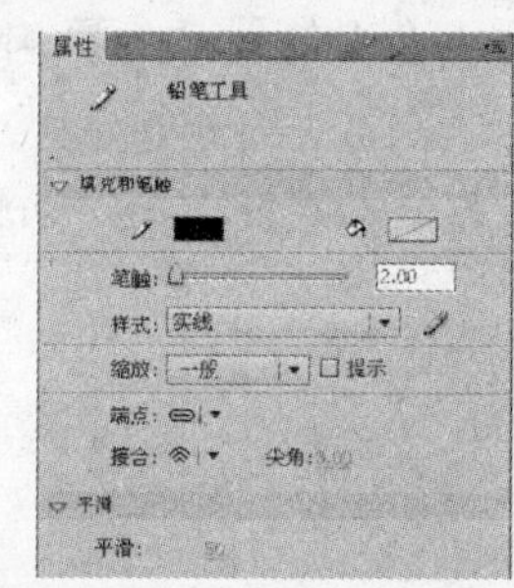

图 2-50　【铅笔】工具属性面板

提示

【铅笔】工具属性面板设置与【线条】工具属性面板设置类似，用户可以参考前文内容进行设置。

§ 2.2.4　使用【橡皮擦】工具

使用【橡皮擦】工具，可以快速擦除舞台中的任意矢量对象，包括笔触和填充区域。使用该工具时，可以在工具箱中自定义擦除模式，以便只擦除笔触、多个填充区域或单个填充区域；还可以在工具箱中选择不同的橡皮擦形状。

选择【橡皮擦】工具后，在工具箱中，可以设置【橡皮擦】工具属性，如图 2-51 所示。单击【橡皮擦模式】按钮，可以在打开的【模式选择】菜单中选择橡皮擦模式，如图 2-52 所示。

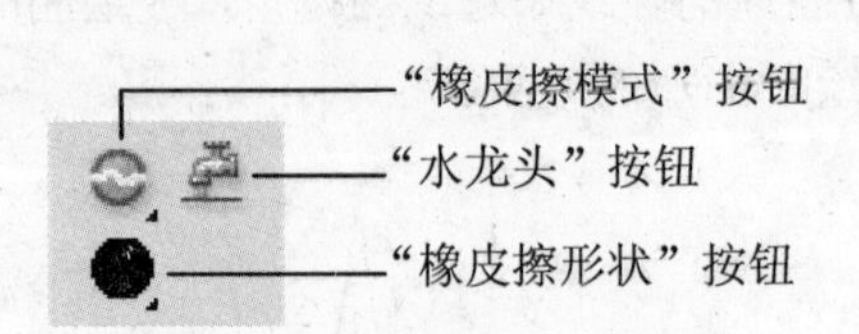

图 2-51 【橡皮擦】工具属性

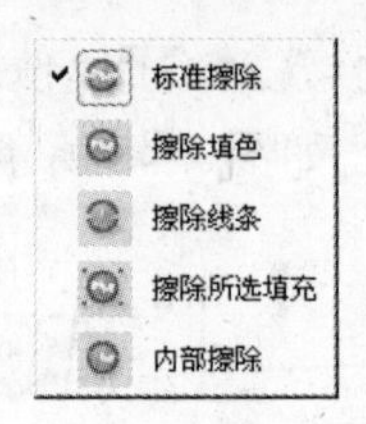

图 2-52 【模式选择】菜单

在【橡皮擦模式】选择菜单中，有 5 种刷子模式，使用不同刷子模式的擦除效果如图 2-53 所示。

图 2-53 橡皮擦的 5 种擦除效果

- 【标准擦除】模式：可以擦除同一图层中擦除操作经过区域的笔触及填充。
- 【擦除填色】模式：只擦除对象的填充，而对笔触没有任何影响。
- 【擦除线条】模式：只擦除对象的笔触，而不会影响到其填充部分。
- 【擦除所选填充】模式：只擦除当前对象中选定的填充部分，对未选中的填充及笔触没有影响。
- 【内部擦除】模式：只擦除【橡皮擦】工具开始处的填充，如果从空白点处开始擦除，则不会擦除任何内容。选择该种擦除模式，同样不会对笔触产生影响。

要快速删除舞台上的所有内容，可以双击【橡皮擦】工具；要快速删除笔触或填充区域，选择【橡皮擦】工具后，在工具箱中单击【水龙头】按钮，当光标变为形状后，单击需要删除的笔触或填充区域即可。

2.3 图形变形

对图形进行变形操作，可以调整图形在设计区中的比例，或者协调其与其他设计区中的元素关系。对象的变形主要包括翻转对象、缩放对象、任意变形对象、扭曲对象和封套对象等操作。

§ 2.3.1 使用【变形】菜单命令

选择了舞台上的图形对象以后，可以选择【修改】|【变形】命令打开【变形】子菜单，在该子菜单中选择需要的变形命令对图形进行变形操作，如图 2-54 所示。【变形】菜单中的命令选项，大多与【变形】面板中的按钮命令或【任意变形】工具相同。

在 Flash CS5 中，对图形进行变形操作时，图形的周围会显示一个淡蓝色的矩形边框，矩形边框的边缘最初与舞台的边缘平行对齐，用户使用该功能在图形变形时进行比较和参照，如图 2-55 所示。

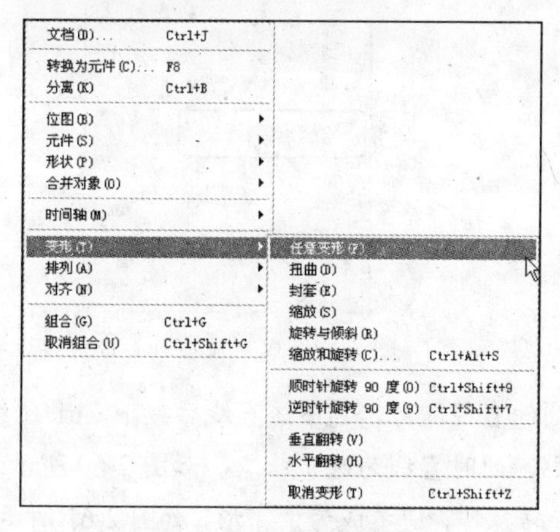

图 2-54　【变形】菜单命令

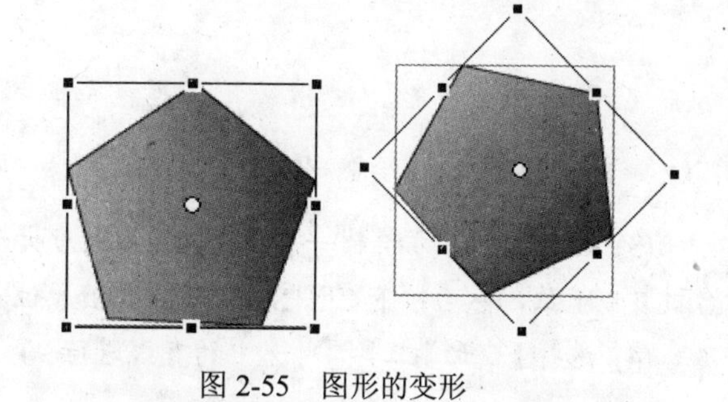

图 2-55　图形的变形

§ 2.3.2　使用【变形】面板

选择对象后，选择【窗口】|【变形】命令，可以打开【变形】面板，如图 2-56 所示。使用【变形】面板不仅可以对图形对象进行较为精准的变形操作，还可以利用其【重制选区和变形】的功能，依靠单一图形对象，创建出复合变形效果的图形。在【变形】面板中设置了旋转或倾斜的角度，单击【重制选区和变形】按钮 就可以复制对象了。图 2-57 所示为一个矩形以 30° 角进行旋转，单击【重制选区和变形】按钮后所创建的图形。

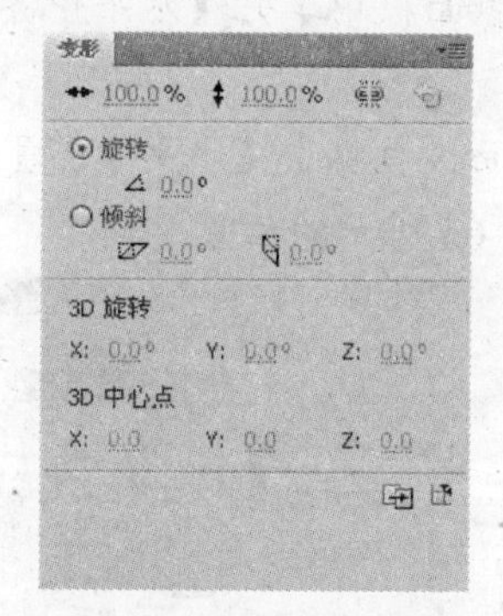

图 2-56　【变形】面板

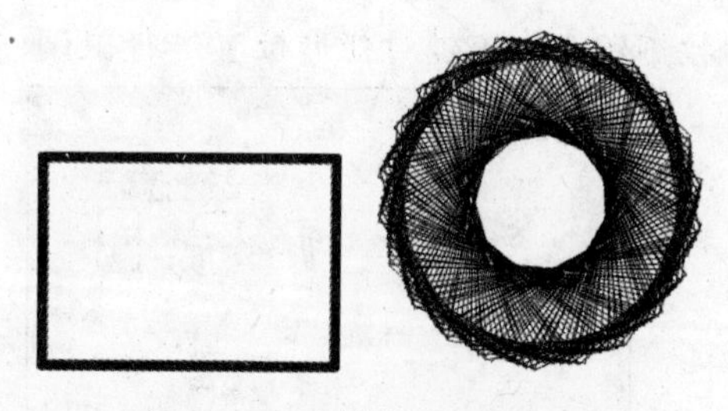

图 2-57　重制选区和变形

【例 2-4】通过【变形】面板的【重制选区和变形】功能，制作一个齿轮的模型。

(1) 新建一个空白文档，在工具箱中选择【椭圆】工具，在舞台中央绘制一个正圆形，笔触颜色为【黑色】，填充颜色为【透明色】，如图 2-58 所示。

(2) 选中圆形图形，然后按下 Ctrl+K 组合键打开【对齐】面板，选中【与舞台对齐】复选框，分别单击【水平中齐】和【垂直中齐】按钮，如图 2-59 所示。

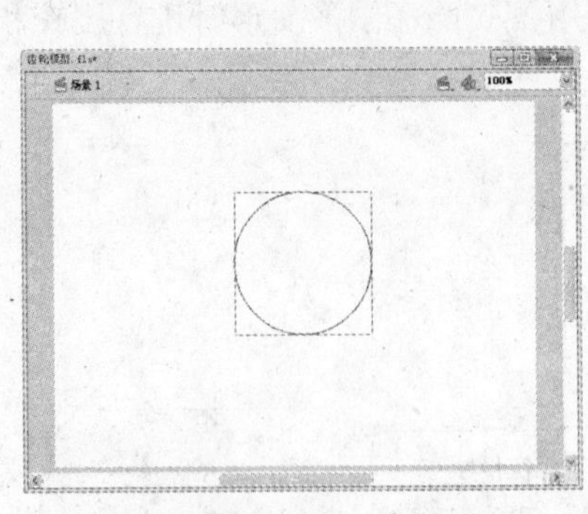

图 2-58　绘制一个圆形

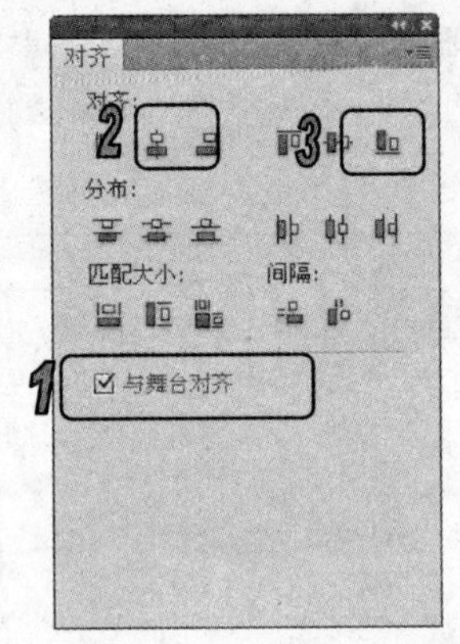

图 2-59　设置【对齐】面板

(3) 在圆形的上方绘制一条直线，直线长度大于圆的直径即可，选中该直线后按下 Ctrl+C 组合键复制直线，然后按下 Ctrl+Shift+V 组合键原位粘贴，此时直线为选中状态，如图 2-60 所示。

(4) 选择【变形】工具，对选中的直线进行 90° 旋转操作，使之成为十字形，如图 2-61 所示。

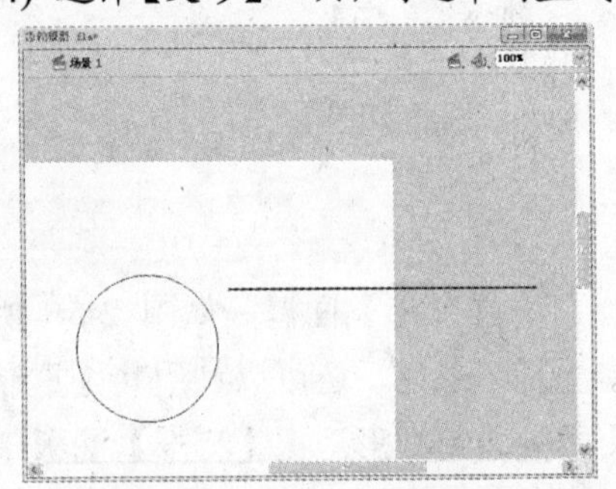

图 2-60　绘制一个圆形

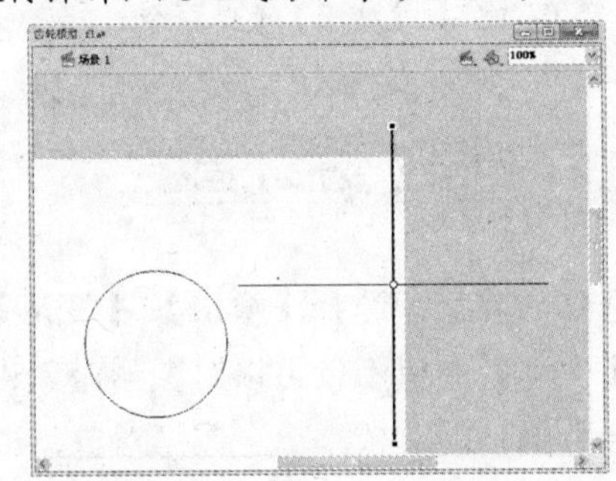

图 2-61　设置【对齐】面板

(5) 使用【选择】工具选中两条直线，然后在【对齐】面板中单击【水平中齐】和【垂直中齐】按钮使其居中，如图 2-62 所示。

(6) 在舞台中的任意位置创建一个矩形，在【对齐】面板中单击【水平中齐】按钮，然后按下键盘上下键对矩形位置进行微调，使其处于如图 2-63 所示的位置。

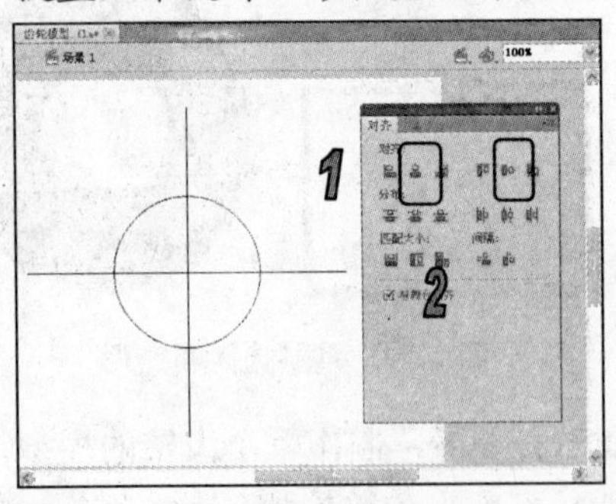

图 2-62　设置交叉线位置

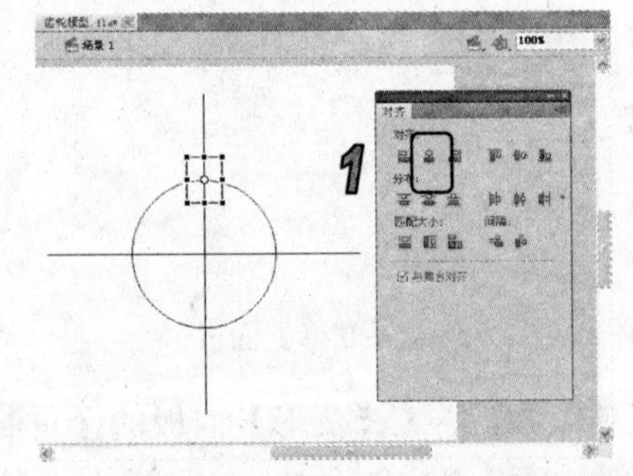

图 2-63　调整矩形位置

(7) 选择【任意变形】工具，将变形的中心点移至十字中心，如图 2-64 所示。

(8) 按 Ctrl+T 组合键调出变形面板，将旋转的度数设为 45°，然后连续按下下方的【重制选区和变形】按钮，可以看到矩形以 45° 的角度并以十字的中心为中心旋转复制出了多个矩形，如图 2-65 所示。

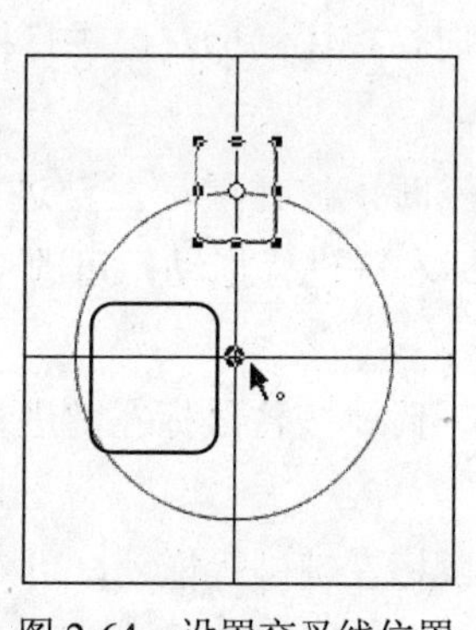

图 2-64　设置交叉线位置

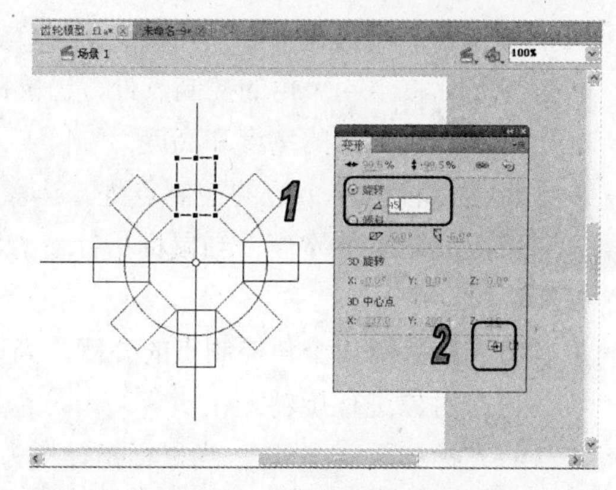

图 2-65　复制多个矩形

(9) 使用【选择】工具，选中不需要的内部线条后按下 Delete 键将其删除(用户可以按下 Ctrl+B 组合键先将图形打散)，形成如图 2-66 所示的图形。

(10) 使用【椭圆】工具，绘制一个直径较小的圆，然后使用【对齐】面板使其水平垂直居中于舞台，最后完成的效果如图 2-67 所示。

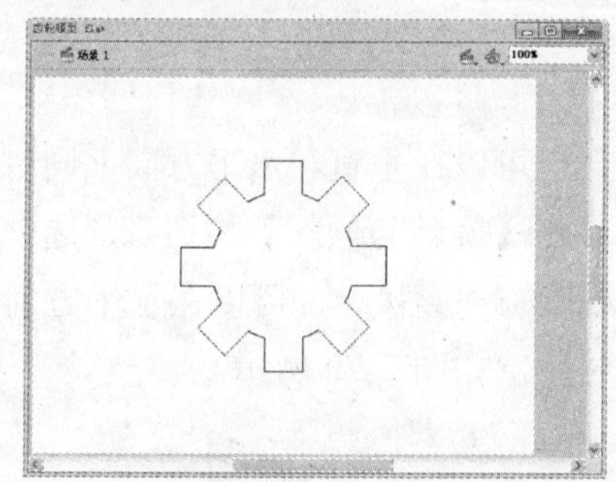

图 2-66　去掉多余线条

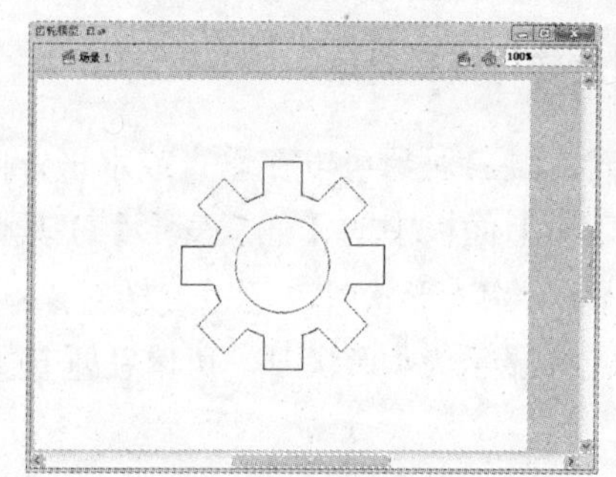

图 2-67　完成齿轮的制作

§ 2.3.3　使用【任意变形】工具

【任意变形】工具可以用来对对象进行旋转、扭曲和封套等操作。选择【工具】面板中的【任意变形】工具，在【工具】面板中会显示【贴紧至对象】、【旋转和倾斜】、【缩放】、【扭曲】和【封套】按钮，如图 2-68 所示。选中对象，在对象的四周会显示 8 个控制点■，在中心位置会显示 1 个变形点○，如图 2-69 所示。

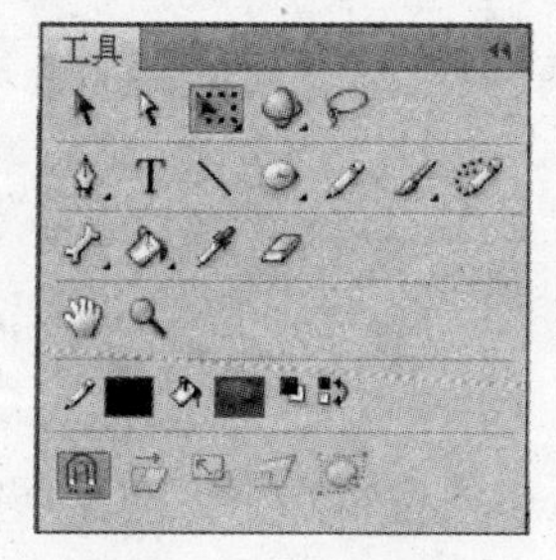

图 2-68　【工具】面板

图 2-69　使用【任意变形】工具选择对象

选中对象后，可以执行以下几种变形操作。

- 将光标移至 4 个角的控制点处，当鼠标指针变为 时，按住鼠标左键进行拖动，可同时改变对象的宽度和高度。
- 将光标移至 4 个边的控制点处，当鼠标指针变为↔时，按住鼠标左键进行拖动，可改变对象的宽度；当鼠标指针变为↕时，按住鼠标左键进行拖动，可改变对象的高度。
- 将光标移至 4 个角控制点的外侧，当鼠标指针变为 时，按住鼠标左键进行拖动，可对对象进行旋转。
- 将光标移至 4 个边，当鼠标指针变为 时，按住鼠标左键进行拖动，可对对象进行倾斜。
- 将光标移至对象上，当鼠标指针变为 时，按住鼠标左键进行拖动，可对对象进行移动。
- 将光标移至中心点的旁边，当鼠标指针变为 时，按住鼠标左键进行拖动，可改变对象中心点的位置。

1. 旋转与倾斜对象

旋转与倾斜对象可以在垂直或水平方向上缩放，也可以在垂直和水平方向上同时缩放。选择【工具】面板中的【任意变形】工具，然后单击【旋转与倾斜】按钮，选中对象，当光标显示为 形状时，可以旋转对象；当光标显示为 形状时，可以在水平方向倾斜对象；当光标显示为 形状时，可以在垂直方向倾斜对象，如图 2-70 所示。

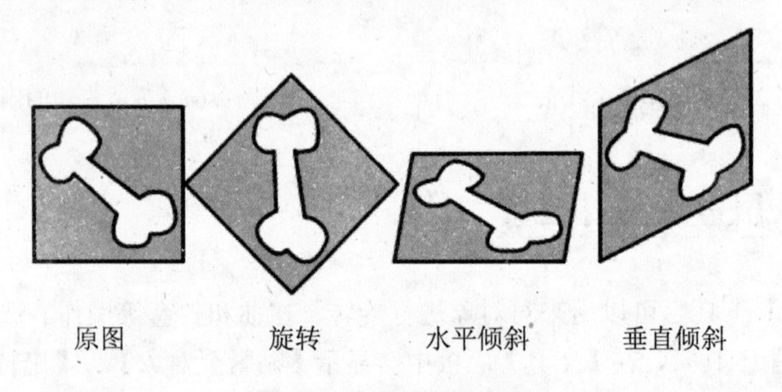

图 2-70　扭曲和锥化处理

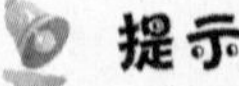

提示

【旋转与倾斜】和【缩放】按钮可应用于舞台中的所有对象，【扭曲】和【封套】按钮都只适用于图形对象或分离后的图像。

2. 缩放对象

缩放对象可以在垂直或水平方向上缩放，还可以在垂直和水平方向上同时缩放。选择【工具】面板中的【任意变形】工具，然后单击【缩放】按钮，选中要缩放的对象，对象四周会显示框选标志，拖动对象某条边上的中点可将对象进行垂直或水平的缩放，拖动某个顶点，则可以使对象在垂直和水平方向上同时进行缩放，如图 2-71 所示。

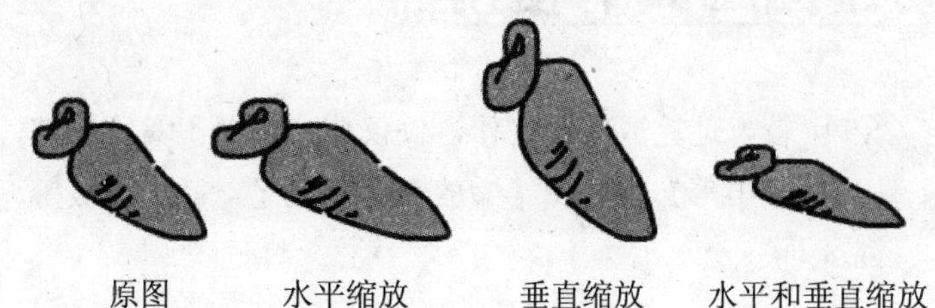

图 2-71 缩放对象

提示

对对象进行垂直和水平方向缩放时，按住 Shift 键，可以等比例缩放对象。

3. 扭曲对象

扭曲对象可以对对象进行锥化处理。选择【工具】面板中的【任意变形】工具，然后单击【扭曲】按钮，要对选定对象进行扭曲变形，可以在光标变为▷形状时，拖动边框上的角控制点或边控制点来移动该角或边；在拖动角手柄时，按住 Shift 键，当光标变为 形状时，可对对象进行锥化处理，如图 2-72 所示。

图 2-72 扭曲和锥化处理

4. 封套对象

封套对象可以对对象进行任意形状的修改。选择【工具】面板中的【任意变形】工具，然后单击【封套】按钮，选中对象，在对象的四周会显示若干控制点和切线手柄，拖动这些控制点及切线手柄，即可对对象进行任意形状的修改，如图 2-73 所示。

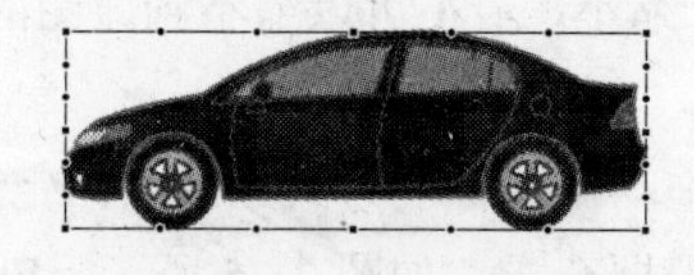

显示控制点和切线手柄

封套对象操作

图 2-73 封套处理对象

2.4 辅助绘图工具的使用

若要在 Flash CS5 中较好地完成绘图工作，仅仅依靠绘图工具还不够，用户必须能够熟练使用绘图辅助工具，如【手形】工具、【缩放】工具及【对齐】面板等，这些工具在绘图时经常会用到。

§ 2.4.1 使用【手形】工具

当视图被放大或者舞台面积较大，整个场景无法在视图窗口中完整显示时，用户要查看场景中的某个局部，就可以使用【手形】工具。

选择【工具】面板中的【手形】工具，将光标移至设计区，当光标变为形状时，按住鼠标拖动，可以调整舞台在视图窗口中的位置，如图 2-74 所示。

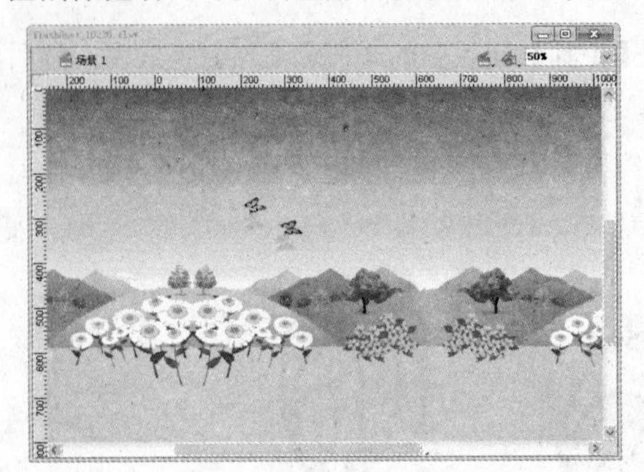
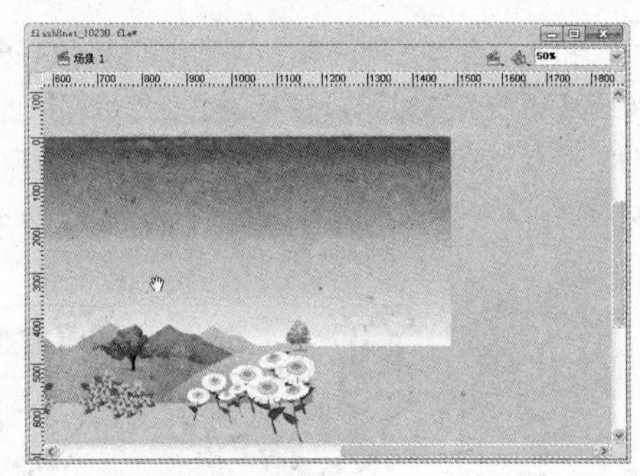

图 2-74　使用【手形】工具调整视图

§ 2.4.2 使用【缩放】工具

【缩放】工具是最基本的视图查看工具，用于缩放视图的局部和全部。

选择【工具】面板中的【缩放】工具，在【工具】面板中会出现【放大】按钮和【缩小】按钮。单击【放大】按钮后，光标在设计区中显示形状，单击即可以当前视图比例的 2 倍进行放大，最大可以放大到原图的 20 倍；单击【缩小】按钮，光标在设计区中显示形状，在舞台中单击可以按当前视图比例的 1/2 进行缩小，最小可以缩小到原图的 8%。当视图无法再进行放大和缩小时，光标呈形状。

此外，在选择【缩放】工具后，在设计区中以拖动矩形框的方式来放大指定区域，放大的比例可以通过舞台右上角的【视图比例】下拉列表框查看，如图 2-75 所示。Flash CS5 支持的最大放大比例为 2000%。

图 2-75　查看视图比例

知识点

在使用【放大镜】工具框选对象时只能将对象放大，该操作和选择【放大】按钮和【缩小】按钮无关。

§ 2.4.3　使用【对齐】面板

打开【对齐】面板，在该面板中可以进行排列对象操作，当舞台中有多个对象需要进行对齐与分布操作时该功能尤为重要，选择【窗口】|【对齐】命令，或按下 Ctrl+K 组合键都可以打开【对齐】面板，如图 2-76 所示。选中对象后，在【对齐】面板中按下相应的按钮可以对对象进行各种排列和分布操作。

【对齐】子菜单也可以对对象进行排列和分布操作，选择【修改】|【对齐】命令，可以打开如图 2-77 所示的【对齐】子菜单，该子菜单上的命令大多与【对齐】面板中的按钮相对应。

提示

【对齐】子菜单中的命令没有【对齐】面板中的丰富，而且在实际绘图操作中不如【对齐】面板使用方便，所以建议用户在排列和分布对象时，尽量使用【对齐】面板。

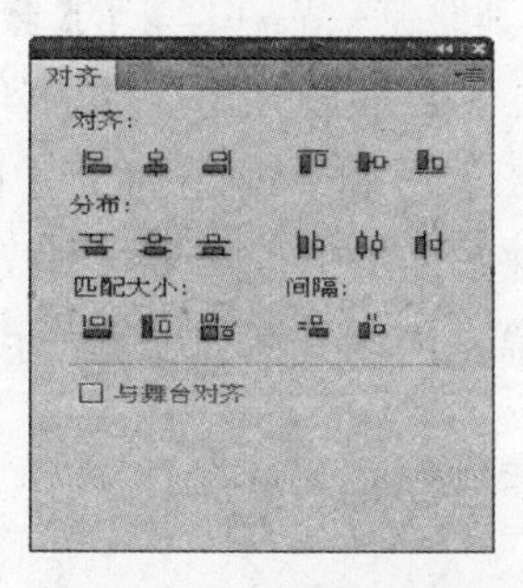

图 2-76　【对齐】面板

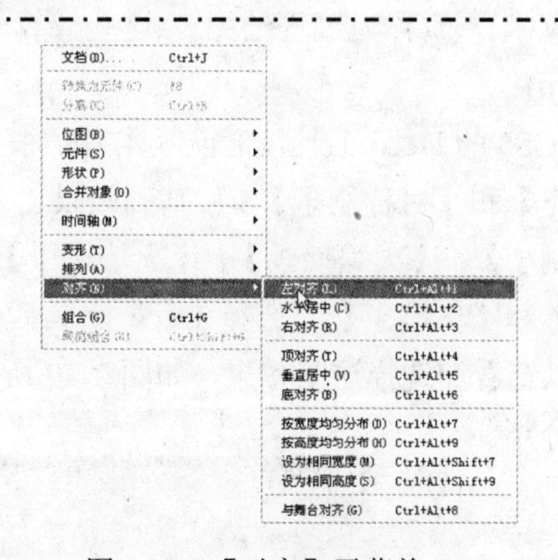

图 2-77　【对齐】子菜单

【对齐】面板中包含很多命令按钮及选项，它们的主要功能如下。

- 单击【对齐】面板中【对齐】选项区域中的【左对齐】、【水平中齐】、【右对齐】、【上对齐】、【垂直中齐】和【底对齐】按钮，可设置对象的不同方向对齐方式。

- 单击【对齐】面板中【分布】选项区域中的【顶部分布】、【垂直居中分布】、【底部分布】、【左侧分布】、【水平居中分布】和【右侧分布】按钮，可设置对象不同方向的分布方式。
- 单击【对齐】面板中【匹配大小】区域中的【匹配宽度】按钮，可使所有选中的对象与其中最宽的对象宽度相匹配；单击【匹配高度】按钮，可使所有选中的对象与其中最高的对象高度相匹配；单击【匹配宽和高】按钮，将使所有选中的对象与其中最宽对象的宽度和最高对象的高度相匹配。如图 2-78 所示是将对象进行匹配宽度和匹配高度操作。

图 2-78　匹配宽度和匹配高度操作

- 单击【对齐】面板中【间隔】区域中的【垂直平均间隔】和【水平平均间隔】按钮，可使对象在垂直方向或水平方向上等间距分布。
- 选中【对齐】面板中的【与舞台对齐】复选框，可以使对象以设计区为标准，进行对象的对齐与分布设置；如果取消选中该复选框，则以选择的对象为标准进行对象的对齐与分布。

2.5 Deco 装饰性绘画工具

Deco 工具是装饰性绘画工具，可以将创建的图形形状转变为复杂的几何图案。Deco 工具使用算术计算(称为过程绘图)。这些计算将应用于【库】面板中创建的【影片剪辑】或【图形】元件。

Flash CS5 的 Deco 工具较之前版本有了很大的扩展，其绘制效果在原来的【藤蔓式填充】、【网格填充】和【对称刷子】3 种基础效果之上，又添加了【3D 刷子】、【建筑物刷子】、【装饰性刷子】、【火焰动画】、【火焰刷子】、【花刷子】、【闪电刷子】、【粒子系统】、【烟动画】和【树刷子】。选择 Deco 工具后，在【属性】面板中打开【绘制效果】下拉列表框，可以查看和选择这些效果，如图 2-79 所示。限于篇幅，本节仅就几个常用的装饰绘画效果进行介绍。

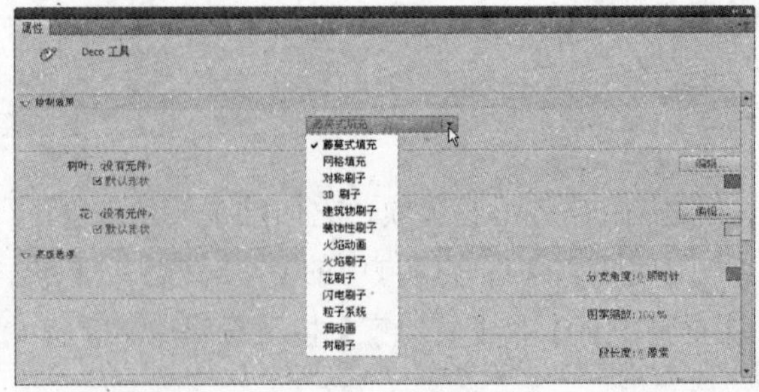

图 2-79　Deco 工具的【绘制效果】下拉列表框

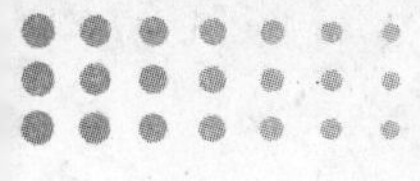

§ 2.5.1　Deco 工具

在【绘制效果】下拉列表框中选择【藤蔓式填充】效果，可以用藤蔓式图案填充设计区、元件或封闭区域。用户还可以选择【库】中的元件替换叶子和花朵的插图，生成的图案将包含在影片剪辑中，而影片剪辑本身包含组成图案的元件。该效果的【属性】面板如图 2-80 所示，在【属性】面板中设置完毕后，在舞台中单击，即可完成藤蔓效果的应用，默认情况下的绘制效果如图 2-81 所示。

提示

几乎所有的 Deco 绘图效果都支持元件替换填充元素的功能，该功能可以使用户用自己喜欢的元件图案来进行效果填充，否则系统将会采用默认形状填充。

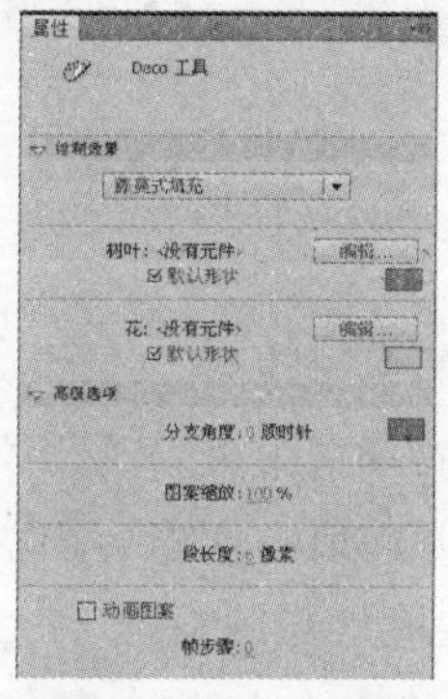

图 2-80　【藤蔓式填充】效果的属性面板

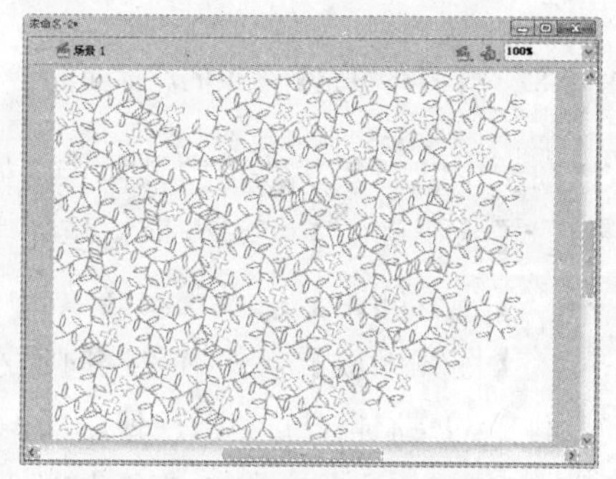

图 2-81　【藤蔓式填充】效果

在【藤蔓式填充】效果【属性】面板中，主要参数选项的具体作用如下。

- 【分支角度】：设置分支图案的角度。
- 【分支颜色】：设置用于分支的颜色。
- 【图案缩放】：缩放操作会使对象同时沿水平方向和垂直方向放大或缩小。
- 【段长度】：设置花朵节点之间的段的长度。
- 【动画图案】：设置的每次迭代都绘制到时间轴中的新帧。在绘制花朵图案时，此选项将创建花朵图案的逐帧动画序列。
- 【步骤】：设置效果时每秒要横跨的帧数。

§ 2.5.2　网格式填充

选择【网格填充】效果，可以以元件填充设计区、元件或封闭区域。将网格填充绘制到设计区中，如果移动填充元件或调整其大小，则网格填充将随之移动或调整大小。使用【网格填充】效果，可以创建棋盘图案、平铺背景或自定义图案填充的区域或形状。对称效果的默认元件大小为 25×25 像素、无笔触的黑色矩形形状。

选择 Deco 工具，在【属性】面板中选择【网格填充】效果，打开该效果【属性】面板，如图 2-82 所示。

在【网格填充】效果下，用户可以添加 4 种元件，打开【高级选项】下拉列表框，还可以使用【平铺图案】、【砖形图案】和【楼层模式】3 种网格填充效果，如图 2-83 所示。

图 2-82 【网格填充】效果的属性面板

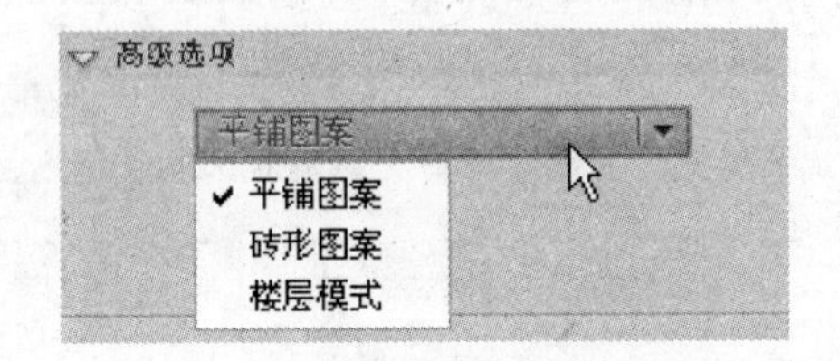

图 2-83 多种平铺效果

该面板中的主要参数选项具体作用如下。

- 【水平间距】：设置网格填充中所用形状之间的水平距离(以像素为单位)。
- 【垂直间距】：设置网格填充中所用形状之间的垂直距离(以像素为单位)。
- 【图案缩放】：使对象同时沿水平方向和垂直方向放大或缩小。

【例 2-5】新建一个文档，使用【网格填充】效果绘制迷彩图案。

(1) 新建一个文档，在工具箱中选择【矩形】工具，在舞台上绘制 4 个同样大小的矩形形状，其填充颜色分别为黑色、绿色、蓝色和红色，如图 2-84 所示。

(2) 分别选中 4 个方块图形，然后按下 F8 快捷键，将其转换为元件 1、元件 2、元件 3 和元件 4 图形元件，如图 2-85 所示。

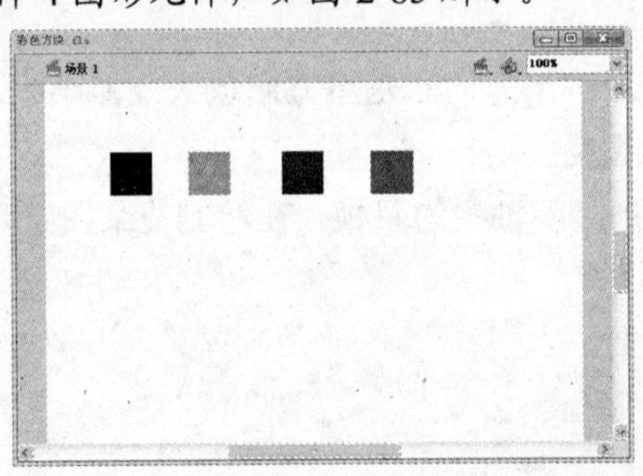

图 2-84 【网格填充】效果的属性面板

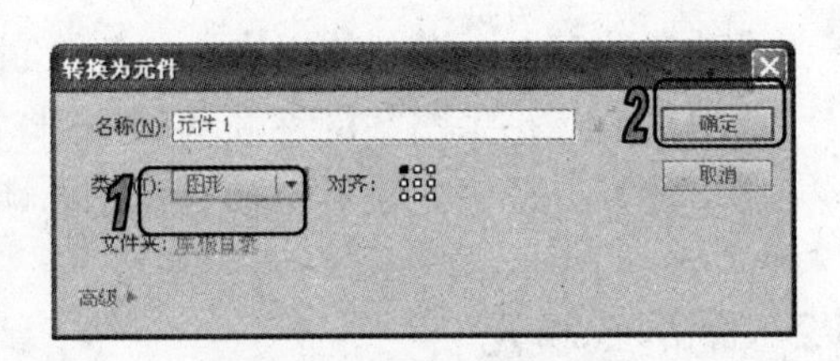

图 2-85 多种平铺效果

(3) 在工具箱中选择 Deco 工具，在其【属性】面板中选择【网格填充】效果，然后单击【平铺 1】选项后的【编辑】按钮，在打开的【选择元件】对话框中选择【元件 1】选项，然后单击【确定】按钮，如图 2-86 所示。

(4) 参照步骤(3)，将【平铺 2】、【平铺 3】和【平铺 4】分别赋予【元件 2】、【元件 3】和【元件 4】，然后在高级选项中设置排列方式为【平铺图案】，再选中【随机顺序】复选框，设置【水平间距】和【垂直间距】为 0 像素，如图 2-87 所示。

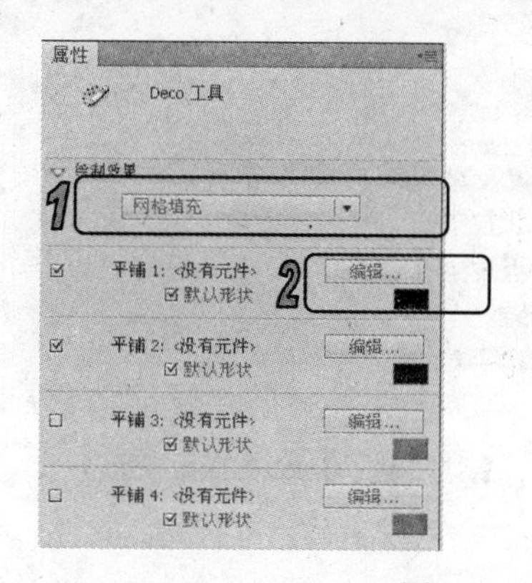

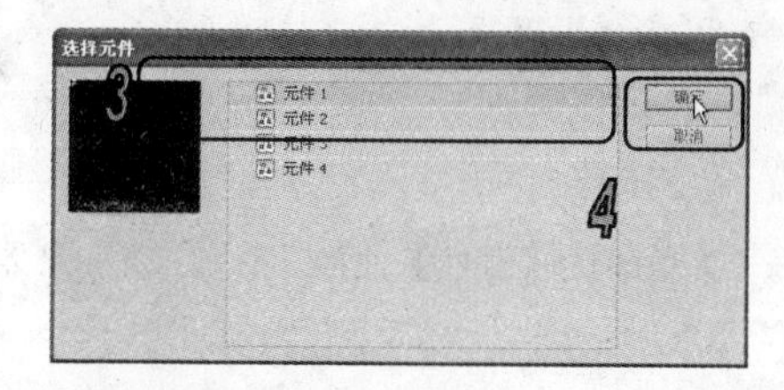

图 2-86 【网格填充】效果的属性面板

(5) 使用光标在舞台上单击，即可创建迷彩图案，效果如图 2-88 所示。

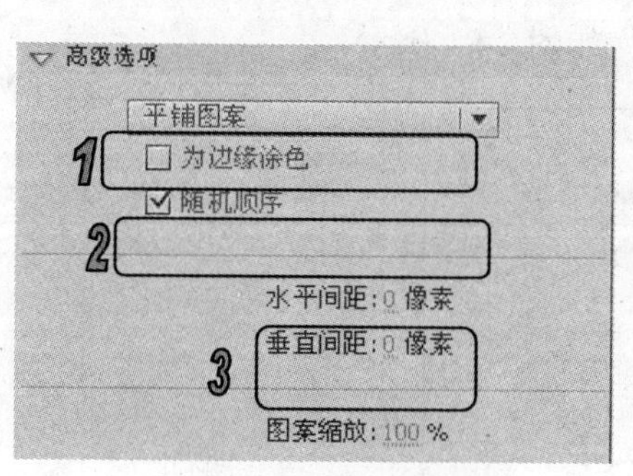

图 2-87 设置高级选项

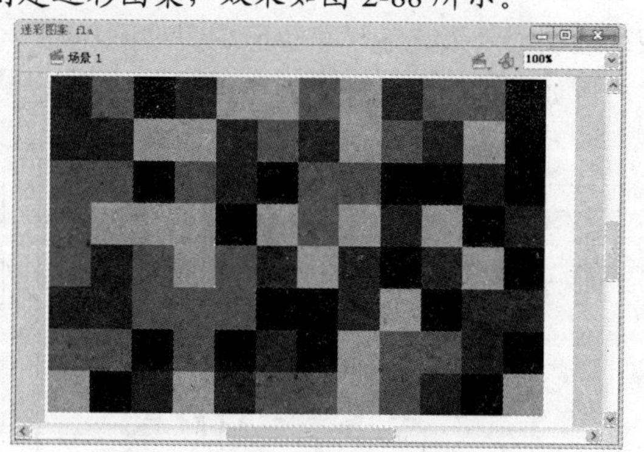

图 2-88 迷彩图案效果

§ 2.5.3 对称刷子效果

选择对称效果，可以围绕中心点对称排列元件。在设计区中绘制元件时，将显示一组手柄。可以使用手柄通过增加元件数、添加对称内容或者编辑和修改效果的方式来控制对称效果。使用对称效果，可以创建圆形界面元素(如模拟钟面或刻度盘仪表)和旋涡图案。对称效果的默认元件大小为 25×25 像素、无笔触的黑色矩形形状。

选择 Deco 工具，在【属性】面板中选择【对称刷子】效果，打开该效果【属性】面板，如图 2-89 所示。在【对称刷子】效果【属性】面板中显示该效果的高级选项，可以设置【旋转】、【跨线反射】、【跨点反射】和【网格平移】4 个选项，如图 2-90 所示。

以上选项的具体介绍如下。

- 【旋转】：围绕指定的固定点旋转对称中的形状。默认参考点是对称的中心点。若要围绕对象的中心点旋转对象，按圆形运动进行拖动即可。
- 【跨线反射】：围绕指定的不可见线条等距离翻转形状。
- 【跨点反射】：围绕指定的固定点等距离放置两个形状。
- 【网格平移】：使用按对称效果绘制的形状创建网格。每次在舞台上单击 Deco 工具，都会创建形状网格。使用由对称刷子手柄定义的 x 和 y 轴坐标调整形状网格的高度和宽度。

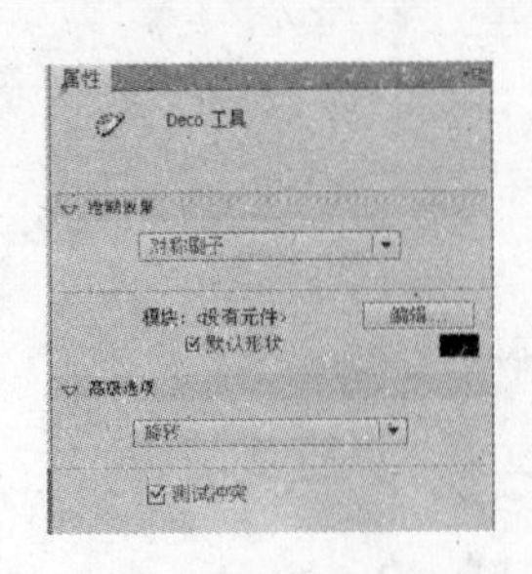

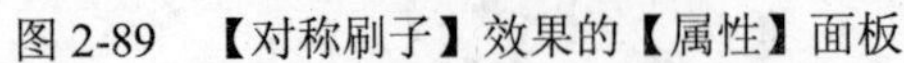

图 2-89 【对称刷子】效果的【属性】面板

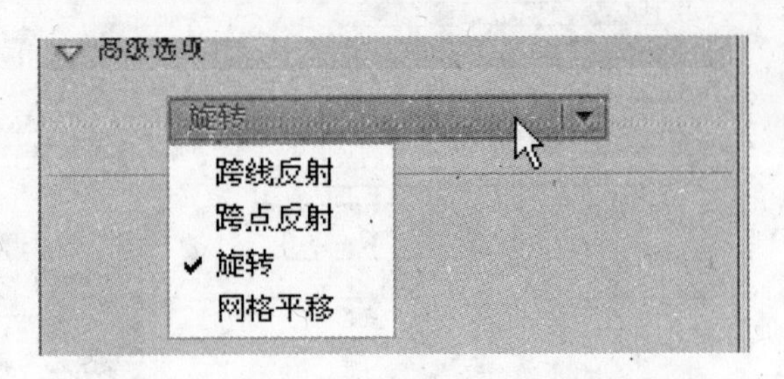

图 2-90 【对称刷子】效果的高级选项

§ 2.5.4 装饰性刷子效果

装饰性刷子效果在进行 Flash 绘图时很有用，可以通过应用装饰性刷效果，绘制出多种装饰线，例如梯形图案、绳形、星形以及波浪线等，如图 2-91 所示。

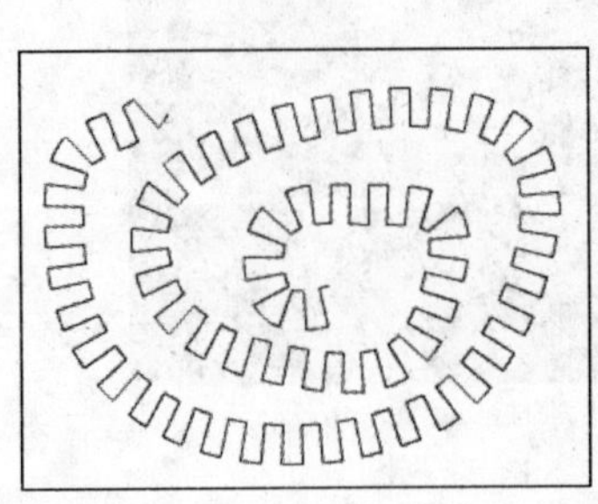
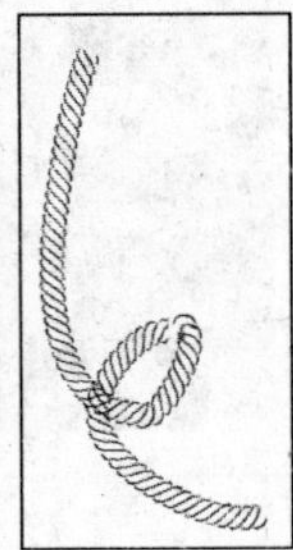
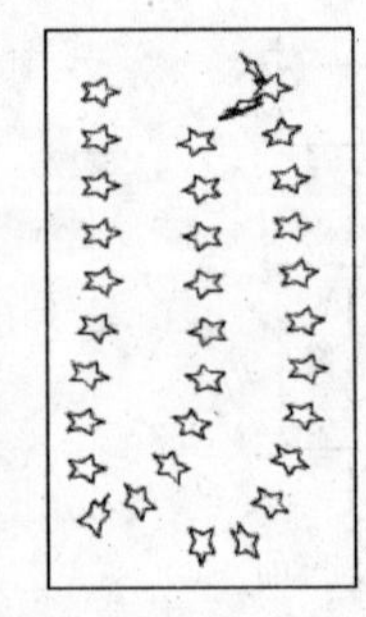
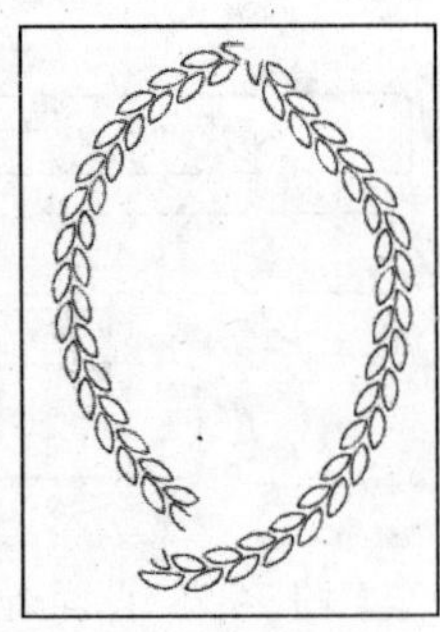

图 2-91 绘制多种线条效果

默认情况下，Flash CS5 提供了 20 种线条效果供用户选择，选择 Deco 工具后，在【属性】面板中选择【装饰性刷子】效果，可打开该效果【属性】面板，如图 2-92 所示。在【高级选项】下拉列表框中，用户可以选择不同的线条效果，如图 2-93 所示。

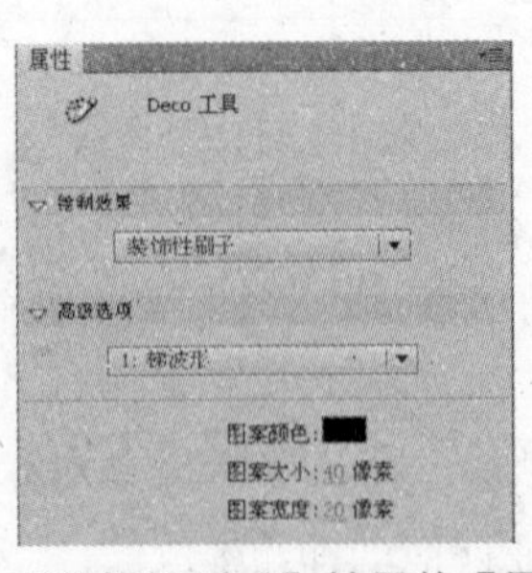

图 2-92 【装饰性刷子】效果的【属性】面板

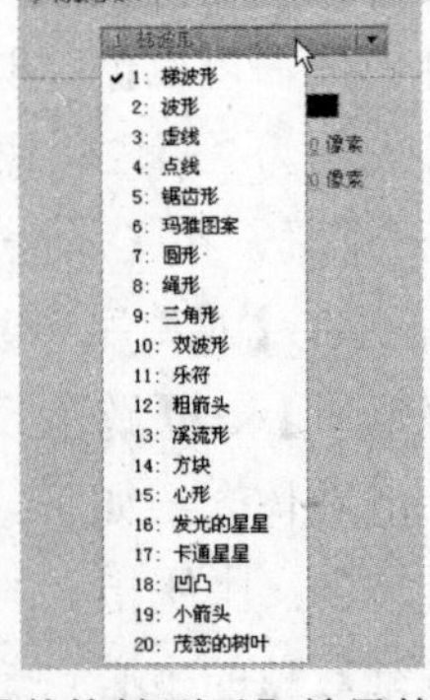

图 2-93 【装饰性刷子】效果的高级选项

【装饰性刷子】效果【属性】面板中各选项的具体介绍如下。

- 【图案颜色】：线条的颜色。
- 【图案大小】：所选图案的大小。
- 【图案宽度】：所选图案的宽度。

§ 2.5.5　粒子系统

使用粒子系统效果，可以创建火、烟、水、气泡及其他效果的粒子动画，如图 2-94 所示即为设置了枫叶为粒子的动画效果。选择 Deco 工具后，在【属性】面板中选择【粒子系统】效果，可打开该效果的【属性】面板，如图 2-95 所示。

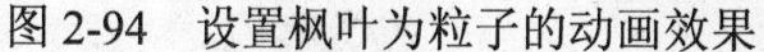

图 2-94　设置枫叶为粒子的动画效果

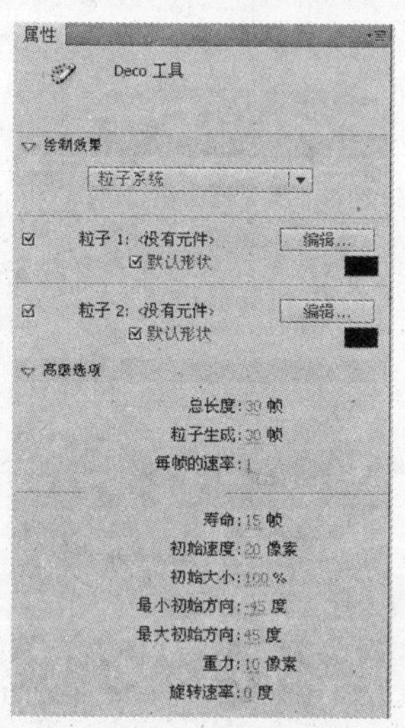

图 2-95　【粒子系统】效果的【属性】面板

【粒子系统】该效果【属性】面板中各选项的具体介绍如下。

- 【粒子 1】：用户可以分配两个元件用作粒子，这是其中的第一个。如果未指定元件，将使用一个黑色的小正方形。通过正确地选择图形，可以生成相应的效果。
- 【粒子 2】：这是第二个用户可以分配用作粒子的元件。
- 【总长度】：从当前帧开始，动画的持续时间(以帧为单位)。
- 【粒子生成】：在其中生成粒子的帧的数目。如果帧数小于总长度属性，则该工具会在剩余帧中停止生成新粒子，但是已生成的粒子将继续添加动画效果。
- 【每帧的速率】：每个帧生成的粒子数。
- 【寿命】：单个粒子在舞台上可见的帧数。
- 【初始速度】：每个粒子在其寿命开始时移动的速度。速度单位是像素/ 帧。
- 【初始大小】：每个粒子在其寿命开始时的缩放。
- 【最小初始方向】：每个粒子在其寿命开始时可能移动方向的最小范围。测量单位是度。零表示向上；90 表示向右；180 表示向下，270 表示向左，而 360 还表示向上，这里允许使用负数。
- 【最大初始方向】：每个粒子在其寿命开始时可能移动方向的最大范围。测量单位是度。零表示向上；90 表示向右；180 表示向下，270 表示向左，而 360 还表示向上，这里允许使用负数。
- 【重力效果】：当该数字为正数时，粒子方向更改为向下并且其速度会增加(类似正在下落一样)。如果重力是负数，则粒子方向更改为向上。
- 【旋转速率】：应用到每个粒子的每帧旋转角度。

§ 2.5.6　树刷子

通过树刷效果，用户可以快速创建树状插图，选择 Deco 工具后，在【属性】面板中选择【树刷子】效果，可打开该效果的【属性】面板，如图 2-96 所示。打开【高级选项】下拉列表框，可以在其中选择多种树的效果，如图 2-97 所示。

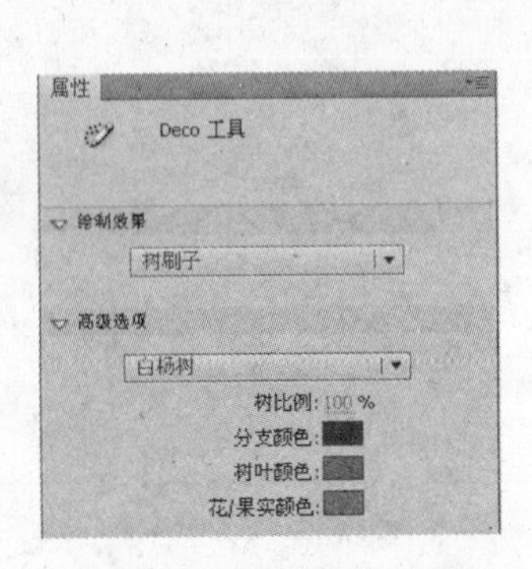

图 2-96　【装饰性刷子】效果的【属性】面板

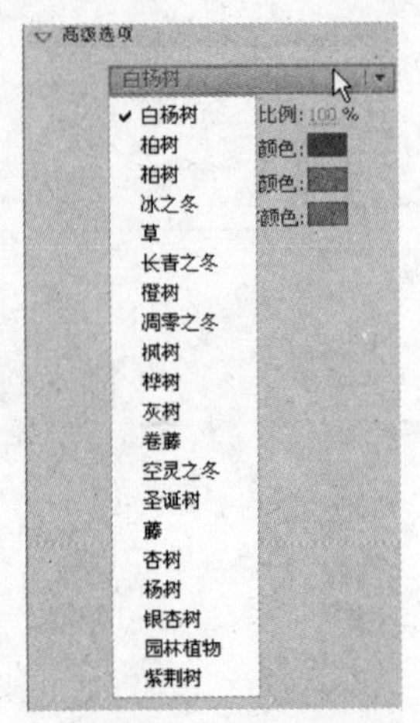

图 2-97　【装饰性刷子】效果的高级选项

【装饰性刷子】效果【属性】面板中各选项的具体介绍如下。

- 【树缩放】：树的大小，该处的数值必须在 75～100 之间，值越大，创建的树越大。
- 【分支颜色】：树干的颜色。
- 【树叶颜色】：叶子的颜色。
- 【花/果实颜色】：花和果实的颜色。

提示

在 Flash CS5 中，与【树刷子】类似的 Deco 绘画工具还有【建筑物刷子】、【花刷子】、【火焰刷子】和【闪电刷子】，其绘制方法大致相同，只需设置相应参数，然后在舞台上拖动光标即可创建相应的插图效果。本书限于篇幅，不逐一介绍，有兴趣的读者可以尝试练习使用。

2.6　上机实战

本章的上机实战主要练习在 Flash CS5 中利用绘图工具绘制图形形状，并练习使用 Deco 装饰性绘画工具丰富图形。

(1) 在 Flash CS5 中新建一个文档，将其保存为“综合手绘图形”文档。

(2) 将【图层 1】重命名为【房屋】图层，选中时间轴上的第 1 帧，然后在工具箱中选择【矩形】工具，设置笔触颜色为黑色，填充颜色为白色，在舞台中拖动鼠标，绘制一个矩形，如图 2-98 所示。

(3) 在工具箱中，选择【线条】工具，在矩形框中绘制 6 条竖线段和 6 条横线段，作为窗户的间隔，如图 2-99 所示。

图 2-98　绘制矩形

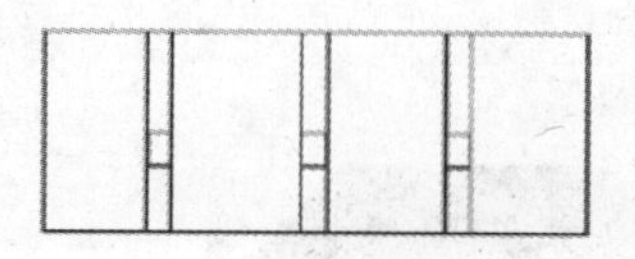

图 2-99　绘制线段

(4) 在工具箱中，选择【基本矩形】工具，并设置【填充颜色】色板为黑色，在【基本矩形工具】属性面板中，单击 4 个【矩形边角半径】文本框中间的图标，打开锁定，该图标变为形状，修改【左上角】和【右上角】文本框中的数值为 100，此时，【基本矩形工具】属性面板如图 2-100 所示。

(5) 在矩形中绘制一个自定义圆角的基本矩形，然后选择【编辑】|【复制】命令，复制该基本矩形，然后执行 3 次【编辑】|【粘贴】命令，拖放 3 次粘贴的基本矩形，如图 2-101 所示。

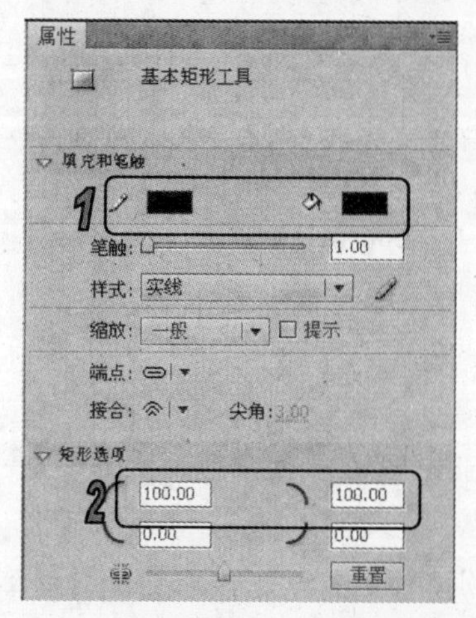

图 2-100　【基本矩形工具】属性面板

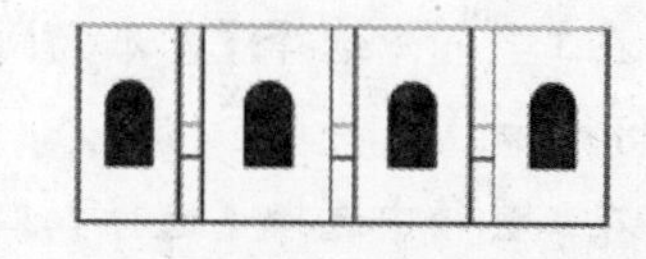

图 2-101　绘制并复制多个圆角的基本矩形

(6) 在工具箱中，选择【钢笔】工具，在矩形上方绘制一个梯形路径，如图 2-102 所示。

(7) 按 Ctrl 键，在舞台中单击，结束开放曲线的绘制，完成第 1 幢房屋的绘制，如图 2-103 所示。

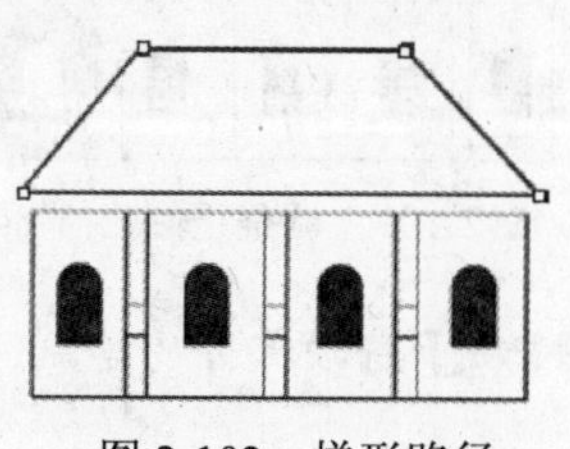

图 2-102　梯形路径

图 2-103　结束开放曲线的绘制

(8) 在工具箱中，选择【颜料桶】工具，填充由【钢笔】工具创建的梯形，如图 2-104 所示。

(9) 在工具箱中选择【矩形】工具在第 1 幢房屋的右侧绘制一个黑色矩形，如图 2-105 所示。

图 2-104　填充由【钢笔】工具创建的梯形

图 2-105　绘制黑色矩形

(10) 在工具箱中选择【线条】工具，在黑色矩形和房子中间，绘制 3 条直线，如图 2-106 所示。

(11) 复制第 1 幢房子的窗，在舞台中粘贴 2 次，将其中一个的填充颜色设置为白色，拖动这两个窗到第 2 幢房子上，如图 2-107 所示。

图 2-106　绘制 3 条直线

图 2-107　放置第 2 幢房子的窗

(12) 在工具箱中选择【基本椭圆】工具，按住 Shift 键在黑色矩形的上部绘制一个正圆，如图 2-108 所示。

(13) 在工具箱中选择【选择】工具，拖动正圆圆心处的控制点，调整正圆为圆环，如图 2-109 所示。

图 2-108　绘制正圆

图 2-109　调整正圆为圆环

(14) 使用【钢笔】工具或【线条】工具，完成第 2 幢房子房顶部分的绘制，如图 2-110 所示。

(15) 在工具箱中，选择【颜料桶】工具，并设置【填充颜色】色板为黑色，填充房顶，如图 2-111 所示。

图 2-110　绘制房顶部分

图 2-111　填充房顶

(16) 将房屋图形拖动到舞台的右侧，然后在时间轴上将【房屋】图层隐藏。新建一个图层，将其命名为【汽车】图层，选中时间轴上的第 1 帧，选择【工具】面板中的【线条】工具，勾勒一个汽车图形线条，如图 2-112 所示。

(17) 选择【选择】工具，调整线条曲线和顶点，绘制出汽车图形的大致框架，如图 2-113 所示。在使用【选择】工具调整图形时，如果遇到需要增加锚点的地方，可以使用【钢笔】工具中的【添加锚点】工具。

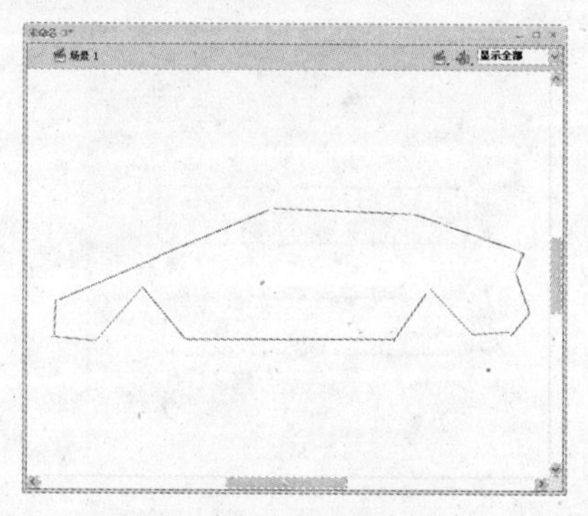

图 2-112　勾勒线条

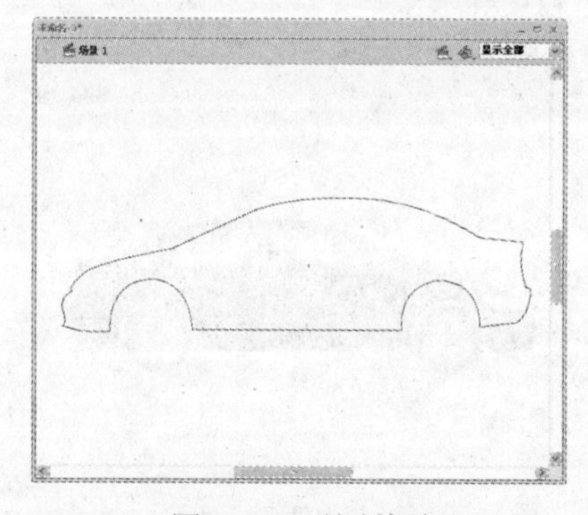

图 2-113　绘制框架

(18) 参照步骤(16)和步骤(17)，绘制汽车图形的大致结构，如图 2-114 所示。

(19) 选择【椭圆】工具，按住 Shift 键，绘制两个同一圆心不同半径的正圆图形作为车胎图形。重复操作，绘制另一个车胎，如图 2-115 所示。

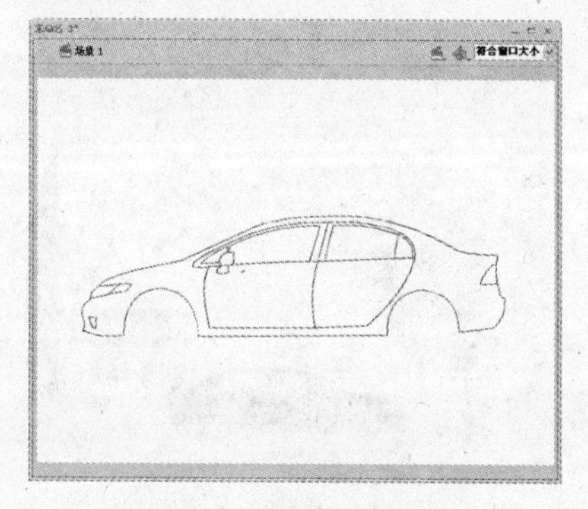

图 2-114　绘制大致结构

图 2-115　绘制车胎

(20) 结合【椭圆】工具和【基本椭圆】工具，绘制两个车胎的钢圈，如图 2-116 所示。

(21) 汽车的大致图形已经绘制完成，下面在一些细节上在进行适当的处理，例如修饰车灯，调整车架曲线等操作，绘制的汽车如图 2-117 所示。

图 2-116　绘制钢圈

图 2-117　绘制的汽车

(22) 选择【颜料桶】工具，为汽车的各个部分填充颜色，使其最后的效果如图 2-118 所示。

(23) 将【汽车】图层隐藏，然后新建一个【树】图层，选中该图层的第 1 帧，选择 Deco 工具，在属性面板中选择【树刷子】选项，然后在下方的下拉列表框中选择【白杨树】选项，如图 2-119 所示。

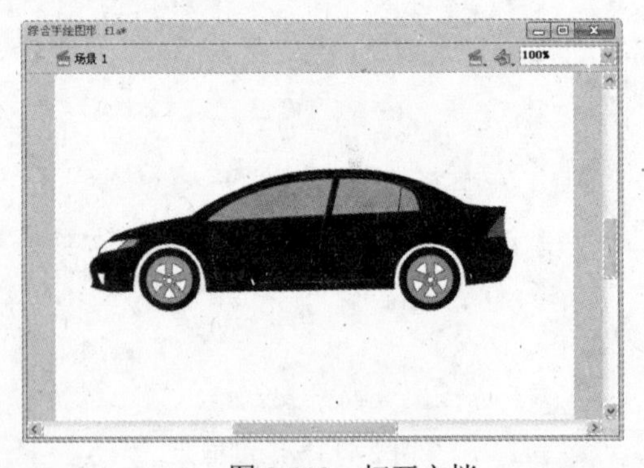

图 2-118　打开文档

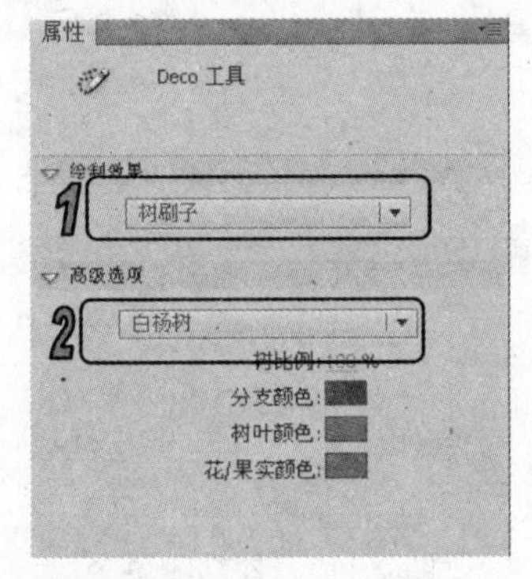

图 2-119　设置【树刷子】效果

(24) 在舞台中拖动光标，绘制两颗白杨树，如图 2-120 所示。

(25) 恢复显示各个图层，然后利用【任意变形】工具调整图形的大小，并调整其位置，使图形最后效果如图 2-121 所示。

图 2-120　绘制白杨树

图 2-121　综合绘图效果

2.7 习题

1. 使用 Flash CS5 里的基本绘图工具，绘制如图 2-122 所示的卡通熊猫。
2. 结合各个图形绘制工具，绘制一个足球阵容示意图，如图 2-123 所示。

图 2-122　手工绘制熊猫

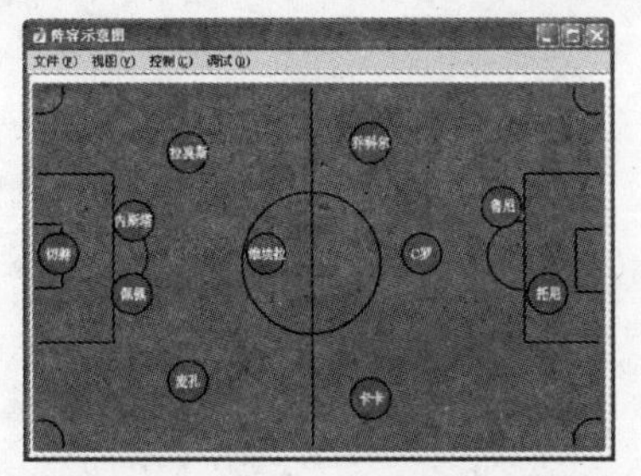

图 2-123　绘制一个足球场示意图

第3章

设置对象的颜色

主要内容

为了使绘制的对象丰富多彩，用户可以在 Flash CS5 中使用各种颜色填充工具进行颜色填充，包括了【墨水瓶】工具、【颜料桶】工具、【滴管】工具、【刷子】工具和【喷涂刷】工具等。另外，【渐变变形】工具和【颜色】面板的使用对渐变颜色的设置也非常重要，需要用户熟练掌握。

本章重点

- 了解 Flash 的色彩模式
- 【墨水瓶】工具的使用
- 【刷子】工具的使用
- 【喷涂刷】工具的使用
- 线性渐变填充
- 放射性渐变填充

3.1 了解 Flash 中的色彩

丰富的色彩可以使动画的表现能力大大增强，因此，在 Flash CS5 中对图形进行色彩填充是一项很重要的工作。由于不同的颜色在色彩的表现上存在某些差异，根据这些差异，色彩被分为若干种色彩模式，如 RGB 模式、灰度模式以及索引颜色模式等。在 Flash CS5 中，程序提供了两种色彩模式，分别为 RGB 和 HSB 色彩模式。

§ 3.1.1 RGB 色彩模式

RGB 色彩模式是一种最为常见、使用最广泛的颜色模式，它以由色光的三原色理论为基础。在 RGB 色彩模式中，任何色彩都被分解为不同强度的红、绿、蓝 3 种色光，其中 R 代表红色，G 代表绿色，B 代表蓝色，在这 3 种颜色的重叠位置分别产生了青色、洋红、黄色和白色。在 RGB 色彩模式中有 3 种基本色彩：红色、绿色和蓝色。其中每一种色彩都有 256(0~255)种不同的亮度值。亮度值越小，产生的颜色越深；而亮度值越大，产生的颜色越浅。由此可以推断，当 RGB 值均为 0 时，将产生黑色；而当 RGB 值均为 255 时，将产生白色。

计算机的显示器就是通过 RGB 方式来显示颜色的，在显示器屏幕栅格中排列的像素阵列中每个像素都有一个地址，例如位于从顶端数第 18 行、左端数第 65 列的像素的地址可以标记为(65，18)，计算机通过这样的地址给每个像素附加一组特定的颜色值。每个像素都由单一的红色、绿色和蓝色的点构成，通过调节单个的红色、绿色和蓝色点的亮度，在每个像素上混合就可以得到不同的颜色。三种颜色的亮度都可以在 0~256 的范围内调节，因此，如果红色半开(值为 127)，绿色关(值为 0)，蓝色开(值为 255)，像素将显示为微红的蓝色。

任何一种 RGB 颜色都可以使用十六进制数值代码表示，十六进制数值和 HTML 代码及一些脚本语言一起用于指定平面颜色。使用十六进制数值代码是因为它是以一种 HTML 和脚本语言能够理解的有效方式来定义颜色的。十六进制的颜色数值有 6 位，每两位分配给 RGB 颜色通道中的一个。例如，十六进制的颜色数值 00FFCC 中，00 代表红色通道，FF 代表绿色通道，CC 代表蓝色通道。

§ 3.1.2 HSB 色彩模式

HSB 色彩模式是以人体对色彩的感觉为依据的，它描述了色彩的 3 种特性，其中 H 代表色相，S 代表纯度，B 代表明度。HSB 色彩模式比 RGB 色彩模式更为直观，因为人眼在分辨颜色时，不会将色光分解为单色，而是按其色相、纯度和明度进行判断，由此可以看出 HSB 色彩模式更接近人的视觉原理。

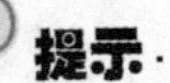

提示

CMYK 模式也是一种常用的图像颜色模式，C 代表青色，M 代表洋红色，Y 代表黄色，K 代表黑色。由于该颜色模式可以很好地避免色彩损失，因此图像需要打印时常使用该颜色模式。但由于该颜色模式在软件中的运算速度很慢，因此 Flash CS5 并不支持。本书对该颜色模式不作进一步的介绍，有兴趣的读者可以自学。

3.2 颜色工具的使用

绘制图形之后，即可进行颜色的填充操作，Flash CS5 中的填充工具主要包括【颜料桶】工具、【墨水瓶】工具、【滴管】工具、【刷子】工具和【喷涂刷】工具。

§ 3.2.1 使用【墨水瓶】工具

在 Flash CS5 中，【墨水瓶】工具用于更改矢量线条或图形的边框颜色、更改封闭区域的填充颜色、吸取颜色等。

选择【工具】面板中的【墨水瓶】工具，打开【属性】面板，如图 3-1 所示，可以设置【笔触颜色】、【笔触高度】和【笔触样式】等选项，这些选项的具体设置可以参考前文内容。

选择【墨水瓶】工具，将光标移至没有笔触的图形上，单击，可以为图形添加笔触；将光标移至已经设置好笔触颜色的图形上，单击，图形的笔触会改为【墨水瓶】工具使用的笔触颜色，如图 3-2 所示。

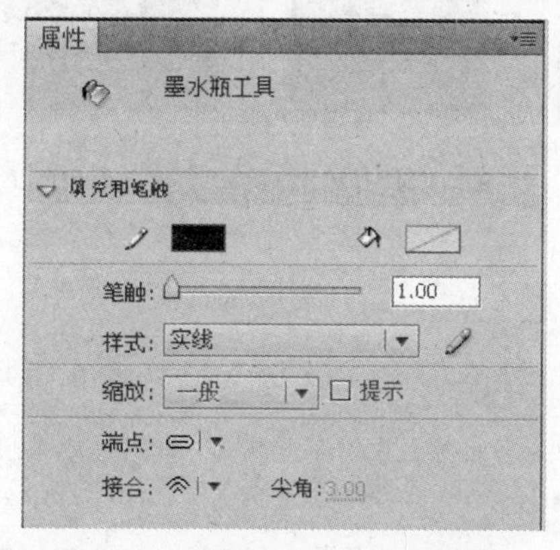

图 3-1　【墨水瓶】工具属性面板

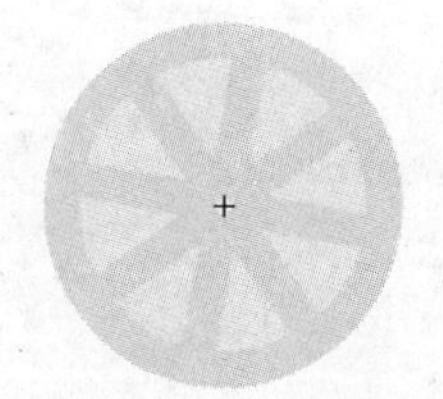

图 3-2　填充笔触颜色

§ 3.2.2　使用【颜料桶】工具

在 Flash CS5 中，【颜料桶】工具用来填充图形内部的颜色，并且可以使用纯色、渐变色以及位图进行填充。

选择【工具】面板中的【颜料桶】工具，打开【属性】面板，如图 3-3 所示，在该面板中可以选择【填充和笔触】。

选择【颜料桶】工具，单击【工具】面板中的【空隙大小】按钮，在弹出的菜单中可以选择【不封闭空隙】、【封闭小空隙】、【封闭中等空隙】和【封闭大空隙】4 个选项，如图 3-4 所示，作用分别如下。

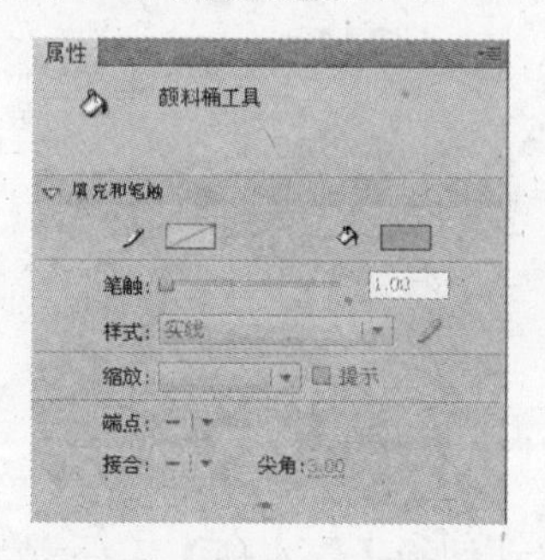

图 3-3　【颜料桶】工具属性面板

图 3-4　空隙模式菜单

- 【不封闭空隙】：只能填充完全闭合的区域。
- 【封闭小空隙】：可以填充存在较小空隙的区域。
- 【封闭中等空隙】：可以填充存在中等空隙的区域。
- 【封闭大空隙】：可以填充存在较大空隙的区域。

4 种填充模式的效果如图 3-5 所示。

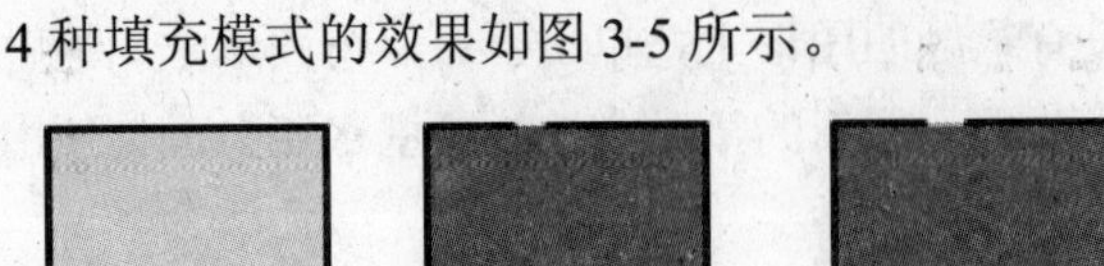

图 3-5　4 种填充模式效果

技巧

虽然【封闭大空隙】模式可以封闭很多许多空隙，但是当空隙太大时不起作用，此时可以采用缩小显示比例的方法尝试填充。

§ 3.2.3　使用【滴管】工具

使用【滴管】工具，可以吸取现有图形的线条或填充上的颜色及风格等信息，并将该信息应用到其他图形上。即【滴管】工具可以复制粘贴舞台区域中已经存在的颜色或填充样式。

选择【工具】面板上的【滴管】工具，将移至设计区中间，光标会显示滴管形状，当光标移至线条上时，【滴管】工具的光标下方会显示出一个铅笔形状，此时单击即可拾取该线条的颜色作为填充样式；当【滴管】工具移至填充区域内时，【滴管】工具的光标下方会显示出一个刷子形状，此时单击即可拾取该区域作为填充样式，如图 3-6 所示。

图 3-6　【滴管】工具移至不同对象时的光标样式

使用【滴管】工具拾取线条颜色时，Flash CS5 会自动切换【墨水瓶】工具为当前操作工具，并且工具的填充颜色正是【滴管】工具所拾取的颜色。使用【滴管】工具拾取区域颜色和样式时，系统会自动切换【颜色桶】工具为当前操作工具，并打开【锁定填充】功能，而且工具的填充颜色和样式正是【滴管】工具所拾取的填充颜色和样式。

如果【滴管】工具位于直线、填充或者画笔描边上方，按住 Shift 键则光标将变为形状，此时单击仅为拾取当前对象的填充属性，可以通过【混合器】面板改变吸取的当前填充颜色和样式。

§ 3.2.4　使用【刷子】工具

【刷子】工具用于绘制形态各异的矢量色块或创建特殊的绘制效果。

选择【工具】面板中的【刷子】工具，按住鼠标拖动，即可进行绘制。在绘制时，按住 Shift 键，可以绘制出垂直或水平方向的色块。

选择【刷子】工具，打开【属性】面板，如图 3-7 所示，可以设置【刷子】工具的绘制平滑度属性以及颜色。

选择【刷子】工具，在【工具】面板中将显示【锁定填充】、【刷子模式】、【刷子大小】和【刷子形状】等选项按钮，如图 3-8 所示。

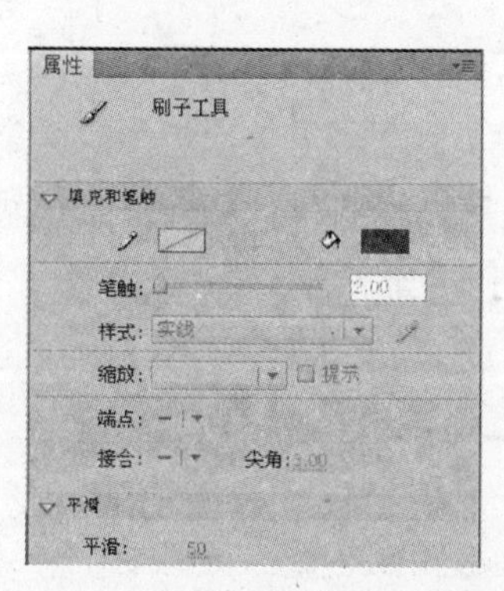

图 3-7　【刷子】工具属性面板

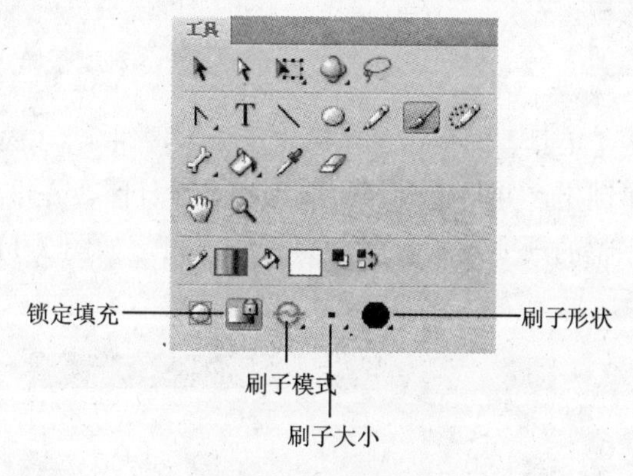

图 3-8　显示选项按钮

分别单击【刷子模式】按钮、【刷子大小】按钮和【刷子形状】按钮，可以打开如图 3-9 所示的菜单。在这些菜单中可以设置【刷子】工具的大小、形状和模式。

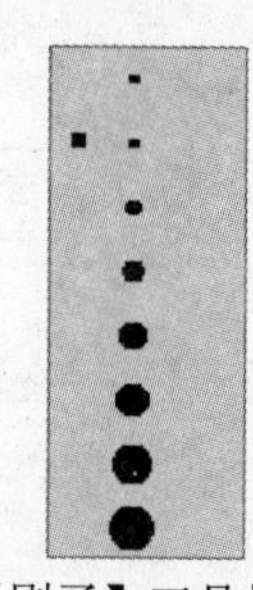

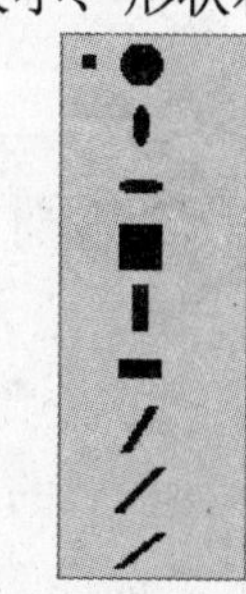

图 3-9　【刷子】工具相关菜单

在使用【刷子】工具时，需要了解【刷子模式】菜单中的 5 种刷子模式，这 5 种刷子模式的具体作用如下。

- 【标准绘画】模式：绘制的图形会覆盖下面的图形。
- 【颜料填充】模式：可以对图形的填充区域或者空白区域进行涂色，但不会影响线条。
- 【后面绘画】模式：可以在图形的后面进行涂色，而不影响原有的线条和填充。
- 【颜料选择】模式：可以对已选择的区域进行涂绘，而未被选择的区域则不受影响。在该模式下，不论选择区域中是否包含线条，都不会对线条产生影响。
- 【内部绘画】模式：涂绘区域取决于绘制图形时落笔的位置。如果落笔在图形内，则只对图形的内部进行涂绘；如果落笔在图形外，则只对图形的外部进行涂绘；如果在图形内部的空白区域开始涂色，则只对空白区域进行涂色，而不会影响任何现有的填充区域。该模式同样不会对线条进行涂色。

如图 3-10 所示是 5 种刷子模式的绘图效果。

图 3-10　5 种刷子模式效果

单击【工具】面板中的【锁定填充】按钮，Flash CS5 自动将上一次绘图时的笔触颜色变化规律锁定，并将该规律扩展到整个设计区。在非锁定填充模式下，任何一次笔触都将包含一个完整的渐变过程，即使只有一个点，如图 3-11 所示。

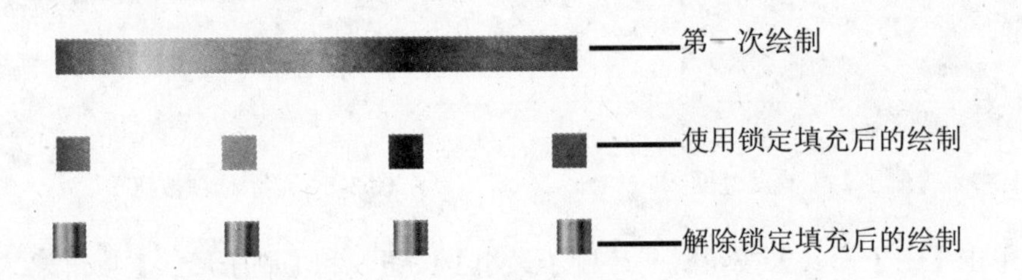

图 3-11　锁定填充的效果对比

§ 3.2.5　使用【喷涂刷】工具

与以往版本相比，【喷涂刷】工具是 Flash CS5 中新增的工具，其效果类似于喷漆效果。选择【工具】面板中的【喷涂刷】工具，打开【属性】面板，如图 3-12 所示。其【属性】面板中主要命令选项的功能如下。

- 【颜色选取器】：选择用于默认粒子喷涂的填充颜色。使用库中的元件作为喷涂粒子时，将禁用颜色选取器。
- 【缩放】：缩放用作喷涂粒子的元件。此属性仅在没有将库中的元件用作粒子时出现。例如，如果缩放值为 10%，将使元件缩小 10%。如果值为 200%，将使元件增大 200%。
- 【缩放宽度】：缩放用作喷涂粒子的元件的宽度。此属性仅在将元件用作粒子时出现。例如，输入值 10%将使元件宽度缩小 10%；输入值 200%将使元件宽度增大 200%。
- 【缩放高度】：缩放用作喷涂粒子的元件的高度。此属性仅在将元件用作粒子时出现。例如，输入值 10%将使元件高度缩小 10%；输入值 200%将使元件高度增大 200%。
- 【随机缩放】：指定按随机缩放比例将每个基于元件的喷涂粒子放置在舞台上，并改变每个粒子的大小。使用默认喷涂点时，此选项禁用。

➢ 【旋转元件】：围绕中心点旋转基于元件的喷涂粒子。此属性仅在将元件用作粒子时出现。

➢ 【随机旋转】：指定按随机旋转角度将每个基于元件的喷涂粒子放置在舞台上。此属性仅在将元件用作粒子时出现。使用默认喷涂点时，此选项禁用。

➢ 【宽度】：在不使用库中的元件时，喷涂粒子的宽度。

➢ 【高度】：在不使用库中的元件时，喷涂粒子的高度。

➢ 【刷子角度】：在不使用库中的元件时，应用到喷涂粒子的顺时针旋转量。

在【属性】面板中用户可以设置喷涂的形状，从而使用元件或默认的形状进行喷涂。如图 3-13 所示即为使用【喷涂刷】工具的绘制效果。

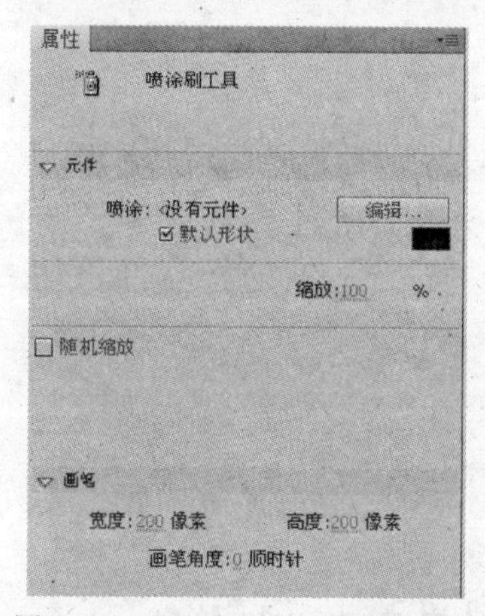

图 3-12　【喷涂刷】工具属性面板

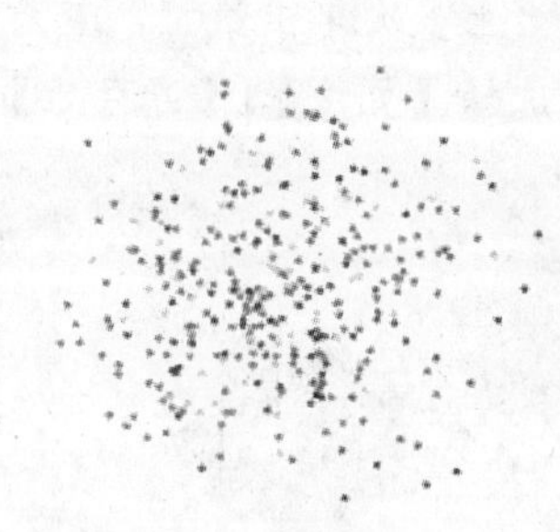

图 3-13　绘制效果

【例 3-1】在 Flash CS5 中新建一个文档，使用元件作为粒子，创建喷涂刷效果。

(1) 启动 Flash CS5 程序，选择【文件】|【新建】命令，新建一个 Flash 文档。

(2) 选择【文件】|【导入】|【导入到舞台】命令，打开【导入】对话框，选中“树叶.PNG”文件后，单击【打开】按钮将其导入到舞台，如图 3-14 所示。

(3) 在舞台上选中图像文件，然后按下 F8 快捷键，将其转换为【元件 1】图形元件，如图 3-15 所示。

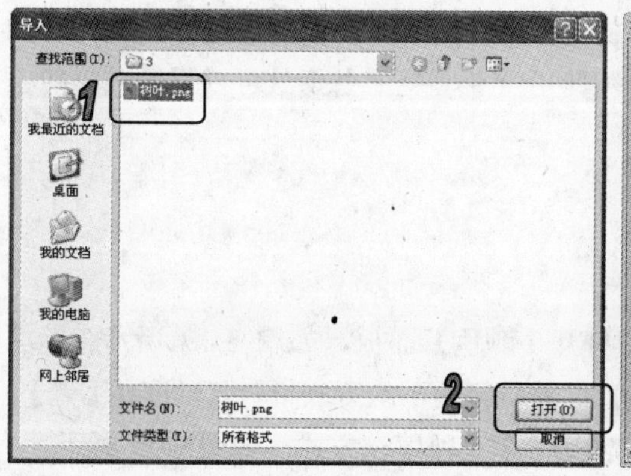

图 3-14　【导入】对话框

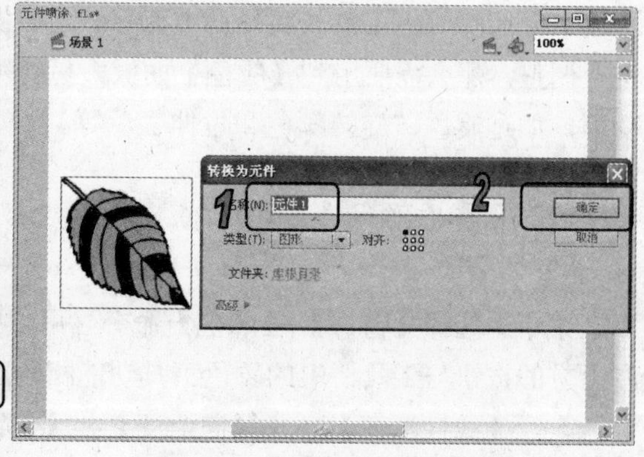

图 3-15　【转换为元件】对话框

新世纪高职高专规划教材

(4) 在工具箱中选择【喷涂刷】工具，然后在其【属性】面板中单击【编辑】按钮，打开【选择元件】对话框，选中【元件 1】选项后，单击【确定】按钮，如图 3-16 所示。

(5) 在【喷涂刷】工具的【属性】面板中，选中【旋转元件】和【随机旋转】复选框，其他设置保持默认状态，如图 3-17 所示。

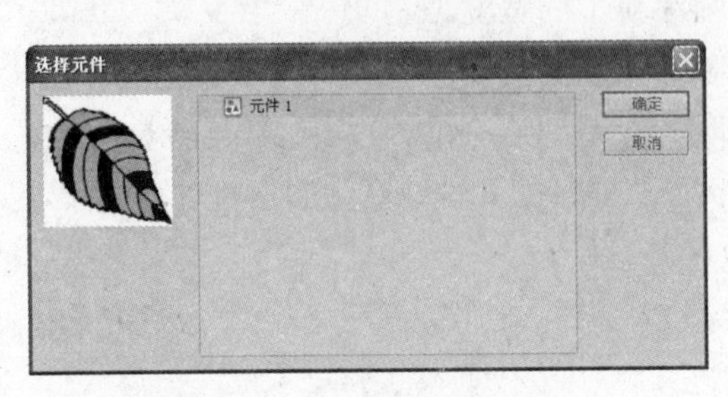

图 3-16 【选择元件】对话框

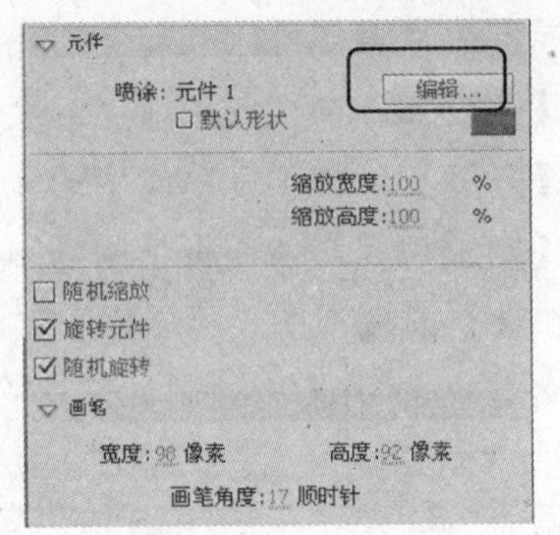

图 3-17 设置喷涂选项

(6) 在舞台上多次单击鼠标，查看喷涂效果，如图 3-18 所示。

(7) 最后选择【文件】|【另存为】命令，将文档以“元件喷涂”为名进行保存。

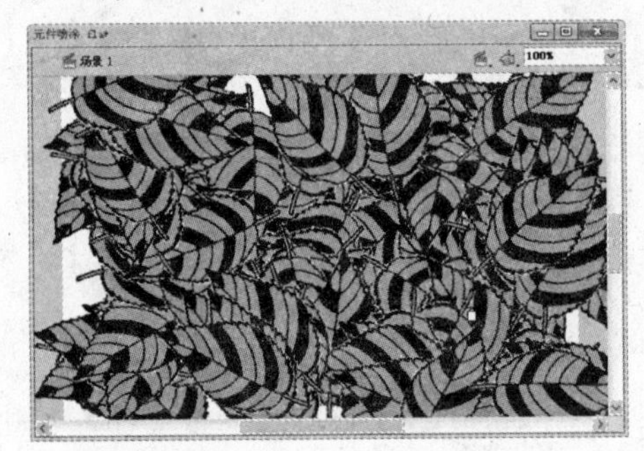

图 3-18 查看元件喷涂效果

3.3 颜色的应用与调整

以上介绍的颜色工具其实只是填充方法，如果用户需要自定义颜色或者对已经填充的颜色进行调整，那么需要用到【颜色】面板。另外，使用【渐变变形】工具可以进行颜色的填充变形，如过渡色、旋转颜色和拉伸颜色等。

§ 3.3.1 设置【颜色】面板

在菜单上选择【窗口】|【颜色】命令，可以打开【颜色】面板，如图 3-19 所示。该面板左上方的按钮与工具栏中的颜色工具功能相同。打开右侧的下拉列表框，可以选择【无】、【纯色】、【线性渐变】、【径向渐变】和【位图填充】5 种填充方式，如图 3-20 所示。

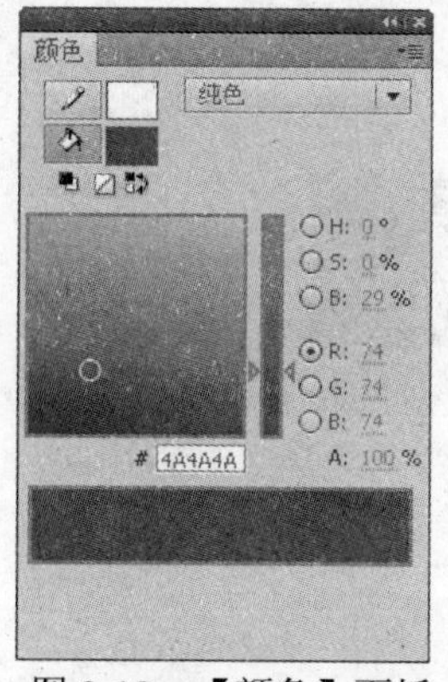

图 3-19 【颜色】面板

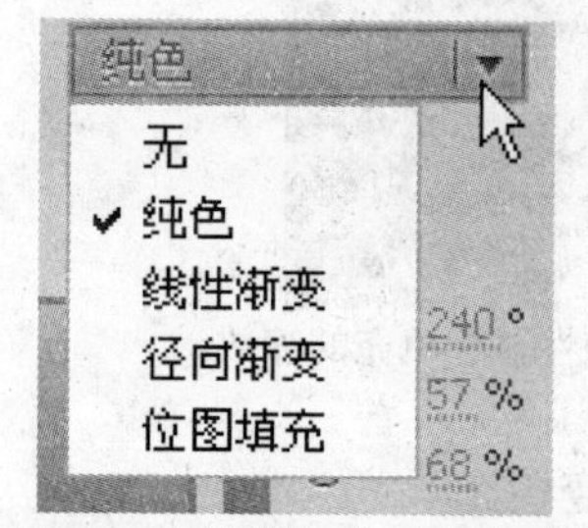

图 3-20 设置颜色填充方式

在颜色面板的中部有选色窗口，用户可以在窗口右侧拖动滑块中调节色域，然后在窗口中选中需要的颜色；在右侧分别提供了HSB颜色组合项和RGB颜色组合项，用户可以直接输入数值以合成颜色；下方的【A：】选项其实是原来的Alpha透明度设置项，100%为不透明，0%为全透明，用户可以在该选项中设置颜色的透明度；设置或选择的颜色，将会在下方的颜色预览区域显示，以供用户核准。

§ 3.3.2 使用【渐变变形】工具进行填充变形

【渐变变形】工具与【任意变形】工具在同一个工具组中。使用【渐变变形】工具，可以通过调整填充的大小、方向或者中心位置，对渐变填充或位图填充进行变形操作。

1. 调整线性渐变填充

使用线性渐变填充图形后，可以使用【渐变变形】工具调整渐变填充。选择【工具】面板中的【渐变变形】工具，将光标指向图形的线性渐变填充，当光标变为形状时，单击线性渐变填充即可显示线性渐变填充的调节手柄，如图3-21所示。调整线性渐变填充的具体操作方法如下。

- 将光标指向中间的圆形控制柄○时光标变为✥形状，此时拖动该控制柄可以调整线性渐变填充的位置，如图3-22所示。

图 3-21 线性渐变填充的调节手柄

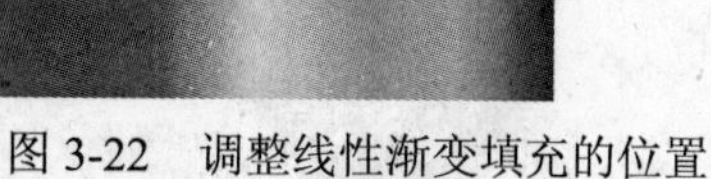

图 3-22 调整线性渐变填充的位置

- 将光标指向右边中间的方形控制柄时光标变为↔形状，拖动该控制柄可以调整线性渐变填充的缩放，如图3-23所示。
- 将光标指向右上角的环形控制柄时光标变为形状，拖动该控制柄可以调整线性渐变填充的方向，如图3-24所示。

新世纪高职高专规划教材

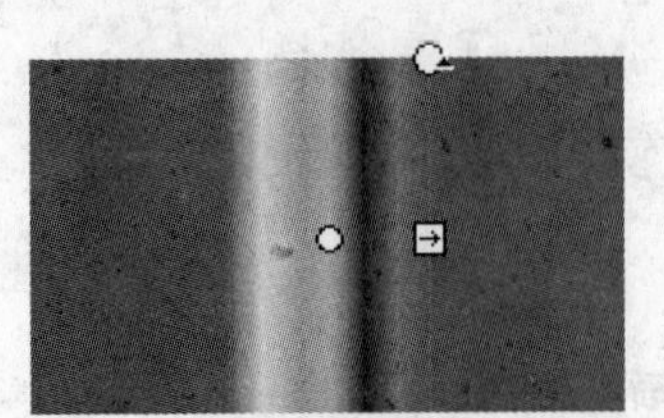

图 3-23　调整线性渐变填充的缩放

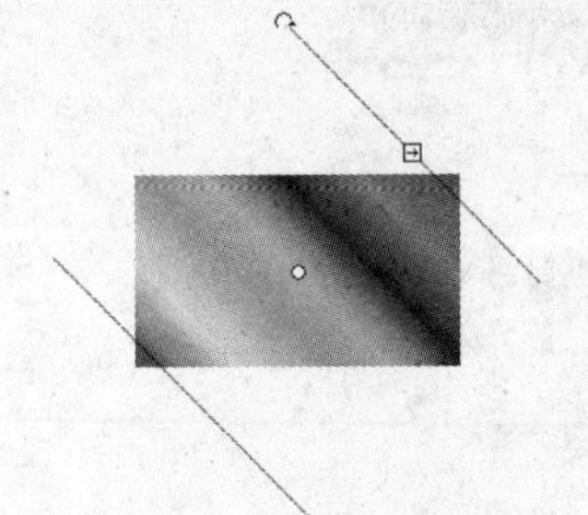

图 3-24　调整线性渐变填充的方向

2. 调整径向渐变填充

径向渐变填充即为以前版本所称的放射状填充，该填充的方法与调整线性渐变填充方法类似，选择【工具】面板中的【渐变变形】工具，单击径向渐变填充图形，即可显示径向渐变填充的调节柄，如图 3-25 所示。可以调整径向渐变填充，具体操作方法如下。

- 将光标指向中心的控制柄时光标变为形状，拖动该控制柄可以调整径向渐变填充的位置，如图 3-26 所示。

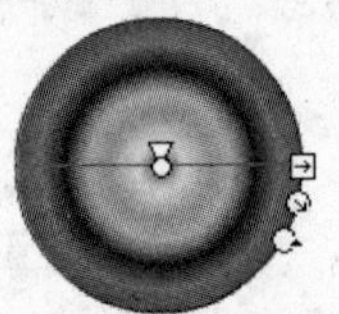

图 3-25　显示径向渐变的调整柄

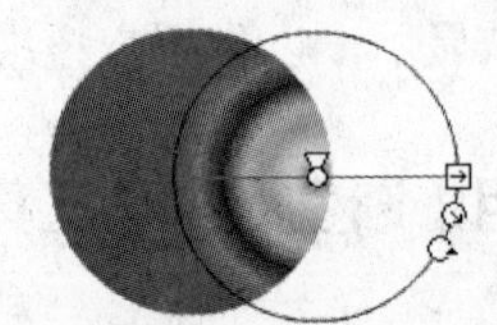

图 3-26　调整径向渐变填充的位置

- 将光标指向圆周上的方形控制柄时光标变为↔形状，拖动该控制柄，可以调整径向渐变填充的宽度，如图 3-27 所示。
- 将光标指向圆周上中间的环形控制柄时光标变为形状，拖动该控制柄，可以调整径向渐变填充的半径，如图 3-28 所示。

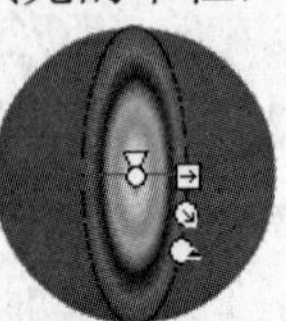

图 3-27　调整径向渐变填充的宽度

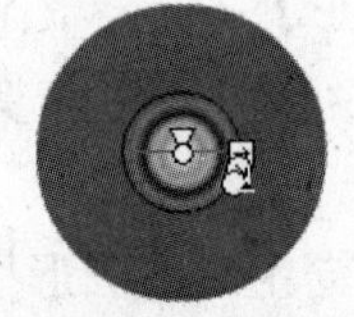

图 3-28　调整径向渐变填充的半径

- 将光标指向圆周上最下面的环形控制柄时光标变为形状，拖动该控制柄可以调整径向渐变填充的方向，如图 3-29 所示。

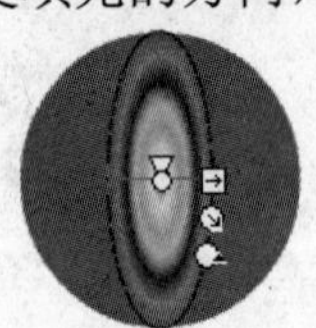

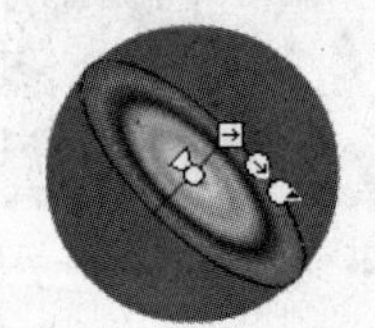

图 3-29　调整径向渐变填充的方向

3. 位图填充

在 Flash CS5 中可以使用位图对图形进行填充，如图 3-30 所示。设置了图形的位图填充后，选择工具箱中的【渐变变形】工具，在图形的位图填充上单击，即可显示位图填充的调节柄，如图 3-31 所示。

图 3-30　位图填充

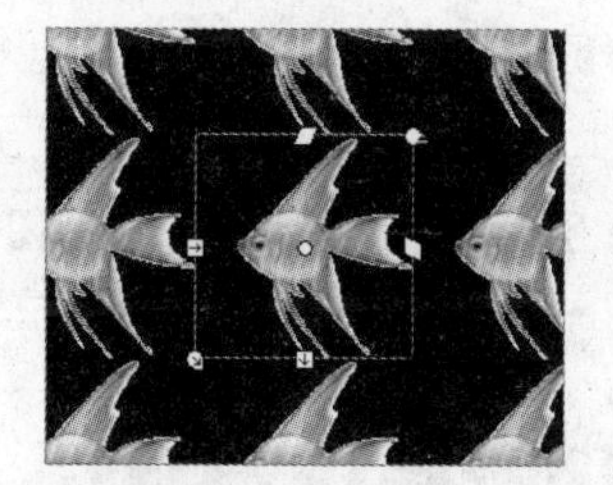

图 3-31　显示填充调节柄

用户可以通过调整填充调节柄调整位图填充，具体操作如下。

- 将光标指向中间的圆形控制柄○时光标变为✥形状，拖动该控制柄可以调整位图填充的位置。
- 将光标指向左边的方形控制柄⊟时光标变为↔形状，拖动该控制柄可以调整位图填充的宽度。
- 将光标指向下边的方形控制柄⊡时光标变为↕形状，拖动该控制柄可以调整位图填充的高度。
- 将光标指向上边的菱形控制柄▱时光标变为↔形状，拖动该控制柄可以调整位图填充的水平倾斜度。
- 将光标指向右边的菱形控制柄时光标变为↕形状，拖动该控制柄可以调整位图填充的垂直倾斜度。
- 将光标指向右上角的环形控制柄时光标变为形状，拖动该控制柄可以调整位图填充的角度。
- 将光标指向左下角的环形控制柄时光标变为⤢形状，拖动该控制柄可以调整位图填充的大小。

【例 3-2】在 Flash CS5 中新建一个文档，创建并修改位图填充效果。

(1) 启动 Flash CS5 程序，选择【文件】|【新建】命令，新建一个 Flash 文档。

(2) 选择【窗口】|【颜色】命令，打开【颜色】面板，单击【填充样式】按钮，然后在【类型】下拉列表框中选择【位图填充】选项，如图 3-32 所示。

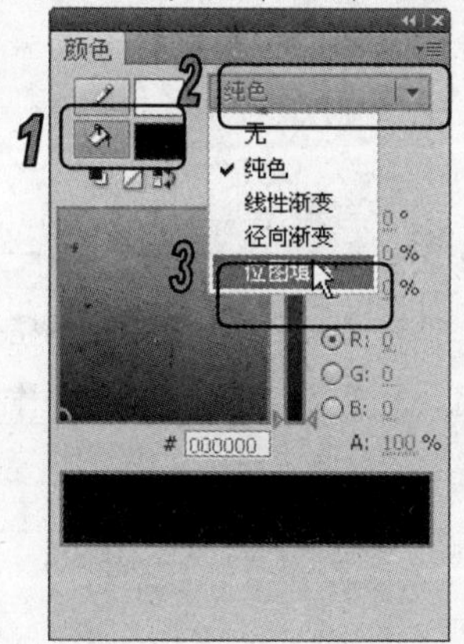

图 3-32　【颜色】面板

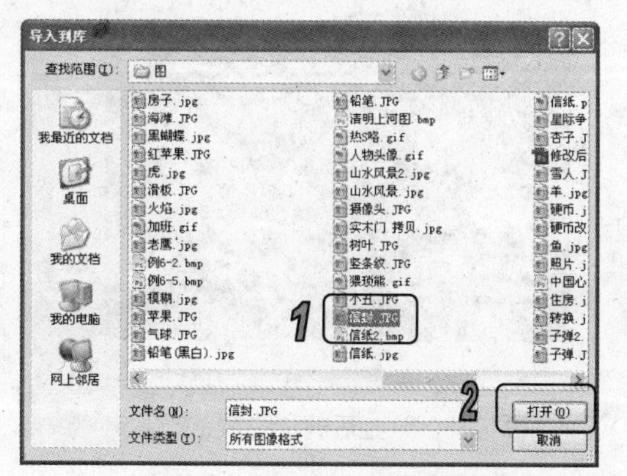

图 3-33　【导入到库】对话框

(3) 打开【导入到库】对话框，如图 3-33 所示，选中位图文件单击【确定】按钮后导入位图文件，然后在工具箱中选择【矩形】工具，在舞台中拖动鼠标绘制一个具有位图填充的矩形形状，如图 3-34 所示。

(4) 单击工具箱中的【渐变变形】工具，选中需要填充的位图，如图 3-35 所示。拖动下边中点上的方形控制柄，将该填充图形缩小，如图 3-36 所示。

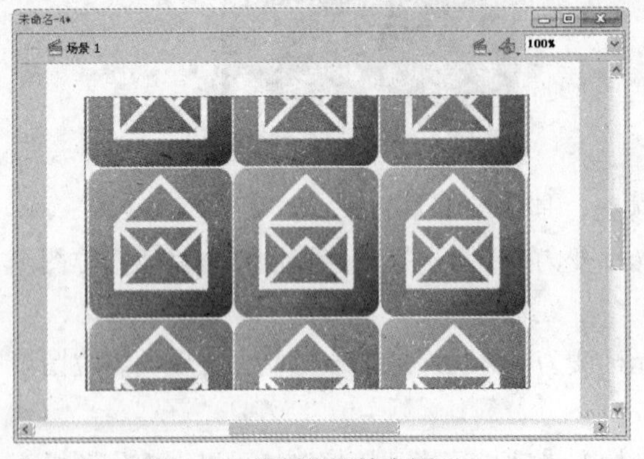

图 3-34　绘制位图填充图形

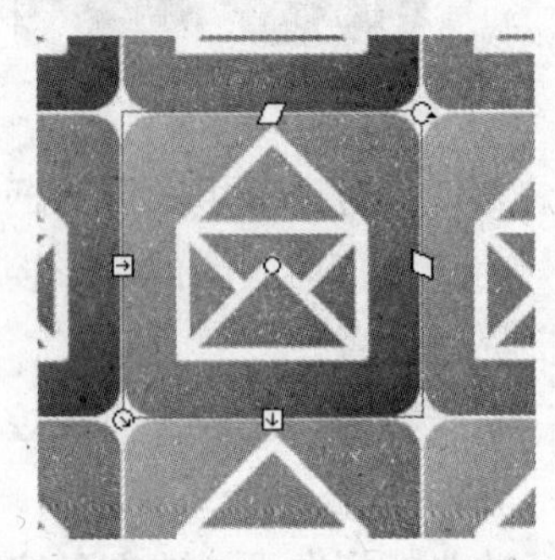

图 3-35　使用【渐变工具】选中位图填充

(5) 拖动右上角的圆形控制柄，使该图形顺时针旋转一定角度，如图 3-37 所示，调整后的位图填充效果如图 3-38 所示。

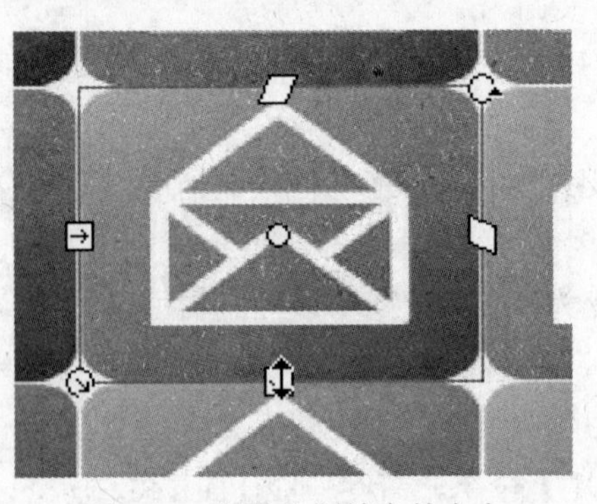

图 3-36　调整位图填充的大小

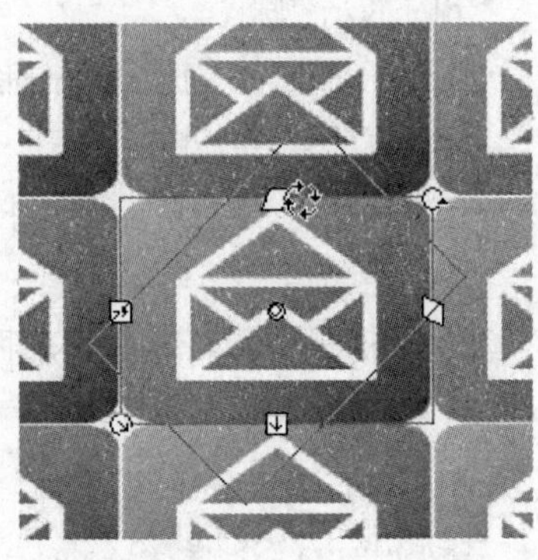

图 3-37　调整位图填充的旋转角度

图 3-38　调整后的位图填充效果

提示

在使用【渐变变形】工具调整位图填充时，对于当前位图的调整操作将应用到整张图像中。

3.4 上机实战

本章的上机实战主要练习制作沿斜面移动的球体，使用户更好地掌握选择、变换、复制和对齐等基本操作方法和技巧，以及坐标系的使用方法。

(1) 启动 Flash CS5，新建一个空白文档。

(2) 在工具箱中选择【椭圆】工具，设置【笔触颜色】色板的颜色为【无】；按住 Shift 键在舞台中绘制一个正圆，如图 3-39 所示。

(3) 在【颜色】面板的【类型】下拉列表框中选择【径向】选项，在【色值】文本框中输入 CC9900，如图 3-40 所示。

(4) 在工具箱中选择【颜料桶】工具，在圆中单击，然后打开【颜色】面板设置渐变填充，如图 3-41 所示。

(5) 在工具箱中选择【渐变变形】工具，单击圆的渐变填充，拖动中心的控制柄到右上部，如图 3-42 所示。

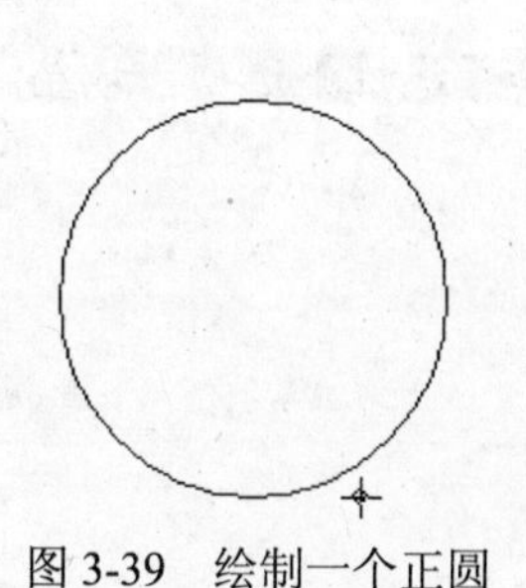

图 3-39 绘制一个正圆

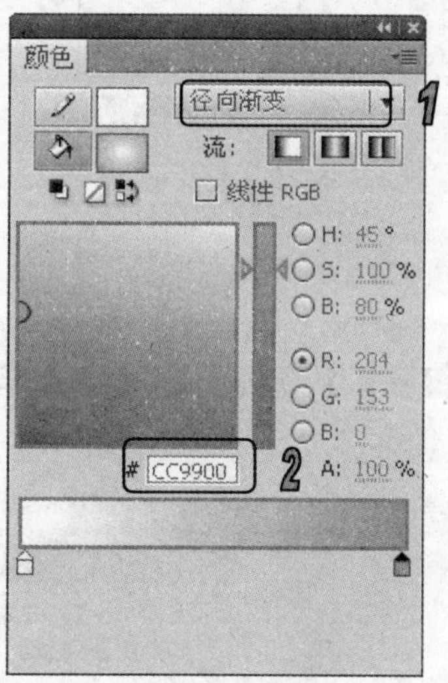

图 3-40 调整渐变色值

图 3-41 设置圆的渐变填充

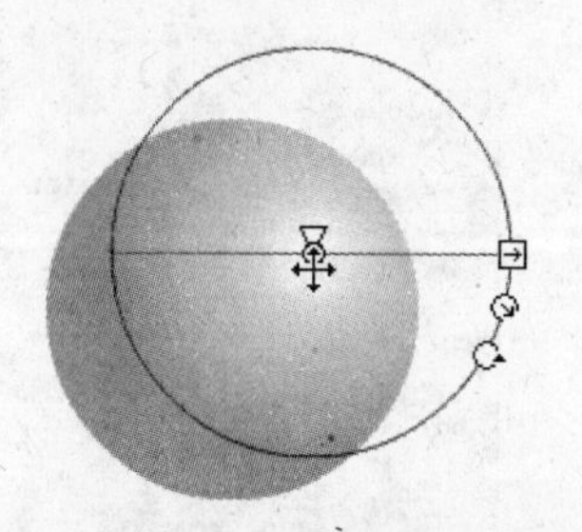

图 3-42 调整圆的渐变填充

(6) 在工具箱中选择【选择】工具，选择【修改】|【组合】命令，将渐变填充组合为一个对象，至此完成球体的制作。

(7) 在工具箱中选择【基本椭圆】工具，在舞台中绘制一个任意的椭圆，如图 3-43 所示。

(8) 在工具箱中选择【选择】工具，拖动椭圆圆周上的控制点，调整椭圆为如图 3-44 所示的形状。

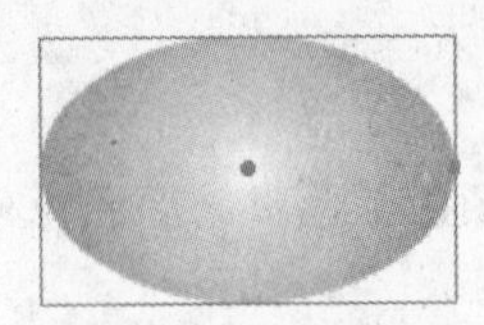

图 3-43 绘制椭圆

图 3-44 调整椭圆

(9) 在工具箱中选择【任意变形】工具，调整扇形如图 3-45 所示。

(10) 在工具箱中选择【渐变变形】工具，选中扇形的渐变填充，如图 3-46 所示。

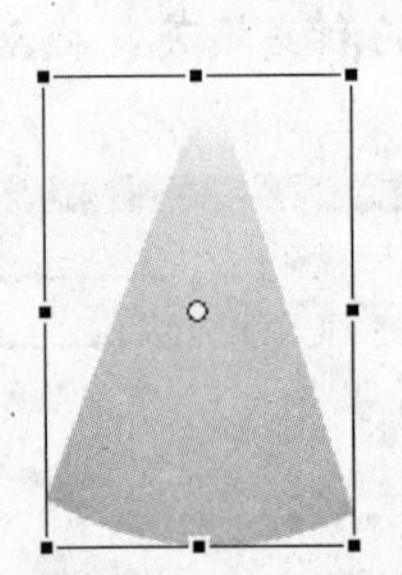

图 3-45 调整扇形

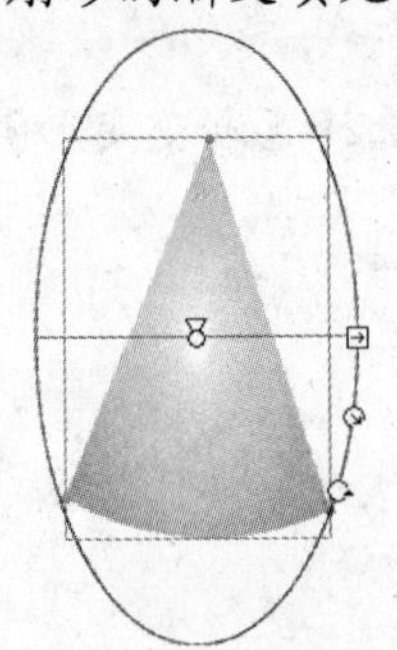

图 3-46 选中扇形的渐变填充

(11) 在【颜色】面板的【类型】下拉列表框中，选择【线性】选项，调整渐变的变化过程如图 3-47 所示。

(12) 调整渐变的颜色后，旋转渐变如图 3-48 所示。

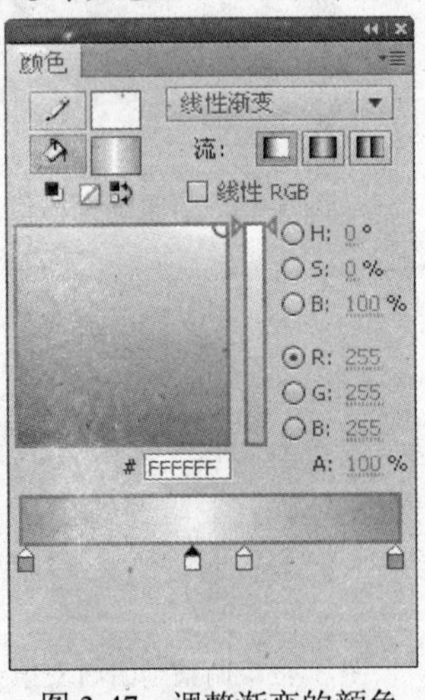

图 3-47 调整渐变的颜色

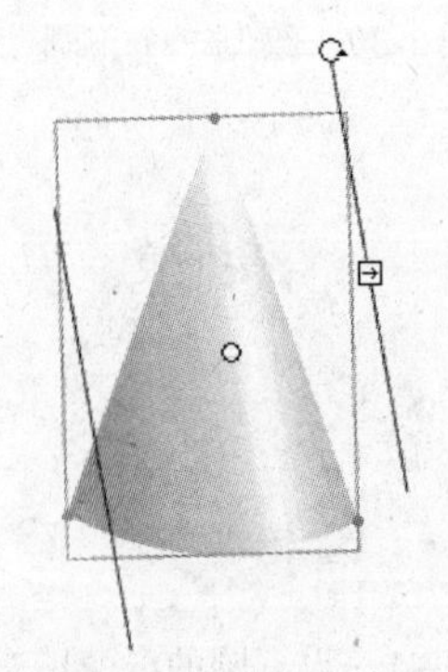

图 3-48 旋转渐变

(13) 在工具箱中选择【选择】工具，选择【修改】|【组合】命令，将渐变填充组合为一个对象，完成圆锥体的制作。

(14) 在工具箱中选择【矩形】工具，按住 Shift 键绘制一个正方形，如图 3-49 所示。

(15) 选择【编辑】|【复制】命令，将正方形复制到剪贴板；连续选择两次【编辑】|【粘贴】命令，将正方形复制两份，如图 3-50 所示。

图 3-49　绘制正方形

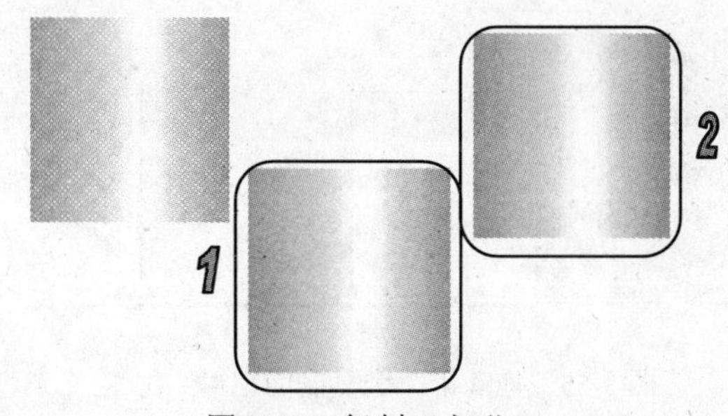

图 3-50　复制正方形

(16) 在工具箱中选择【任意变形】工具，拖动复制的一个矩形到原来的矩形上部，当出现两条虚线时释放鼠标，如图 3-51 所示。

(17) 将光标移到刚才移动的矩形的上边，当光标变为⇌形状时，向右拖动将矩形进行倾斜操作；然后将光标移至上边中间的控制点，将倾斜后的矩形缩小，如图 3-52 所示。

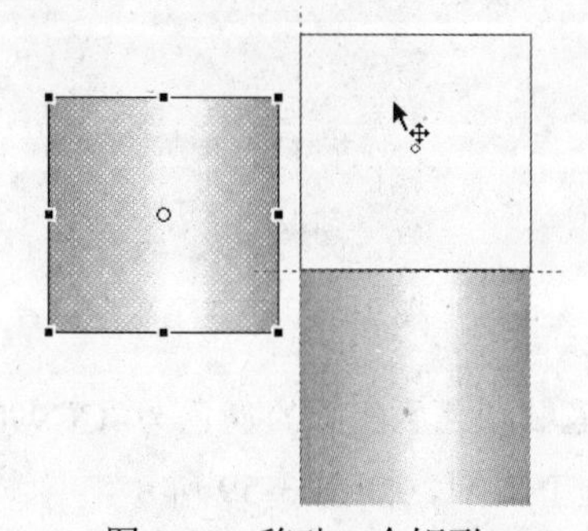

图 3-51　移动一个矩形

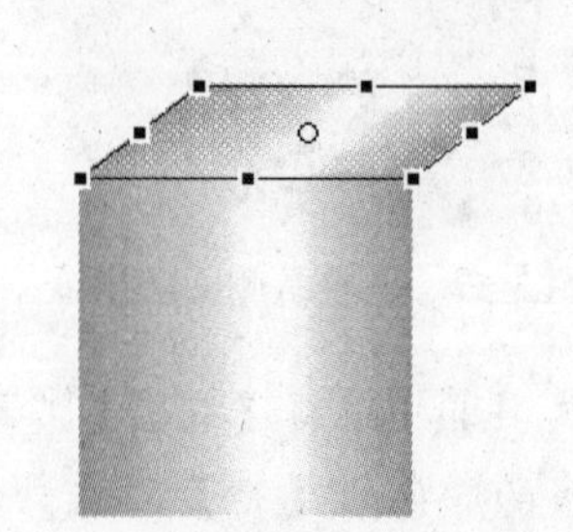

图 3-52　倾斜并缩小矩形

(18) 在工具箱中选择【渐变变形】工具，选择上面矩形的渐变填充，在【颜色】面板的【类型】下拉列表框中选择【径向】选项，设置渐变的过程如图 3-53 所示。

(19) 拖动上边矩形中心的渐变控制柄到右下角，用同样的方法设置正面矩形的渐变，并拖动正面矩形中心的渐变控制柄到右上角，此时效果如图 3-54 所示。

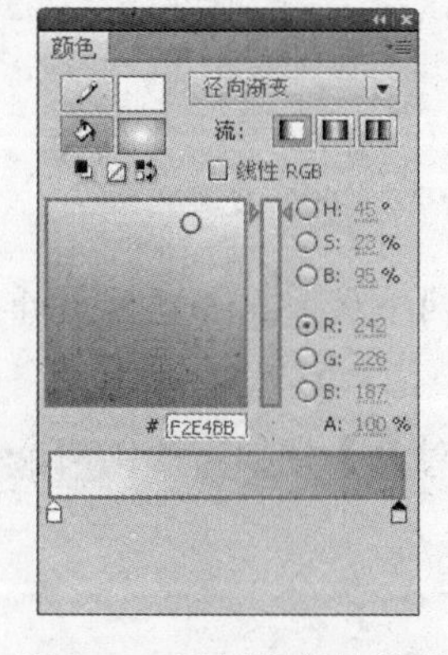

图 3-53　设置渐变的类型

图 3-54　调整渐变

(20) 在工具箱中选择【任意变形】工具，拖动第 2 个复制的矩形至正面矩形的右侧，当出现两条虚线时释放鼠标，如图 3-55 所示。

(21) 对该矩形进行倾斜和缩放操作，如图 3-56 所示。

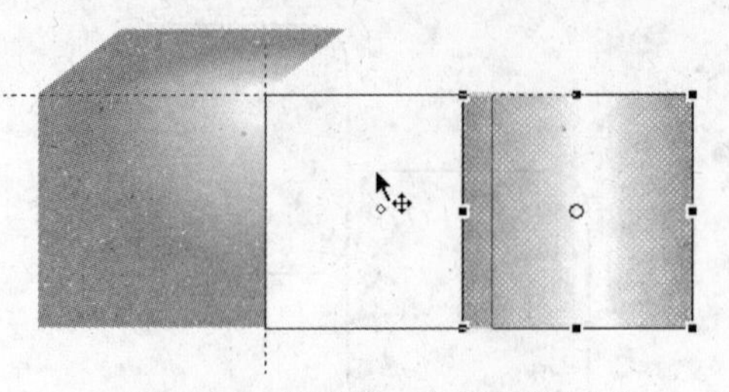

图 3-55 拖动第 2 个复制的矩形

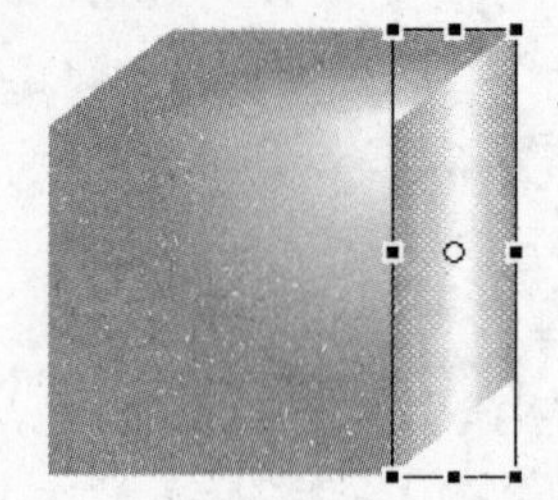

图 3-56 进行倾斜和缩放操作

(22) 在工具箱中选择【渐变变形】工具，调整右侧面的渐变如图 3-57 所示。

(23) 在工具箱中选择【选择】工具，同时选中 3 个矩形，选择【修改】|【组合】命令，将 3 个矩形组合为一个对象，完成立方体的制作，如图 3-58 所示。

图 3-57 调整右侧面的渐变

图 3-58 将 3 个矩形组合

(24) 在工具箱中选择【椭圆】工具，设置【笔触颜色】色板的颜色为#CC9900；设置【填充颜色】色板的颜色为【无】，在舞台中绘制一个椭圆，如图 3-59 所示。

(25) 选择【编辑】|【复制】命令，将椭圆复制到剪贴板上；选择【编辑】|【粘贴】命令，将椭圆粘贴到舞台，如图 3-60 所示。

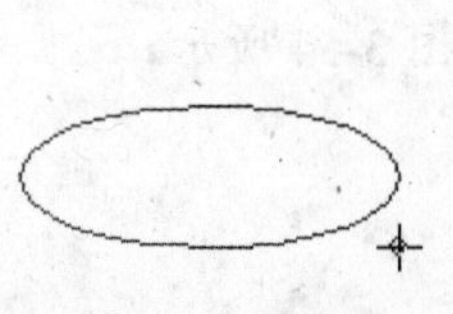

图 3-59 绘制椭圆

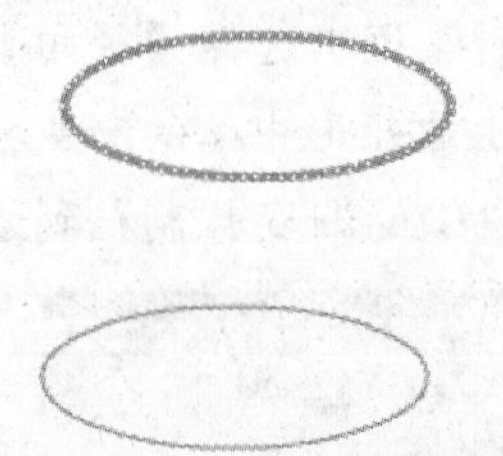

图 3-60 复制椭圆

(26) 在工具箱中选择【选择】工具，移动椭圆，使两个椭圆在垂直方向对齐，如图 3-61 所示。

(27) 在工具箱中选择【线条】工具，单击【贴紧至对象】按钮，绘制两条垂直线，将两个椭圆之间的范围封闭，如图 3-62 所示。

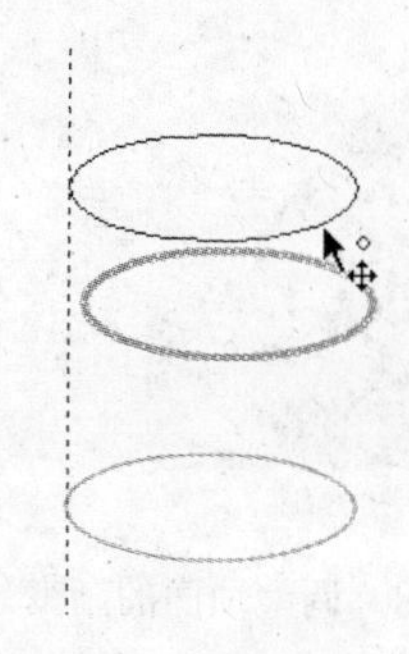
图 3-61 移动椭圆

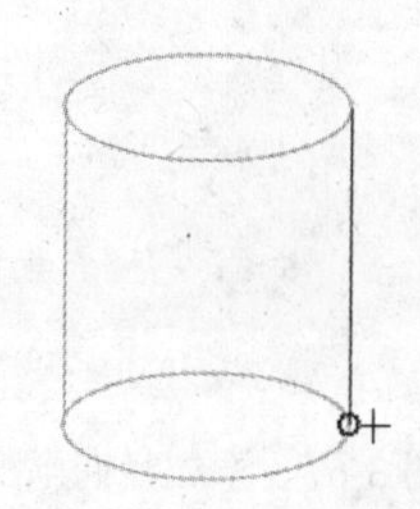
图 3-62 封闭两个椭圆之间的范围

(28) 在工具箱中选择【选择】工具，单击下面椭圆的上半部分，按Delete键，将该部分删除，如图3-63所示。

(29) 在工具箱中选择【颜料桶】工具，在圆柱的侧面单击，添加线性填充，如图3-64所示。

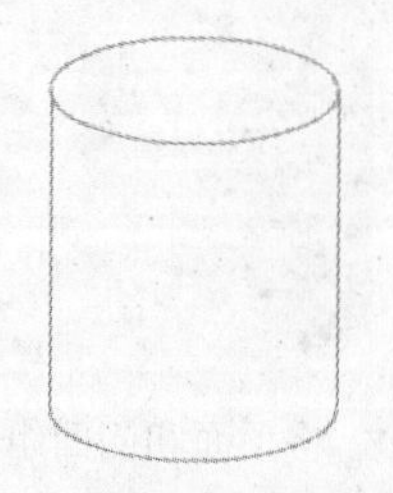
图 3-63 删除部分椭圆

图 3-64 填充圆柱的侧面

(30) 在工具箱中选择【渐变变形】工具，调整侧面的渐变如图3-65所示。

(31) 在工具箱中选择【颜料桶】工具，在【颜色】面板的【类型】下拉列表框中选择【径向】选项，调整渐变的变化过程如图3-66所示。

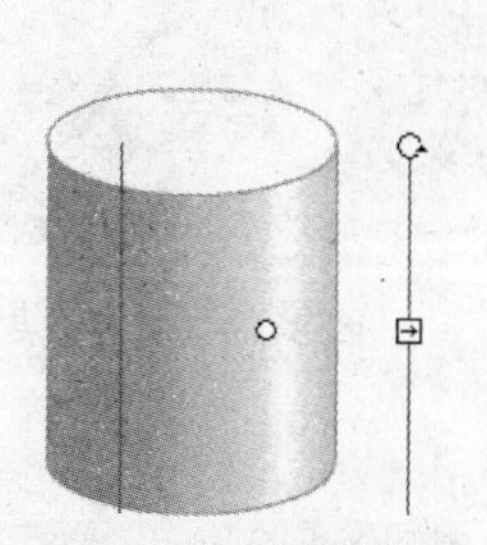
图 3-65 调整侧面的渐变

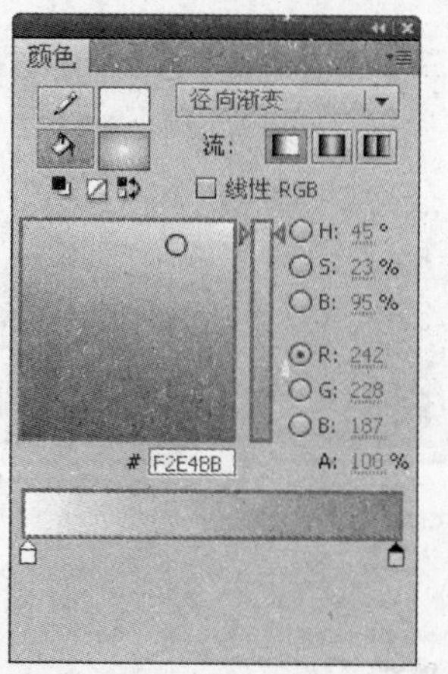

图 3-66 调整渐变的变化过程和类型

(32) 在圆柱的顶面单击，添加径向渐变，如图3-67所示。

(33) 在工具箱中选择【渐变变形】工具，调整顶面的渐变如图3-68所示。

图 3-67 添加径向渐变

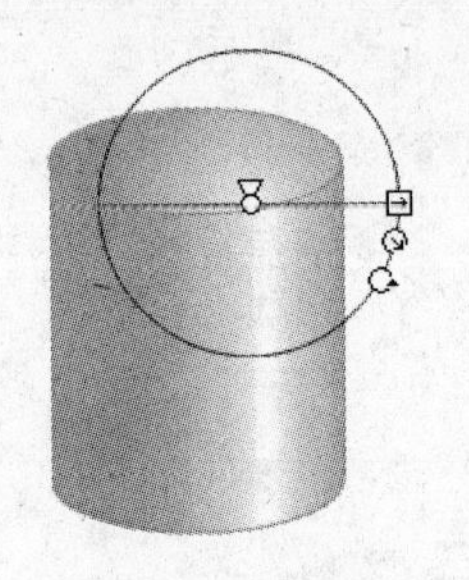

图 3-68 调整顶面的渐变

(34) 在工具箱中选择【选择】工具，双击选中圆柱的边框，按 Delete 键将其删除，如图 3-69 所示。

(35) 选中圆柱体的顶面和侧面后，选择【修改】|【组合】命令，将顶面和侧面组合为一个对象，完成圆柱体的制作，如图 3-70 所示。

图 3-69 删除圆柱的边框

图 3-70 将顶面和侧面组合

(36) 移动舞台中的 4 个对象，此时的层叠关系如图 3-71 所示。

(37) 选中立方体，选择【修改】|【排列】|【移至底层】命令，将立方体移至最底层；选中球体，选择【修改】|【排列】|【移至顶层】命令，将球体移至最顶层；排放 4 个对象，得到最终的效果如图 3-72 所示。

图 3-71 4 个对象的层叠关系

图 3-72 最终效果

3.5 习题

1. 绘制如图 3-73 所示的咖啡杯。
2. 绘制如图 3-74 所示的房屋。

图 3-73　咖啡杯

图 3-74　房屋图形

3. 参考图 3-75，绘制一幅风景画。
4. 结合图形绘制工具和颜色填充工具，绘制一个卡通形象，如图 3-76 所示。

图 3-75　风景图

图 3-76　卡通人物

创建与编辑 Flash 文本

主要内容

文本是 Flash 动画中重要的组成元素之一，它不仅可以帮助影片表述内容，也可以对影片起到一定的美化作用。Flash CS5 对【文本】工具进行了很大的改变和加强，在丰富原有传统文本模式的基础上，又新增了 TLF 文本模式，可以使用户更有效地加强对文本的控制。

本章重点

- TLF 文本模式
- 传统文本模式
- 消除文本锯齿
- 设置文本属性
- 文本的分离与变形
- 文本的滤镜效果

4.1 使用文本工具

使用【文本】工具 T 可以创建多种类型的文本， Flash CS5 除了保持和丰富以前的文本模式(现在称为传统文本)外，还引入了全新文本引擎——文本布局框架 (以下简称 TLF)模式。与传统文本模式相比，TLF 文本模式支持更多丰富的文本布局功能和对文本属性的精细控制。在创建文本之前，首先要了解可以创建的文本类型以及不同类型文本框的作用。

§ 4.1.1 TLF 文本

TLF 文本是 Flash CS5 中的默认文本类型，TLF 文本的出现，使得 Flash 在文字排版方面的功能大大加强。与传统文本相比，TLF 文本的特征和优势主要体现在以下几个方面。

- 更多字符样式，包括行距、连字、加亮颜色、下划线、删除线、大小写、数字格式及其他。
- 更多段落样式，包括通过栏间距支持多列、末行对齐选项、边距、缩进、段落间距和容器填充值。
- 控制更多亚洲字体属性，包括直排内横排、标点挤压、避头尾法则类型和行距模型。
- 可以对 TLF 文本应用 3D 旋转、色彩效果以及混合模式等属性，而无需将 TLF 文本放置在影片剪辑元件中。

- 文本可按顺序排列在多个文本容器。这些容器称为串接文本容器或链接文本容器。
- 能够针对阿拉伯语和希伯来语文字创建从右到左的文本。
- 支持双向文本，其中从右到左的文本可包含从左到右文本的元素。当需在阿拉伯语或希伯来语文本中嵌入英语单词或阿拉伯数字等情况时，此功能必不可少。

在工具栏上选中【文本】工具T，即可在舞台上创建 TLF 文本了，值得一提的是，TLF 文本的【属性】面板会根据用户对【文本】工具的不同使用状态，而体现 3 种显示模式，如图 4-1 所示。

- 文本工具模式：此时在工具面板中选择了文本工具，但在 Flash 文档中没有选择文本。
- 文本对象模式：此时在舞台上选择了整个文本块。
- 文本编辑模式：此时在编辑文本块。

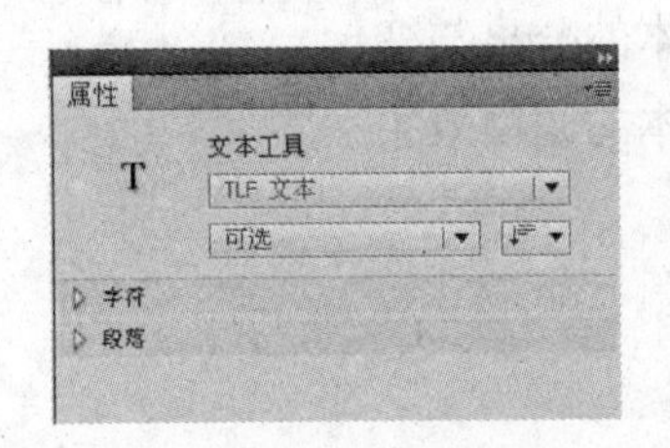

文本工具模式

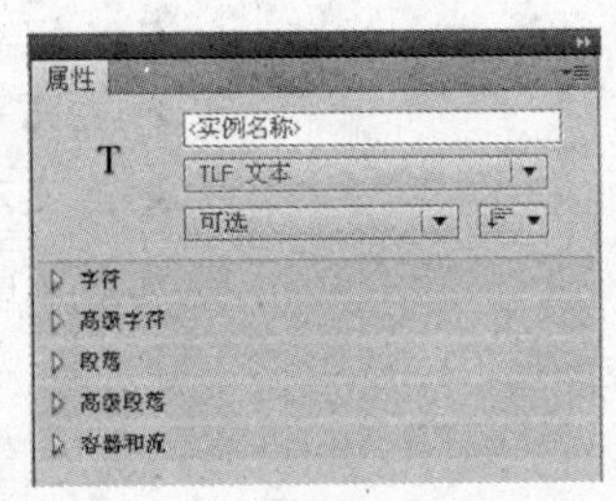

文本对象模式

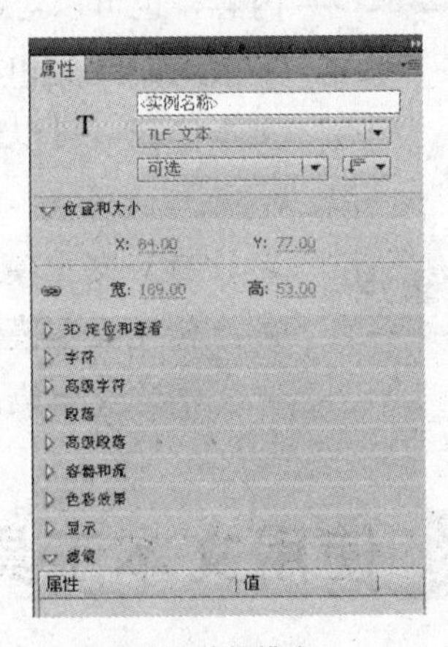

文本编辑模式

图 4-1　TLF 文本的 3 种显示模式

用户可以根据 TLF 在运行时的具体表现模式，在其【属性】面板中打开【文本类型】下拉列表框，然后选择 3 种类型的文本，如图 4-2 所示，各选项具体的作用和含义如下。

- 只读：当作为 SWF 文件发布时，文本无法选中或编辑。
- 可选：当作为 SWF 文件发布时，文本可以选中并可复制到剪贴板，但不能编辑。对于 TLF 文本，此设置是默认设置。
- 可编辑：当作为 SWF 文件发布时，文本可以选中和编辑。

打开【改变文本方向】下拉列表框，可以选择【水平】或【垂直】选项，设置文本的文字方向，如图 4-3 所示。

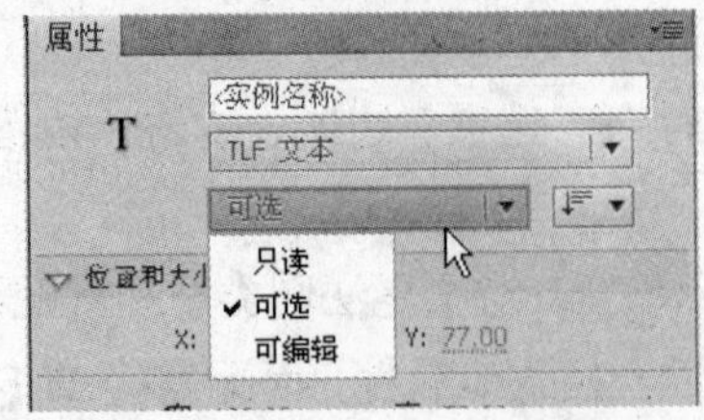

图 4-2　TLF 文本的 3 种类型

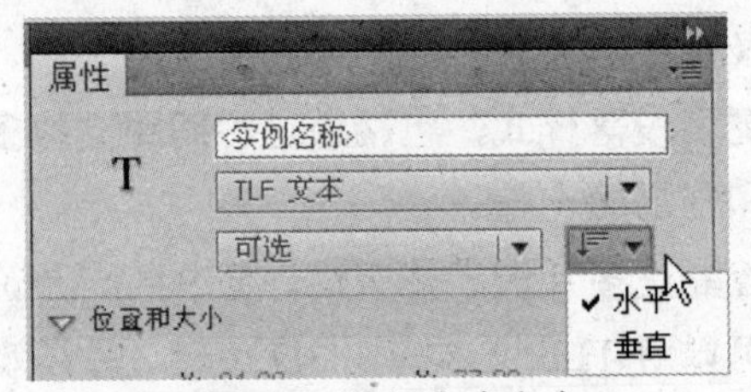

图 4-3　设置文本方向

下面通过一个实例来说明 TLF 文本的特点，供用户体会不同 TLF 文本类型的区别。

【例 4-1】在 Flash CS5 中新建一个文档，创建 TLF 文本框并输入文字，然后对文字进行排版设置，最后调整不同的 TLF 文本类型进行发布测试。

(1) 启动 Flash CS5 程序，选择【文件】|【新建】命令，新建一个 Flash 文档。

(2) 在工具箱中选择【文本】工具，在【属性】面板中选择【TLF 文本】选项，并选择【可选】选项，如图 4-4 所示。

(3) 在舞台中拖动光标绘制一个文本框，然后输入一段文字，如图 4-5 所示。

图 4-4　创建 TLF 文本

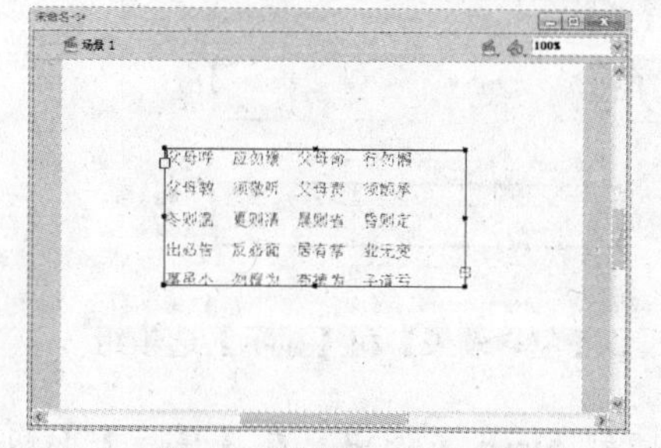

图 4-5　创建 TLF 文本框

(4) 在【属性】面板中打开【字符】选项组，设置字体为幼圆，文字大小为 18，行距为 100，文字颜色为白色，加亮显示为黑色，字距调整为 140，如图 4-6 所示。此时，舞台上文字的效果如图 4-7 所示。

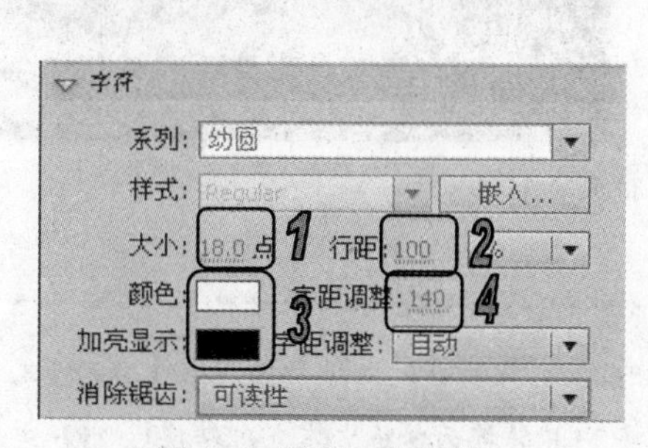

图 4-6　设置文本属性

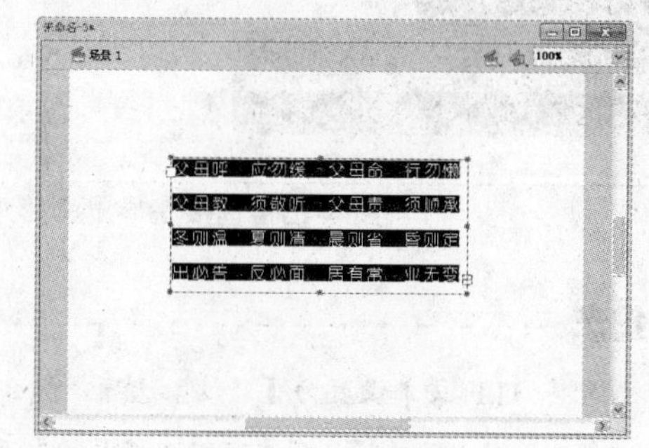

图 4-7　文字效果

(5) 在【属性】面板中打开【容器和流】选项组，设置【容器边框颜色】为黄色，设置【容器背景颜色】为红色，在【区域设置】下拉列表框中选择【简体中文】选项，如图 4-8 所示。此时的舞台效果如图 4-9 所示。

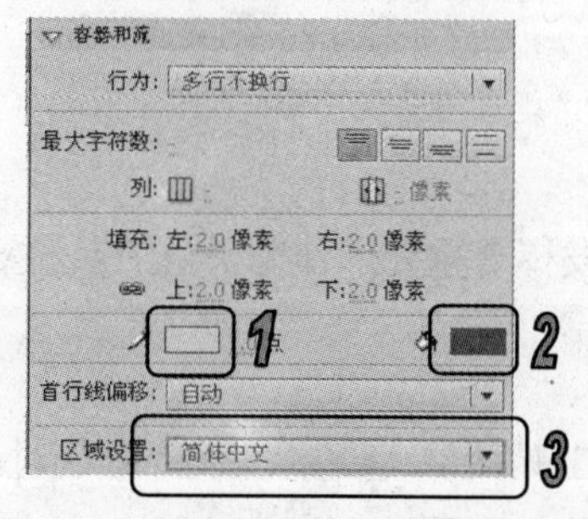

图 4-8　设置【容器和流】选项组

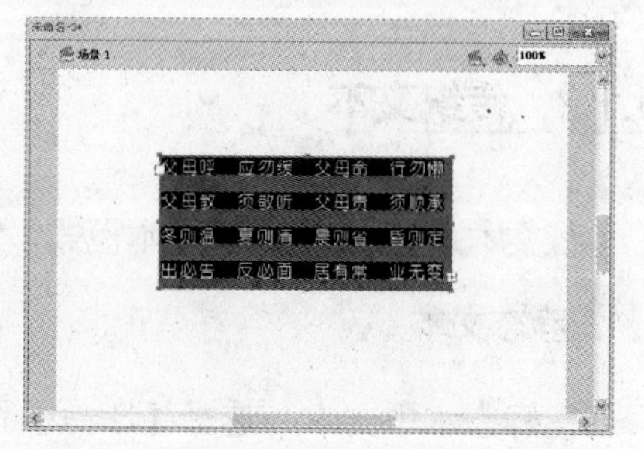

图 4-9　文字效果

(6) 在【属性】面板中打开【色彩效果】选项组，在【样式】下拉列表框中选择【亮度】选项，然后设置亮度为 10%，打开【显示】选项组，在【混合】下拉列表框中选择【正片叠底】选项，如图 4-10 所示。

(7) 此时按下 Ctrl+Enter 组合键测试文本效果，显示这是一个可以滚动调控(支持鼠标左键拖动和滚轮滚动)的文本框，而且影片中的文字可以被选中并复制、粘贴，如图 4-11 所示。

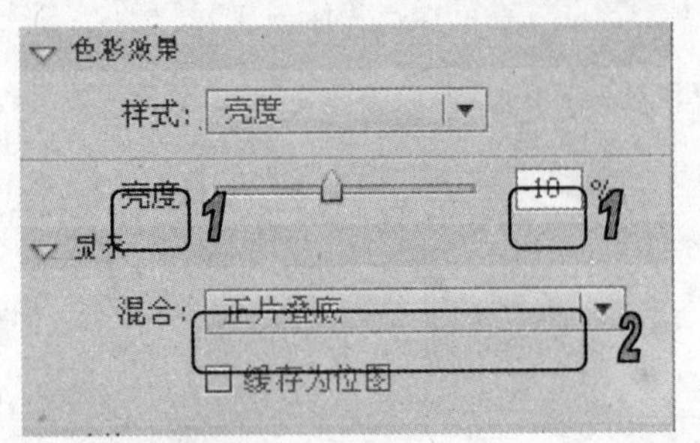

图 4-10　设置【色彩效果】和【显示】选项组

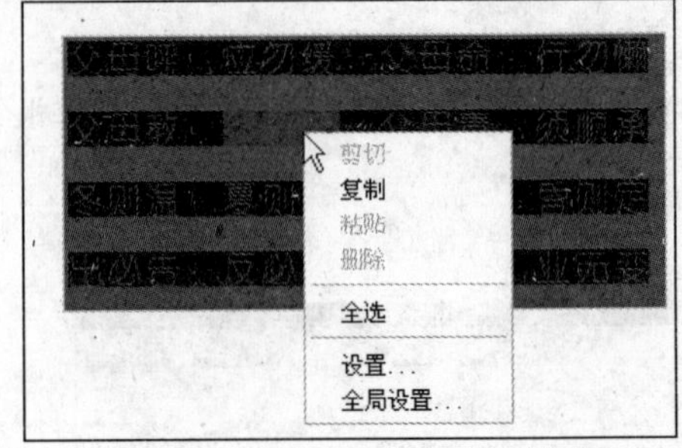

图 4-11　文本可被复制和粘贴

(8) 回到 Flash 文档中，在【属性】面板中将 TLF 文本设置为【可编辑】，然后再次按下 Ctrl+Enter 组合键测试文本效果，可以看到影片中的文本不仅支持滚动和复制，而且用户还可以对其进行编辑，如图 4-12 所示。

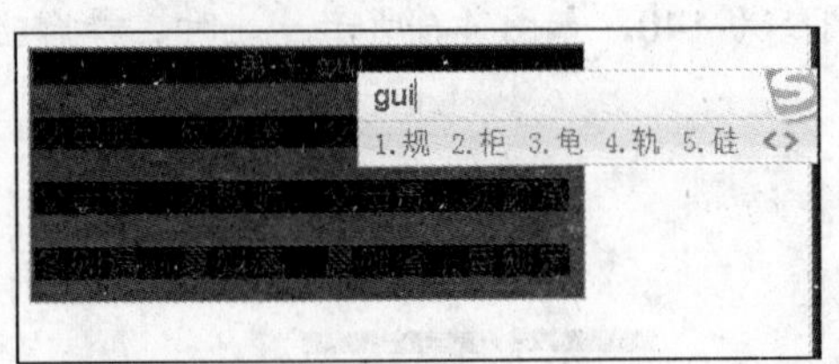

图 4-12　直接在导出的影片中进行文本编辑

提示

如果将 TLF 文本设置为【只读】选项，那么在导出的影片内用户无法进行任何操作，包括文本框的滚动、复制粘贴以及编辑。用户可以在【属性】面板中将 TLF 转换为传统文本，但转换后 TLF 文本的专属设置将会丢失，而只保留文字字体、颜色和大小等基本设置。另外，TLF 文本的真正强大之处在于它可以使用动作脚本语言进行控制，限于篇幅，本章对于动作脚本语言方面的内容暂不介绍，有兴趣的读者可以在学习了第 10 章和第 11 章之后，自行研究。

§ 4.1.2　传统文本

传统文本是 Flash 的基础文本模式，它在图文制作方面发挥着重要的作用，是学习的重点。

1. 静态文本

创建静态水平文本，选择【工具】面板中的【文本】工具 T，当光标变为ⱡ形状时，单击创建一个可扩展的静态水平文本框，该文本框的右上角具有圆形手柄标识，输入文本区域可随需要自动横向延长，如图 4-13 所示。

选择【文本】工具T，可以拖动创建一个具有固定宽度的静态水平文本框，该文本框的右上角具有方型手柄标识，输入文本区域宽度是固定的，当输入文本超出宽度时将自动换行，如图 4-14 所示。

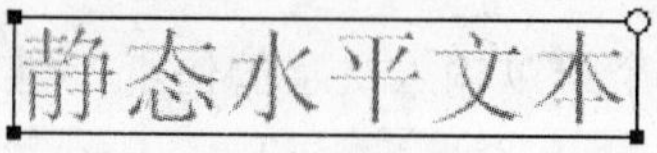

图 4-13　可扩展的静态水平文本框

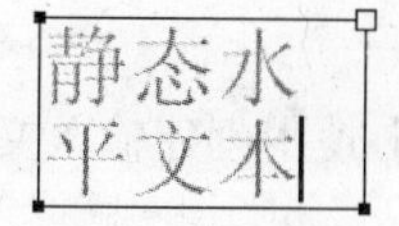

图 4-14　具有固定宽度的静态水平文本框

使用【文本】工具还可以创建静态垂直文本，选择【文本】工具，打开【属性】面板，单击该面板的【段落】选项卡中的【方向】按钮，在弹出的快捷菜单中有【水平】、【垂直】和【垂直，从左向右】3 个选项供用户选择，如图 4-15 所示。

2. 动态文本

要创建动态文本，选择【文本】工具T，打开【属性】面板，单击【静态文本】按钮，在弹出的菜单中可以选择文本类型，如图 4-16 所示。

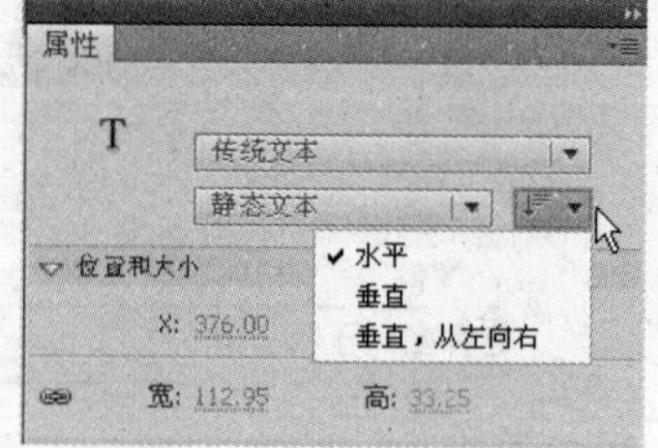

图 4-15　选择文本输入方向

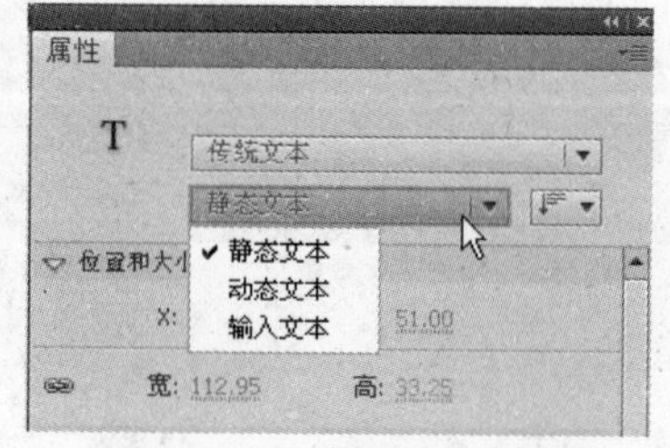

图 4-16　选择文本类型

选择动态文本类型后，单击设计区，可以创建一个默认宽度为 104 像素、高度为 27.4 像素的具有固定宽度和高度的动态水平文本框；拖动可以创建一个自定义固定宽度的动态水平文本框；在文本框中输入文字，即可创建动态文本。

3. 输入文本

输入文本可以在动画中创建一个允许用户填充的文本区域，因此它主要出现在一些交互性比较强的动画中，如有些动画需要用到内容填写、用户名或者密码输入等操作，就都需要添加输入文本。

选择【文本】工具T，在【属性】面板中选择输入文本后，单击设计区，可以创建一个具有固定宽度和高度的动态水平文本框；拖动水平文本框可以创建一个自定义固定宽度的动态水平文本框。

此外，用户可以利用输入文本创建动态可滚动文本框，该文本框的特点是：可以在指定大小的文本框内显示超过该范围的文本内容。在 Flash CS5 中，创建动态可滚动文本可以使用以下几种方法。

- 按住 Shift 键的同时双击动态文本框的圆形或方形手柄。
- 使用【选择】工具选中动态文本框，然后选择【文本】|【可滚动】命令。
- 使用【选择】工具选中动态文本框，右击该动态文本框，在打开的快捷菜单中选择【可滚动】命令。

创建滚动文本后，其文本框的右下方会显示一个黑色的实心矩形手柄，如图 4-17 所示。

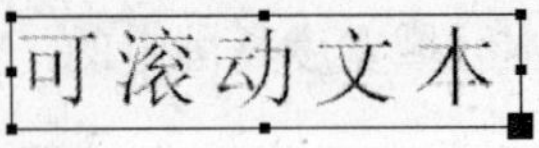

可滚动文本

图 4-17　动态可滚动文本框

【例 4-2】使用创建输入文本的方法，制作一个可以输入文字的信纸，练习传统文本的创建方法。

(1) 启动 Flash CS5 程序，选择【文件】|【新建】命令，新建一个 Flash 文档。

(2) 选择【文件】|【导入】|【导入到舞台】命令，将“信纸图片.jpg”位图文件导入到舞台中作为信纸的底图，如图 4-18 所示。

(3) 在工具箱中选择【文本】工具T，在其【属性】面板的【文本类型】下拉列表框中选择【静态文本】选项，设置字体为【华文彩云】，字号为 18，文字颜色为蓝色，然后在信纸的第一行创建文本框并输入文字“亲爱的老友：”，如图 4-19 所示。

图 4-18　导入位图到舞台

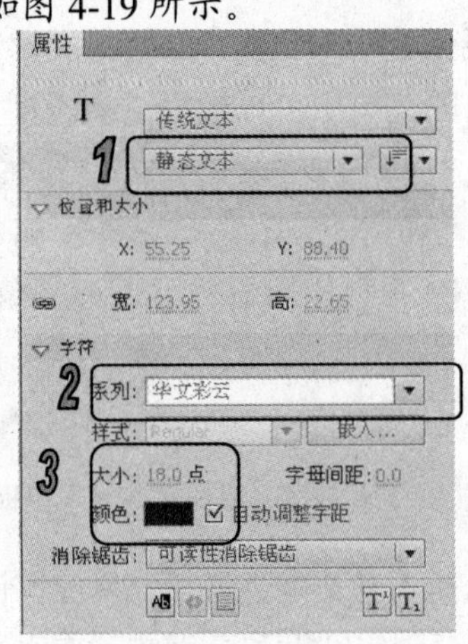

图 4-19　创建静态文本

(4) 再次选择【文本】工具T，在【属性】面板中的【文本类型】下拉列表框中选择【输入文本】选项，设置字体为【新宋体】，字号为 15，文字颜色为黑色，最后打开【行为】下拉列表框，选择【多行】选项，如图 4-20 所示。然后拖动鼠标，在舞台绘制一个文本区域，如图 4-21 所示。

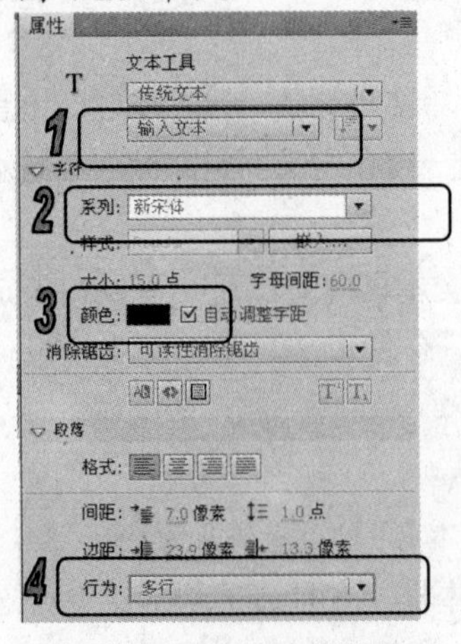

图 4-20　设置文本属性

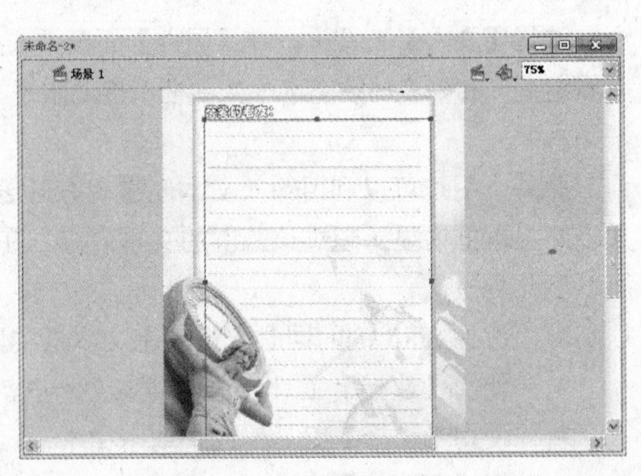

图 4-21　创建静态文本

(5) 按下 Ctrl+Enter 组合键将文件导出并预览动画，然后在其中输入文字测试动画效果，如图 4-22 所示。

图 4-22　导入位图到舞台

提示

本例可以自行调节文字字体大小，使得文字与信纸的线条适应。

4.2 设置文本样式

创建文本之后，可以利用【文本】工具的【属性】面板，对文本进行进一步的设计和修改。

§ 4.2.1　消除文本锯齿

有时 Flash 中的文字会显得模糊不清，这往往是由于创建的文本较小从而无法清楚显示的缘故，在【文本属性】面板中通过对文本锯齿的设置优化，可以很好地解决这一问题，如图 4-23 所示。

消除锯齿前　　消除锯齿后

图 4-23　消除锯齿文本

选中舞台中的文本，然后进入【属性】面板的【字符】选项区域，在【消除锯齿】下拉列表框中选择所需的消除锯齿选项即可消除文本锯齿，如图 4-24 所示。如果选择【自定义消除锯齿】选项，系统还会打开【自定义消除锯齿】对话框，用户可以在该对话框中设置详细的参数来消除文本锯齿，如图 4-25 所示。

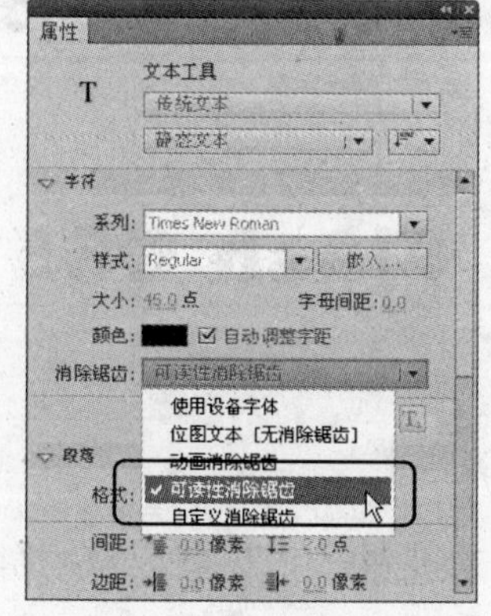

图 4-24　设置消除锯齿选项

图 4-25　自定义消除锯齿

§4.2.2 设置文字属性

为了使 Flash 动画中的文字更加灵活，用户可以使用【文本】工具的属性面板对文本的字体和段落属性进行设置。其中，文本的字符属性包括字体、字体大小、样式、颜色、字符间距、自动调整字距和字符位置等；段落属性包括对齐方式、边距、缩进和行距等。

1. 设置字体、字体大小、字体样式、字母间距、文本颜色和上下标

在【文本】工具的属性面板中，可以设置选定文本的字体、字体大小和颜色等。设置文本颜色时只能使用纯色，而不能使用渐变色。如果要对文本应用渐变色，必须将文本转换为线条或填充图形。

设置文本的属性时，可以先在工具箱中选择【文本】工具T，然后在【文本】工具属性面板中的【设置字体系列】下拉列表框中选择字体或直接输入字体名称；在【大小】文本框中输入字体大小数值，或将光标移动到数值上，当出现图标时向左右方向拖动以调整字体的大小；单击【文本(填充)颜色】按钮，在打开的调色板中选择文本的颜色。如果要对文本应用样式，可以打开【样式】下拉列表框将字体调整为粗体、斜体等样式。单击【嵌入】按钮，可以打开【字符嵌入】对话框。在该对话框中，可以选择嵌入字体轮廓的字符。

要设置字母间距，可以在【字母间距】文本框中进行数值的设定。在 Flash CS5 中，字母间距的可调范围是 0~60 磅。如果要使用字体的内置字距微调，可以选择文本框后，在【文本】工具属性面板中选中【自动调整字距】复选框。对于水平文本，间距和字距微调设置了字符间的水平距离；对于垂直文本，间距和字距可以设置字符间的垂直距离。

另外，在【文本】工具属性面板中单击【切换上标】或【切换下标】按钮，可将选中的字符以上标或下标形式显示。

2. 设置对齐、边距、缩进和行距

文本框的左侧和右侧边缘对齐；垂直文本相对于文本框的顶部和底部边缘对齐。文本可以与文本框的一侧边缘对齐、与文本框的中心对齐或者与文本框的两侧边缘对齐(即两端对齐)。图 4-26 所示为文本的不同对齐方式。

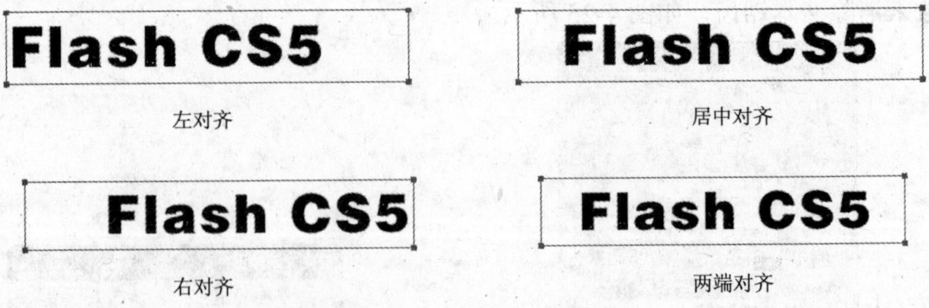

Flash CS5

左对齐

Flash CS5

居中对齐

Flash CS5

右对齐

Flash CS5

两端对齐

图 4-26　文本的不同对齐方式

边距确定了文本框的边框和文本段落之间的间隔；缩进确定了段落边界和首行开头之间的距离；行距确定了段落中相邻行之间的距离。

要设置文本的边距、缩进和行距，可先选择需要设置文本边距、缩进和行距的段落或文本框，然后在【文本工具】属性面板中展开【段落】选项组，在其中进行相应的设置。在【行为】下拉列表框中，还可以设置【单行】、【多行】和【多行不换行】选项，如图 4-27 所示。

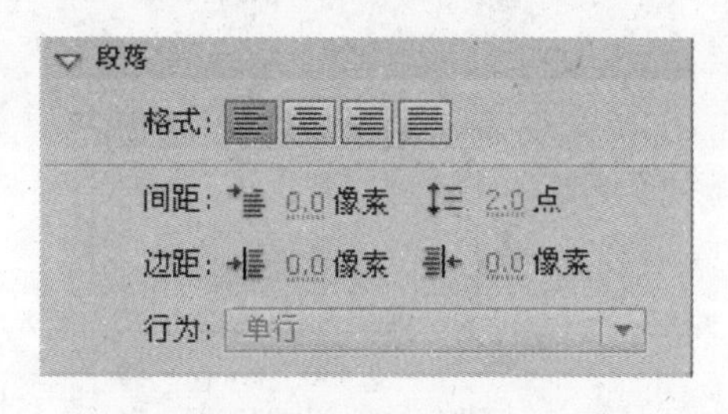

图 4-27　段落设置参数

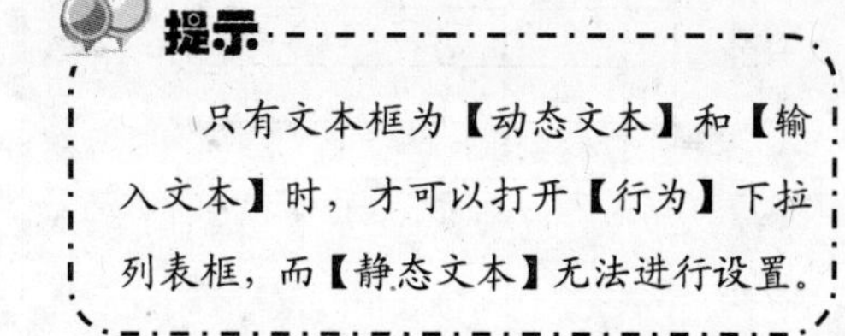

提示

只有文本框为【动态文本】和【输入文本】时，才可以打开【行为】下拉列表框，而【静态文本】无法进行设置。

各参数选项的作用如下：

- 【缩进】文本框：用于设置文本的缩进数值。文本是右缩进或左缩进，取决于文本方向是从左向右还是从右向左。
- 【行距】文本框：用于设置文本的行距大小。
- 【左边距】和【右边距】文本框：分别用于设置文本左右边距的大小。

§ 4.2.3　创建文字链接

在 Flash CS5 中，可以将静态或动态的水平文本链接到 URL，从而在单击该文本的时候，可以跳转到其他文件、网页或电子邮件。

要将水平文本链接到 URL，首先要使用工具箱中的【文本】工具选择文本框中的部分文本，或使用【选择】工具从舞台中选择一个文本框，然后在其属性面板的【链接】中输入要将文本块链接到的 URL 地址，如图 4-28 所示。

图 4-28　将文本链接到 URL

【例 4-3】在 Flash CS5 中新建一个文档，使用基础绘图工具绘制一个表格，然后在表格中使用文本进行填充，并将网站名称链接到指定网址。

(1) 启动 Flash CS5 程序，选择【文件】|【新建】命令，新建一个 Flash 文档。

(2) 在工具箱中选择基础绘图工具，绘制一个简单的表格，如图 4-29 所示。

(3) 在工具箱中选择【文本】工具，在【属性】面板中选择【传统文本】选项，在表格的第一行创建一个静态文本框，并输入文字“世界三大搜索引擎”，设置字体为微软雅黑，字号为 30，如图 4-30 所示。

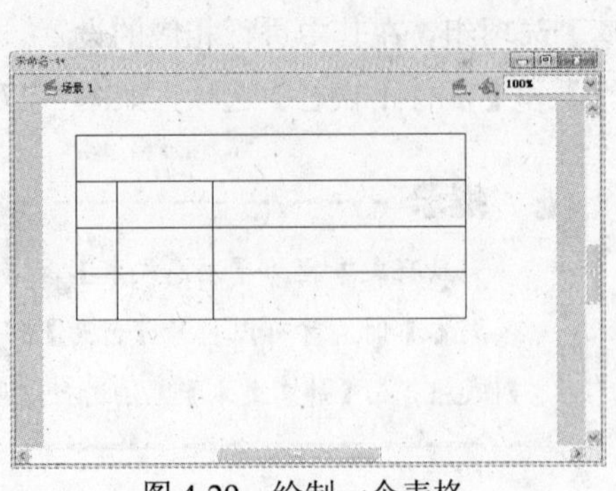

图 4-29　绘制一个表格

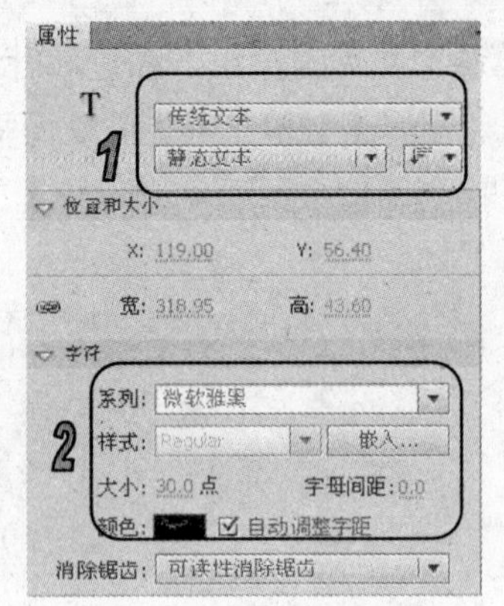

图 4-30　设置标题文字

(4) 再次使用【文本】工具，在表格的其他位置添加文本框并填写相关内容，将网址部分调整字号为 20，如图 4-31 所示。

(5) 选中第一行的谷歌网址文本框，然后在【属性】面板中打开【选项】选项组，在【链接】文本框中输入网址，如图 4-32 所示。

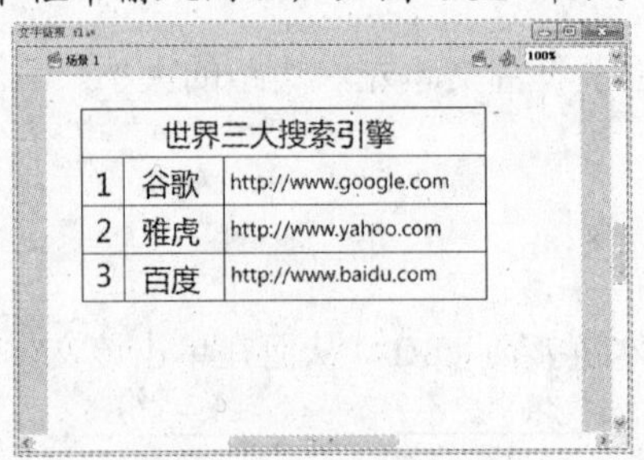

图 4-31　填写表格

图 4-32　输入链接网址

(6) 参考步骤(5)，为雅虎和百度的网址也分别添加相应的链接，此时可以看到，被添加了链接的文本框，文字下方会出现下划线，如图 4-33 所示。

(7) 将文档保存后，按下 Ctrl+Enter 组合键进行测试，单击相应的链接即可打开浏览器跳转到对应的网址。

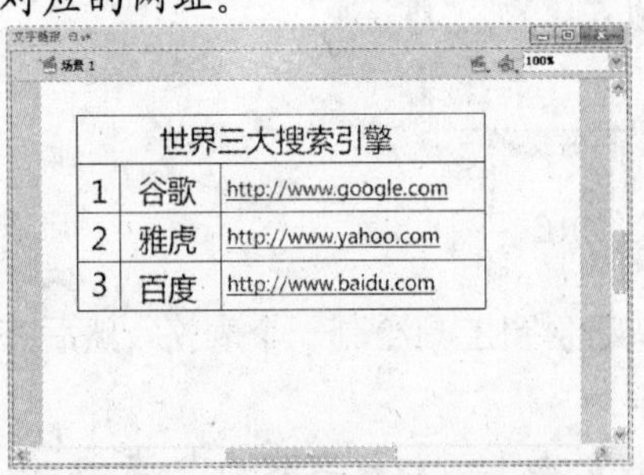

图 4-33　添加链接后的效果

提示

在 Flash 文档中文本框中的下划线提示用户该文本框被创建了 URL 链接，但在发布的影片中，下划线不会显示。

4.3　文本的分离与变形

Flash 动画需要丰富多彩的文本效果，因此在对文本进行基础排版之后，通常还需要对其进行更进一步的加工，这时需要用到文本的分离与变形。

§ 4.3.1　分离文本

在 Flash CS5 中，文本的分离方法和分离原理与之前介绍到的组合对象相类似。选中文本后，选择【修改】|【分离】命令将文本分离一次可以使其中的文字成为单个的字符，分离两次可以使其成为填充图形，如图 4-34 所示。值得注意的是，文本一旦被分离为填充图形后就不再具有文本的属性，而是拥有了填充图形的属性。即对于分离为填充图形的文本，用户不能再更改其字体或字符间距等文本属性，但可以对其应用渐变填充或位图填充等填充属性。

文本框　　第 1 次分离　　第 2 次分离

图 4-34　将文本分离为填充图形的过程

§ 4.3.2　文本变形

在将文本分离为填充图形后，可以非常方便地改变文字的形状。要改变分离后文本的形状，可以使用工具箱中的【选择】工具或【部分选取】工具等，对其进行各种变形操作。

- 使用【选择】工具编辑分离文本的形状时，可以在未选中分离文本的情况下将光标靠近分离文本的边界，当光标变为或形状时，按住鼠标左键进行拖动，即可改变分离文本的形状，如图 4-35 所示。

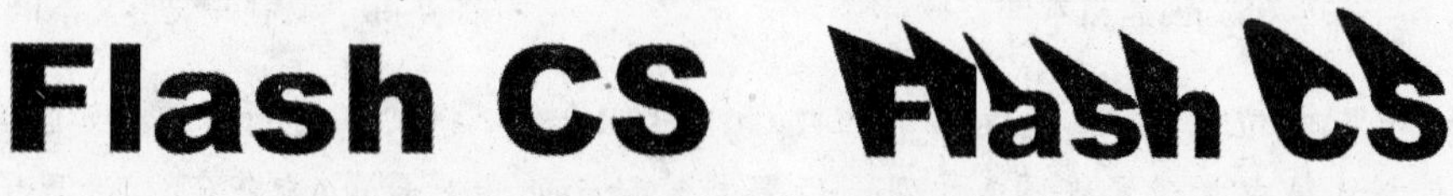

图 4-35　使用【选择】工具变形文本

- 使用【部分选取】工具对分离文本进行编辑操作时，可以先使用【部分选取】工具选中要修改的分离文本，使其显示出节点。然后选中节点进行拖动或编辑其曲线调整柄，如图 4-36 所示。

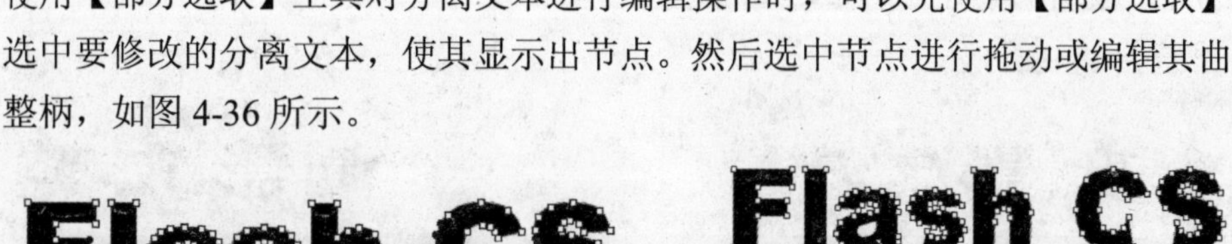

图 4-36　使用【部分选取】工具变形文本

【例 4-4】在 Flash CS5 中新建一个文档，创建文本框，使用分离命令和变形工具制作倒影文字效果。

(1) 启动 Flash CS5 程序，选择【文件】|【新建】命令，新建一个 Flash 文档。

(2) 选择【修改】|【文档】命令，打开【文档设置】对话框，将【背景颜色】设置为淡蓝色，然后单击确定按钮，如图 4-37 所示。

(3) 返回舞台后，在工具箱中选择【文本】工具，在其【属性】面板中设置传统静态文本，字体为隶书、字号为 100，颜色为黑色，如图 4-38 所示。

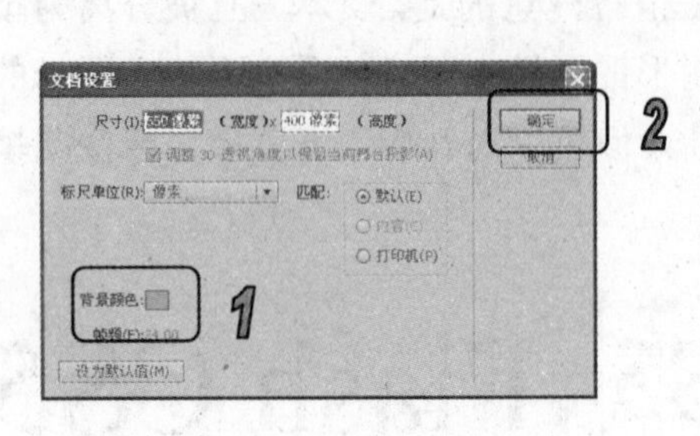

图 4-37　设置文档属性

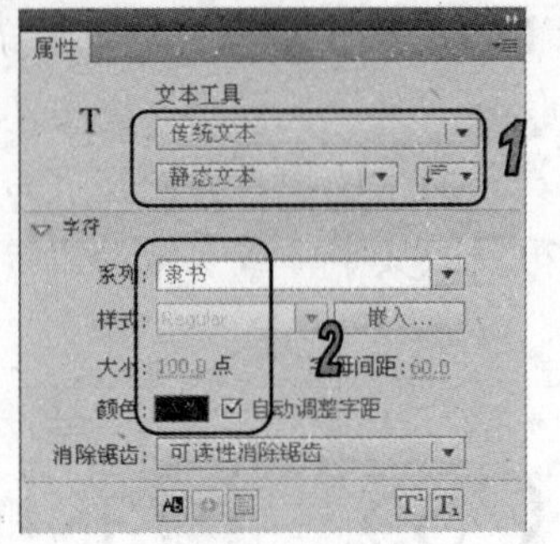

图 4-38　设置文本工具属性

(4) 在舞台中创建一个文本框，然后输入文字“倒影文本”，如图 4-39 所示。

(5) 选中文本框后，按下 Ctrl+D 组合键将其复制并粘贴一份到舞台，然后在工具箱中选择【任意变形】工具，选择下方的文本框后，将其翻转并调整位置和大小，如图 4-40 所示。

图 4-39　创建文本框

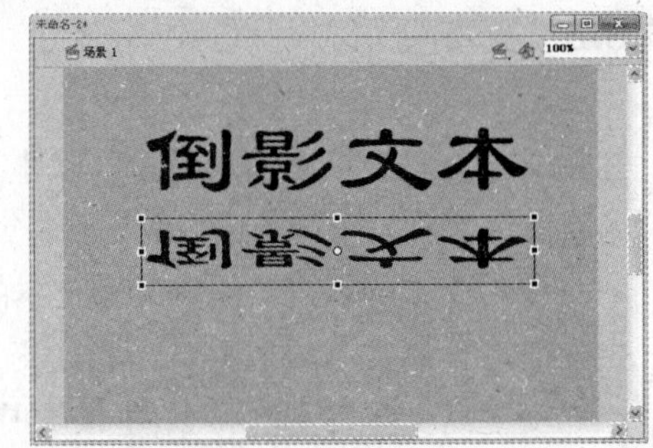

图 4-40　复制并变形文本框

(6) 选中下方的文本框，连续按下两次 Ctrl+B 组合键，将文本进行分离，如图 4-41 所示。

(7) 在工具箱中选择【椭圆】工具，设置其笔触颜色为背景色(淡蓝色)，设置填充颜色为透明，在文字上由内向外绘制多个椭圆形状，并逐渐增大该椭圆形状的大小和笔触高度(每次增量为 1)，最后的效果如图 4-42 所示。

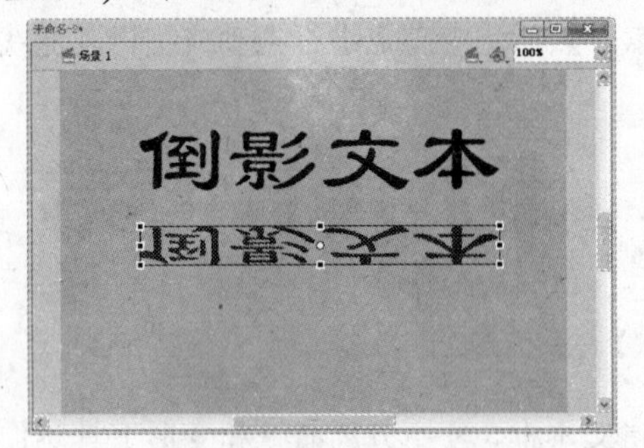

图 4-41　分离文本

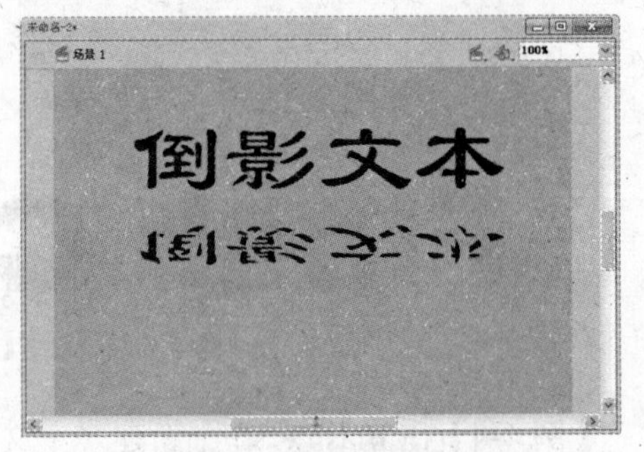

图 4-42　倒影文本效果

4.4 对文本使用滤镜效果

在 Flash CS5 中，包括 TLF 文本和传统文本在内的所有的文本模式都可以被添加滤镜效果，该项操作主要通过【属性】面板中的【滤镜】选项组完成。单击【添加滤镜】按钮 后，即可打开一个列表，如图 4-43 所示。用户可以在该列表中选择需要的一个或多个滤镜效果进行添加，添加后的效果将会显示在【滤镜】选项组中，如图 4-44 所示。

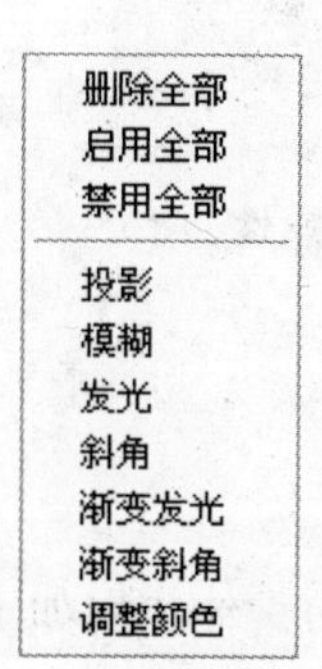

图 4-43　添加滤镜效果

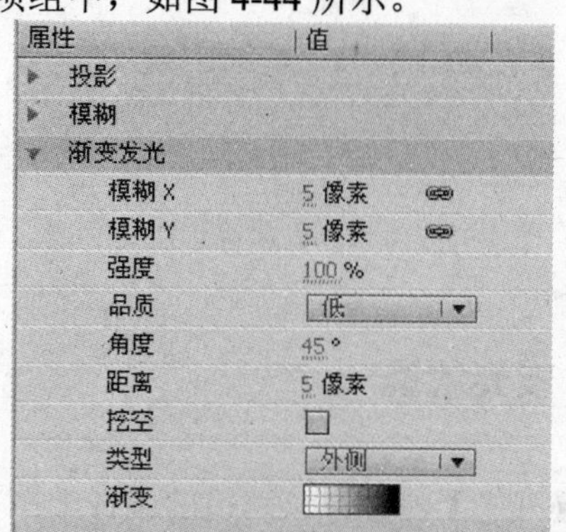

图 4-44　显示添加的滤镜效果

添加滤镜效果后，往往还需要对滤镜效果进行参数设置，而每种滤镜效果的参数设置都有所不同，下面分别予以介绍。

§ 4.4.1　投影滤镜

添加【投影】滤镜，该滤镜的属性如图 4-45 所示，主要选项参数的具体作用如下。

- 【模糊 X】和【模糊 Y】：设置投影的宽度和高度。
- 【强度】：设置投影的阴影暗度，暗度与该文本框中的数值成正比。
- 【品质】：设置投影的质量。
- 【角度】：设置阴影的角度。
- 【距离】：设置阴影与对象之间的距离。
- 【挖空】：选中该复选框可将对象实体隐藏，而只显示投影。
- 【内阴影】：选中该复选框可在对象边界内应用阴影。
- 【隐藏对象】：选中该复选框可隐藏对象，并只显示其投影。
- 【颜色】：设置阴影颜色。

§ 4.4.2　模糊滤镜

添加【模糊】滤镜，该滤镜的属性如图 4-46 所示，其主要选项参数的具体作用如下。

- 【模糊 X】和【模糊 Y】文本框：分别用于设置模糊的宽度和高度。
- 【品质】：设置模糊的质量级别。

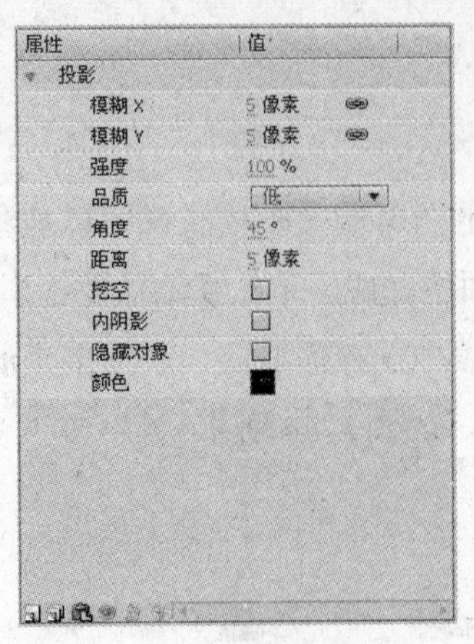

图 4-45 【投影】滤镜属性

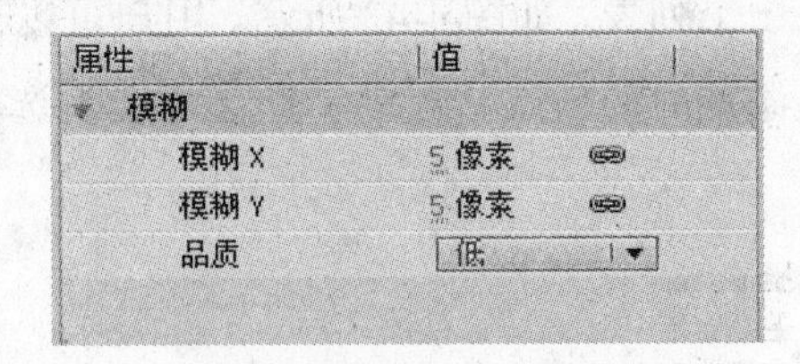

图 4-46 【模糊】滤镜属性

§ 4.4.3 发光滤镜

添加【发光】滤镜，该滤镜的属性如图 4-47 所示，主要选项参数的具体作用如下。

- 【模糊 X】和【模糊 Y】：分别用于设置发光的宽度和高度。
- 【强度】：用于设置对象的透明度。
- 【品质】：用于设置发光的质量级别。
- 【颜色】：用于设置发光颜色。
- 【挖空】：选中该复选框可将对象实体隐藏，而只显示发光。
- 【内发光】：选中该复选框可使对象只在边界内应用发光。

§ 4.4.4 斜角滤镜

添加【斜角】滤镜，该滤镜的属性如图 4-48 所示。

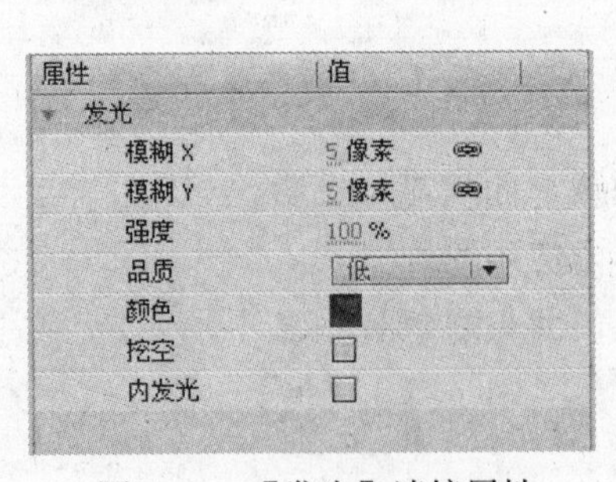

图 4-47 【发光】滤镜属性

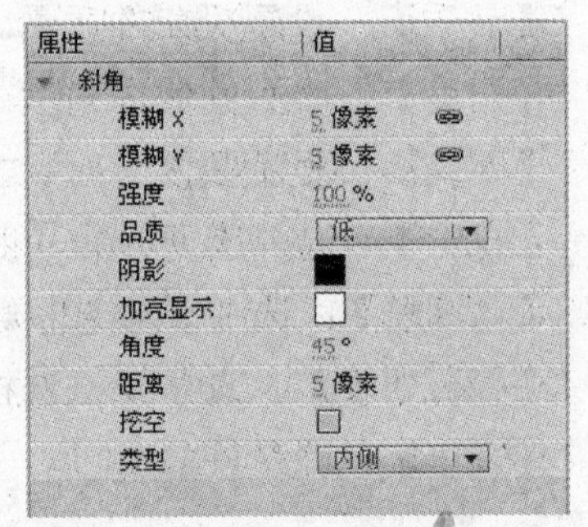

图 4-48 【斜角】滤镜属性

【斜角】滤镜的大部分属性设置与【投影】、【模糊】或【发光】滤镜属性相似。单击【类型】按钮，在弹出的菜单中可以选择【内侧】、【外侧】或【全部】3 个选项，可以分别对对象进行内斜角、外斜角或全部斜角的效果处理，效果如图 4-49 所示。

内侧斜角效果　　　　外侧斜角效果　　　　全部斜角效果

图 4-49　【斜角】滤镜的斜角应用位置

§ 4.4.5　渐变发光滤镜

添加【渐变放光】滤镜，可以使发光表面具有渐变效果，该滤镜的属性如图 4-50 所示。

将光标移动至该面板的渐变栏上，当光标变为  形状时，单击，可以添加一个颜色指针。单击该颜色指针，可以在弹出的颜色列表中设置渐变颜色；移动颜色指针的位置，则可以设置渐变色差。

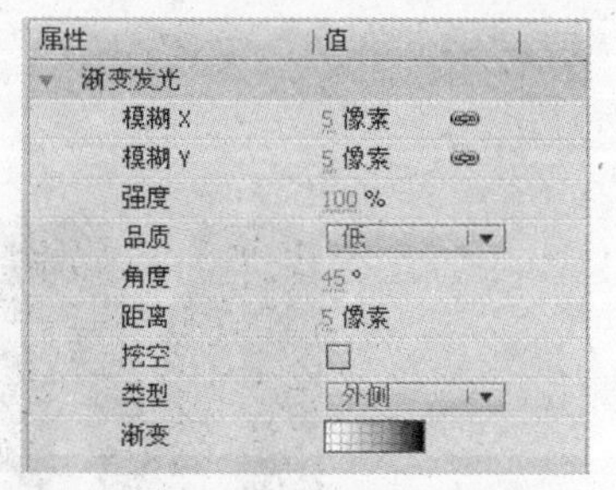

图 4-50　【渐变放光】滤镜属性

> **提示**
> 渐变栏中最多可以添加 15 个颜色指针，即最多可以创建 15 种颜色渐变。

§ 4.4.6　渐变斜角滤镜

添加【渐变斜角】滤镜，可以使对象产生凸起效果，并且斜角表面具有渐变颜色，该滤镜的属性如图 4-51 所示。设置【渐变斜角】滤镜的属性可以参考前文中介绍的滤镜属性设置。

§ 4.4.7　调整颜色滤镜

添加【调整颜色】滤镜，可以调整对象的亮度、对比度、色相和饱和度，该滤镜的属性如图 4-52 所示。可以通过拖动滑块或者在文本框中输入数值的方式，对对象的颜色进行调整。

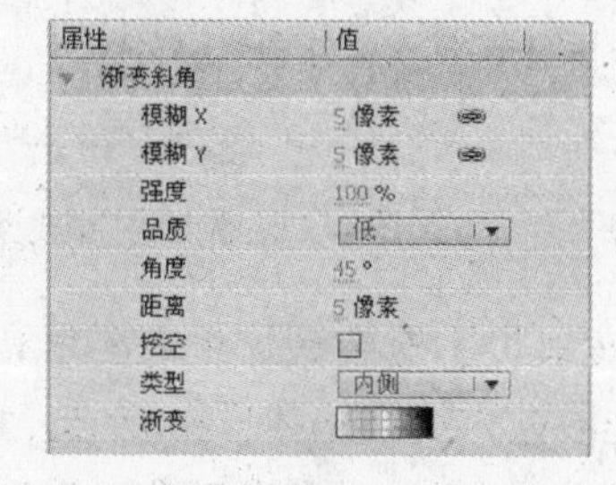

图 4-51　【渐变斜角】滤镜属性

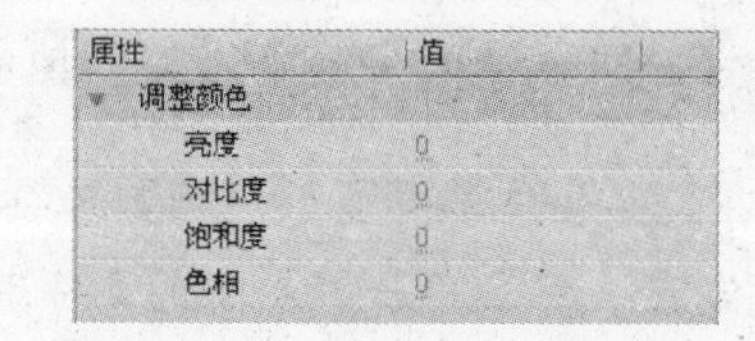

图 4-52　【调整颜色】滤镜属性

4.5 上机实战

本章的上机实战主要练习文本滤镜的创建，重点巩固文本滤镜的添加、编辑等操作。

§ 4.5.1 制作立体文字

(1) 启动 Flash CS5 程序，选择【文件】|【新建】命令，建立一个新的 Flash 文档。

(2) 在【文本】属性面板中设置字体为 Arial Black，字体大小为 150，文字颜色为黑色，如图 4-53 所示。

(3) 在舞台中单击，创建一个静态文本框，并输入大写字母 M。选中文本内容，选择两次【修改】|【分离】命令，将文本分离为填充图形。然后在工具箱中选择【墨水瓶】工具，在【墨水瓶工具】属性面板中设置笔触颜色为黄色，笔触高度为 1，在文字上单击为其添加边框，如图 4-54 所示。

图 4-53　设置文本属性

图 4-54　添加轮廓

(4) 使用【选择】工具选中图形中的填充颜色，然后按下 Delete 键将其删除，效果如图 4-55 所示。

(5) 选中舞台中的文字边框，按下 Ctrl+D 组合键将其直接复制并粘贴，然后使用【线条】工具连接字母的边角，效果如图 4-56 所示。

(6) 在工具箱中选择【选择】工具，选中形状中的所有内部线条，按下 Delete 键将其删除，效果如图 4-57 所示。

图 4-55　删除填充色

图 4-56　连接线条

图 4-57　删除内部线条

(7) 在工具箱中选择【颜料桶】工具，在【颜料桶工具】属性面板中设置填充颜色为放射状红色渐变，然后单击舞台中的文字为其添加填充颜色，效果如图 4-58 所示。

(8) 使用【选择】工具选中形状中的外部线条，按下 Delete 键将其删除，则创建的立体文字效果如图 4-59 所示。

图 4-58　填充渐变

图 4-59　立体文字效果

§ 4.5.2　制作文本滤镜特效

(1) 启动 Flash CS5，选择【文件】|【新建】命令，新建一个 Flash 文档。

(2) 在工具箱中选择【文本】工具，在【属性】面板中设置传统静态文本框，设置字体为【华文彩云】，文字大小为 45，文字颜色为红色，如图 4-60 所示。

(3) 在舞台上创建文本框，并输入文字，如图 4-61 所示。

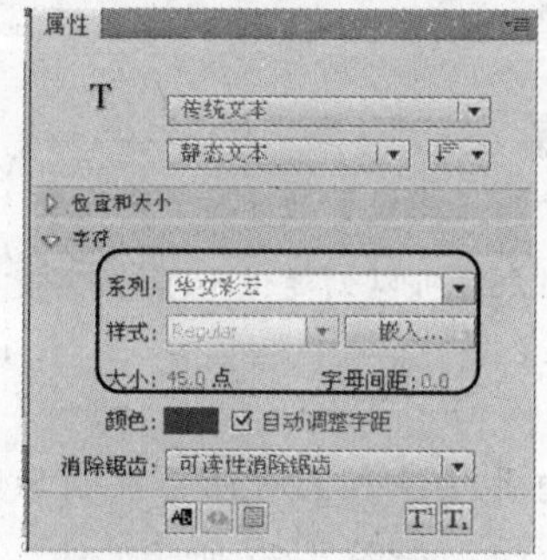

图 4-60　设置文本属性

图 4-61　设置文字属性

(4) 在【属性】面板中打开【滤镜】选项组，在工具箱中选择【选择】工具，选中完成属性设置的文本框，然后在【滤镜】面板中单击【添加滤镜】按钮，在弹出的菜单中选择【投影】选项，在【投影】设置选项的【模糊 X】和【模糊 Y】文本框中分别输入 7；在【品质】下拉列表框中选择【中】选项；在【角度】文本框中输入 5；设置投影颜色为黄色，如图 4-62 所示。

(5) 参照步骤(4)的操作在【滤镜】面板中添加【发光】选项，然后在【发光】设置选项区域中设置【品质】为中，颜色为红色，并选中【内放光】复选框，如图 4-63 所示。

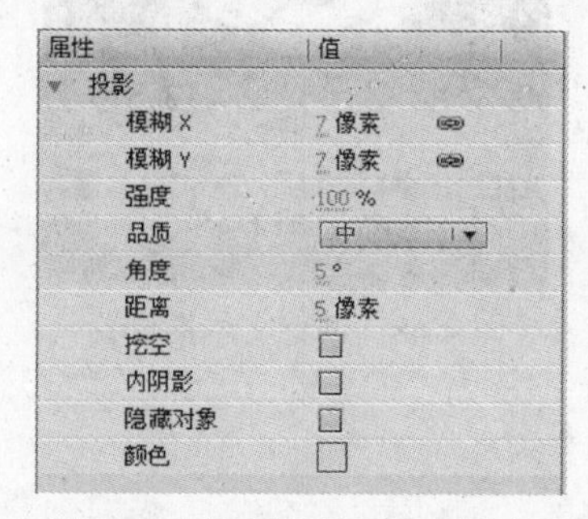

图 4-62　设置【投影】滤镜效果

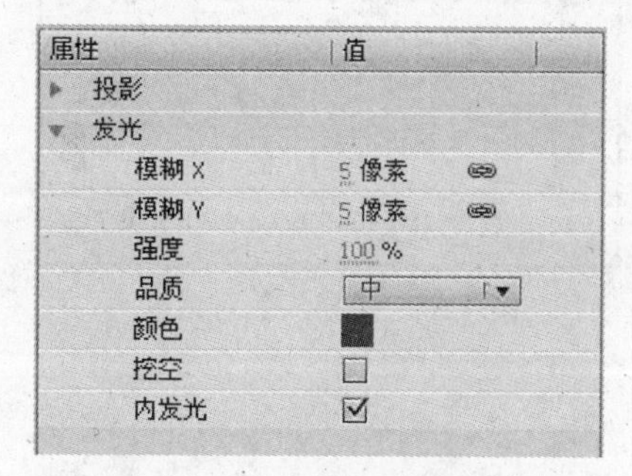

图 4-63　设置【发光】滤镜效果

(6) 继续在【滤镜】面板中添加【渐变斜角】选项，然后将【渐变斜角】选项拖动到【投影】选项上方，如图 4-64 所示。

(7) 在【渐变斜角】设置选项的【角度】文本框中输入 260，设置距离为 10 像素，设置类型为【外侧】，如图 4-65 所示。

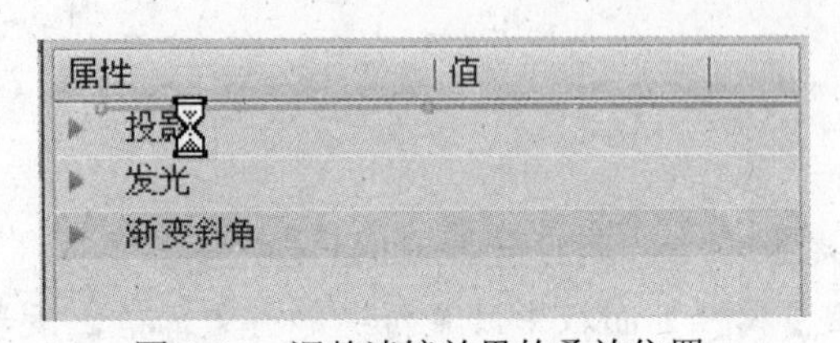

图 4-64　调整滤镜效果的叠放位置

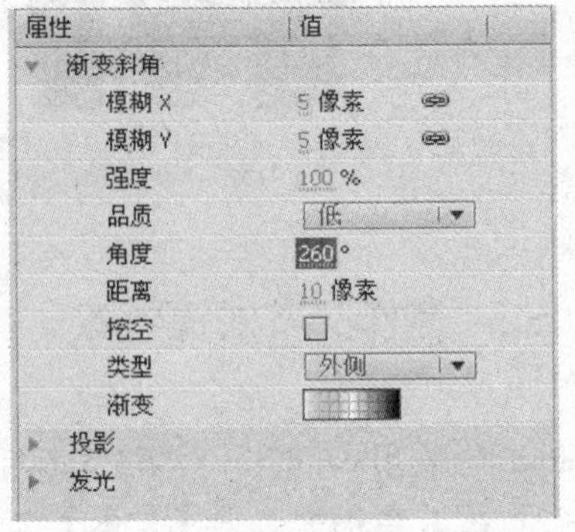

图 4-65　设置【渐变斜角】滤镜效果

(8) 此时的文字效果如图 4-66 所示。按下 Ctrl+X 组合键，将文本框剪切到剪贴板。

图 4-66　最终的文字效果

提示

在使用【滤镜】功能时，不同的滤镜叠放次序可以创建出不同的文字效果。

(9) 选择【文件】|【导入】|【导入到舞台】命令，打开【导入】对话框，在该对话框中选择要导入的图片文件“心.jpg”，然后单击【打开】按钮，如图 4-67 所示。

(10) 将选中的图片导入到舞台后，按 Ctrl+V 组合键，将剪贴板中的文本框粘贴到舞台中，然后使用【选择】工具将其拖动到图片上，效果如图 4-68 所示。

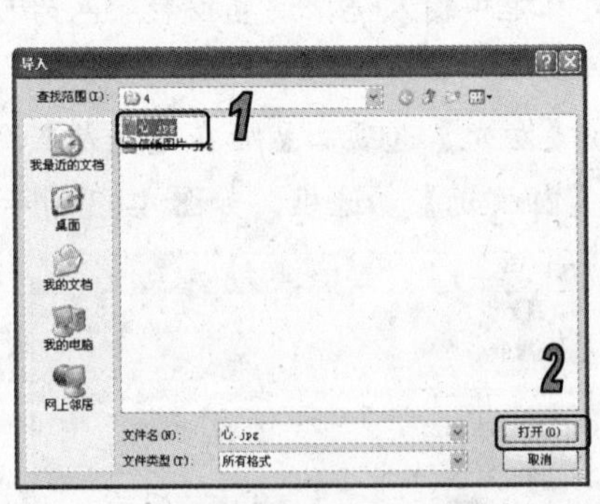

图 4-67　【导入】对话框

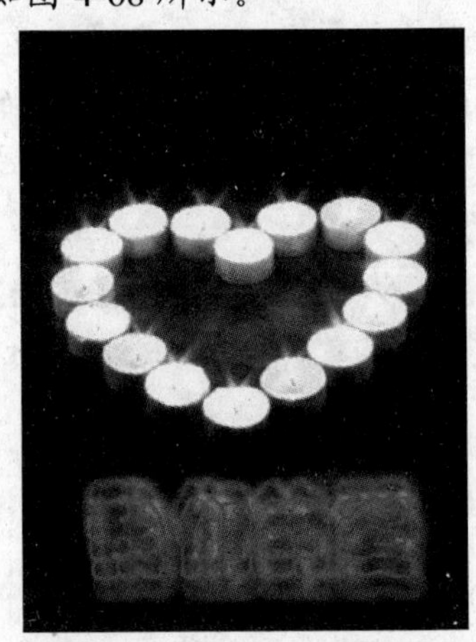

图 4-68　调整文本框位置

4.6 习题

1. 使用【文本】工具创建如图 4-69 所示的浮雕文字效果。
2. 使用【文本】工具创建如图 4-70 所示的镂空文字效果。

图 4-69　浮雕文字效果

图 4-70　镂空文字

第5章

编辑与操作对象

主要内容

在制作 Flash 动画时，熟练掌握对象的操作非常重要，其中包括对象的选取、移动、复制、删除以及排列、组合和分离等操作。使用【套索】工具可以编辑部分图像区域，使用【3D 平移】和【3D 旋转】工具可以移动和旋转对象。另外，熟练使用辅助工具，可以帮助用户精确调整对象。

本章重点

- 排列对象
- 组合对象
- 分离对象
- 使用【套索】工具
- 使用【3D 平移】工具
- 使用【3D 旋转】工具

5.1 对象的基本操作

在第 2 章中已经介绍了使用【选择】工具、【部分选取】工具和【套索】工具来选取图形对象，选中图形对象后，可以进行一些常规的基本操作，例如移动、复制和粘贴等。

§ 5.1.1 选取对象

在 Flash CS5 中，选取对象主要依靠【选择】工具完成，【选择】工具是编辑对象所需的最基本的工具，在实际操作中，使用【选择】工具时的不同的光标表现形态代表的操作也不同，具体如下。

- 当光标移动到舞台的空白处时，光标变为形状。
- 当光标移动到对象的笔触上时，光标变为形状。
- 当光标移动到对象笔触的连接点上时，光标变为形状。
- 当光标移动到对象的填充上时，光标变为形状。

在使用【选择】工具选择对象时，可以根据需要执行下列的操作。

- 要选择笔触、填充、组、实例或文本框，可以直接使用【选择】工具单击该对象。
- 要选择连接线，可以使用【选择】工具双击连接线中的某一条线段。
- 要同时选择一个对象的笔触和填充，可以使用【选择】工具双击该对象的填充区域。

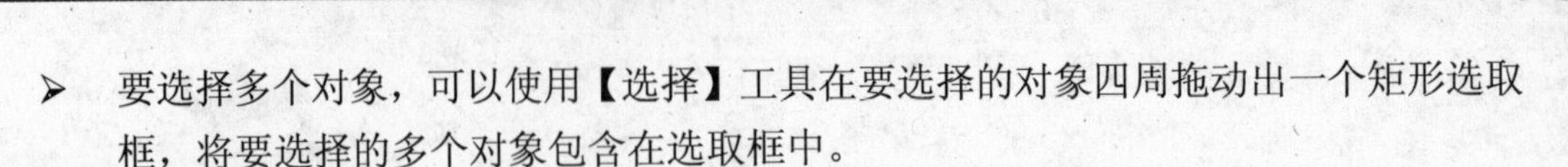

- 要选择多个对象，可以使用【选择】工具在要选择的对象四周拖动出一个矩形选取框，将要选择的多个对象包含在选取框中。

§ 5.1.2　移动对象

在 Flash CS5 中，可以使用以下几种方法对对象进行移动。

- 使用【选择】工具：选中要移动的对象，按住鼠标拖动到目标位置即可。在移动过程中，被移动的对象以框线方式显示；在移动过程中靠近其他对象时，会自动显示与其他对象对齐的虚线，如图 5-1 所示。

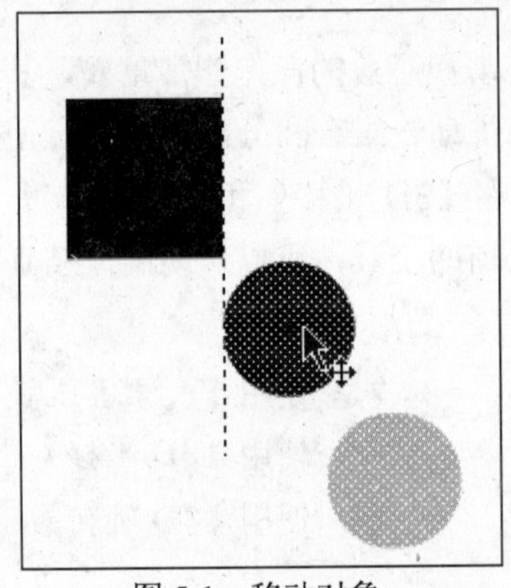

图 5-1　移动对象

> **技巧**
>
> 为了便于对齐对象，用户可以在使用【选择】工具移动对象时，按住 Shift 键使对象按照 45°角的增量进行平移。

- 使用键盘上的方向键：在选中对象后，按下键盘上的↑、↓、←、→方向键即可移动对象，每按一次方向键可以使对象在该方向上移动 1 个像素。如果在按住 Shift 键的同时按方向键，每按一次键可以使对象在该方向上移动 10 个像素。
- 使用【信息】面板或【属性】面板：在选中了对象以后，选择【窗口】|【信息】命令打开【信息】面板，在【信息】面板或【属性】面板的 X 和 Y 文本框中输入精确的坐标后，如图 5-2 所示，按下 Enter 键即可将对象移动到指定坐标位置，移动的精度可以达到 0.1 像素。

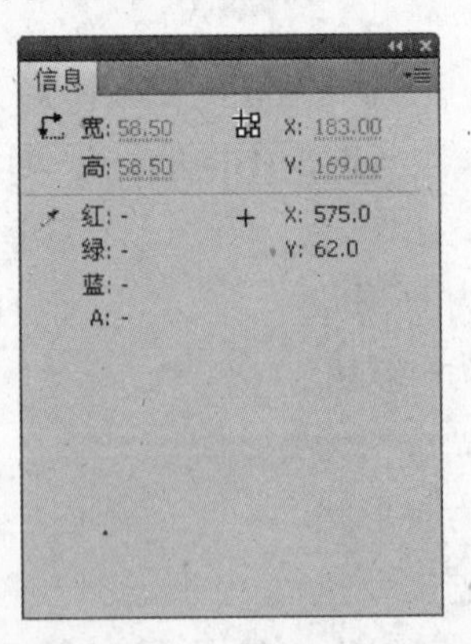

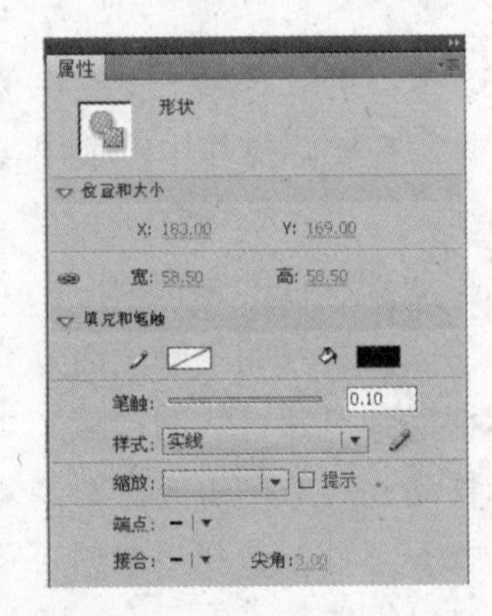

图 5-2　【信息】和【属性】面板

§ 5.1.3　复制对象

复制对象可以使用菜单命令或键盘组合键，以下是关于复制和粘贴对象的操作方法。

- 使用菜单命令：选中要复制的对象，选择【编辑】|【复制】命令，选择【编辑】|【粘贴】命令可以粘贴对象。
- 选择【编辑】|【粘贴到当前位置】命令，可以在保证对象的坐标没有变化的情况下，粘贴对象。
- 移动复制：在移动对象的过程中，按住 Ctrl 键(或 Alt 键)拖动，光标变为形状，可以拖动并复制该对象，如图 5-3 所示。
- 组合键复制：选中对象后，按下 Ctrl+D 组合键，可以复制一个对象到舞台中，复制的对象与原对象大小完全相同，但是坐标(X、Y)会在原对象基础上各增加 10 像素，如图 5-4 所示。

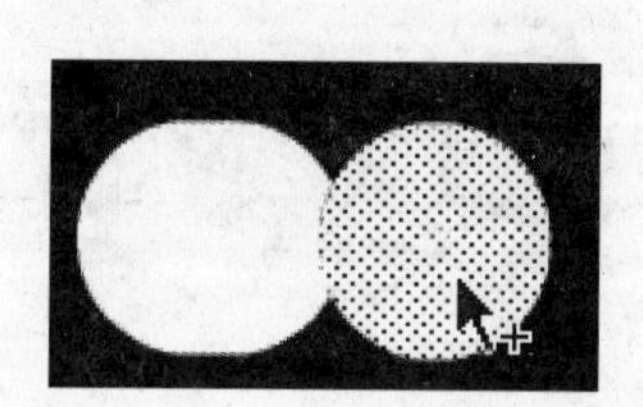

图 5-3　拖动复制

图 5-4　组合键复制

提示

使用【变形】面板的【重制选区和变形】命令也可以复制对象，第 2 章已经介绍过。

§ 5.1.4　删除对象

要删除选中的对象，可以通过下列方法实现。

- 选中要删除的对象，按下 Delete 或 Backspace 键。
- 选中要删除的对象，选择【编辑】|【清除】命令。
- 选中要删除的对象，选择【编辑】|【剪切】命令。
- 右击要删除对象，在弹出的快捷菜单中选择【剪切】命令。

提示

在对于已经删除的对象，可以选择【编辑】|【撤销】命令，或按下 Ctrl+Z 组合键，撤销删除对象操作。

5.2 对象的组合和分离

为了使 Flash 动画符合设计者的要求，通常需要对舞台上的图形对象或者文本对象进行组合和分离操作。

§ 5.2.1 组合对象

在进行移动编辑矢量图形操作时，经常会碰到填充色块和轮廓线分离的情况，可以将它们组合成一个组，作为一个对象来进行整体操作处理。

组合对象的方法：先从舞台中选择需要组合的多个对象，可以是形状、组、元件或文本等各种类型的对象，然后选择【修改】|【组合】命令或按 Ctrl+G 组合键，即可组合对象，如图 5-5 所示。

图 5-5 组合对象

如果需要对组中的单个对象进行编辑，则应选择【修改】|【取消组合】命令或按 Ctrl+Shift+G 快捷键取消组合的对象，或者在组合后的对象上双击即可。

§ 5.2.2 分离对象

在第 4 章已经介绍过分离文本的操作，包括文本、实例、位图及矢量图等元素在内的对象都可以使用该操作将其打散成单个的像素点，以便进行编辑。

对于组合对象而言，还可以使用分离命令拆散为单个对象，也可以将文本、实例、位图及矢量图等元素打散成单个的像素点，以便进行编辑。具体的操作方法：选中所需分离的对象，选择【修改】|【分离】命令或按下 Ctrl+B 组合键即可。

【例 5-1】打开一个文档，利用图形或分离对象重叠时，剪切轮廓线所需的形状，制作邮票。

(1) 打开一个文档，如图 5-6 所示。

(2) 选择【椭圆】工具，按下 Shift 键，绘制一个正圆图形，删除正圆图形填充色。

(3) 选择【任意变形】工具，调整正圆图形合适大小并移至如图 5-7 所示位置。

图 5-6　打开文档

图 5-7　调整正圆图形大小和位置

(4) 选中正圆图形，按下 Ctrl 键，拖动复制正圆图形。重复操作，继续拖动复制 4 个正圆图形。

(5) 选择【窗口】|【对齐】命令，打开【对齐】面板，水平分布 6 个正圆图形，如图 5-8 所示。

(6) 参照以上方法，将正圆图形复制到文档中矩形图形的其他 3 条边框上。在复制时，可以选择【修改】|【变形】|【顺时针旋转 90 度】命令，旋转图形对象，最后效果如图 5-9 所示。

图 5-8　水平分布正圆图形

图 5-9　复制图形效果

(7) 选择【选择】工具，删除一些图形的边框和填充，形成如图 5-10 所示的邮票图形。

(8) 选择【颜料桶】工具，选择填充颜色为褐色，填充图形内部填充色，最后的效果如图 5-11 所示。

图 5-10　邮票图形

图 5-11　填充内部填充色

5.3 对象的高级编辑

使用 Flash CS5 提供的一些工具，可以对 Flash 中的图形对象进行更高级的编辑。使用【套索】工具，可以对图形中的不规则区域进行修改；使用【3D 平移】工具，可以在 X、Y 和 Z 轴上全方位地移动对象；使用【3D 旋转】工具，可以在 3D 空间移动对象。

§ 5.3.1 使用【套索】工具

【套索】工具是在编辑对象过程中比较常用的工具，主要用于选择图形中的不规则区域和相连的相同颜色的区域。

选择【工具】面板中的【套索】工具，在【工具】中显示了【魔术棒】按钮、【魔术棒设置】按钮和【多边形模式】按钮3 个按钮，如图 5-12 所示。

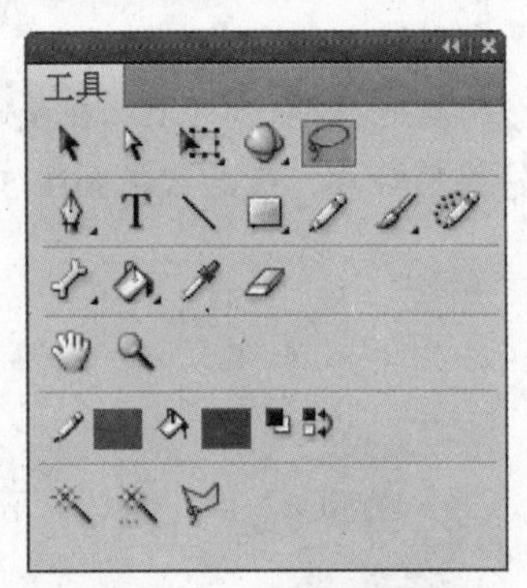

图 5-12 【工具】面板

提示

使用【套索】工具选择对象时，如果一次要选择的对象并不是连续的，则可以按下 Shift 键来增加选择区域。

有关【套索】工具的使用方法和具体作用如下。

- 选择图形对象中的不规则区域：按住鼠标在图形对象上拖动，并在开始位置附近结束拖动，形成一个封闭的选择区域；或在任意位置释放鼠标左键，系统会自动用直线段来闭合选择区域，如图 5-13 所示。
- 选择图形对象中的多边形区域：选择【工具】面板中的【多边形模式】按钮，然后在图形对象上单击设置起始点，并依次在其他位置上单击，最后在结束处双击即可，如图 5-14 所示。

图 5-13 选择不规则区域图

图 5-14 选择多边形区域

- 使用【套索】工具勾画选取范围的过程中，按下 Alt 键，可以在勾画直线和勾画不规则线段这两种模式之间进行自由切换。要勾画不规则区域时直接在图形对象上拖动；要勾画直线时，按住 Alt 键单击设置起始和结束点即可。在闭合选择区域时，如果正在勾画的是不规则线段，直接释放鼠标即可；如果正在勾画的是直线，双击即可，如图 5-15 所示。
- 单击【工具】面板中的【魔术棒】按钮，然后在图形对象上单击，可以选中图形对象中相同颜色的区域，如图 5-16 所示。

图 5-15　勾画由直线和不规则线段构成的选区

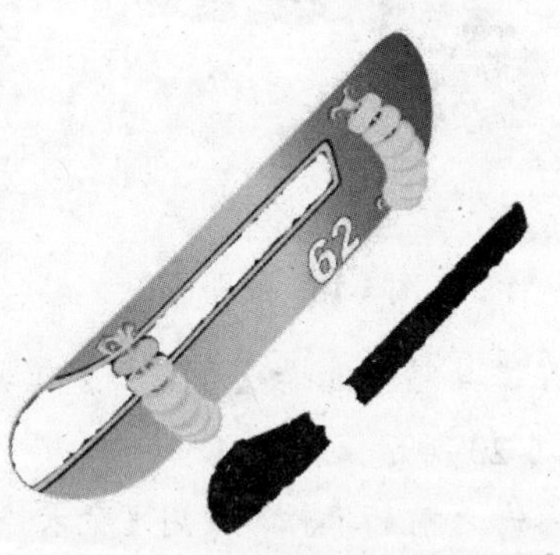

图 5-16　选中相同颜色的区域

单击【工具】面板中的【魔术棒设置】按钮，打开【魔术棒设置】对话框，如图 5-17 所示。

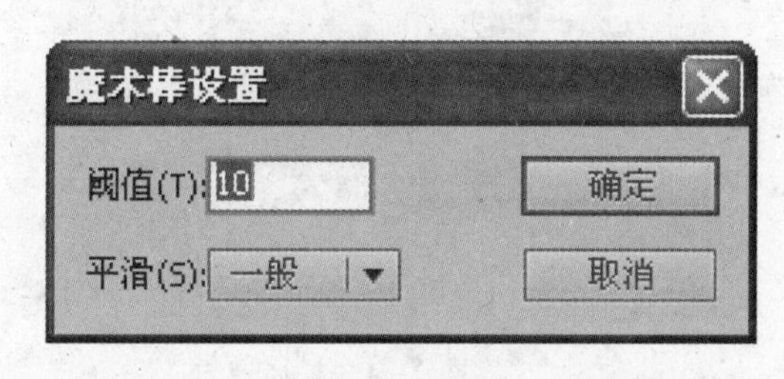

图 5-17　【魔术棒设置】对话框

技巧

在使用【套索】工具选择了图形对象中的某个区域后，使用【选择】工具在图形对象的其他位置上单击，可以选中除当前选中区域以外的其他区域。

在【魔术棒设置】对话框中，主要参数选项的具体作用如下。

- 【阈值】：可以在文本框中输入【魔术棒】工具选取颜色的容差值。容差值越小，所选择的色彩的精度越高，选择的范围越小。
- 【平滑】：可以选择【魔术棒】工具选取颜色的方式，下拉列表中提供了【像素】、【粗略】、【正常】和【平滑】4 个选项。

【例 5-2】在 Flash CS5 中新建一个文档，在文档中直接导入一幅位图图像，先对该图像进行分离操作，然后使用【套索】工具选取图中云彩的白色区域，最后使用颜料桶工具填充不同的颜色。

(1) 启动 Flash CS5 程序，选择【文件】|【新建】命令，新建一个 Flash 文档。

(2) 选择【文件】|【导入】|【导入到舞台】命令，导入如图 5-11 所示的位图图像，然后选择【修改】|【分离】命令，或者使用 Ctrl+B 组合键将其分离。

(3) 在工具箱中选择【套索】工具后，单击【魔术棒】按钮，选中图中云彩中的白色部分，如图 5-19 所示。

图 5-18　原图

图 5-19　选中云彩中的白色部分

(4) 在工具箱中选择【颜料桶】工具，设置填充颜色为红色，对该部分进行填充变色，效果如图 5-20 所示。

(5) 参考之前的操作，使用【魔术棒】工具选中其他云彩的内部白色部分，然后使用【颜料桶】工具填充不同的颜色，最后的效果如图 5-21 所示。

图 5-20　填充红色

图 5-21　最后效果

§ 5.3.2　使用【3D 平移】工具

使用 3D 变形工具，可以通过在每个【影片剪辑】实例的属性中包括 z 轴来表示 3D 空间。使用【3D 平移】和【3D 旋转】工具可以沿着 z 轴移动和旋转【影片剪辑】实例，还可以在【影片剪辑】实例中添加 3D 透视效果。

1. 使用【3D 平移】工具

选择【3D 平移】工具，选择【影片剪辑】实例，在实例的 x、y 和 z 轴将显示在对象的顶部，如图 5-22 所示。x 轴显示为红色、y 轴显示为绿色、z 轴显示为蓝色。

【3D 平移】工具的默认模式是全局模式。在全局 3D 空间中移动对象与相对设计区中移动对象等效。在局部 3D 空间中移动对象与相对影片剪辑移动对象等效。选择【3D 平移】工

具后，单击【工具】面板【选项】部分中的【全局】切换按钮，可以切换全局/局部模式。按下 D 键，选择【3D 平移】工具可以临时从全局模式切换到局部模式。

2. 在 3D 空间中移动对象

选择【3D 平移】工具选中对象后，可以拖动 x、y 和 z 轴来移动对象，也可以打开【属性】面板，设置 x、y 和 z 轴数值来移动对象。

在 3D 空间中移动对象的具体方法如下。

- 拖动移动对象：选中实例的 x、y 或 z 轴控件，x 和 y 轴控件是轴上的箭头。按控件箭头的方向拖动，可以沿所选轴方向移动对象。z 轴控件是影片剪辑中间的黑点。上下拖动 z 轴控件可在 z 轴上移动对象。如图 5-23 所示即为在 z 轴方向上拖动对象，进行移动操作。

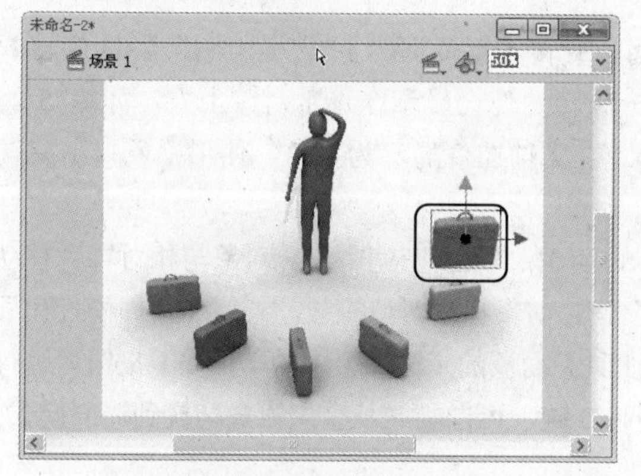

图 5-22　使用【3D 平移】工具

图 5-23　在 z 轴方向移动对象

- 使用【属性】面板移动对象：打开【属性】面板，单击【3D 定位和查看】选项卡，打开该选项卡，如图 5-24 所示，在 x、y 或 z 轴输入坐标位置数值即可将对象移至指定位置。

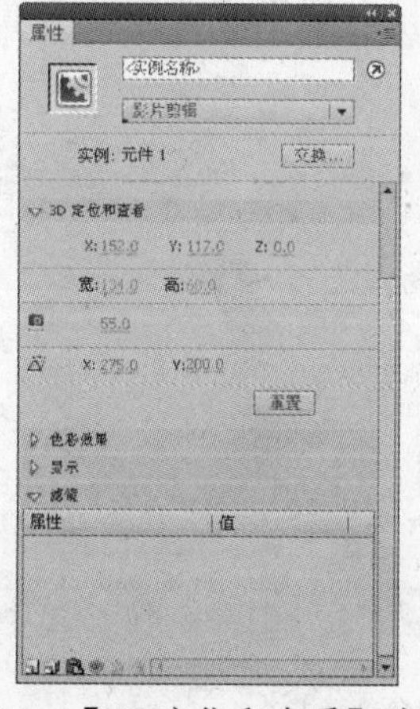

图 5-24　【3D 定位和查看】选项卡

提示

在 z 轴上移动对象时，对象的外观尺寸将发生变化。外观大小可以在【属性】的【3D 定位和查看】选项卡中的【宽度】和【高度】值中显示，但这些值是只读的。

选中多个对象后，如果选择【3D 平移】工具移动某个对象，其他对象将以移动对象的相同方向移动。在全局和局部模式中移动多个对象的方法如下。

- 在全局模式 3D 空间中以相同方式移动多个对象，拖动轴控件移动一个对象，其他对象同时移动。按下 Shift 键，双击其中一个选中对象，可以将轴控件移动到多个对象的中间位置。
- 在局部模式 3D 空间中以相同方式移动多个对象，拖动轴控件移动一个对象，其他对象同时移动。按下 Shift 键，双击其中一个选中对象，可以将轴控件移动到该对象上。

§ 5.3.3 使用【3D 旋转】工具

使用【3D 旋转】工具，可以在 3D 空间移动对象，使对象能显示某一立体方向角度，【3D 旋转】工具是绕对象的 z 轴进行旋转的。

1. 使用【3D 旋转】工具

使用【3D 旋转】工具，可以在 3D 空间中旋转【影片剪辑】实例。选择【3D 旋转】工具，选中设计区中的【影片剪辑】实例，3D 旋转控件会显示在选定对象上方，如图 5-25 所示。x 轴控件显示为红色、y 轴控件显示为绿色、z 轴控件显示为蓝色。使用橙色自由旋转控件，可以同时围绕 x 和 y 轴方向旋转。

【3D 旋转】工具的默认模式为全局模式，在全局模式 3D 空间中旋转对象与相对舞台移动对象等效。在局部 3D 空间中旋转对象与相对父影片剪辑移动对象等效。若要在全局模式和局部模式之间切换【3D 旋转】工具，可以单击【工具】面板的【选项】中的【全局】按钮进行切换，也可以在使用【3D 旋转】工具的同时按下 D 键，可以临时从全局模式切换到局部模式。

2. 在 3D 空间中旋转对象

选择【3D 旋转】工具，选中一个【影片剪辑】实例，3D 旋转控件会显示在选定对象上方。如果这些控件出现在其他位置，可以双击控件的中心点以将其移动到选定的对象。有关旋转对象的方法如下。

- 选择一个旋转轴控件，可以绕该轴方向旋转对象，或拖动自由旋转控件(外侧橙色圈)同时在 x 和 y 轴方向旋转对象，如图 5-26 所示。

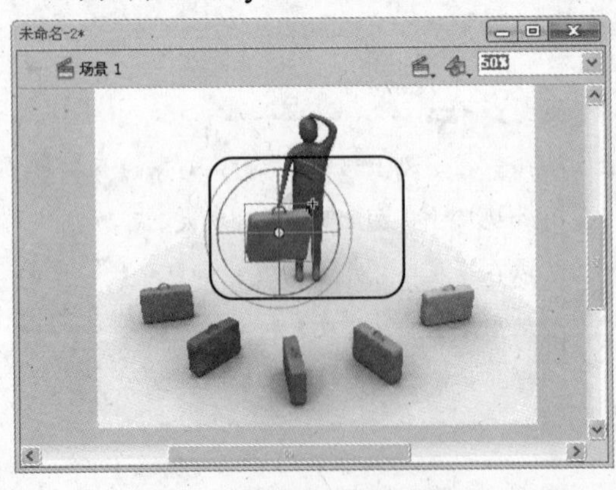

图 5-25 使用【3D 旋转】工具

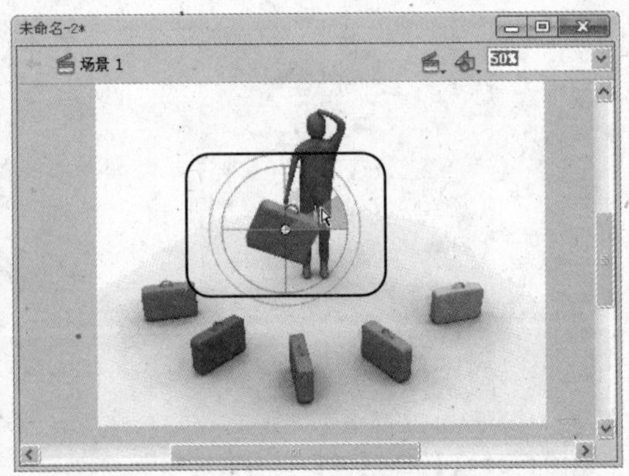

图 5-26 在 x 和 y 轴方向旋转对象

新世纪高职高专规划教材

- ➢ 左右拖动 x 轴控件，可以绕 x 轴方向旋转对象。上下拖动 y 轴控件，可以绕 y 轴方向旋转对象。拖动 z 轴控件，可以绕 z 轴方向旋转对象，进行圆周运动。
- ➢ 如果要相对于对象重新定位旋转控件中心点，拖动控件中心点即可。
- ➢ 按下 Shift 键，旋转对象，可以以 45° 为增量倍数，约束中心点的旋转对象。
- ➢ 移动旋转中心点可以控制旋转对象和外观，双击中心点可将其移回所选对象的中心位置。
- ➢ 对象的旋转控件中心点的位置属性在【变形】面板中显示为【3D 中心点】，如图 5-27 所示，可以在【变形】面板中修改中心点的位置。

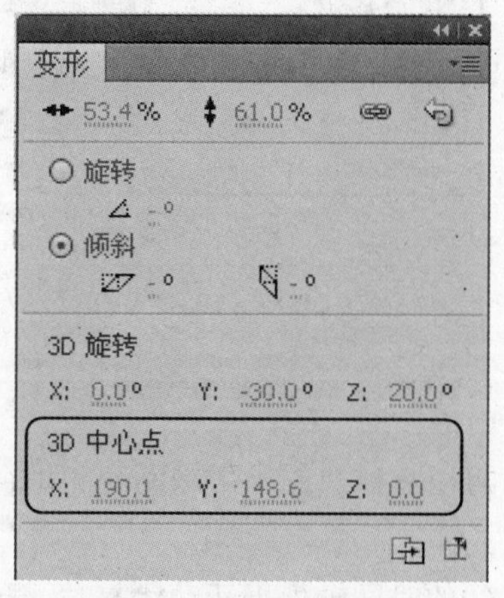

图 5-27 【变形】面板

在【变形】面板中，还可以在【3D 旋转】选项区域中的 x、y 和 z 轴输入旋转度数。

选中多个对象后，如果选择【3D 旋转】工具，3D 旋转控件将显示在最近选择的对象上方，进行某个对象的旋转操作时，其他对象也会以同样的方向进行旋转。要重新定位 3D 旋转控件中心点，有以下几种方法。

- ➢ 要将中心点移动到任意位置，直接拖动中心点即可。
- ➢ 要将中心点移动到一个选定对象的中心，按下 Shift 键，双击对象即可。
- ➢ 若将中心点移动到多个对象的中心，双击中心点即可。
- ➢ 所选对象的旋转控件中心点的位置在【变形】面板中显示为【3D 中心点】，可以在【变形】面板中设置中心点的位置。

5.4 使用辅助工具

默认情况下 Flash CS5 的舞台是纯色的，因此在对象定位时有时会比较繁琐。设计者在对对象进行各种编辑操作时可以使用标尺、辅助线以及网格，这些辅助工具可以很好地帮助用户定位对象。

§ 5.4.1 使用标尺

选择【视图】|【标尺】命令可以显示标尺，标尺将显示在文档的左沿和上沿，如图 5-28 所示。在显示标尺的情况下移动舞台上元素时，将在标尺上显示几条线，指出该元素的尺寸。

用户可以更改标尺的度量单位，将其默认单位(像素)更改为其他单位。

如果要指定文档的标尺度量单位，可以选择【修改】|【文档】命令，然后在【标尺单位】菜单中选择一个单位选项，如图 5-29 所示。

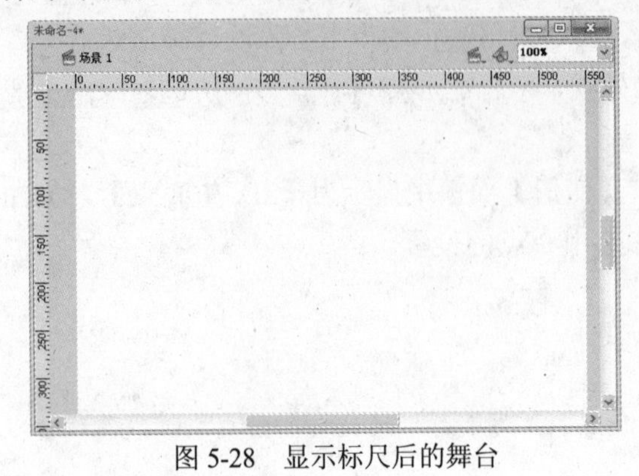

图 5-28　显示标尺后的舞台

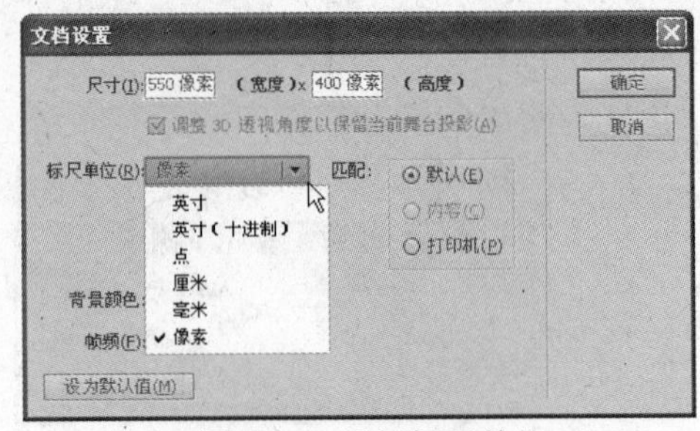

图 5-29　设置标尺单位

§ 5.4.2　使用辅助线

选择【视图】|【标尺】命令显示标尺后，此时可以将标尺的水平辅助线和垂直辅助线拖动到舞台上，如图 5-30 所示。

如果创建嵌套时间轴，则仅当在其中创建辅助线的时间轴处于活动状态时，舞台上才会显示可拖动的辅助线。要创建自定义辅助线或不规则辅助线，建议用户使用引导层。要显示或隐藏绘画辅助线，可以选择【视图】|【辅助线】|【显示辅助线】。

关于辅助线的相关具体操作如下。

- 要移动辅助线，可使用【选取】工具，单击标尺上的任意一处，将辅助线拖到舞台上需要的位置。
- 要删除辅助线，可在辅助线处于解除锁定状态时，使用【选取】工具将辅助线拖到水平或垂直标尺。
- 要锁定辅助线，可选择【视图】|【辅助线】|【锁定辅助线】，或者使用【编辑辅助线】对话框中的【锁定辅助线】选项。
- 要清除辅助线，可选择【视图】|【辅助线】|【清除辅助线】。如果在文档编辑模式下，则会清除文档中的所有辅助线。如果在元件编辑模式下，则只会清除元件中使用的辅助线。

可在【辅助线】对话框中设置辅助线，如图 5-31 所示，该对话框中各选项主要功能如下。

- 【颜色】面板：可供用户从调色板中选择辅助线的颜色，默认的辅助线颜色为绿色。
- 【显示辅助线】复选框：设置显示或隐藏辅助线。
- 【贴紧至辅助线】复选框：打开或关闭贴紧至辅助线功能。
- 【锁定辅助线】复选框：选中后则辅助线不可以被移动或删除。
- 【贴紧精确度】下拉列表框：设置贴紧辅助线的状态，有【一般】、【必须接近】和【可以远离】3 个选项供用户选择。

➢ 【全部清除】按钮：单击该按钮可以删除当前场景中所有的辅助线。
➢ 【保存默认值】按钮：可将当前设置保存为默认值，以便于其他文档使用。

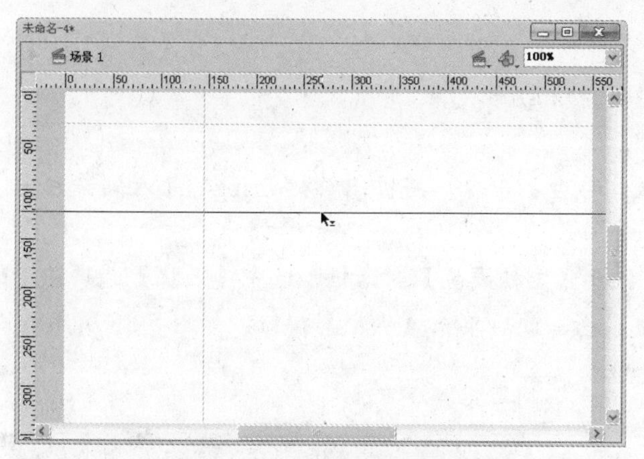

图 5-30　添加辅助线

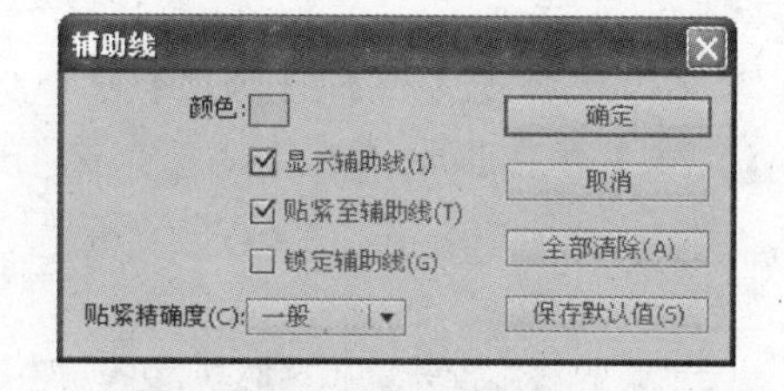

图 5-31　设置辅助线

§ 5.4.3　使用网格

选择【视图】|【网格】|【显示网格】命令，即可将网格显示在舞台中，网格将在文档的所有场景中显示为插图之后的一系列直线，如图 5-32 所示。选择【视图】|【贴紧】|【贴紧至网格】命令，可以将对象贴紧到网格边缘。

选择【视图】|【网格】|【编辑网格】命令，用户可以打开如图 5-33 所示的【网格】对话框设置网格首选参数，若要将当前设置保存为默认值，可单击【保存默认值】按钮。

技巧

如果在创建辅助线时网格是可见的，并且选择了【贴紧至网格】命令，则辅助线将贴紧至网格。如果要打开或关闭贴紧至辅助线，可选择【视图】|【 贴紧】|【贴紧至辅助线】。当辅助线处于网格线之间时，贴紧至辅助线将优先于贴紧至网格。

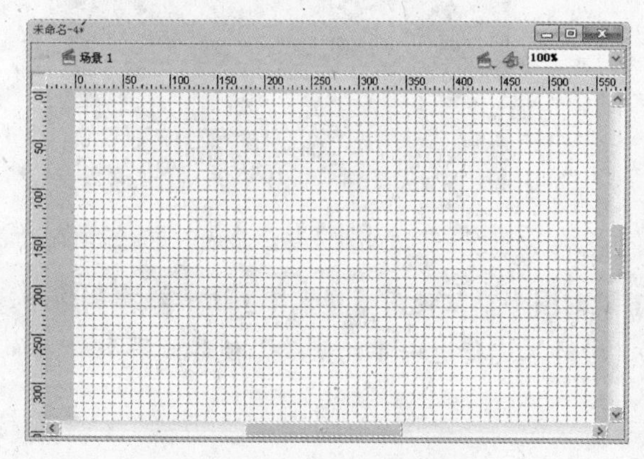

图 5-32　添加网格到舞台

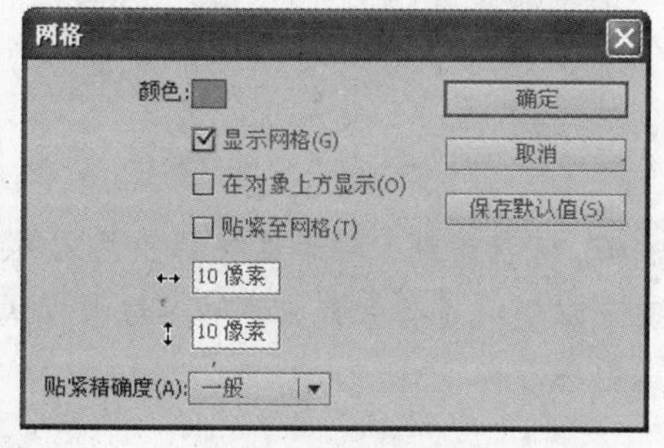

图 5-33　设置网格

5.5 上机实战

本章的上机实战对一个标志图形进行修改，在修改过程中，需要应用到【套索】工具及其魔术棒功能，并应用【3D 旋转】工具调整和编辑对象。

(1) 打开 Flash CS5，新建一个文档。

(2) 选择【文件】|【导入】|【导入到舞台】命令，将位图“标志.jpg”导入到舞台中，如图 5-34 所示。

(3) 选择【文档】|【修改】命令，打开【文档设置】对话框，选中【匹配】选项组中的【内容】单选按钮，然后设置背景色为黑色，最后单击【确定】按钮，如图 5-35 所示。

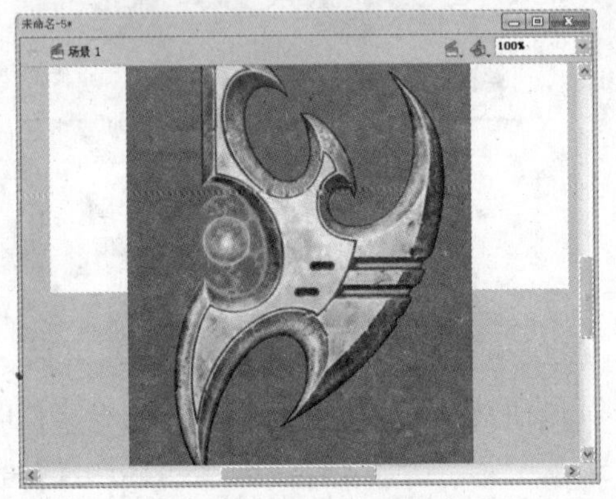

图 5-34 导入位图到舞台

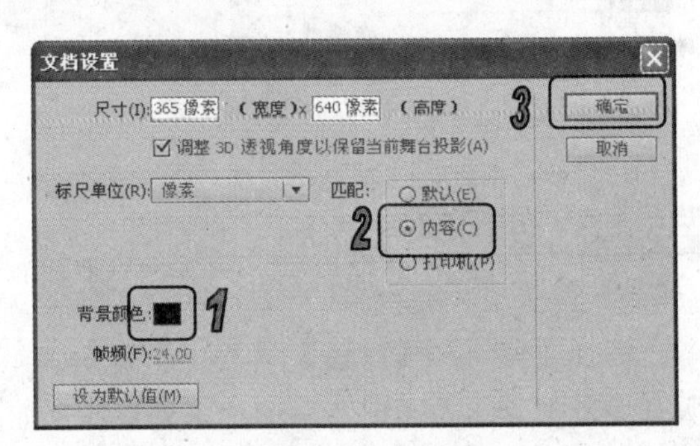

图 5-35 文档设置

(4) 按下 Ctrl+B 组合键将位图分离，然后将舞台显示扩大到 200%，如图 5-36 所示。

(5) 在工具箱中选择【套索】工具，然后单击【魔术棒】按钮，将标志中心的黄色部分选中并删除，如图 5-37 所示。

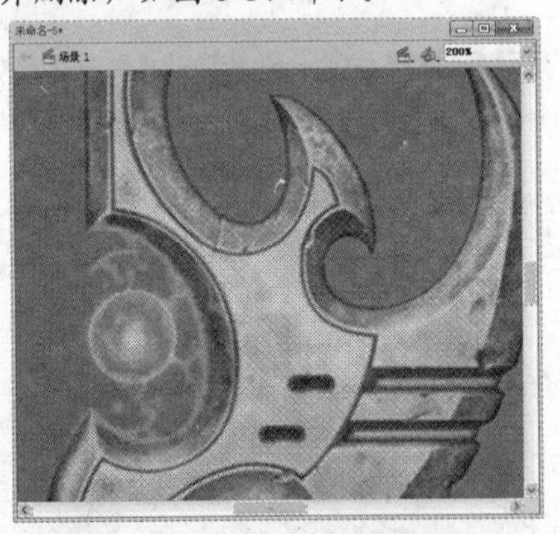

图 5-36 导入位图到舞台

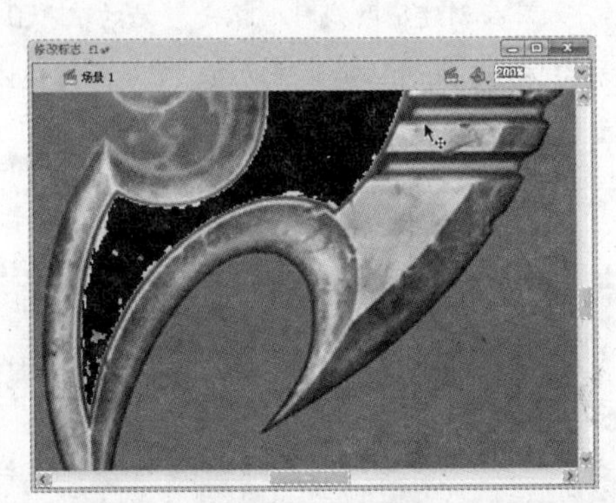

图 5-37 使用魔术棒工具选中并删除填充

(6) 可以看到，对于这样的颜色区域不规则图形，仅使用【魔术棒】工具很难删除干净，这时可以使用【套索】工具的多边形模式，对边缘进行进一步的修改，使其效果平滑，如图 5-38 所示。

(7) 在工具箱中选择【颜料桶】工具，然后在【颜色】面板中选择红色径向渐变，将删除部分重新填充，效果如图 5-39 所示。

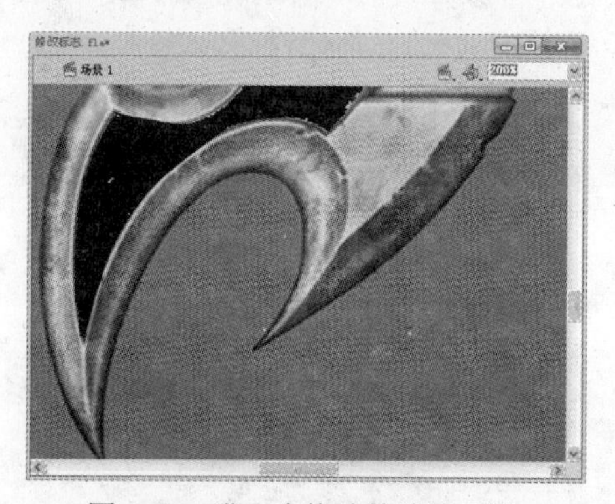

图 5-38　进一步修改使边缘平滑

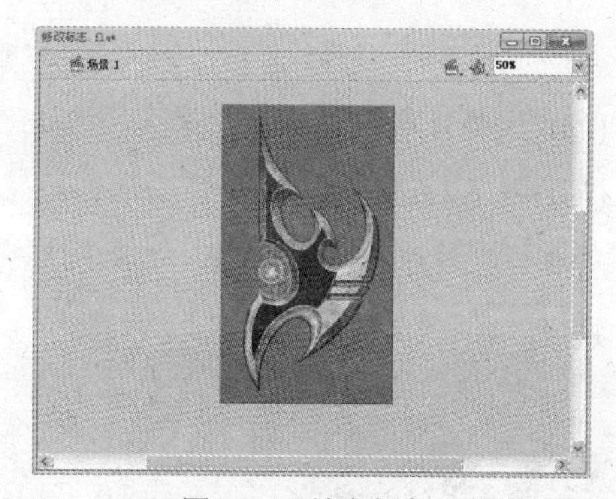

图 5-39　填充颜色

(8) 再次在工具箱中选择【套索】工具，使用多边形模式，将左侧的蓝色部分选中，如图 5-40 所示。

(9) 按下 F8 快捷键，打开【转换为元件】对话框，将其转换为影片剪辑元件，如图 5-41 所示。

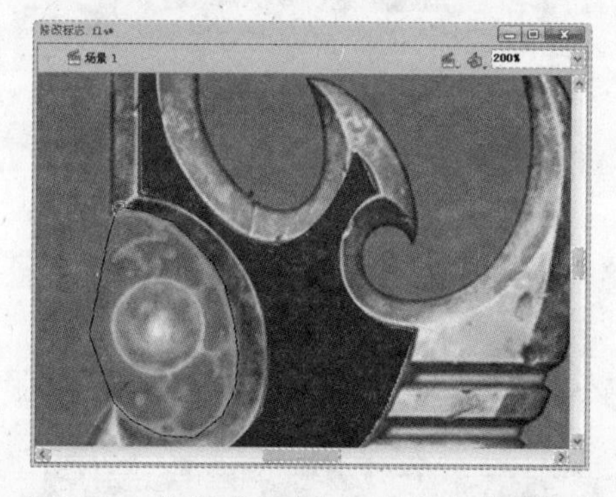

图 5-40　使用【套索】工具选中蓝色部分

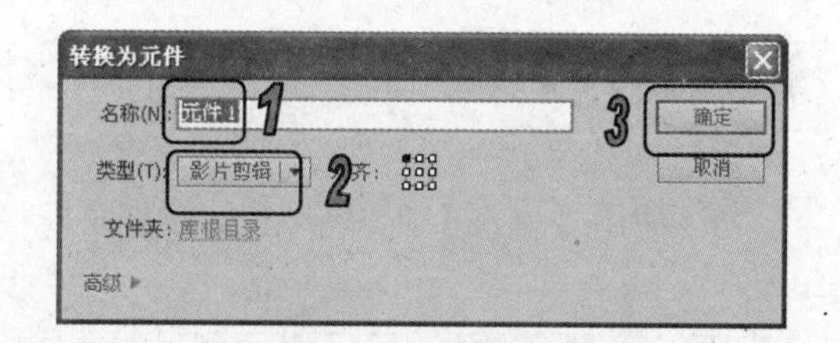

图 5-41　转换为元件

(10) 按下 Ctrl+C 组合键将其复制，然后按下 Ctrl+V 组合键将其复制一份到舞台，使用【选择】工具将其移动到上方位置，如图 5-42 所示。

(11) 在工具箱中选择【3D 旋转】工具，调整元件的位置，使其效果如图 5-43 所示。

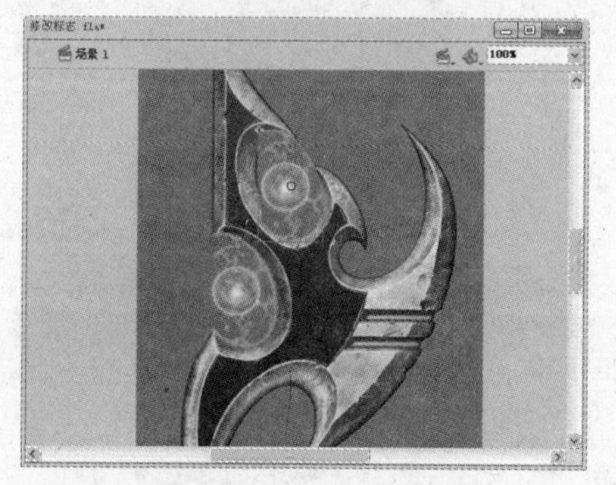

图 5-42　使用【套索】工具选中蓝色部分

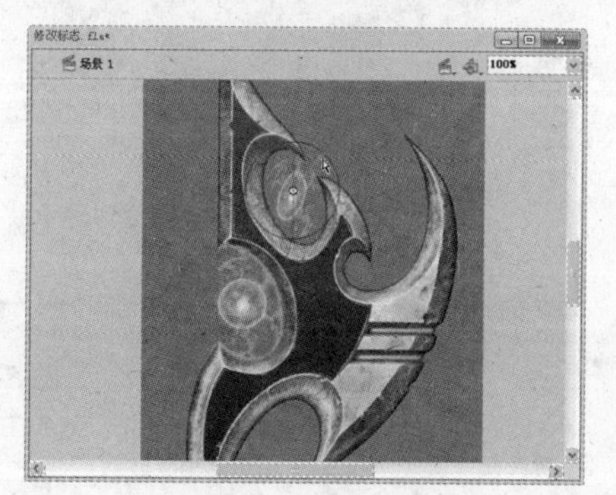

图 5-43　转换为元件

(12) 参考步骤(10)，在标志的下方也添加一个元件，并使用【3D 旋转】工具调整其位置，在调整时，可以将中心原点移动至左上方，使元件对象在旋转操作时向上扭曲，如图 5-44 所示。

(13) 调整对象完成后，效果如图 5-45 所示。

(14) 按下 Ctrl+Enter 组合键测试影片效果，最后选择【文件】|【另存为】命令，将当前文档保存为“修改标志”文档。

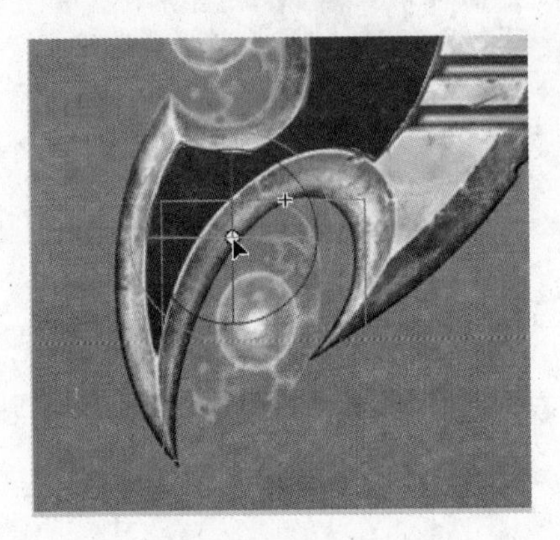

图 5-44 调整旋转扭曲

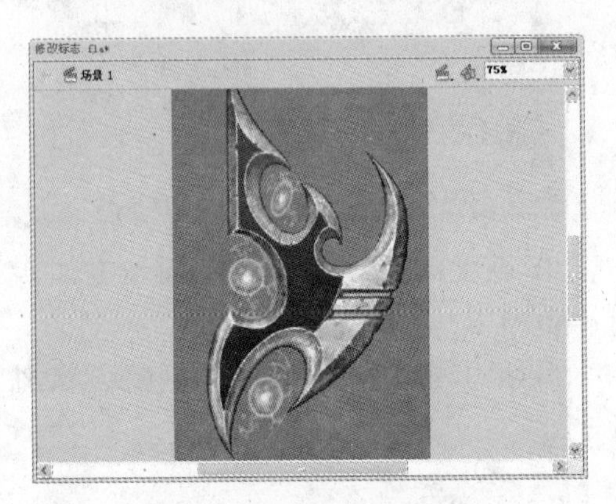

图 5-45 完成标志修改

5.6 习题

1. 使用【椭圆】工具和【变形】面板，绘制如图 5-46 所示的树桩年轮效果。

图 5-46 绘制树桩年轮

2. 在 Flash CS5 中创建一个 TLF 文本框并输入文字，然后分别使用【3D 平移】工具和【3D 旋转】工具对其进行调整，熟悉这两个工具的使用方法，如图 5-47 所示。

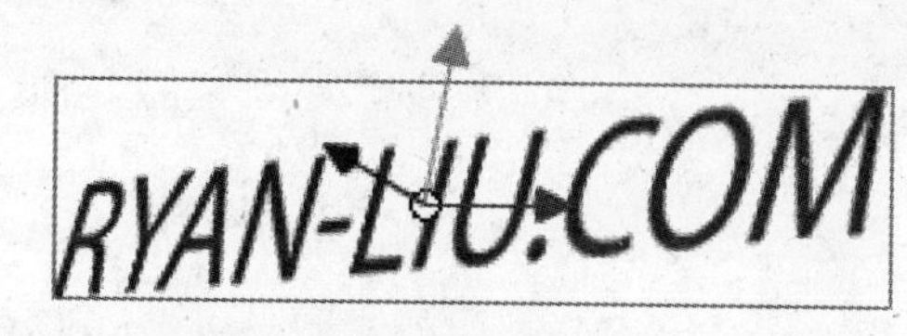

图 5-47　使用【3D 平移】工具和【3D 旋转】工具调整 TLF 文本

元件、实例和库资源

主要内容

元件是 Flash 中一个非常重要的概念，在动画制作过程中，经常需要重复使用一些特定的动画元素，用户可以将这些元素转换为元件，在制作动画时多次调用。【库】面板是放置和组织元件的地方，在编辑 Flash 文档时，常常需要在【库】面板中调用元件。

本章重点

- 了解元件类型
- 创建元件
- 编辑元件
- 使用实例
- 使用库
- 公用库和外部库

6.1 元件介绍

元件是存放在库中可被重复使用的图形、按钮或者动画。在 Flash CS5 中，元件是构成动画的基础，凡是使用 Flash 创建的所有文件，都可以通过某个或多个元件来实现。可以通过舞台上选定的对象来创建一个元件，也可以创建一个空元件，然后在元件编辑模式下制作或导入内容。

§ 6.1.1 元件的类型

在 Flash CS5 中，每个元件都具有唯一的时间轴、舞台及图层。可以在创建元件时选择元件的类型，元件类型将决定元件的使用方法。

选择【插入】|【新建元件】命令，或按下 Ctrl+F8 组合键，打开【创建新元件】对话框，如图 6-1 所示，单击【高级】按钮，可以打开如图 6-2 所示的对话框。

在【创建新元件】对话框中的【类型】下拉列表中可以选择创建的元件类型，有【影片剪辑】、【图形】和【按钮】3 种类型元件可供选择，这 3 种类型元件的具体作用如下。

- 【影片剪辑】元件：【影片剪辑】元件是 Flash 影片中一个相当重要的角色，它可以是一段动画，而大部分的 Flash 影片其实都是由许多独立的影片剪辑元件实例组成的。影片剪辑元件拥有绝对独立的多帧时间轴，可以不受场景和主时间轴的影响。【影片剪辑】元件的图标为▣。
- 【按钮】元件：使用【按钮】元件可以在影片中创建响应鼠标单击、滑过或其他动作的交互式按钮，它包括了【弹起】、【指针经过】、【按下】和【点击】4 种状态，每种状态上都可以创建不同内容，并定义与各种按钮状态相关联的图形，然后指定按钮实现的动作。【按钮】元件另一个特点是每个显示状态均可以通过声音或图形来显示，从而构成一个简单的交互性动画。【按钮】元件的图标为▣。
- 【图形】元件：对于静态图像可以使用【图形】元件，并可以创建几个链接到主影片时间轴上的可重用动画片段。【图形】元件与影片的时间轴同步运行，交互式控件和声音不会在【图形】元件的动画序列中起作用。【图形】元件的图标为▣。

图 6-1　【创建新元件】对话框

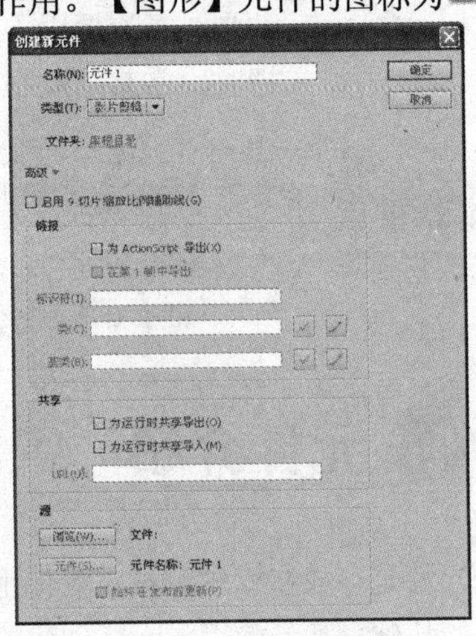

图 6-2　展开对话框

在展开的【创建新元件】对话框中，可以设置元件的链接和源信息等内容。

此外，在 Flash CS5 中还有一种特殊的元件——【字体】元件。【字体】元件可以保证在计算机没有安装所需字体的情况下，也可以正确显示文本内容，因为 Flash 会将所有字体信息通过【字体】元件存储在 SWF 文件中。【字体】元件的图标为A。

只有在使用动态或输入文本时才需要通过【字体】元件嵌入字体；如果使用静态文本，则不必通过【字体】元件嵌入字体。

§ 6.1.2　创建元件

创建元件的方法有两种，一种是直接新建一个空元件，然后在元件编辑模式下创建元件内容；另一种是将设计区中的某个元素转换为元件，该方法在前面一章的上机练习中已经介

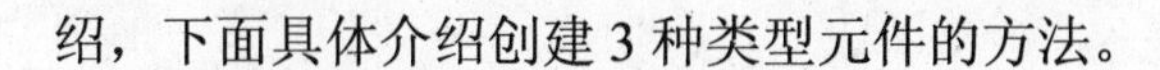

绍，下面具体介绍创建 3 种类型元件的方法。

1. 创建【图形】元件

要创建【图形】元件，选择【插入】|【新建元件】命令，打开【创建新元件】对话框，在【类型】下拉列表中选择【图形】选项，单击【确定】按钮，打开元件编辑模式，在该模式下进行元件制作。可以将位图或者矢量图导入到舞台中转换为【图形】元件，也可以使用工具箱中的各种绘图工具绘制图形再将其转换为【图形】元件。单击设计区窗口的场景按钮，可以返回场景，也可以单击后退按钮，返回到上一层模式。在【图形】元件中，还可以继续创建其他类型的元件。

创建的【图形】元件会自动保存在【库】面板中，选择【窗口】|【库】命令，打开【库】面板，在该面板中显示创建的【图形】元件，如图 6-3 所示。

图 6-3　显示【图形】元件

提示

【图形】元件的时间轴与主时间轴密切相关，只有当主时间轴工作时，【图形】元件的时间轴才能随之工作。

2. 创建【影片剪辑】元件

【影片剪辑】元件可以是一个动画，它拥有独立的时间轴，并且可以在该元件中创建按钮、图形甚至其他影片剪辑元件。创建【影片剪辑】元件的方法与【图形】元件方法类似，下面将通过一个简单的实例，来介绍在【影片剪辑】元件中创建动画的方法。

【例 6-1】新建一个文档，创建【影片剪辑】元件动画。

(1) 启动 Flash CS5，打开名为【蝴蝶】的 Flash 文档。

(2) 打开该文档的【库】面板，可以看到包含了名为【身体】和【翅膀】的两个图形元件，如图 6-4 所示。

(3) 选择【插入】|【新建元件】命令，新建一个名为【蝴蝶】的影片剪辑元件，如图 6-5 所示。

图 6-4 查看库中的图形元件

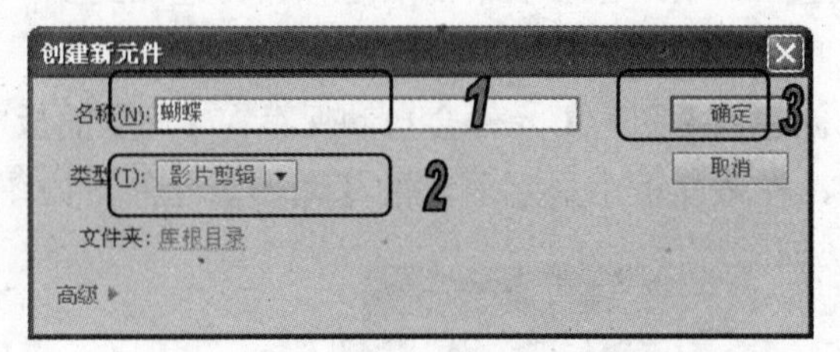

图 6-5 新建【蝴蝶】影片剪辑元件

(4) 进入元件编辑模式后，将【库】面板中的两个图形元件拖动到舞台中，并使用【任意变形】工具，复制并翻转一份翅膀图形，调整其大小和位置创建一个蝴蝶效果，如图 6-6 所示。

(5) 在时间轴上右击第 5 帧，在弹出的菜单中选择【插入关键帧】命令，此时，时间轴的第 5 帧被插入关键帧，如图 6-7 所示。

图 6-6 拖动图像到设计区中

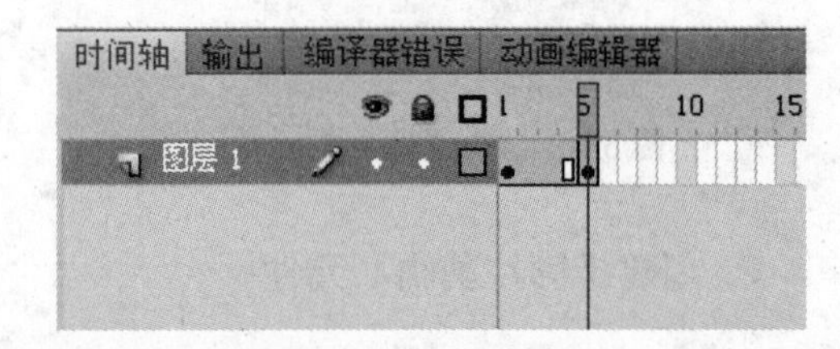

图 6-7 插入关键帧

(6) 在第 5 帧中，选择工具箱中的【任意变形】工具，对舞台上的蝴蝶翅膀进行形状调整，如图 6-8 所示。

(7) 参考步骤(3)和步骤(4)，在第 10 帧和第 15 帧分别插入关键帧，并使用【任意变形】工具调整翅膀形状，如图 6-9 所示。

(8) 单击【场景 1】按钮，返回舞台，选择【文件】|【导入】|【导入到舞台】命令，将【鲜花.jpg】位图文件导入到舞台中，然后将【库】面板中的【蝴蝶】影片剪辑元件拖动到鲜花上，使用【任意变形】工具调整元件大小和位置，效果如图 6-10 所示。

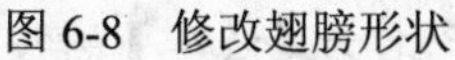
图 6-8　修改翅膀形状

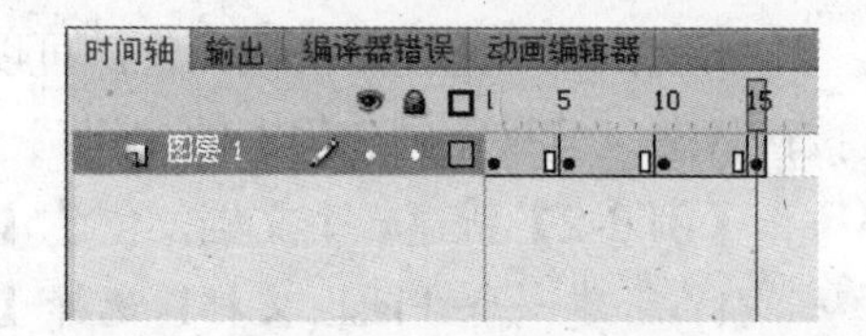

图 6-9　创建多个关键帧

(9) 按下 Ctrl+Enter 键，测试动画效果，如图 6-11 所示。

(10) 将文件另存为【影片剪辑元件】文档。

图 6-10　调整元件的位置和大小

图 6-11　测试影片剪辑元件的动画效果

3. 创建【按钮】元件

【按钮】元件是一个 4 帧的交互影片剪辑，选择【插入】|【新建元件】命令，打开【创建新元件】对话框，在【类型】下拉列表中选择【按钮】选项，单击【确定】按钮，打开元件编辑模式。【按钮】元件编辑模式中的【时间轴】面板如图 6-12 所示。

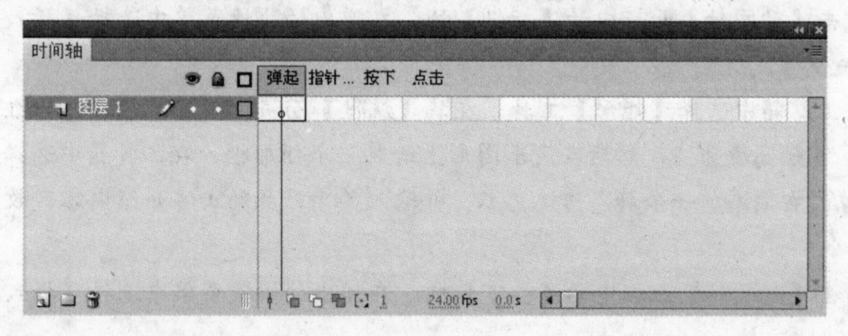

图 6-12　【按钮】元件编辑模式的【时间轴】面板

在【按钮】元件编辑模式中的【时间轴】面板中显示了【弹起】、【指针】、【按下】和【点击】4 个帧，每一帧都对应了一种按钮状态，4 个帧的具体功能如下。

➢ 【弹起】帧：代表指针没有经过按钮时该按钮的外观。

➢ 【指针经过】帧：代表指针经过按钮时该按钮的外观。

➢ 【按下】帧：代表单击按钮时该按钮的外观。

➢ 【点击】帧：定义响应鼠标单击的区域。该区域中的对象在最终的 SWF 文件中不显示。

要制作一个完整的按钮元件，可以分别定义这 4 种按钮状态，也可以只定义【弹起】帧按钮状态，但只能创建静态的按钮。

【例 6-2】新建一个文档，创建【按钮】元件。

(1) 新建一个 Flash 文档，选择【插入】|【新建元件】命令，打开【创建新元件】对话框，在【类型】下拉列表中选择【按钮】选项，创建一个名为【汽车】的按钮元件，如图 6-13 所示。

(2) 单击【确定】按钮进入元件编辑模式，选择【文件】|【导入】|【导入到库】命令，将一组位图导入到【库】面板中，如图 6-14 所示。

(3) 在时间轴上选中【弹起】帧，将【库】面板中的【奇瑞 A3.jpg】位图文件拖动到舞台中央，如图 6-15 所示。

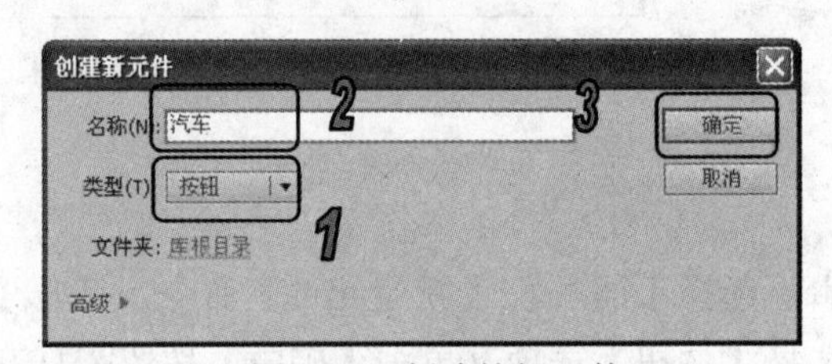

图 6-13　创建按钮元件

图 6-14　导入一组位图到库面板

(4) 右击【时间轴】面板中的【指针】帧，在弹出的快捷菜单中选择【插入关键帧】命令，插入关键帧。

(5) 在工具箱中选择【矩形】工具，在其【属性】面板中设置笔触颜色为红色，填充颜色为透明，笔触高度为 2，然后在汽车图形上绘制一个矩形框，在工具箱中选择【文本】工具，在图像的右侧添加一个静态传统文本，并输入关于产品的文字介绍内容，效果如图 6-16 所示。

(6) 右击【时间轴】面板中的【按下】帧，在弹出的快捷菜单中选择【插入关键帧】命令，插入关键帧。

(7) 在【库】面板中选中其他汽车位图文件，将其拖动到舞台中，并使用【任意变形】工具调整其大小和位置。

图 6-15　【弹起】帧

图 6-16　【按下】帧

(8) 单击【场景 1】按钮返回场景，将【汽车】按钮元件从【库】面板中拖动到舞台上。

(9) 按下 Ctrl+Enter 组合键，测试动画效果，如图 6-17 所示。

弹起

指针

按下

图 6-17　测试效果

(10) 保存文件为【按钮元件】。

4. 创建字体元件

【字体】元件的创建方法比较特殊，选择【窗口】|【库】命令，打开当前文档的【库】面板，单击【库】面板右上角的按钮，在弹出的【库面板】菜单中选择【新建字型】命令，如图 6-18 所示，打开【字体嵌入】对话框，如图 6-19 所示。

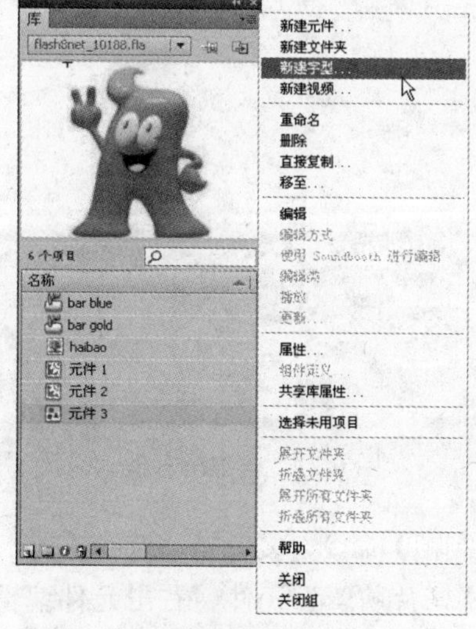

图 6-18　选择【新建字型】命令

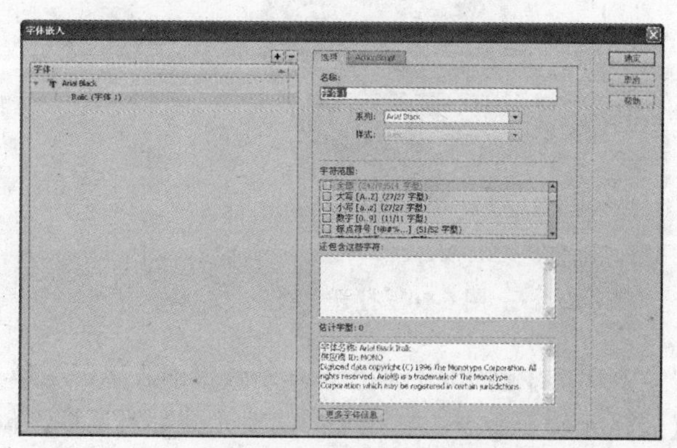

图 6-19　【字体嵌入】对话框

新世纪高职高专规划教材

在【字体嵌入】对话框的【名称】文本框中可以输入字体元件的名称；在【系列】下拉列表框中可以选择需要嵌入的字体，或者将该字体的名称输入到该下拉列表框中；在【字符范围】区域中可以选中要嵌入的字符范围，嵌入的字符越多，发布的 SWF 文件越大；如果要嵌入任何其他特定字符，可以在【还包含这些字符】区域中输入。

5. 将元素转换为元件

如果设计区中的元素需要反复使用，可以将它们直接转换为元件，保存在【库】面板中，方便以后调用。要将元素转换为元件，可以采用下列操作方法之一。

- 选中设计区的元素，选择【修改】|【转换为元件】命令，打开【转换为元件】对话框，然后转换为元件。
- 在设计区选中元素，将对象拖动到【库】面板中，打开【转换为元件】对话框，然后转换为元件。
- 右击设计区中的元素，从弹出的快捷菜单中选择【转换为元件】命令，打开【转换为元件】对话框，然后转换为元件。

有关【转换为元件】对话框中的设置可以参考【创建新元件】对话框的设置。

6. 将动画转换为【影片剪辑】元件

在制作一些较为大型的 Flash 动画时，不仅是设计区中的元素，很多动画效果也需要重复使用。由于影片剪辑拥有独立的时间轴，可以不依赖主时间轴而播放运行，因此可以将主时间轴中的内容转化到影片剪辑中，即将主时间轴上的动画转化到【影片剪辑】元件中，方便反复调用。

在 Flash CS5 中是不能直接将动画转换为【影片剪辑】元件的，可以使用复制图层的方法，将动画转换为【影片剪辑】元件。

打开一个文档，如图 6-20 所示。选中最顶层图层的第 1 帧，按下 Shift 键，选中最底层图层的最后一帧，选中时间轴上所有要转换的帧，如图 6-21 所示。

图 6-20　打开文档

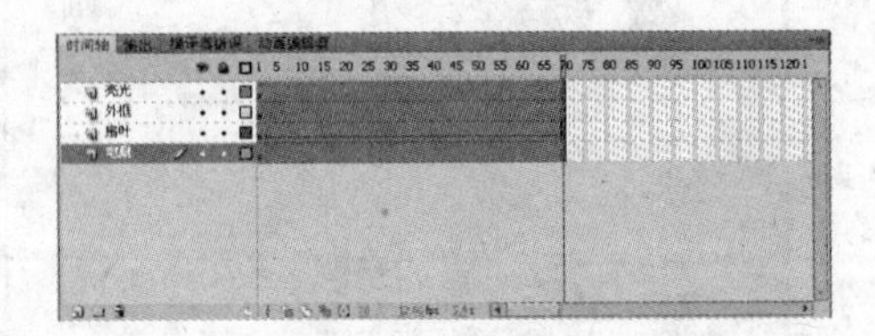

图 6-21　选中所有帧

右击选中帧中的任何一帧，从弹出的菜单中选择【复制帧】命令，复制帧。选择【插入】|【新建元件】命令，打开【创建新元件】对话框，创建【影片剪辑】元件。右击元件编辑模式中的第 1 帧，弹出的菜单中选择【粘贴帧】命令，此时，将从主时间轴复制的帧粘贴到该

影片剪辑的时间轴中，如图 6-22 所示。

返回场景，此时，动画已经转换到【影片剪辑】元件中，【库】面板中会显示元件，如图 6-23 所示。

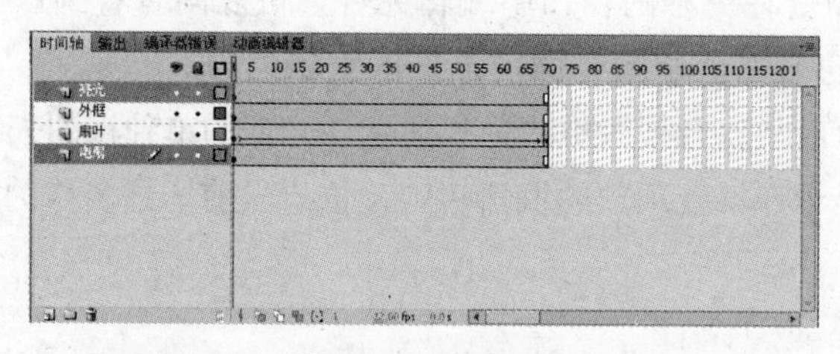

图 6-22　粘贴帧

图 6-23　显示元件

§ 6.1.3　复制元件

复制元件的好处是可以重新编辑复制的元件，而不影响其他元件。在制作 Flash 动画时，有时需要仅仅修改单个实例中元件的属性而不影响其他实例或原始元件，此时需要用到直接复制元件功能。通过直接复制元件，可以使用现有的元件作为创建新元件的起点，来创建具有不同外观的各种版本的元件。

打开【库】面板，选中要直接复制的元件，右击该元件，在弹出的快捷菜单中选择【直接复制】命令或单击【库】面板右上角的按钮，在弹出的【库面板】菜单中选择【直接复制】命令，打开的【直接复制元件】对话框，如图 6-24 所示。

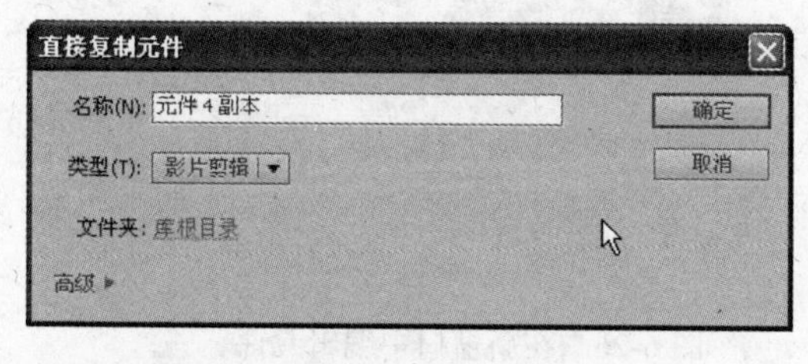

图 6-24　【直接复制元件】对话框

提示

复制元件和直接复制元件是两个完全不同的概念：复制元件是将元件复制一份相同的，修改一个元件的同时，另一个元件也会发相同的改变；而直接复制元件是以当前元件为基础，创建一个独立的新元件，无论修改哪个元件，另一个元件都不会发生改变。

§ 6.1.4　编辑元件

创建元件后，可以选择【编辑】|【编辑元件】命令，在元件编辑模式下编辑该元件；也

可以选择【编辑】|【在当前位置编辑】命令，在设计区中编辑该元件；或直接双击该元件进入该元件编辑模式。右击创建的元件后，在弹出的快捷菜单中可以选择更多的编辑方式和编辑内容。

在对某个元件进行编辑操作后，Flash 会更新当前文档中该元件的所有实例。编辑元件主要有以下几种方法。

- 使用【在当前位置编辑】命令在设计区中与其他对象一起进行编辑。其他对象以灰显方式出现，从而将它们和正在编辑的元件区分开。正在编辑的元件的名称显示在舞台顶部的编辑栏内，位于当前场景名称的右侧。
- 使用【在新窗口中编辑】命令在单独的窗口中编辑元件，可以同时看到该元件和主时间轴。正在编辑的元件的名称会显示在舞台顶部的编辑栏内。
- 使用元件编辑模式，可将窗口从舞台视图更改为只显示该元件的单独视图来编辑它。正在编辑的元件的名称会显示在舞台顶部的编辑栏内，位于当前场景名称的右侧。

1. 在当前位置编辑元件

在当前位置编辑元件，可以在编辑元件的过程中，更加方便地参照其他对象在舞台中的相对位置。要在当前位置编辑元件，可以在舞台上双击元件的一个实例，或者在舞台上选择元件的一个实例，右击后在弹出的快捷菜单中选择【在当前位置编辑】命令，或者在舞台上选择元件的一个实例，然后选择【编辑】|【在当前位置编辑】命令，进入元件的编辑状态，如图 6-25 所示。如果要更改注册点，可以在舞台上拖动该元件，拖动时一个十字光标+会表明注册点的位置。

2. 在新窗口中编辑元件

要在新窗口中编辑元件，可以右击设计区中的元件，在弹出的快捷菜单中选择【在新窗口中编辑】命令，直接打开一个新窗口，并进入元件的编辑状态，如图 6-26 所示。

图 6-25　在当前位置编辑元件

图 6-26　在新窗口中编辑元件

3. 在元件编辑模式下编辑元件

要选择在元件编辑模式下编辑元件可以通过以下多种方式实现：

- 双击【库】面板中的元件图标。
- 在【库】面板中选择该元件，单击【库】面板右上角的 ≡按钮，在打开的【库面板】

菜单中选择【编辑】命令。

- 在【库】面板中右击该元件，从弹出的快捷菜单中选择【编辑】命令。
- 在舞台上选择该元件的一个实例，右击后从弹出的快捷菜单中选择【编辑】命令。
- 在舞台上选择该元件的一个实例，然后选择【编辑】|【编辑元件】命令。

在执行了上述的任一操作后，将进入元件编辑模式，对元件进行编辑操作。

4. 退出编辑状态

要退出元件的编辑模式并返回到文档编辑状态，可以进行以下的操作：

- 单击设计区左上角的【返回】按钮，返回上一层编辑模式。
- 单击设计区左上角场景按钮，返回场景，如图 6-27 所示。

图 6-27　设计区左上角编辑区域

- 在元件的编辑模式下，双击元件内容以外的空白处。

提示

如果是在新窗口中编辑元件，可以直接切换到文档窗口或关闭新窗口。

6.2 使用实例

实例是元件在舞台中的具体表现，创建实例的过程就是将元件从【库】面板中拖到舞台中。例如，在【库】面板中有一个影片剪辑元件，如果将这个影片剪辑拖到设计区中，那么设计区中的影片剪辑就是一个实例。此外，还可以根据需要对创建的实例进行修改，从而得到依托于该元件的其他效果。

§ 6.2.1 创建实例

创建实例的方法在前文中已经介绍，选择【窗口】|【库】命令，打开【库】面板，将【库】面板中的元件拖动到设计区中即可。实例只可以被显示关键帧中，并且实例总是显示在当前图层上。如果没有选择关键帧，则实例将被添加到当前帧左侧的第 1 个关键帧上。

创建实例后，系统会指定一个默认的实例名称。要为影片剪辑元件实例指定实例名称，可以打开【属性】面板，在【实例名称】文本框中输入该实例的名称即可，如图 6-28 所示。

如果是【图形】实例，则不能在【属性】面板中命名实例名称。可以双击【库】面板中的元件名称，然后修改名称，再创建实例。但在【图形】实例的【属性】面板中可以设置实例的大小、位置等信息，单击【样式】按钮，在下拉列表中可以设置【图形】实例的透明度、亮度等信息，如图 6-29 所示。

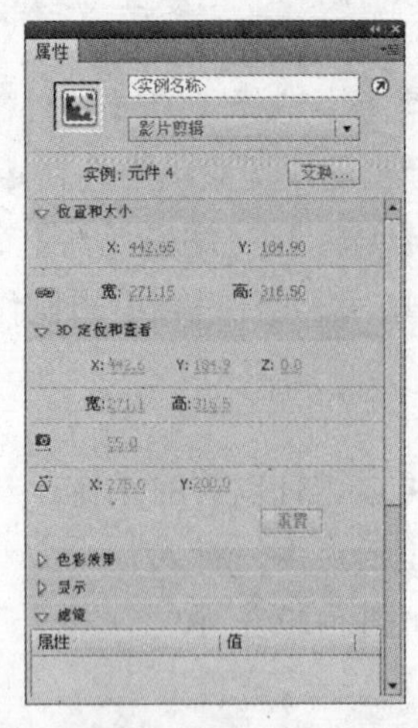

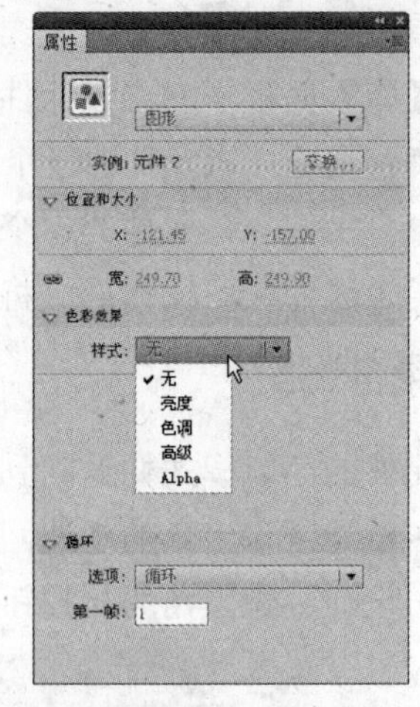

图 6-28 【影片剪辑】实例【属性】面板　　图 6-29 【图形】实例【属性】面板

§ 6.2.2 交换实例

在创建元件的不同实例后，可以对元件实例进行交换，使选定的实例变为另一个元件的实例。交换元件实例后，原有实例所做的改变(如颜色、大小及旋转等)会自动应用于交换后的元件实例，而且并不会影响【库】面板中原有元件以及元件的其他实例。

选中设计区中的一个【影片剪辑】实例，选择【修改】|【元件】|【交换元件】命令，打开【交换元件】对话框，如图 6-30 所示。

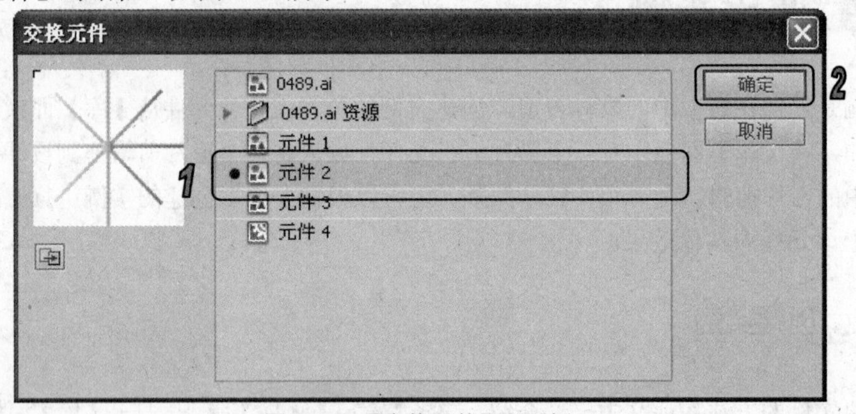

图 6-30 【交换元件】对话框

在【交换元件】对话框中，显示了当前文档创建的所有元件，可以选中要交换的元件，然后单击【确定】按钮，即可为实例指定另一个元件，并且设计区中的元件实例将自动被替换。

提示

单击【交换元件】对话框中的【直接复制元件】按钮，可以以当前选中的元件为基础创建一个全新的元件。

§ 6.2.3　改变实例类型

实例的类型也是可以相互转换的。例如，可以将一个【图形】实例转换为【影片剪辑】实例，或将一个【影片剪辑】实例转换为【按钮】实例，而且可以通过改变实例类型来重新定义它的动画中的行为。

要改变实例类型，选中某个实例，打开【属性】面板，单击【实例类型】按钮，在弹出的下拉菜单中可以选择需要的实例类型。

§ 6.2.4　分离实例

要断开实例与元件之间的链接，并把实例放入未组合图形和线条的集合中，可以在选中舞台实例后，选择【修改】|【分离】命令，将实例分离成图形元素，这样就可以使用编辑工具，根据需要修改，并且不会影响到其他应用的元件实例。

§ 6.2.5　查看实例信息

在动画制作过程中，特别是在处理同一元件的多个实例时，识别舞台上特定的实例是很困难的。可以在【属性】面板、【信息】面板或【影片浏览器】面板进行识别，具体操作方法如下。

- 在【属性】面板中，可以查看实例的类型和设置。对于所有实例类型，都可以查看其颜色设置、位置、大小和注册点；对于图形，还可以查看其循环模式等；对于按钮元件，可以查看其实例名称和跟踪选项；对于影片剪辑，可以查看实例名称。
- 在【信息】面板中，可以查看选定实例的位置、大小及注册点，如图 6-31 所示。
- 在【影片浏览器】面板中，可以查看当前影片的内容，包括实例和元件，如图 6-32 所示。

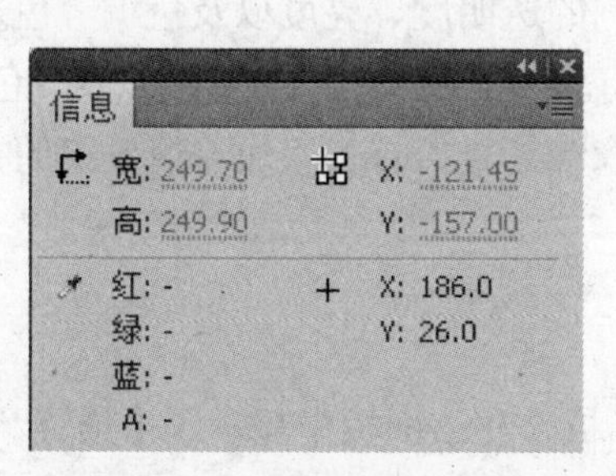

图 6-31　【信息】面板

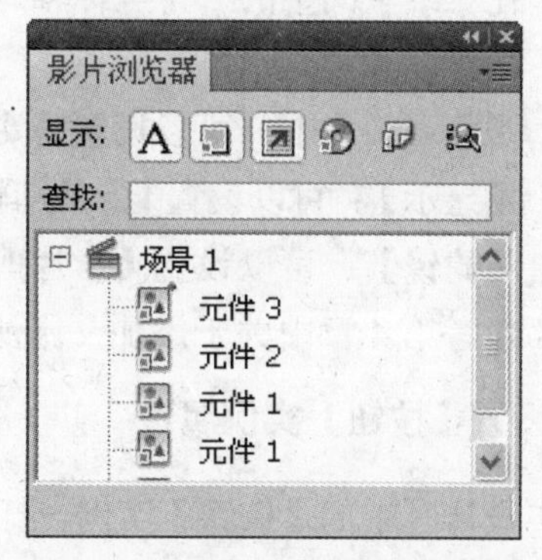

图 6-32　【影片浏览器】面板

§ 6.2.6　设置实例属性

不同元件类型的实例，有不同的属性，了解这些实例的属性设置，可以创建一些简单的动画效果。实例的属性设置可以通过【属性】面板实现。

1. 设置【图形】实例属性

选中设计区中的【图形】实例，打开【属性】面板，在该面板中显示了【位置和大小】、【色彩效果】和【循环】3 个选项卡，如图 6-33 所示。有关【图形】实例【属性】面板的主要参数选项的具体作用如下。

- 【位置和大小】：可以设置【图形】实例 x 轴和 y 轴坐标位置以及实例大小。
- 【色彩效果】：可以设置【图形】实例的透明度、亮度以及色调等色彩效果。
- 【循环】：可以设置【图形】实例的循环，可以设置循环方式和循环起始帧。

2. 设置【影片剪辑】实例属性

选中设计区中的【影片剪辑】实例，打开【属性】面板，在该面板中显示了【位置和大小】、【3D 定位和查看】、【色彩效果】、【显示】和【滤镜】5 个选项卡，如图 6-34 所示。

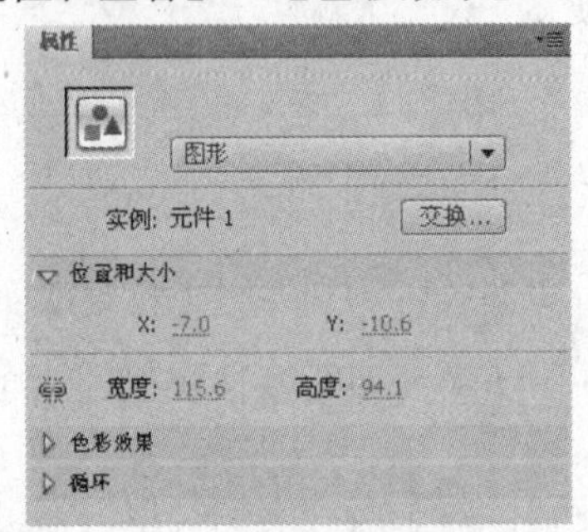

图 6-33　【图形】实例【属性】面板

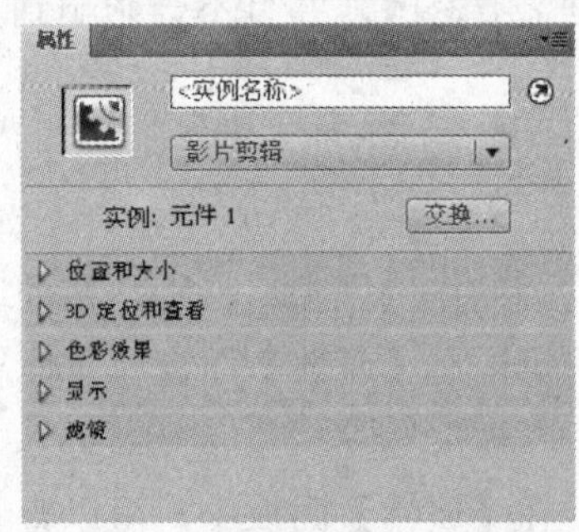

图 6-34　【影片剪辑】实例【属性】面板

有关【影片剪辑】实例【属性】面板的主要参数选项的具体作用如下。

- 【位置和大小】：可以设置【影片剪辑】实例 x 轴和 y 轴坐标位置以及实例大小。
- 【3D 定位和查看】：可以设置【影片剪辑】实例的 z 轴坐标位置，z 轴坐标位置是在三维空间中的一个坐标轴。同时可以设置【影片剪辑】实例的在三维空间中的透视角度和消失点。
- 【色彩效果】：可以设置【影片剪辑】实例的透明度、亮度以及色调等色彩效果。
- 【显示】：可以设置【影片剪辑】实例的显示效果，例如强光、反相以及变色等效果。
- 【滤镜】：可以设置【影片剪辑】实例的滤镜效果，有关添加滤镜效果的方法可以参考第 4 章中关于添加文本滤镜的内容。

3. 设置【按钮】实例属性

选中设计区中的【按钮】实例，打开【属性】面板，在该面板中显示了【位置和大小】、【色彩效果】、【显示】、【音轨】和【滤镜】5 个选项卡，如图 6-35 所示。有关【按钮】实例【属性】面板的主要参数选项的具体作用如下。

- 【位置和大小】：可以设置【按钮】实例 x 轴和 y 轴坐标位置以及实例大小。
- 【色彩效果】：可以设置【按钮】实例的透明度、亮度和色调等色彩效果。
- 【显示】：可以设置【按钮】实例的显示效果。

- 【音轨】：可以设置【按钮】实例的音轨效果，可以设置作为按钮音轨或作为菜单项音轨。
- 【滤镜】：可以设置【按钮】实例的滤镜效果。

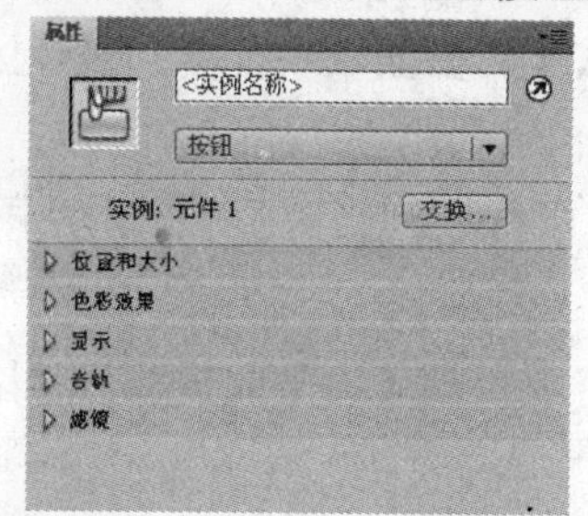

图 6-35 【按钮】实例【属性】面板

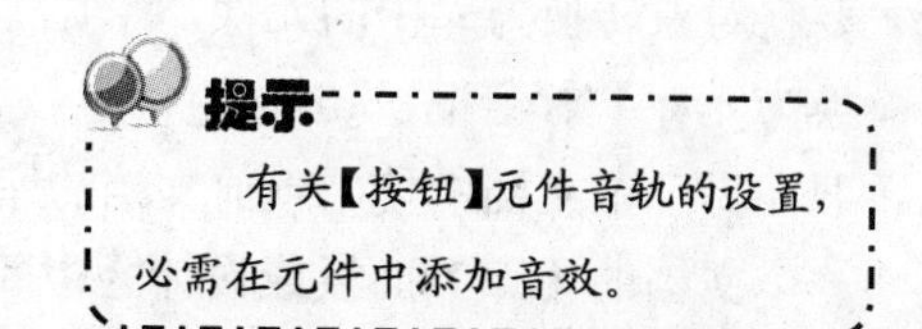
提示

有关【按钮】元件音轨的设置，必需在元件中添加音效。

6.3 使用库

在 Flash CS5 中，创建的元件和导入的文件都存储在【库】面板中。在【库】面板中的资源可以在多个文档使用中。

§ 6.3.1 【库】面板

在前面章节中已经介绍了一些有关【库】面板的知识，选择【窗口】|【库】命令，打开【库】面板，如图 6-36 所示。在面板的列表主要用于显示库中所有项目的名称，可以通过该列表查看并组织这些文档中的元素。【库】面板中项目名称旁边的图标表示该项目的文件类型，可以打开任意文档的库，并能够将该文档的库项目用于当前文档。

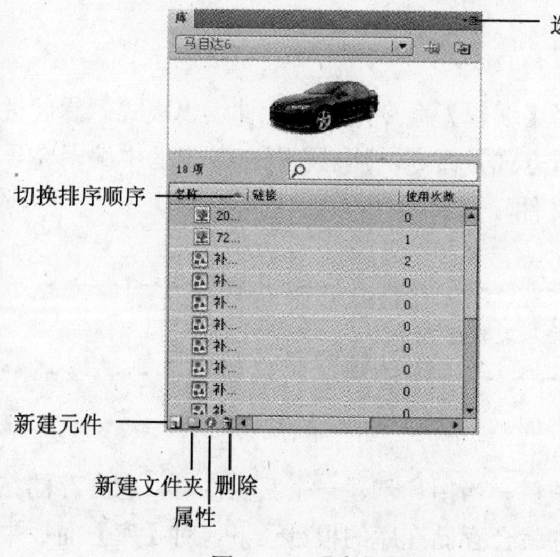

图 6-36 【库】面板

提示

在【库】面板中的预览窗口中显示了存储的所有元件缩略图，如果是【影片剪辑】元件，可以在预览窗口中预览动画效果。

新世纪高职高专规划教材

§ 6.3.2 处理库项目

在【库】面板中的元素称为库项目，有关库项目的一些处理方法如下。

- 在当前文档中使用库项目时，可以将库项目从【库】面板中拖动到设计区中。该项目将在设计区中自动生成一个实例，并添加到当前图层中。
- 要将对象转换为库中的元件，将项目从设计区中拖动到当前【库】面板中，打开【转换为元件】对话框，转换元件。
- 要在另一个文档中使用当前文档的库项目，将项目从【库】面板或设计区中拖入另一个文档的【库】面板或设计区中即可。
- 要在文件夹之间移动项目，可以将项目从一个文件夹拖动到另一个文件夹中。如果新位置中存在同名项目，则系统会打开如图 6-37 所示的【解决库冲突】对话框，提示是否要替换正在移动的项目。

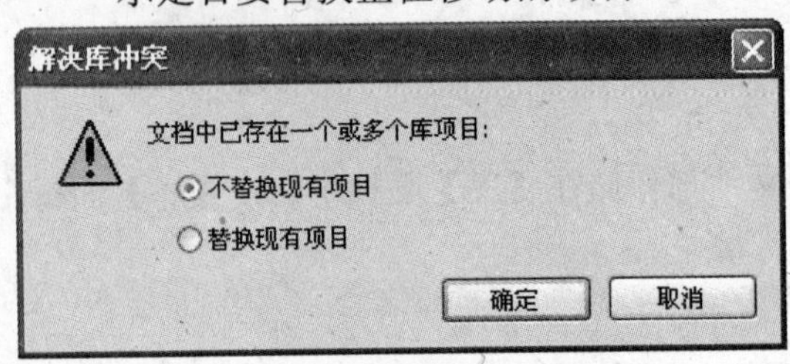

图 6-37　【解决库冲突】对话框

提示

在新建元件的时候最好进行重命名操作，以防在以后的操作中将之前的元件覆盖。

§ 6.3.3 库项目的基本操作

在【库】面板中，可以使用【库】面板菜单中命令对库项目进行编辑、排序、重命名、删除以及查看未使用的库项目等管理操作。

1. 编辑对象

要编辑元件，可以在【库】面板菜单中选择【编辑】命令，进入元件编辑模式，然后进行元件编辑；如果要编辑文件，可以选择【编辑方式】命令，然后在外部编辑器中编辑完导入的文件之后，再使用【更新】命令更新这些文件。

提示

在启动外部编辑器后，Flash CS5 会打开原始的导入文档。

2. 使用文件夹管理

在【库】面板中，可以使用文件夹来组织项目。当用户创建一个新元件时，它会存储在选定的文件夹中。如果没有选定文件夹，该元件就会存储在库的根目录下。对【库】面板中的文件夹可以进行如下操作。

- 要创建新文件夹，可以在【库】面板底部单击【新建文件夹】按钮。
- 要打开或关闭文件夹，可以双击文件夹，或选择文件夹后，在【库】面板菜单中选择【展开文件夹】或【折叠文件夹】命令。
- 要打开或关闭所有文件夹，可以在【库】面板菜单中选择【展开所有文件夹】或【折叠所有文件夹】命令。

3. 重命名库项目

在【库】面板中，用户还可以重命名库中的项目。但更改导入文件的库项目名称并不会更改该文件的名称。要重命名库项目，可以执行如下操作。

- 双击该项目的名称，在【名称】列的文本框中输入新名称。
- 选择项目，并单击【库】面板下部的【属性】按钮，打开【元件属性】对话框，在【名称】文本框中的新名称，然后单击【确定】按钮，如图 6-38 所示。

图 6-38　【元件属性】对话框

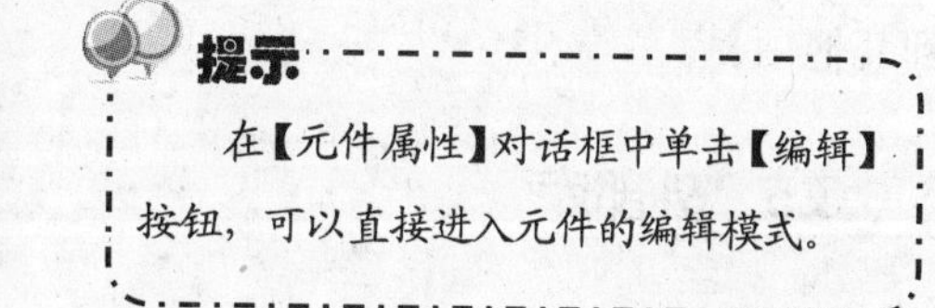

提示

在【元件属性】对话框中单击【编辑】按钮，可以直接进入元件的编辑模式。

- 选择项目，在【库】面板菜单中选择【重命名】命令，然后在【名称】列的文本框中输入新名称。
- 库项目上单击右键，在弹出的快捷菜单中选择【命名】命令，并在【名称】列的文本框中输入新名称。

4. 删除库项目

默认情况下，当从库中删除项目时，文档中该项目的所有实例也会被同时删除。【库】面板中的【使用次数】列显示项目的使用次数。

要删除库项目，可以选择所需操作的项目，然后单击【库】面板下部的【删除】按钮；也可以在【库】面板的选项菜单中选择【删除】命令，删除项目；还可以在所要删除的项目上单击右键，在弹出的快捷菜单中选择【删除】命令删除项目。

§ 6.3.4　公用库

在 Flash CS5 中还自带了公用库，使用公用库中的项目，可以直接在设计区中添加按钮或声音等。要使用公用库中的项目，选择【窗口】|【公用库】命令，在弹出的级联菜单中选择一个库类型，即可打开该类型公用库面板，可以选择【库－学习交互】面板、【库－按钮】面板或【库－类】面板 3 种公用库面板，如图 6-39 所示。

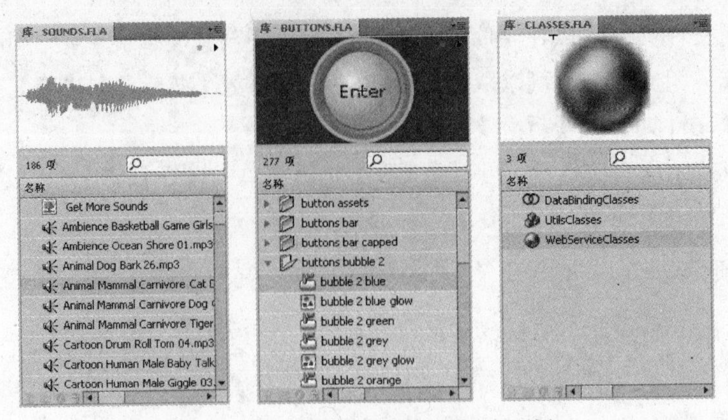

图 6-39　3 种类型公用库面板

使用公用库中的项目与使用【库】面板中的项目方法相同，将项目从公用库拖入当前文档的设计区中即可。同时，使用的公用库中的项目是可以进行修改的，修改的内容不会影响到其他项目。

§ 6.3.5　外部库

在制作 Flash 动画时，如果要使用其他 Flash 文档中的元素，可以使用外部库，即可以在不用打开其他 Flash 文档的情况下，使用该文档中的素材。要导入外部库，可以选择【文件】|【导入】|【打开外部库】命令，在打开的【作为库打开】对话框中，选择要作为外部库的 Flash 文档，然后单击【打开】按钮将其打开，如图 6-40 所示。此时文档并不会被打开，而是在当前 Flash 文档中打开一个外部库窗格，此时可以将外部库中的元素直接拖动到舞台或者拖动到本地库中以供使用，如图 6-41 所示。值得注意的是，拖动元件的过程是一个复制元件过程，因此用户需要注意元件名称不要重复。

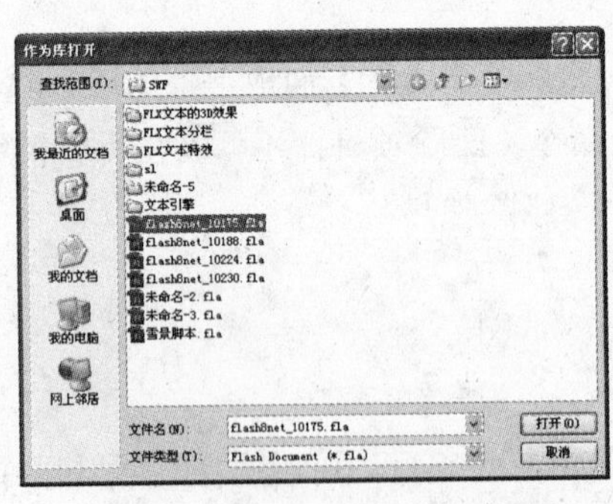

图 6-40　【作为库打开】对话框

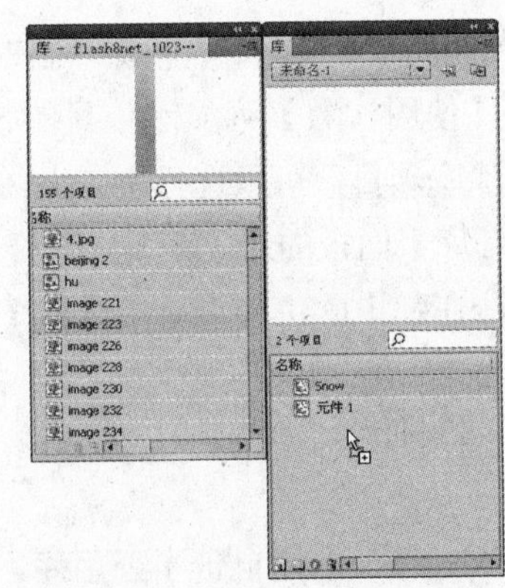

图 6-41　将外部库中的元件拖动到本地库

在同一 Flash 文档中可以打开多个外部库，不断选择【文件】|【导入】|【打开外部库】命令，可以打开多个外部库以供使用，如图 6-42 所示。

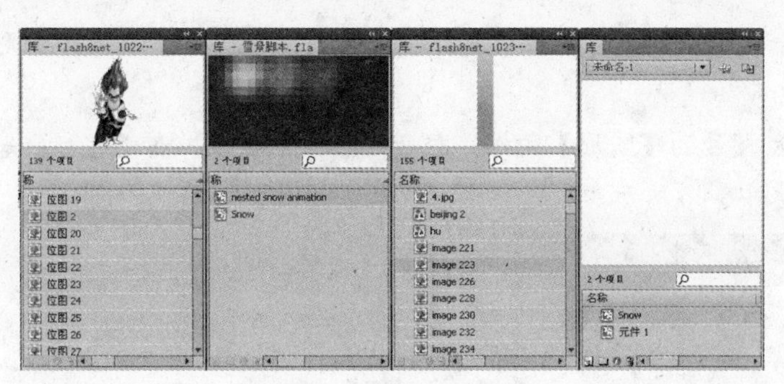

图 6-42　打开多个外部库

提示

外部库中的元件、位图和声音等元素只可以拖动到本地库中，不同外部库之间不可以互相拖动复制。

6.4 上机实战

本章的上机实战主要练习【库】面板的使用，以及运用按钮元件及影片剪辑元件的方法。

(1) 新建一个文档，选择【文件】|【导入】|【导入到库】命令，导入一组位图文件到【库】面板中，如图 6-43 所示。

(2) 选择【插入】|【新建元件】命令，打开【创建新元件】对话框，在【类型】下拉列表中选择【按钮】选项，单击【确定】按钮，打开元件编辑模式。

(3) 导入【木盒 2.JPG】位图图像到设计区中，转换为矢量图形，组合图形，如图 6-44 所示。

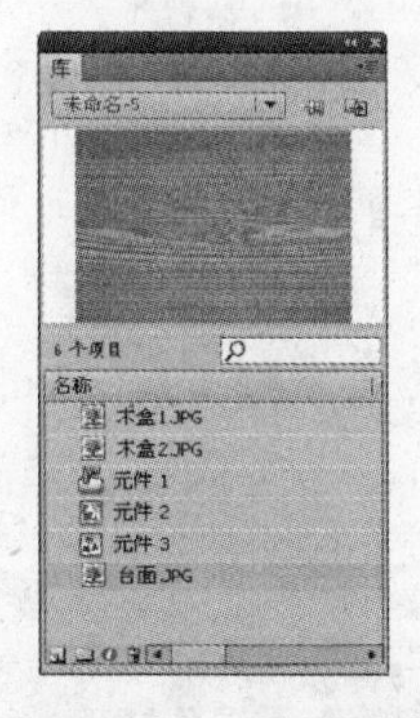

图 6-43　导入位图到库

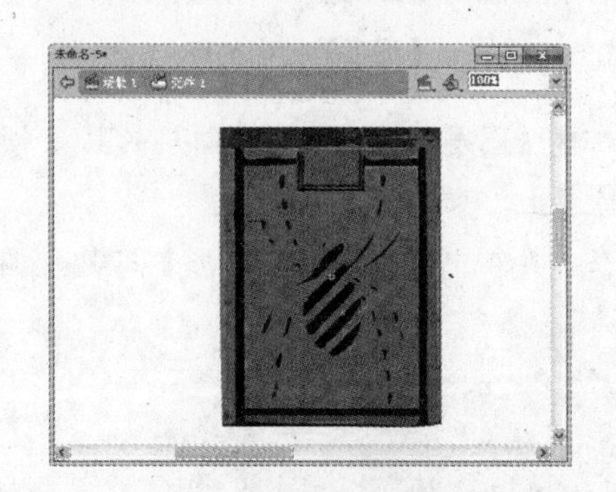

图 6-44　导入图像

(4) 右击【时间轴】面板中的【指针】帧，在弹出的快捷菜单中选择【插入关键帧】命令，插入关键帧。

(5) 选中【指针】帧上的图形，按下 F8 键，打开【转换为元件】对话框，如图 6-45 所示。在【类型】下拉列表中选择【影片剪辑】选项，单击【确定】按钮，转换为【影片剪辑】元件。

(6) 双击【影片剪辑】元件，打开元件编辑模式，将图形转换为【图形】元件。在第 8 帧和第 16 帧处插入关键帧。

(7) 选中第 8 帧处的【图形】元件，打开【属性】面板，在【色彩效果】选项组中设置 Alpha 值为 0，如图 6-46 所示。

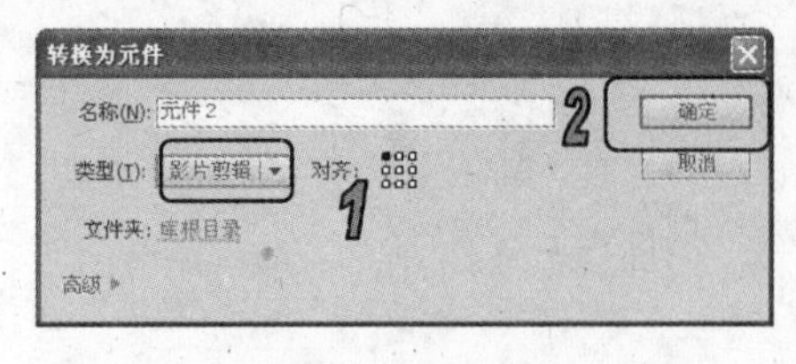

图 6-45 【转换为元件】对话框

图 6-46 设置 Alpha 值

(8) 在 1～8 帧、8～16 帧之间创建传统补间动画。

(9) 单击设计区窗口左上角的返回按钮，切换到【按钮】元件编辑模式。在【按下】帧位置插入空白关键帧，然后将【木盒 1.JPG】位图图像导入到舞台，如图 6-47 所示。

(10) 在【点击】帧位置插入帧。

(11) 返回场景，导入【台面.JPG】位图图像到设计区中，调整图像至合适大小，如图 6-48 所示。

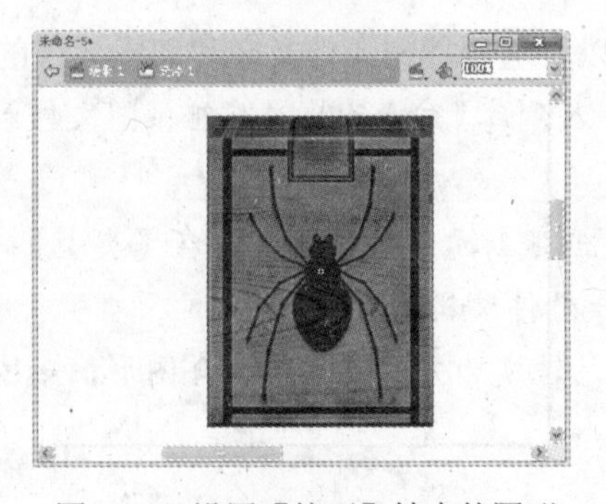

图 6-47 设置【按下】帧中的图形

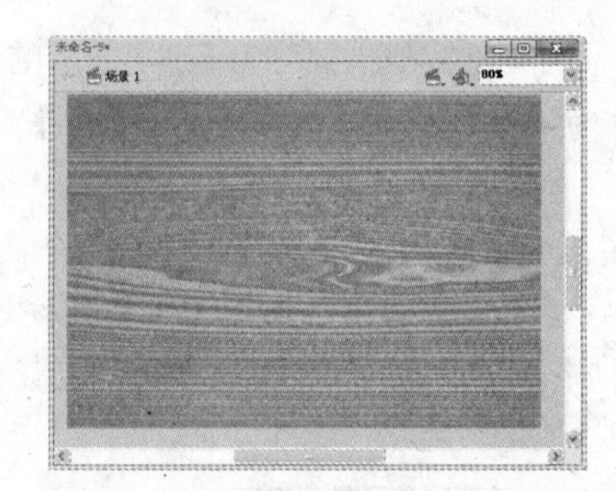

图 6-48 导入【台面】位图图像到舞台

(12) 新建【图层 2】，选中该图层的第 1 帧，然后将【库】面板中的【元件 1】按钮元件拖动到舞台上，如图 6-49 所示。

(13) 在工具箱中选择【任意变形】工具，调整按钮元件的大小和位置，如图 6-50 所示。

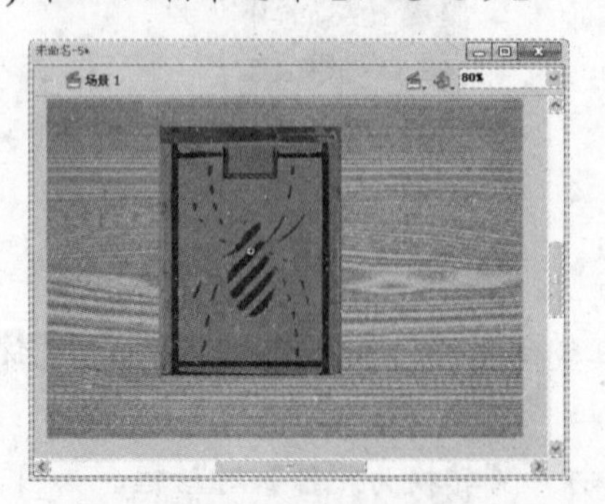

图 6-49 拖动元件到舞台

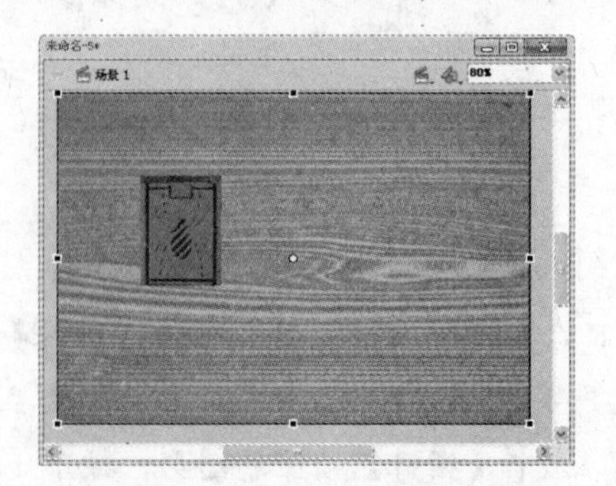

图 6-50 调整元件大小和位置

(14) 按下 Ctrl+Enter 组合键，测试动画效果，如图 6-51 所示。

图 6-51　测试效果

(15) 保存文件为【木盒】。

6.5 习题

1. 新建一个 Flash 文档，创建多个【图形】元件，在每个元件中绘制一幅图的一部分，最后将图拼合并创建成一个新元件。

2. 创建一个【按钮】元件，效果如图 6-52 所示。

按钮【弹起】状态

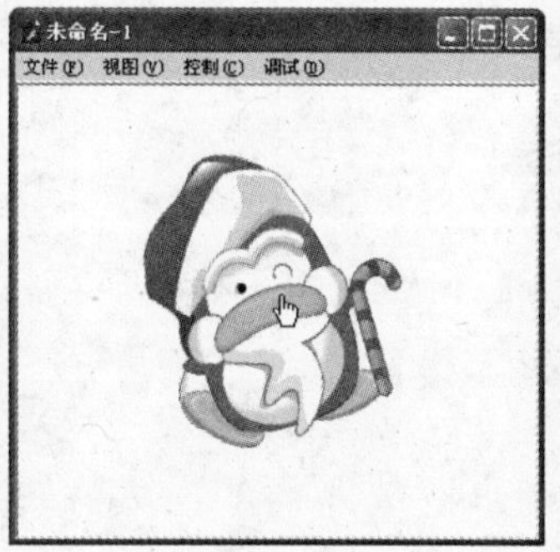

按钮【指针经过】状态

按钮【按下】状态

图 6-52　按钮元件效果

第7章

导入外部元素

主要内容

Flash CS5 虽然是一个矢量动画处理程序，但是可以导入外部位图和视频文件作为特殊的元素使用。并且导入的外部位图还可以被转化成矢量图形，从而为制作 Flash 动画提供了更多可以应用的素材。声音的导入，可以使动画更加丰富生动。

本章重点

- 导入位图
- 导入其他格式图像
- 导入影音文件
- 导入声音文件
- 编辑导入的声音
- 压缩和导出声音

7.1 导入位图

位图是制作影片时最常用到的图形元素之一，在 Flash CS5 中默认支持的位图格式包括 BMP、JPEG 以及 GIF 等，如果系统安装了 QuickTime 软件，还可以支持 Photoshop 软件中的 PSD 和 TIFF 等其他图形格式。

§ 7.1.1 导入位图图像

要导入位图图像，可以选择【文件】|【导入】|【导入到舞台】命令，打开【导入】对话框，如图 7-1 所示，选择所需导入的图形文件，单击【打开】按钮即可导入到当前的 Flash 文档中，如图 7-2 所示。

在使用【导入到舞台】命令导入图像时，如果导入文件的名称是以数字序号结尾的，并且在该文件夹中还包含有其他多个相同文件名的文件时，Flash 会打开一个信息提示框。提示用户打开的该文件可能是序列图像文件中的一部分，并询问是否导入该序列中的所有图像，如图 7-3 所示。如果单击【是】按钮，则导入所有的序列图像；如果单击【否】按钮，则只导入选定的图像文件。

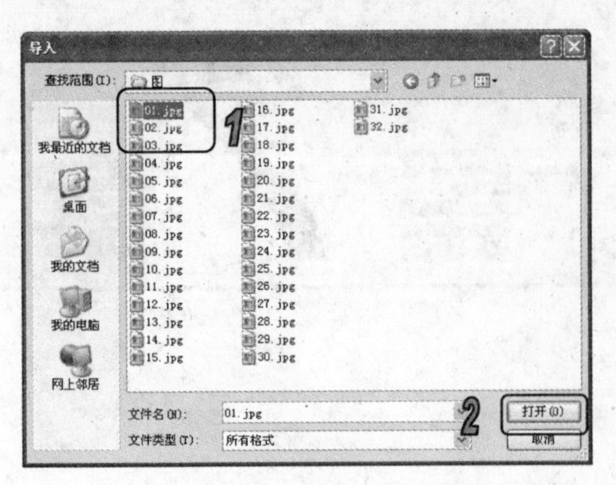

图 7-1 【导入】对话框

图 7-2 导入图像到文档中

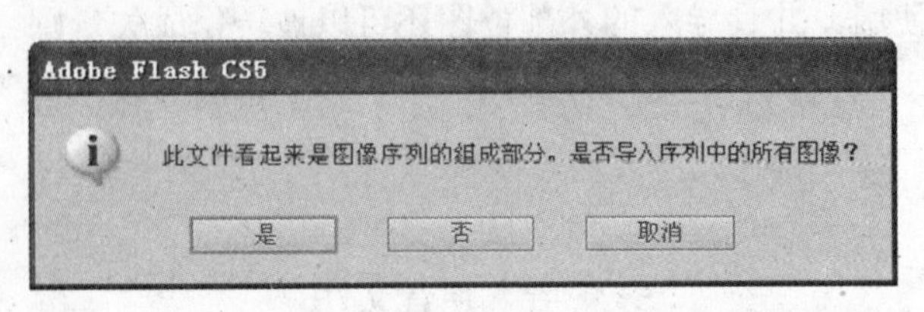

图 7-3 提示信息对话框

技巧

导入到 Flash 中的图形文件的大小不能小于 2×2 像素。

在 Flash CS5 中，除了可以导入位图图像到文档中直接使用，还可以先将需要的位图图像导入到该文档的【库】面板中，可以从【库】面板中将图像拖至文档中使用。选择【文件】|【导入】|【导入到库】命令，打开【导入到库】对话框，如图 7-4 所示。在该对话框中，选择要导入到【库】面板中的一个或多个图像，单击【打开】按钮，即可将选中的图像导入到【库】面板中。选择【窗口】|【库】命令，在打开的【库】面板中会显示导入的位图图像的缩略图，如图 7-5 所示。

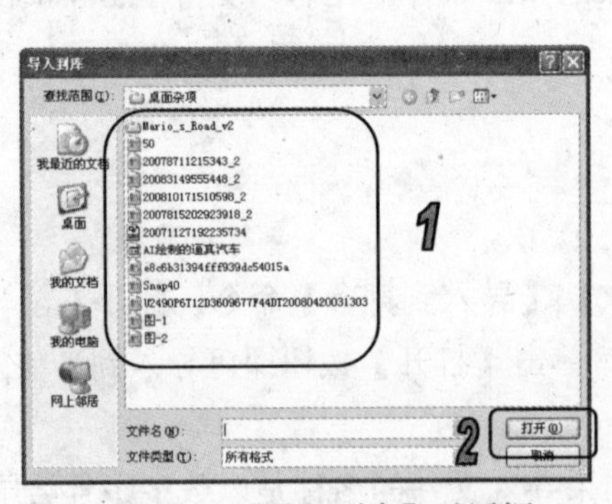

图 7-4 【导入到库】对话框

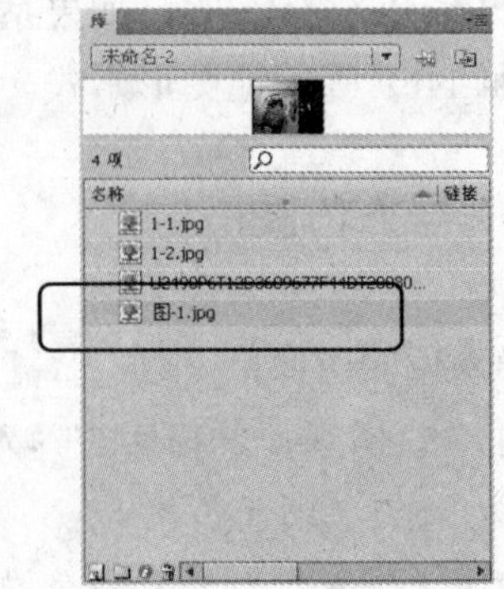

图 7-5 【库】面板

§ 7.1.2 编辑导入的位图图像

在导入了位图文件后，可以对位图文件进行各种编辑操作，如修改位图属性、将位图分离或者将位图转换为矢量图等。

1. 设置位图属性

对于导入的位图图像，可以应用消除锯齿功能来平滑图像的边缘，或选择压缩选项缩小位图文件的大小以及改变文件的格式等，使图像更适合在 Web 上显示。

要设置位图图像的属性，可在导入位图图像后，在【库】面板中位图图像的名称处右击，在弹出的快捷菜单中选择【属性】命令，打开【位图属性】对话框，如图 7-6 所示。用户可以在该对话框中设置以下选项功能。

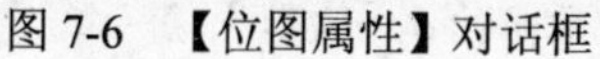
图 7-6　【位图属性】对话框

> **提示**
>
> 可以在【库】面部中选中位图图像，然后单击【属性】按钮，打开【位图属性】对话框。

在【位图属性】对话框中，主要参数选项的具体作用如下。

- 在【位图属性】对话框第一行的文本框中显示的是位图图像的名称，可以在该文本框中更改位图图像在 Flash 中显示的名称。
- 【允许平滑】：选中该复选框，可以使用消除锯齿功能平滑位图的边缘。
- 【压缩】：在该选项下拉列表中可以选择【照片(JPEG)】选项，可以以 JPEG 格式压缩图像，对于具有复杂颜色或色调变化的图像，如具有渐变填充的照片或图像，常使用【照片(JPEG)】压缩格式；选择【无损(PNG/GIF)】选项，可以使用无损压缩格式压缩图像，这样不会丢失该图像中的任何数据；具有简单形状和相对较少颜色的图像，则常使用【无损(PNG/GIF)】压缩格式。
- 【使用导入的 JPEG 数据】：取消选中该单选按钮，该复选框的下方将出现一个【品质】文本框，在该文本框中的数值用于调节压缩品质。可以在该文本框中输入 1~100 之间的任意值，值越大图像越完整，同时产生的文件也就越大。
- 【更新】按钮：单击该按钮，可以按照设置对位图图像进行更新。
- 【导入】按钮：单击该按钮，打开【导入位图】对话框，选择导入新的位图图像，以替换原有的位图图像。
- 【测试】按钮：单击该按钮，可以对设置效果进行测试，在【位图属性】对话框的下方将显示设置后图像的大小及压缩比例等信息，可以将原来的文件大小与压缩后的文件大小进行比较，从而确定选定的压缩设置是否可以接受。

2. 分离位图

分离位图可将位图图像中的像素点分散到离散的区域中，这样可以分别选取这些区域并进行编辑修改。在分离位图时可以先选中舞台中的位图图像，然后选择【修改】|【分离】命令，或者按下 Ctrl+B 组合键即可对位图图像进行分离操作。

在使用【箭头】工具选择分离后的位图图像时，该位图图像上将被均匀地蒙上了一层细小的白点，这表明该位图图像已完成了分离操作，此时可以使用工具箱中图形编辑工具对其进行修改。

3. 将位图转换为矢量图

对于导入的位图图像，还可以进行一些编辑修改操作，但这些编辑修改操作非常有限。若需要对导入的位图图像进行更多的编辑修改，可以将位图转换为矢量图形后再进行。

在 Flash CS5 中将位图转换为矢量图，选中要转换的位图图像，选择【修改】|【位图】|【转换位图为矢量图】命令，打开【转换位图为矢量图】对话框，如图 7-7 所示。该对话框中各选项功能如下。

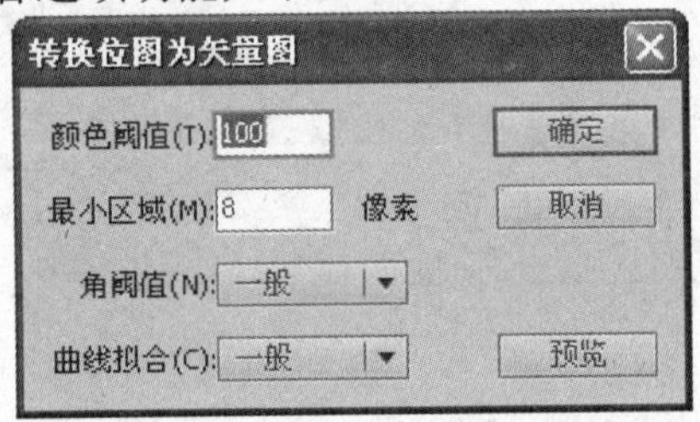

图 7-7 【转换位图为矢量图】对话框

> **提示**
>
> 值得注意的是，如果对位图进行了较高精细度的转换，则生成的矢量图形可能会比原来的位图大很多。

- 【颜色阈值】：可以在文本框中输入 1~500 之间的值。当两个像素进行比较时，如果它们在 RGB 颜色值上的差异低于该颜色阈值，则这两个像素就被认为是相同颜色；反之，则认为这两个像素的颜色不同。由此可见，当该阈值越大时转换后的颜色信息也就丢失得越多，但是转换的速度会比较快。
- 【最小区域】：可以在文本框中输入 1~1000 之间的值，用于设置在指定像素颜色时要考虑的周围像素的数量。该文本框中的值越小转换的精度就越高，但相应的转换速度会较慢。
- 【曲线拟合】：可以选择用于确定绘制轮廓的平滑程度，可以在下拉列表中包括【像素】、【非常紧密】、【紧密】、【正常】、【平滑】及【非常平滑】6 个选项。
- 【角阈值】：可以选择是保留锐边还是进行平滑处理，可以在下拉列表中选择【较多转角】选项，可使转换后的矢量图中的尖角保留较多的边缘细节；选择【较少转角】选项，则转换后矢量图中的尖角边缘细节会较少。

【例 7-1】 新建一个文档，导入位图图像，将位图转换为矢量图，对矢量图进行适当的编辑操作。

(1) 新建一个文档文档，选择【文件】|【导入】|【导入到舞台】命令，打开【导入】对话框，导入【饮料.jpg】位图图像，单击【打开】按钮，导入到设计区中，如图 7-8 所示。

(2) 选中导入的位图图像，选择【修改】|【位图】|【转换位图为矢量图】命令，打开【转

换位图为矢量图】对话框，设置如图 7-9 所示。对于一般的位图图像而言，设置【颜色阈值】为 10~20，可以保证图像不会明显失真。

(3) 选择【滴管】工具，将光标移至图像上饮料下方的色块上，单击左键吸取图像颜色，然后使用【刷子】工具将文字部分擦除，如图 7-10 所示。

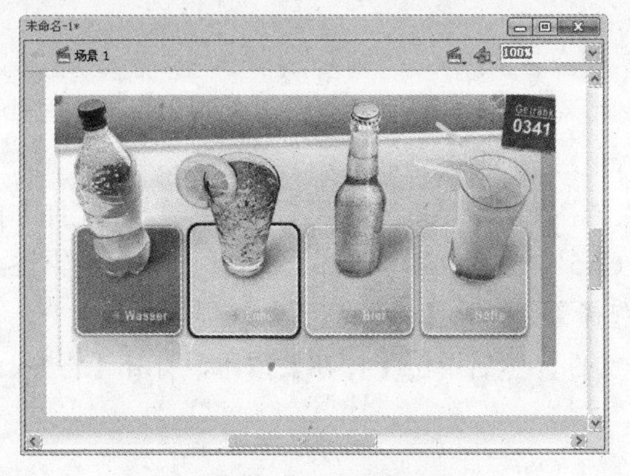

图 7-8　导入位图图像

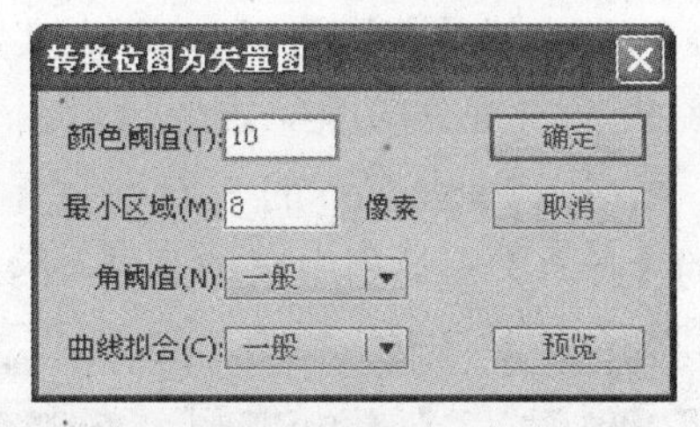

图 7-9　设置转换位图为矢量图参数

(4) 选择【文本】工具，在【属性】面板中设置静态传统文本，然后设置文本颜色为白色，字体为新宋体，如图 7-11 所示。

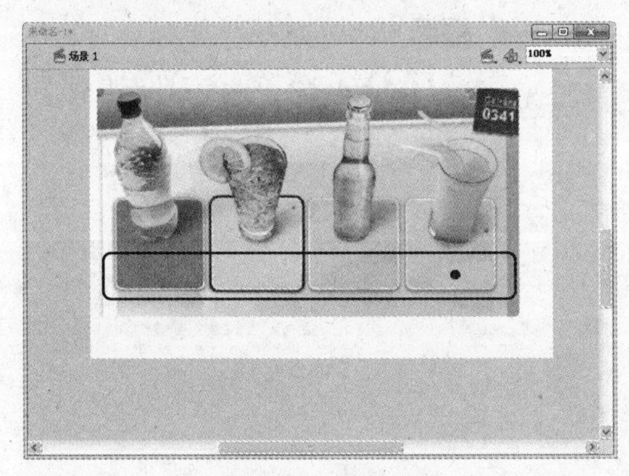

图 7-10　擦除文字

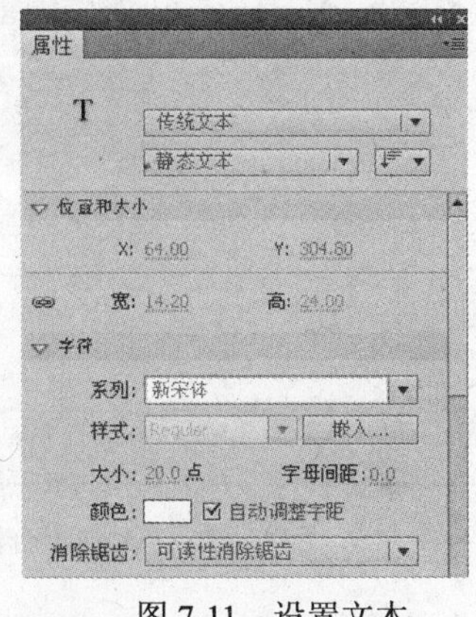

图 7-11　设置文本

(5) 在第一个饮料的下方创建一个文本框并输入文字【矿泉水】。

(6) 参照步骤(4)和步骤(5)，在其他饮料的下方分别创建文本框并输入相应的名称为【柠檬汁】、【啤酒】和【橙汁】，如图 7-12 所示。

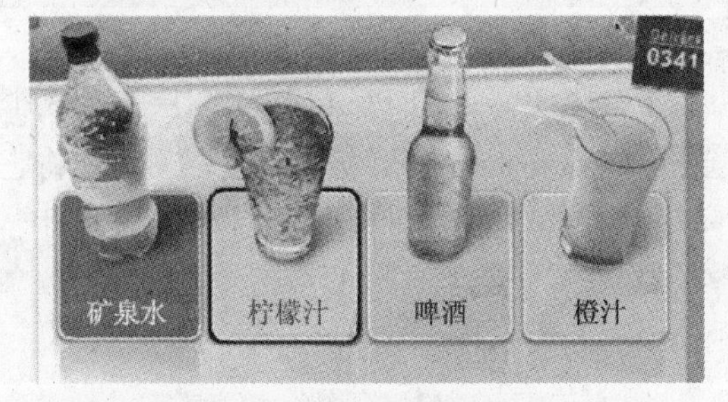

图 7-12　分别创建文本框

提示

如果不先将位图文件转换为矢量图，那么使用【滴管】工具无法吸取到局部颜色。

(7) 保存文件为【转换位图为矢量图】。

新世纪高职高专规划教材

7.2 导入其他格式的图像文件

在 Flash CS5 中，还可以导入 PSD、AI 等格式的图像文件，导入这些格式图像文件可以保证图像的质量和保留图像的可编辑性。

§ 7.2.1 导入 PSD 文件

PSD 格式是默认的 Photoshop 文件格式。在 Flash CS5 中可以直接导入 PSD 文件并保留许多 Photoshop 的功能，而且可以在 Flash CS5 中保持 PSD 文件的图像质量和可编辑性。

要导入 Photoshop 的 PSD 文件，可以选择【文件】|【导入】|【导入到舞台】命令，在打开的【导入】对话框中选择要导入的 PSD 文件，然后单击【打开】按钮，打开【将*.psd 导入到舞台】对话框，如图 7-13 所示。

图 7-13 【将*.psd 导入到舞台】对话框

提示

在【将*.psd 导入到舞台】对话框中，选中不同的图层，可以设置各图层的导入选项。

在【将*.psd 导入到舞台】对话框中的【将图层转换为】下拉列表框，可以选择将 PSD 文件的图层转换为 Flash 文件中的图层或关键帧选项，这两个选项具体的作用如下。

- 【Flash 图层】：选择该选项后，在【检查要导入的 Photoshop 图层】列表框中选中的图层导入 Flash CS5 后将会放置在各自的图层上，并且具有与原来 Photoshop 图层相同的图层名称。
- 【关键帧】选项：选择该选项后，在【检查要导入的 Photoshop 图层】列表框中选中的图层，在导入 Flash CS5 后将会按照 Photoshop 图层从下到上的顺序，将它们分别放置在一个新图层的从第 1 帧开始的各关键帧中，并且以 PSD 文件的文件名来命名该新图层。

在【将*.psd 导入到库】对话框中其他主要参数选项的具体作用如下。

- 【将图层置于原始位置】复选框：选中该复选框，导入的 PSD 文件内容将保持在 Photoshop 中的准确位置。例如，如果某对象在 Photoshop 中位于 X=100、Y=50 的位置，那么在 Flash 舞台上将具有相同的坐标。如果没有选中该选项，那么导入的 Photoshop 图层将位于舞台的中间位置。PSD 文件中的项目在导入时将保持彼此的相对位置；所有对象在当前视图中将作为一个块位于中间位置。该功能适用于放大舞台的某一区域，并为舞台的该区域导入特定对象。如果此时使用原始坐标导入对象，可能由于被置于当前舞台视图之外而无法看到导入的对象。
- 【将舞台大小设置为与 Photoshop 画布大小相同】复选框：选中该复选框，导入 PSD 文件时，文档的大小会调整为与创建 PSD 文件所用的 Photoshop 文档相同的大小。

§ 7.2.2　导入 AI 文件

AI 文件是 Illustrator 软件的默认保存格式，由于该格式不需要针对打印机，所以精简了很多不必要的打印定义代码语言，从而使文件的体积减小很多。

要导入 AI 文件，可以选择【文件】|【导入】|【导入到舞台】命令，在打开的【导入】对话框中选中要导入的 AI 文件，然后单击【确定】按钮，打开【将*.ai 导入到舞台】对话框，如图 7-14 所示。

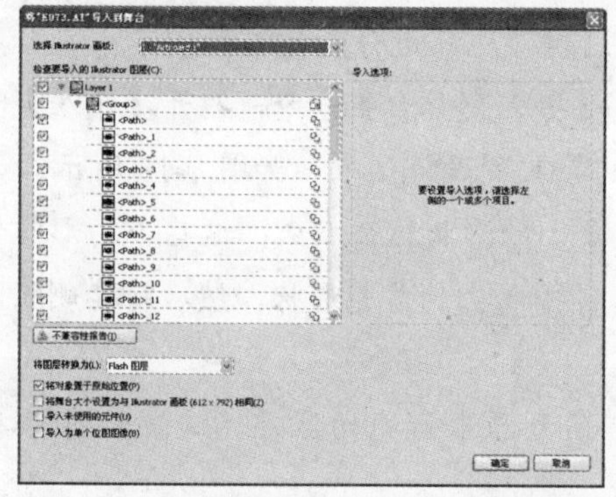

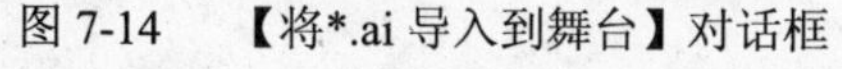
图 7-14　【将*.ai 导入到舞台】对话框

提示

如果选择了【文件】|【导入】|【导入到库】命令，那么【将图层置于原始位置】复选框和【将舞台大小设置为与 Illustrator 画布大小相同】复选框将不可用。

在【将*.ai 导入到舞台】对话框的【将图层转换为】下拉列表框中，可以选择将 AI 文件的图层转换为 Flash 图层、关键帧或单一 Flash 图层。

【将图层转换为】下拉列表框各选项的具体作用如下。

- 【Flash 图层】选项：选择该选项后，在【检查要导入的 Illustrator 图层】列表框中选中的图层，在导入 Flash CS5 后将会放置在各自的图层上，并且具有与原来 Illustrator 图层相同的图层名称。
- 【关键帧】选项：选择该选项后，在【检查要导入的 Illustrator 图层】列表框中选中的图层，在导入 Flash CS5 后将会按照 Illustrator 图层从下到上的顺序，依次放置在一个新图层的从第 1 帧开始的各关键帧中，并且以 AI 文件的文件名来命名该新图层。

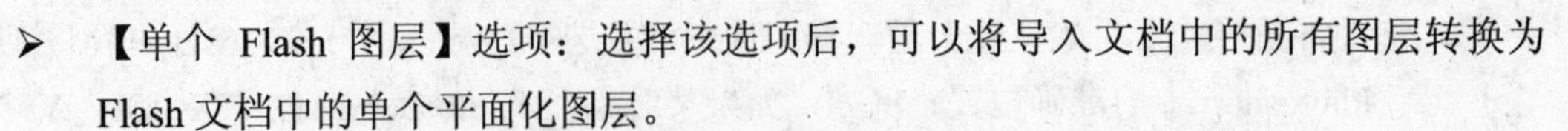

➢ 【单个 Flash 图层】选项：选择该选项后，可以将导入文档中的所有图层转换为 Flash 文档中的单个平面化图层。

在【将*.ai 导入到舞台】对话框中，其他主要参数选项的具体作用如下。

➢ 【将对象置于原始位置】：选中该复选框，导入 AI 图像文件的内容将保持在 Illustrator 中的准确位置。

➢ 【将舞台大小设置为与 Illustrator 画板大小相同】：选中该复选框，导入 AI 图像文件，设计区的大小将调整为与 AI 文件的画板(或活动裁剪区域)相同的大小。默认情况下，该选项是未选中状态。

➢ 【导入未使用的元件】：选中该复选框，在 Illustrator 画板上没有实例的所有 AI 图像文件的库元件都将导入到 Flash 库中。如果没有选中该复选框，那么没有使用的元件就不会被导入到 Flash 中。

➢ 【导入为单个位图图像】：选中该复选框，可以将 AI 图像文件整个导入为单个的位图图像，并禁用【将*.ai 导入到舞台】对话框中的图层列表和导入选项。

除了 PSD 文件和 AI 文件以外，Flash CS5 还支持很多其他格式的图像文件，如 TIF、WMF 以及 EMF 等格式都可以导入到 Flash CS5 中，并保持其可编辑性，下面通过一个实例予以说明。

【例 7-2】 新建一个文档，导入 WMF 图像，然后直接对其进行图像编辑。

(1) 新建一个文档文档，选择【文件】|【导入】|【导入到舞台】命令，打开【导入】对话框，导入【帽子.wmf】图像，单击【打开】按钮，导入到设计区中，如图 7-15 所示。

(2) 此时，图像显示了很多边框，说明它是由许多小的形状组合而成，这些小的形状都可以被分别编辑。在工具箱中选择【选择】工具，选择帽子上的月亮形状，然后将其删除，如图 7-16 所示。

(3) 继续选择帽子上方的星星形状，然后复制一份到原来月亮的位置，效果如图 7-17 所示。

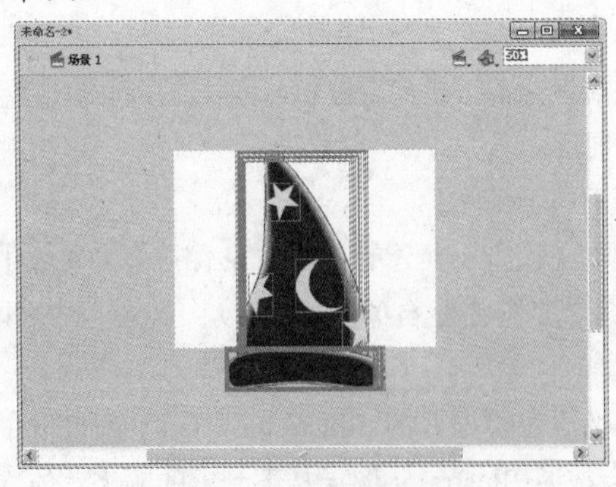

图 7-15　导入图像到舞台

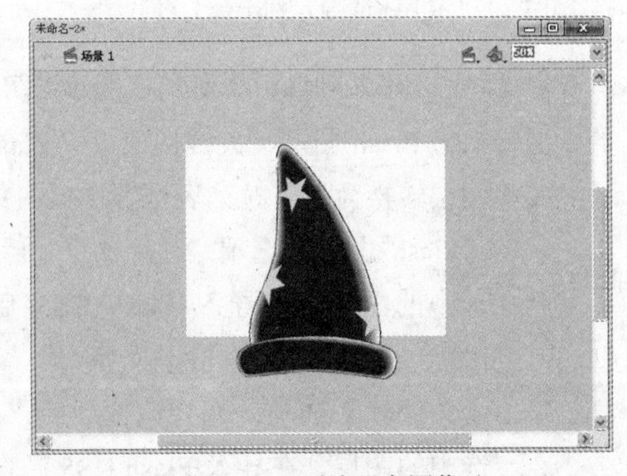

图 7-16　删除月亮图像

(4) 在工具箱中选择【任意变形】工具，调整帽子中央星星形状的大小和位置，如图 7-18 所示。

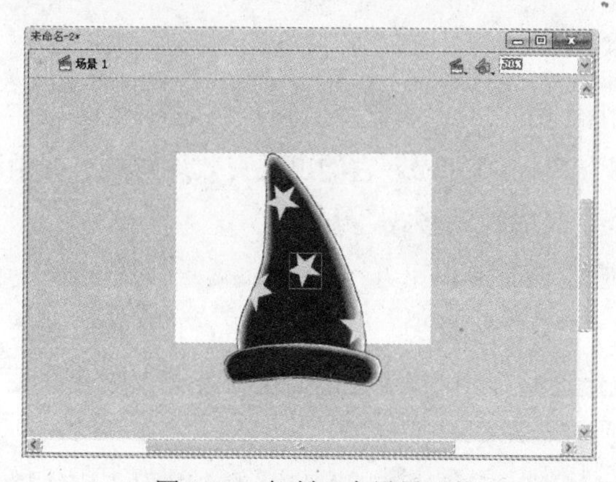

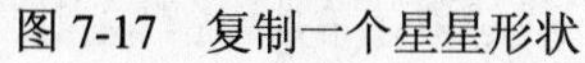

图 7-17　复制一个星星形状

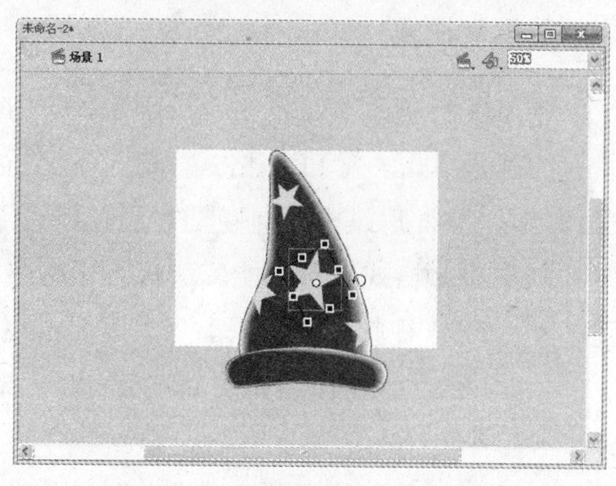

图 7-18　调整形状的大小和位置

(5) 将文档保存为【导入 WMF 图像】。

7.3 导入影音文件

媒体是指传播信息的介质，通俗地说就是宣传的载体或平台，能为信息的传播提供平台的就可以称之为媒体。在 Flash CS5 中的媒体文件主要包括视频文件和声音文件，下面将介绍导入这两种文件的操作方法。

§ 7.3.1　导入视频文件

在 Flash CS5 中，可以将视频剪辑导入到 Flash 文档中。根据视频格式和所选导入方法的不同，可以将具有视频的影片发布为 Flash 影片(SWF 文件)或 QuickTime 影片(MOV 文件)。在导入视频剪辑时，可以将其设置为嵌入文件或链接文件。

1. Flash 中的视频格式

对于 Windows 平台而言，如果系统中安装了 QuickTime 6 或 DirectX 8(或更高版本)，就可以将包括 MOV、AVI 和 MPG/MPEG 等多种文件格式的视频剪辑导入到 Flash CS5 中。

在 Flash CS5 中可以导入的视频文件格式如表 7-1 所示。如果导入的视频文件格式为 Flash 不支持的文件格式，那么 Flash 会打开系统提示信息对话框，提示用户无法完成该操作。

表 7-1　Flash CS5 中可以导入的视频文件格式

文 件 类 型	扩 展 名	Windows 系统
音频视频交叉	.avi	√
数字视频	.dv	√
运动图像专家组	.mpg、.mpeg	√
Windows 媒体文件	.wmv、.asf	√

2. FLV 视频

Flash CS5 拥有 Video Encoder 视频编码应用程序，它可以将支持的视频格式转换为 Flash 特有的视频格式，即 FLV 格式。FLV 格式全称为 Flash Video，它的出现有效地解决了视频文件导入 Flash 后过大的问题，它已经成为现今主流的视频格式之一。

FLV 视频格式之所以能广泛流行于网络，它主要具有以下几个特点。

- FLV 视频文件体积小巧，需要占用的 CPU 资源较低。一般情况下，1 分钟清晰的 FLV 视频的大小在 1MB 左右，一部电影通常在 100MB 左右，仅为普通视频文件大小的 1/3。
- FLV 是一种流媒体格式文件，用户可以使用边下载边观看的模式，尤其对于网络连接速度较快的用户，在线观看几乎不需要等待的时间。
- FLV 视频文件利用了网页上广泛使用的 Flash Player 平台，这意味着网站的访问者只要能观看 Flash 动画，就可以观看 FLV 格式视频，用户无需通过本地播放器播放视频。
- FLV 视频文件可以很方便的导入到 Flash 中进行再编辑，包括对其进行品质设置、裁剪视频大小、音频编码设置等操作，从而使其更符合用户的需要。

3. 导入视频

导入视频文件时，该视频文件将成为影片的一部分，而导入的视频文件将会被转换为 FLV 格式以供 Flash 播放。

如果要将视频文件直接导入到 Flash 文档的舞台中，可以选择【文件】|【导入】|【导入视频】命令，打开【导入视频-选择视频】对话框，如图 7-19 所示。单击【浏览】按钮，打开【打开】对话框，选择要导入的视频文件，单击【打开】按钮。单击【下一步】按钮，打开【导入视频-外观】对话框，如图 7-20 所示。

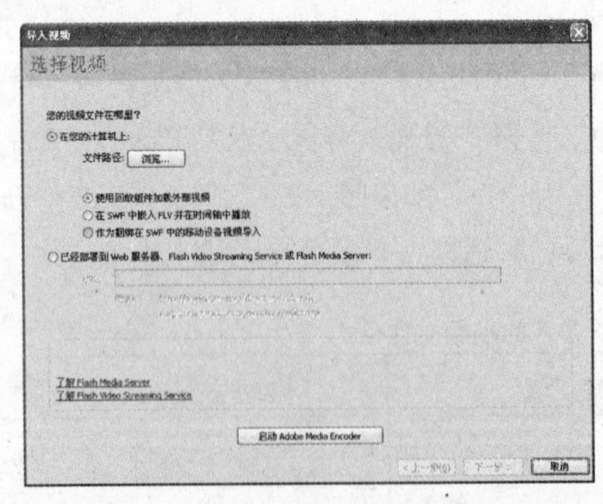

图 7-19 【导入视频-选择视频】对话框

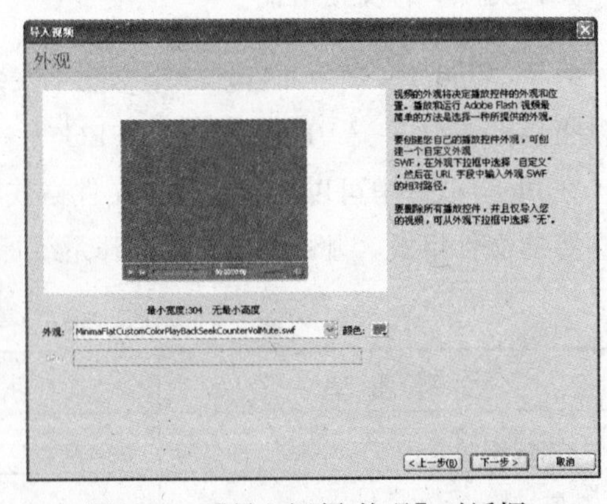

图 7-20 【导入视频-外观】对话框

在【导入视频-外观】对话框中，可以在【外观】下拉列表中选择播放条样式，单击【颜色】按钮，可以选择播放条样式颜色，然后单击【下一步】按钮，打开【导入视频-完成视频导入】对话框，如图 7-21 所示。在该对话框中显示了导入视频的一些信息，单击【完成】按钮，即可将视频文件导入到设计区中，如图 7-22 所示。

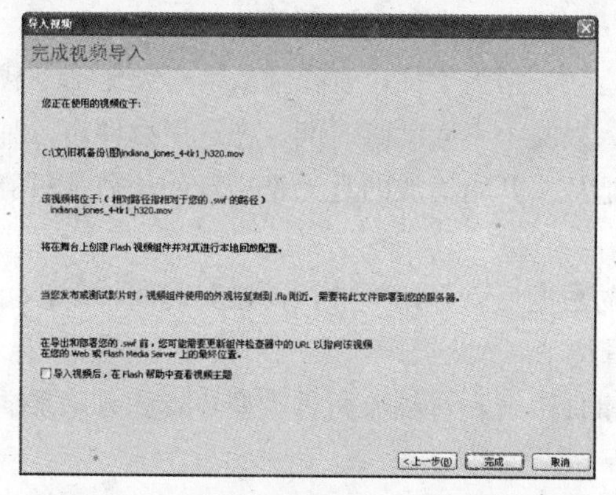

图 7-21　【导入视频-完成视频导入】对话框

图 7-22　导入视频

§ 7.3.2　编辑导入的视频文件

在 Flash 文档中选择嵌入的视频剪辑后，可以进行一些编辑操作。选中导入的视频文件，打开【属性】面板，如图 7-23 所示。

在【属性】面板中的【实例名称】文本框中，可以为该视频剪辑指定一个实例名称；在【宽】、【高】、X 和 Y 文本框中可以设置影片剪辑在舞台中的位置及大小。打开【组件参数】选项组，可以设置视频组件播放器的相关参数，如图 7-24 所示。

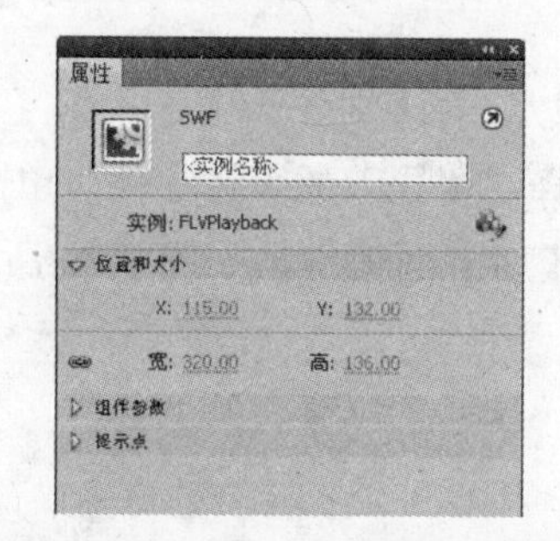

图 7-23　视频文件【属性】面板

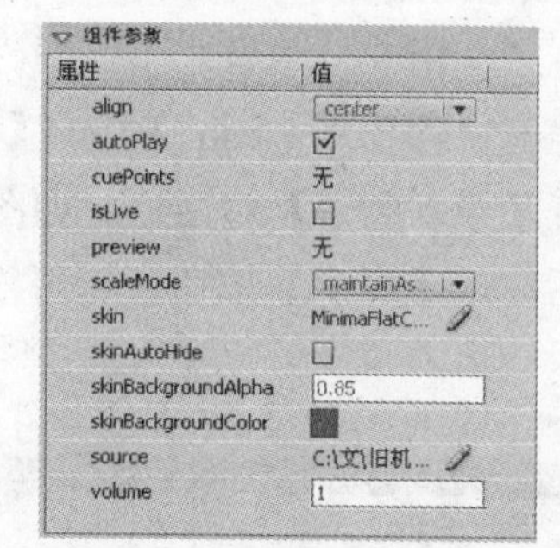

图 7-24　【组件参数】选项组

§ 7.3.3　导入声音文件

Flash 在导入声音时，可以为按钮添加音效，也可以将声音导入到时间轴上，作为整个动画的背景音乐。在 Flash CS5 中，可以将外部的声音文件导入到动画中，也可以使用共享库中的声音文件。

1. 声音类型

在 Flash 动画中插入声音文件，首先需要决定插入声音的类型。Flash CS5 中的声音分为事件声音和音频流两种。

- 事件声音：事件声音必须在动画全部下载完后才可以播放，如果没有明确的停止命令，它将连续播放。在 Flash 动画中，事件声音常用于设置单击按钮时的音效，或者用来表现动画中某些短暂动画时的音效。因为事件声音在播放前必须全部下载才能播放，因此此类声音文件不能过大，以减少下载动画时间。在运用事件声音时要注意，无论什么情况下，事件声音都是从头开始播放的且无论声音的长短都只能插入到一个帧中。
- 音频流：音频流在前几帧下载了足够的数据后就开始播放，通过和时间轴同步可以使其更好地在网站上播放，可以边观看边下载。此类声音多应用于动画的背景音乐。

在实际制作动画过程中，绝大多数是结合事件声音和音频流两种类型声音的方法来插入音频的。

2. 导入声音

在 Flash CS5 中，可以导入 WAV、MP3 等文件格式的声音文件，但不能直接导入 MIDI 文件。如果系统上已经安装了 QuickTime4 或更高版本的播放器，还可以导入 AIFF、Sun AU 等格式的声音文件。导入文档的声音文件一般会保存在【库】面板中，因此与元件一样，只需要创建声音文件的实例就可以以各种方式在动画中使用该声音。

声音在存储和使用时需要使用大量的磁盘空间和内存，最好使用 16 位 22kHz 单声(立体声的数据量是单声的两倍)，因为 Flash 只能导入采样比率为 11kHz，22kHz 或 44kHz 的 8 位和 16 位声音。当将声音导入到 Flash 时，如果声音的记录格式不是 11kHz 的倍数，会重新进行采样。如果要向 Flash 中添加声音效果，最好导入 16 位声音。如果内存有限，可以使用剪辑短的声音或使用 8 位声音。

要将声音文件导入 Flash 文档的【库】面板中，可以选择【文件】|【导入】|【导入到库】命令，打开【导入到库】对话框，如图 7-25 所示。选择需要导入的声音文件，单击【打开】按钮，然后单击【确定】按钮，即可添加声音文件至【库】面板中，如图 7-26 所示。

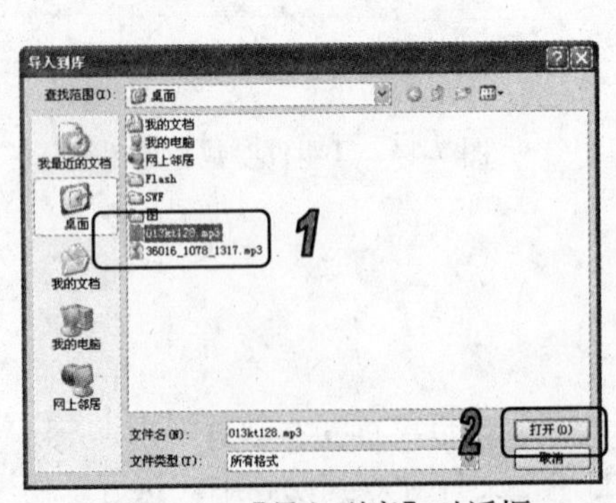

图 7-25 【导入到库】对话框

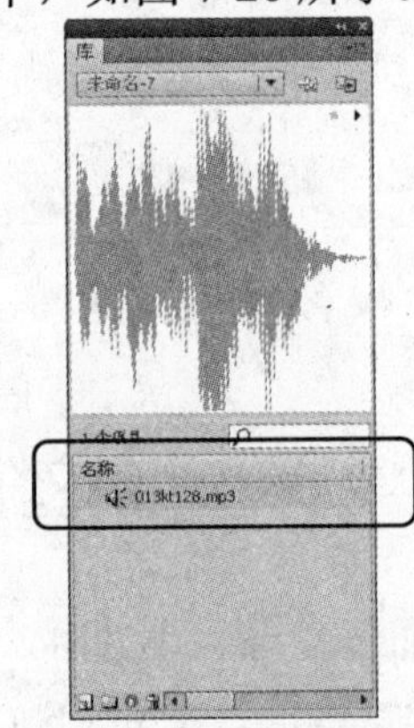

图 7-26 添加声音文件至【库】面板

3. 添加文档声音

导入声音文件后，可以将声音文件添加到文档中。

要在文档中添加声音，从【库】面板中拖动声音文件到设计区中，即可将其添加至当前文档中。选择【窗口】|【时间轴】命令，打开【时间轴】面板，在该面板中显示了声音文件的波形，如图 7-27 所示。

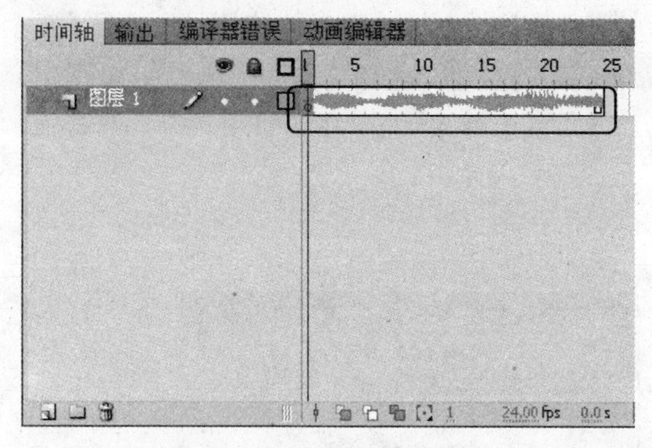

图 7-27　【时间轴】面板

技巧

有关【时间轴】面板的内容会在之后章节中介绍。此外，可以把多个声音放在同一图层上，或放在包含其他对象的图层上。但尽量将每个声音放在独立的图层上，这样每个图层可以作为一个独立的声音通道。当回放 swf 文件时，所有图层上的声音就可以混合在一起。

要测试添加到文档中的声音，可以使用与预览帧或测试 SWF 文件相同的方法，在包含声音的帧上面拖动播放头，或使用面板或【控制】菜单中的命令。

选择时间轴中包含声音波形的帧，打开【属性】面板，如图 7-28 所示。

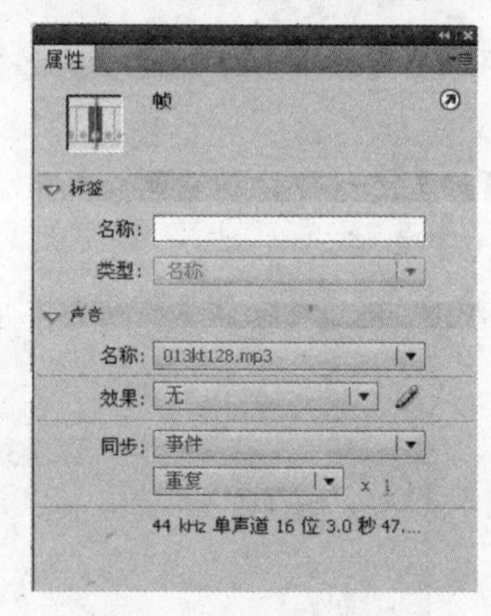

图 7-28　帧【属性】面板

提示

帧是 Flash 中最为关键的元素之一，有关帧的内容会在之后章节中介绍。

在帧【属性】面板中，主要参数选项的具体作用如下。

- 【名称】：选择导入的一个或多个声音文件名称。
- 【效果】：设置声音的播放效果。
- 【同步】：设置声音的同步方式。
- 【重复】：单击该按钮，在其下拉列表中可以选择【重复】和【循环】两个选项，选择【重复】选项，可以在右侧的【循环次数】文本框中输入声音外部循环播放次数；选择【循环】选项，声音文件将循环播放。

【练习 7-3】打开一个文档，导入声音文件到【库】面板中并添加到舞台中，设置为循环播放 3 次，播放效果为淡入。

(1) 打开一个 Flash 文档，将素材库里【乐器】文件夹中的所有位图文件和音频文件导入到【库】面板中，如图 7-29 所示。

(2) 将【吉他】图像从【库】面板中拖动至舞台，按下 F8 键，将其转换为【按钮】元件，双击该元件进入元件编辑模式，分别在其【指针】和【按下】帧上插入关键帧，然后将【库】面板中的【吉他.mp3】音频文件拖动到舞台中，此时，时间轴上会显示波形，如图 7-30 所示。

(3) 单击【场景 1】按钮，返回场景，然后将【小鼓】图像从【库】面板中拖动至舞台上，如图 7-31 所示。

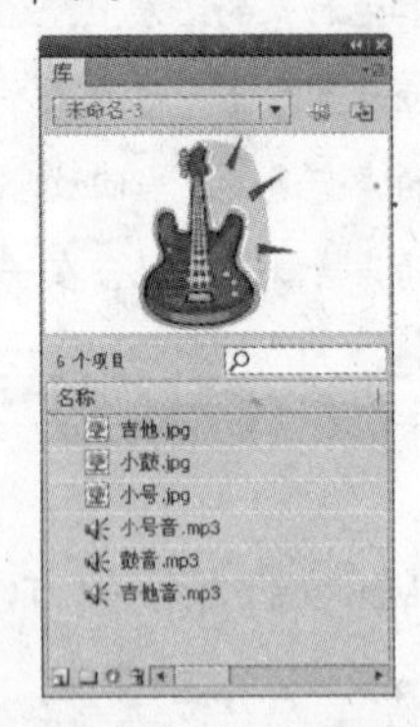

图 7-29　导入素材到库

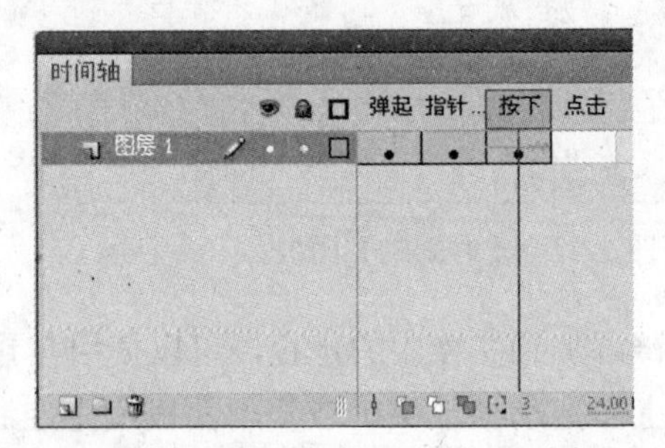

图 7-30　添加声音到【按下】帧

(4) 参考步骤(2)，将该图像转化为按钮元件，再在其【按下】帧上插入【鼓音.mp3】音频文件。

(5) 参考之前的操作，继续将【小号】图像从【库】面板中拖动至舞台，然后将其转换为按钮元件，再在其【按下】帧上插入【小号音.mp3】音频文件。

(6) 完成后将文件保存文件名为【乐器】，然后按下 Ctrl+Enter 组合键进行测试，按下不同的乐器，可以听到不同的声音，如图 7-32 所示。

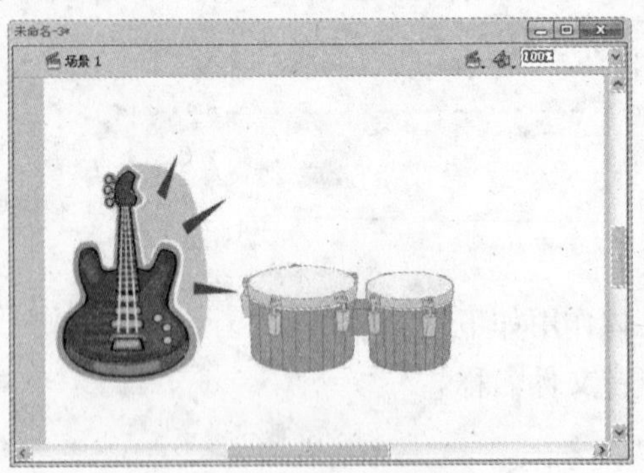

图 7-31　导入图像到舞台

图 7-32　测试动画效果

§ 7.3.4　编辑导入的声音文件

在 Flash CS5 中，可以执行改变声音开始播放、停止播放的位置和控制播放的音量等编辑操作。

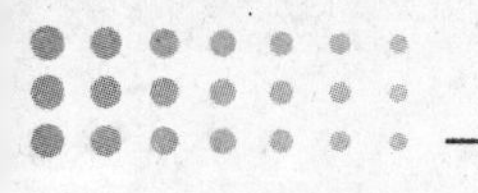

1. 编辑封套

选择一个包含声音文件的帧，打开【属性】面板，单击【编辑声音封套】按钮，打开【编辑封套】对话框，如图 7-33 所示。该对话框的上下两个显示框分别代表左声道和右声道。

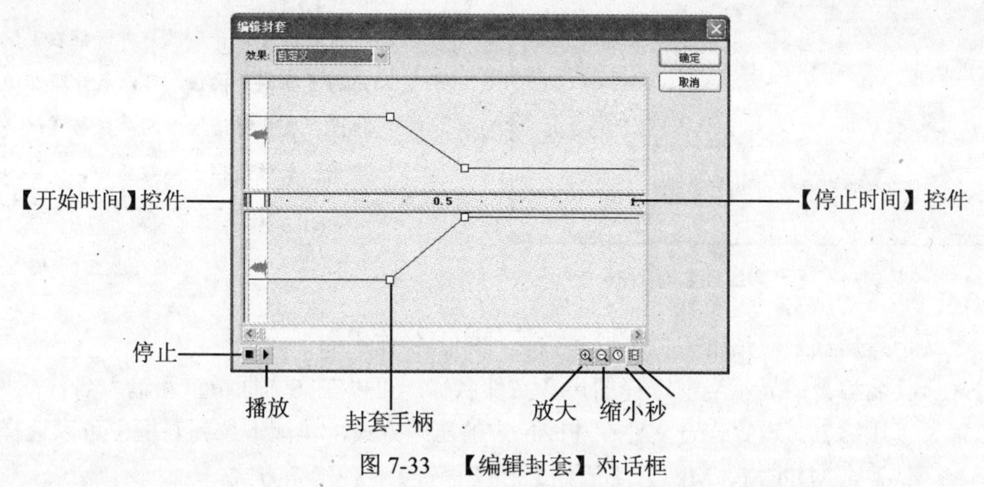

图 7-33　【编辑封套】对话框

在【编辑封套】对话框中，主要参数选项的具体作用如下。

- 【效果】：设置声音的播放效果，在该下拉列表框中可以选择【无】、【左声道】、【右声道】、【从左到右淡出】、【从右到左淡出】、【淡入】、【淡出】和【自定义】8 个选项。选择任意效果，即可在下面的显示框中显示该声音效果的封套线。
- 封套手柄：在显示框中拖动封套手柄，可以改变声音不同点处的播放音量。在封套线上单击，即可创建新的封套手柄。最多可创建 8 个封套手柄。选中任意封套手柄，拖动至对话框外面，即可删除该封套手柄。
- 【放大】和【缩小】：改变窗口中声音波形的显示。单击【放大】按钮，可以以水平方向放大显示窗口的声音波形，一般用于进行细致查看声音波形；单击【缩小】按钮，以水平方向缩小显示窗口的声音波形，一般用于查看波形较长的声音文件。
- 【秒】和【帧】：设置声音是以秒为单位显示或以帧为单位显示。单击【秒】按钮，以显示窗口中的水平轴为时间轴，刻度以秒为单位，是 Flash CS5 默认的显示状态。单击【帧】按钮，以窗口中的水平轴为时间轴，刻度以帧为单位。
- 【播放】：单击【播放】按钮，可以测试编辑后的声音效果。
- 【停止】：单击【停止】按钮，可以停止声音的播放。
- 【开始时间】和【停止时间】：改变声音的起始点和结束点位置。

2. 设置声音文件属性

可以对添加的声音文件设置属性。导入声音文件到【库】面板中，右击声音文件，在弹出的快捷菜单中选择【属性】命令，打开【声音属性】对话框，如图 7-34 所示。

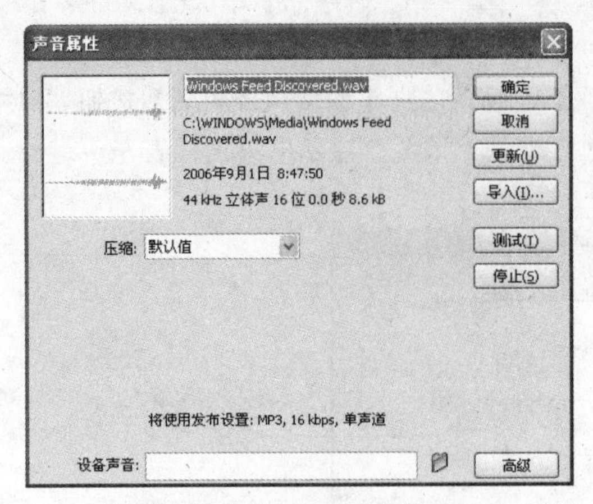

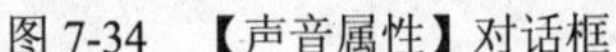
图 7-34 【声音属性】对话框

提示

单击【声音属性】对话框右下角的【高级】按钮，可以展开对话框，在展开对话框中的参数与【链接属性】对话框中参数相同。

在【声音属性】对话框中，主要参数选项的具体作用如下。

- 【名称】：显示当前选择的声音文件名称。可以在文本框中重新输入名称。
- 【压缩】：设置声音文件在 Flash 中的压缩方式，在该下拉列表框中可以选择【默认】、ADPCM、MP3、【原始】和【语音】5 种压缩方式。
- 【更新】：单击该按钮，可以更新设置好的声音文件属性。
- 【导入】：单击该按钮，可以导入新的声音文件并替换原有的声音文件。但在【名称】文本框显示的仍是原有声音文件的名称。
- 【测试】：单击该按钮，按照当前设置的声音属性测试声音文件。
- 【停止】：单击该按钮，停止正在播放的声音。

§ 7.3.5 压缩和导出声音文件

在前面内容中已经介绍了动画声音效果的好坏、文件容量的大小等都与声音的采样频率及压缩率有关。声音文件的压缩比例越高、采样频率越低，生成的 Flash 文件越小，但音质较差；反之，压缩比例较低，采样频率越高时，生成的 Flash 文件越大，音质较好。但在 Flash CS5 中，不能设置声音文件的采样频率高于导入时的采样频率。

右击【库】面板中的声音文件，在弹出的快捷菜单中选择【属性】命令，打开【声音属性】对话框，在【压缩】下拉列表框中可以选择 ADPCM、MP3、【原始】和【语音】4 种压缩声音方式。

1. 使用 ADPCM 压缩方式

ADPCM 压缩方式用于 8 位或 16 位声音数据压缩声音文件，一般用于导出短时间声音，例如单击按钮事件。打开【声音属性】对话框，在【压缩】下拉列表框中选择 ADPCM 选项，打开该选项对话框，如图 7-35 所示。在该对话框中，主要参数选项具体作用如下。

- 【预处理】：选中【将立体声转换为单声道】复选框，可以转换混合立体声为单声(非立体声)，并且不会影响单声道声音。
- 【采样率】：控制声音的保真度及文件大小，设置的采样比率较低，可以减小文件大小，但同时会降低声音的品质。对于语音，5kHz 是最低的可接受标准；对于音乐短片断，11kHz 是最低的建议声音品质；标准 CD 音频的采样率为 44kHz；Web 回放的采样率常用 22kHz。

➢ 【ADPCM 位】：设置在 ADPCM 编码中使用的位数，压缩比越高，声音文件越小，音效也越差。

2. 使用 MP3 压缩方式

使用 MP3 压缩方式，能够以 MP3 压缩格式导出声音。一般用于导出一段较长的音频流(如一段完整的乐曲)。打开【声音属性】对话框中，在【压缩】下拉列表框中选择 MP3 选项，打开该选项对话框，如图 7-36 所示，主要参数选项具体作用如下。

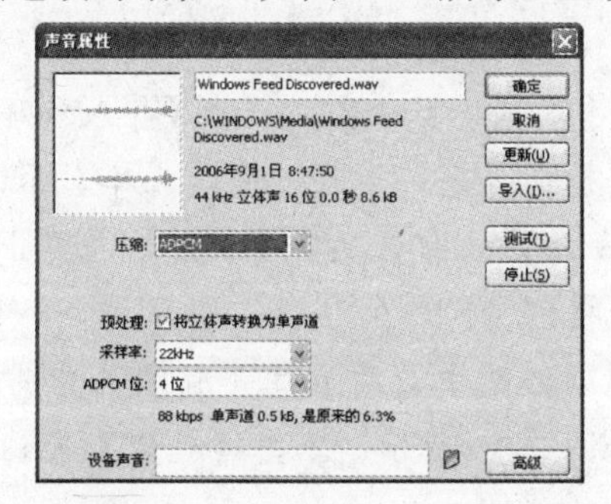

图 7-35　ADPCM 压缩方式对话框

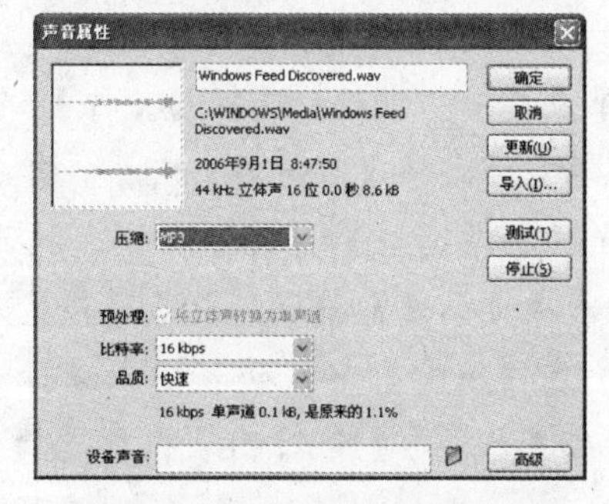

图 7-36　MP3 压缩方式对话框

➢ 【预处理】：选中【将立体声转换为单声道】复选框，可以转换混合立体声为单声(非立体声)。

➢ 【比特率】：决定由 MP3 编码器生成声音的最大比特率，从而可以设置导出声音文件中每秒播放的位数。Flash CS5 支持 8Kb/s 到 160Kb/s CBR(恒定比特率)，设置比特率为 16Kb/s 或更高数值，可以获得较好的声音效果。

➢ 【品质】：设置压缩速度和声音的品质。在下拉列表框中选择【快速】选项，压缩速度较快，声音品质较低；选择【中】选项，压缩速度较慢，声音品质较高；选择【最佳】选项，压缩速度最慢，声音品质最高。一般情况下，在本地磁盘或 CD 上运行，选择【中】或【最佳】选项。

3. 使用【原始】压缩方式

使用【原始】压缩方式，在导出声音时不进行任何压缩。打开【声音属性】对话框，在【压缩】下拉列表框中选择【原始】选项，打开该选项对话框，如图 7-37 所示。在该对话框中，主要可以设置声音文件的【预处理】和【采样率】。

4. 使用【语音】压缩方式

使用【语音】压缩方式，能够以适合于语音的压缩方式导出声音。打开【声音属性】对话框中，在【压缩】下拉列表框种选择【语音】选项，打开该选项的对话框，如图 7-38 所示，可以设置声音文件的【预处理】和【采样率】。

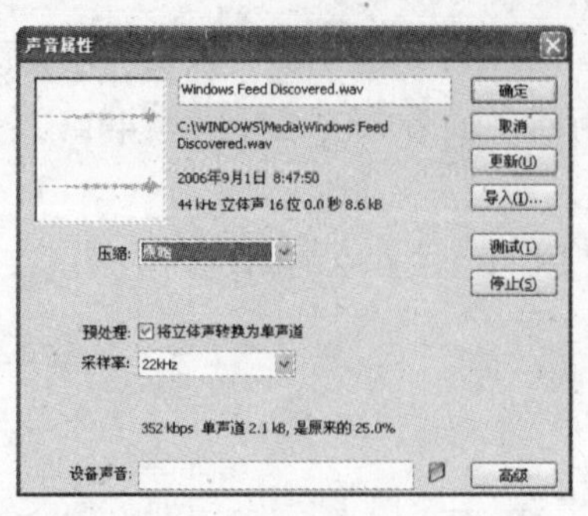

图 7-37　【原始】压缩方式对话框

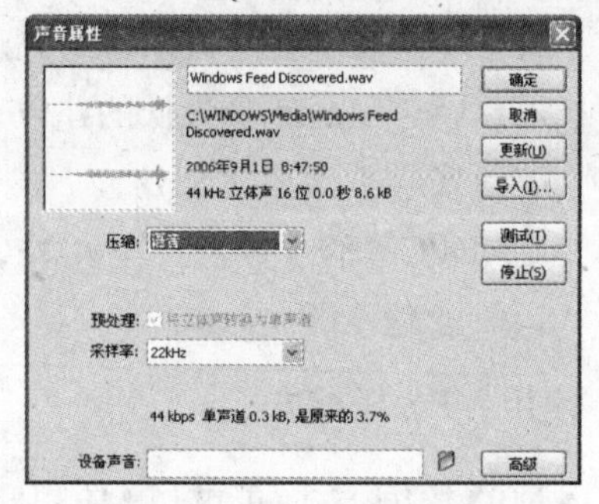

图 7-38　【语音】压缩方式对话框

【练习 7-4】新建一个文档，导入一个声音文件到【库】面板中，使用原始压缩方式压缩声音。

(1) 新建一个文档。选择【文件】|【导入】|【导入到库】命令，打开【导入到库】对话框，选择声音文件【红河谷.mp3】，单击【打开】按钮，导入声音文件到【库】面板。

(2) 选择【窗口】|【库】命令，打开【库】面板，右击导入的声音文件，在弹出的快捷菜单中选择【属性】命令，打开【声音属性】对话框。

(3) 在【压缩】下拉列表框中选择【原始】选项，选中【将立体声转换为单声道】复选框；在【采样率】下拉列表框中选择 22kHz，如图 7-39 所示，单击【确定】按钮，完成操作。

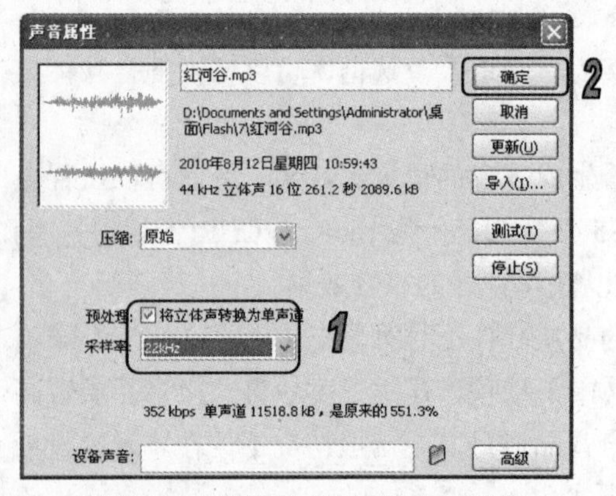

图 7-39　设置【声音属性】对话框

> **提示**
> 可以设置不同的【采样率】从而体会不同的音效，在以后动画制作中能更快速准确地设置声音参数。

5. 发布声音

在制作动画过程中，如果没有对声音属性进行设置，也可以在发布声音时设置。选择【文件】|【发布设置】命令，打开【发布设置】对话框，单击 Flash 选项卡，打开该选项卡对话框，如图 7-40 所示。

在 Flash 选项卡对话框中选中【覆盖声音设置】复选框，覆盖【声音属性】对话框中的设置。可以单击【设置】按钮，打开【声音设置】对话框，如图 7-41 所示，该对话框中的参数选项设置方法与【声音属性】对话框中设置相同。

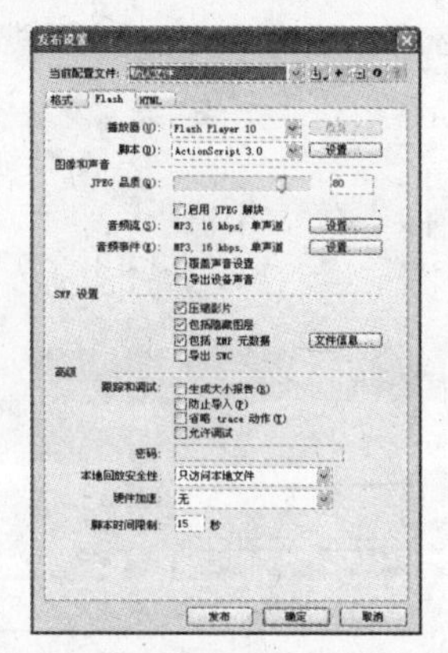

图 7-40　【发布设置】对话框

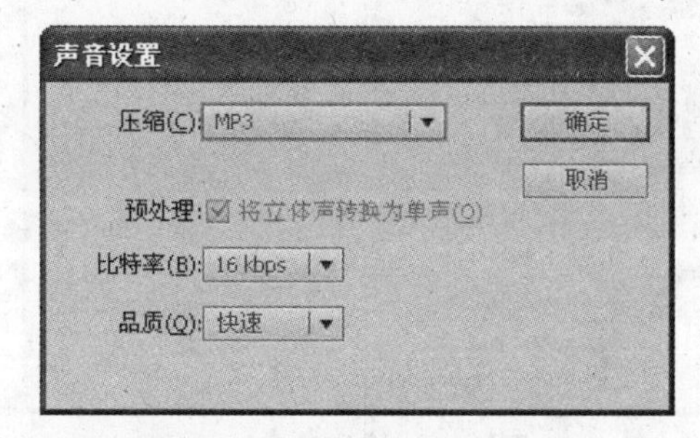

图 7-41　【声音设置】对话框

6. 导出 Flash 文档声音的标准

使用 Flash CS5 导出声音文件，除了通过采样比率和压缩控制声音的大小，还可以有效地减小声音文件的大小。

导出 Flash 文档声音标准的具体操作方法如下。

- 打开【编辑封套】对话框，设置开始时间切入点和停止时间切出点，以避免将静音区域保存在 Flash 文件中，减小声音文件的大小。
- 在不同关键帧上应用同一声音文件的不同声音效果，如循环播放、淡入或淡出等。这样只使用一个声音文件而得到更多的声音效果，同时达到减小文件大小的目的。
- 使用短声音作为背景音乐循环播放。
- 从嵌入的视频剪辑中导出音频时，该音频是通过【发布设置】对话框中选择的全局流设置导出的。

在编辑器中预览动画时，使用流同步可以使动画和音轨保持同步。不过，如果计算机运算速度不够快，绘制动画帧的速度将会跟不上音轨，那么 Flash 就会自动跳过某些帧。

7.4 上机实战

本章的上机实战主要练习制作沿斜面移动的球体，使用户更好地掌握选择、变换、复制以及对齐等基本操作方法和技巧，同时练习坐标系的使用方法。

§ 7.4.1　导入 PSD 文件

(1) 新建一个 Flash 文档。选择【文件】|【导入】|【导入到舞台】命令，此时，打开【导入】对话框，选择要导入的 PSD 文件，然后单击【确定】按钮将其导入，如图 7-42 所示。

(2) 在打开的【将*.psd 导入到舞台】对话框中打开【将图层转换为】下拉列表框，选择【Flash 图层】选项，然后选中【将舞台大小设置为与 Photoshop 画布大小相同】复选框，使导入 PSD 文件后，文档大小与之匹配，最后单击【确定】按钮，如图 7-43 所示。

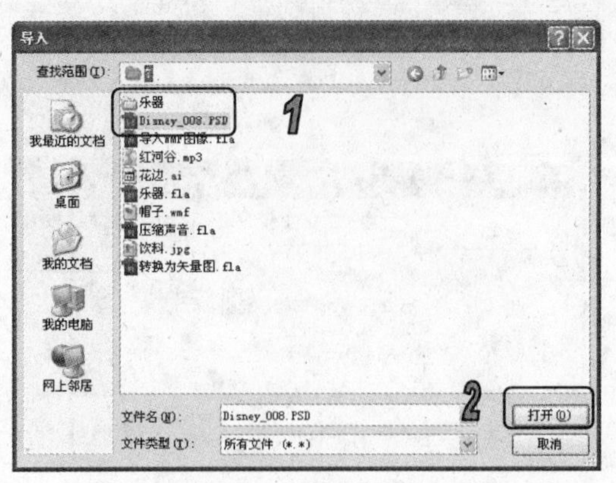

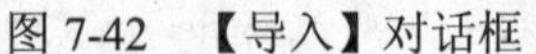
图 7-42 【导入】对话框

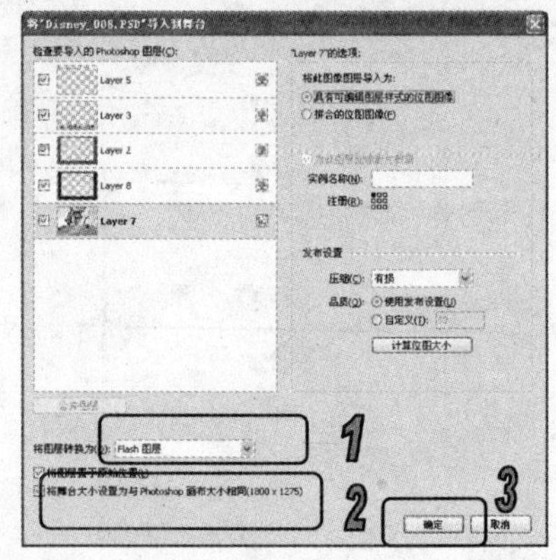

图 7-43 【将*.psd 导入到舞台】对话框

(3) PSD 文件被导入 Flash CS5 中后，其在舞台上表现为多个位图文件的叠加，在时间轴上则表现为多个图层，如图 7-44 所示。此时，用户可以使用工具箱中的【选择】工具或【任意变形】工具等，对舞台中的图像进行各种编辑操作，也可以在时间轴上添加或删除图层，如图 7-45 所示。

(4) 选择【文件】|【保存】命令，将文件保存为【导入 PSD 文件】。

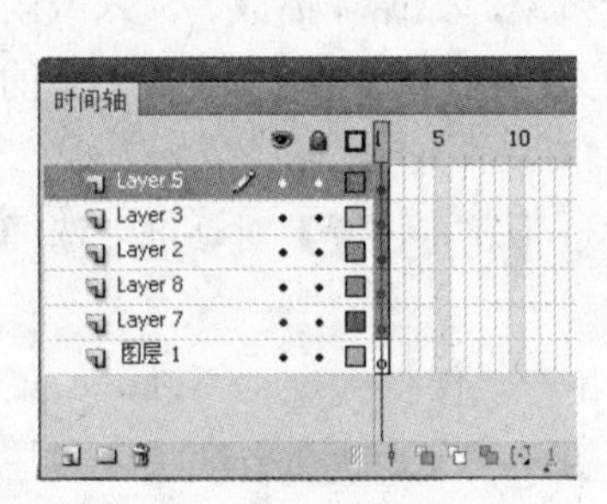

图 7-44 时间轴

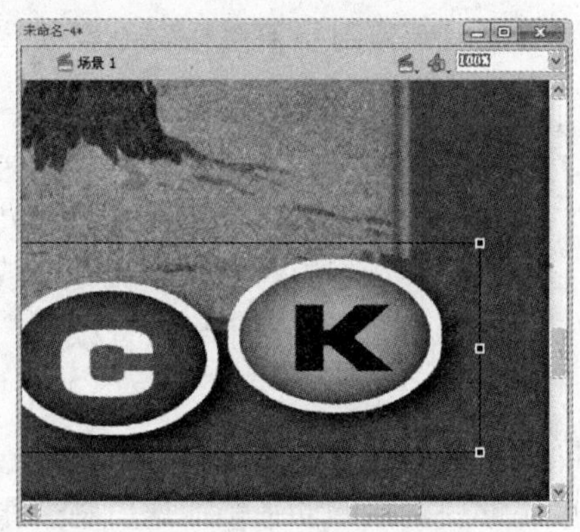

图 7-45 编辑图像

§ 7.4.2 导入 AI 文件

打开【导入 PSD 文件】文档，在该文档中导入一个 AI 图像文件，并对导入的图像进行编辑。

(1) 启动 Flash CS5 程序，选择【文件】|【打开】命令，打开【导入 PSD 文件】文档。

(2) 选择【文件】|【导入】|【导入到舞台】命令，此时，打开【导入】对话框，如图 7-46 所示。在该对话框中选中名为【足球】的 AI 文件后，单击【打开】按钮，将文件导入。

(3) 在打开的【将足球.ai 导入到舞台】对话框中打开【将图层转换为】下拉列表框，选择【单一 Flash 图层】选项，然后选中【将对象至于原始位置】复选框，最后单击【确定】按钮，如图 7-47 所示。

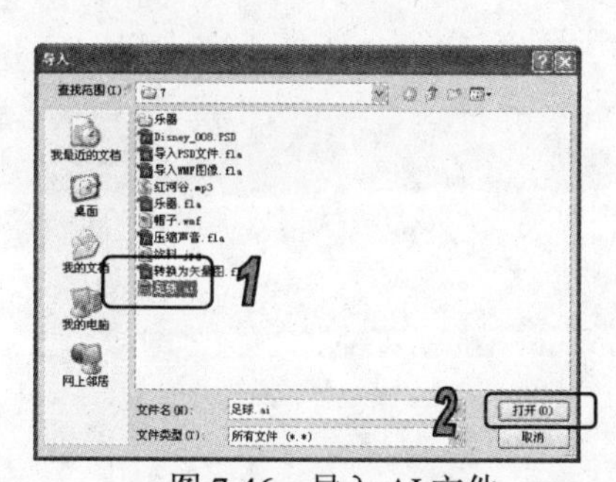

图 7-46　导入 AI 文件

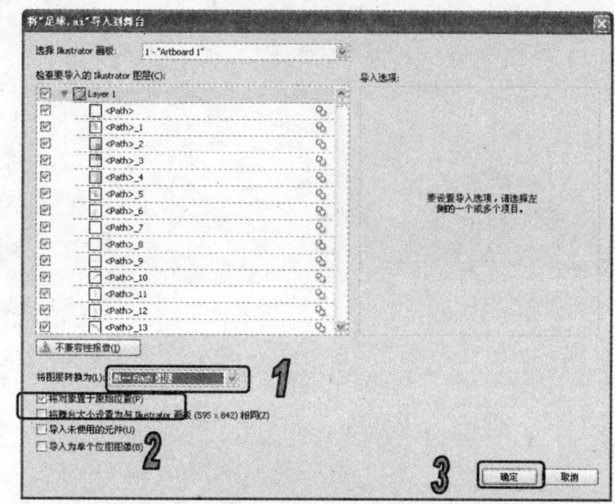

图 7-47　【将足球.AI 导入到舞台】对话框

(4) AI 文件被导入后，在时间轴上会新增一个【足球.ai】的图层，如图 7-48 所示。使用工具箱中的【选择】工具将图像全部选中，然后在【属性】面板中调整其大小和位置，使其与之前导入的 PSD 文件组合成如图 7-49 所示的效果。

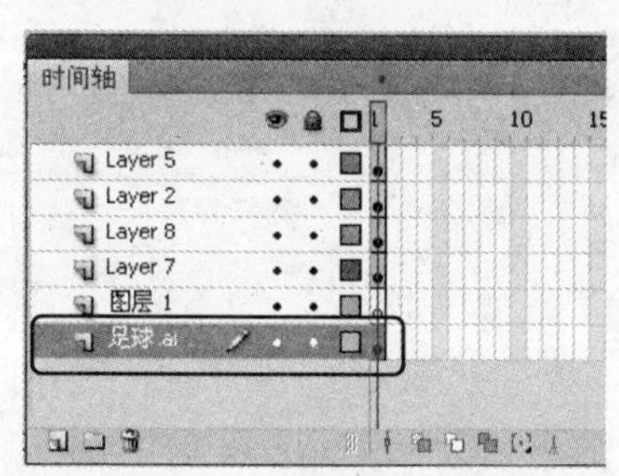

图 7-48　导入 AI 图形后的时间轴图

图 7-49　编辑图形

(5) 选择【文件】|【保存】命令，将文件保存为【导入 AI 文件】。

7.5 习题

1. 简述如何将位图转换为矢量图。
2. 简述 FLV 视频格式的特点。
3. 新建一个 Flash 文档，然后将一幅 PSD 文件导入到该文档中。
4. 打开第 3 题制作的文档，然后再将一幅 AI 文件导入到文档中。
5. 打开第 4 题制作的文档，将一个 FLV 格式的视频文件导入到其中，并适当设计其版面。

第8章 使用时间轴制作基础动画

主要内容

时间轴用于组织和控制动画内容在一定时间内播放的图层数与帧数。动画播放的长度不是以时间为单位，而是以帧为单位，创建 Flash 动画，实际上是创建连续帧上的内容。Flash 动画主要分为逐帧动画和补间动画两种，这两种动画效果有着各自的优势和不足。

本章重点

- 认识时间轴
- 帧的操作
- 绘图纸外观工具
- 逐帧动画制作
- 动作补间动画制作
- 形状补间动画制作

8.1 时间轴和帧的概念

段落格式包括段落对齐、段落缩进及段落间距设置等。用户掌握了在幻灯片中编排段落格式后，就可以轻松地设置与整个演示文稿风格相适应的段落格式。

§ 8.1.1 认识时间轴

时间轴是 Flash 动画的控制台，所有关于动画的播放顺序、动作行为以及控制命令等工作都需要在时间轴中编排。

时间轴主要由图层、帧和播放头组成，在播放 Flash 动画时，播放头沿时间轴向后滑动，而图层和帧中的内容随着时间的变化而变化。

Flash CS5 中的时间轴默认显示在工作界面的下部，位于编辑区的下方。用户也可以根据个人习惯，将时间轴放置在主窗口的下部或两侧，或者将其作为一个单独的窗口显示或隐藏。

§ 8.1.2 认识帧

帧是 Flash 动画的最基本组成部分，Flash 动画是由不同的帧组合而成的。时间轴是摆放和控制帧的地方，帧在时间轴上的排列顺序将决定动画的播放顺序，至于每一帧中的具体内容，则需在相应的帧的工作区域内进行制作，如在第一帧绘了一幅图，那么这幅图只能作为第一帧的内容，第二帧还是空的。

除了帧的排列顺序，动画播放的内容即帧的内容，也是至关重要、不可或缺的。帧的播放顺序不一定会严格按照时间轴的横轴方向进行播放，如自动播放到某一帧就停止，然后接受用户的输入或回到起点重新播放，直到某个事件被激活后才能继续播放下去等，对于这种互动式 Flash 将涉及到 Flash 的动作脚本语言。

在 Flash CS5 中用来控制动画播放的帧具有不同的类型，选择【插入】|【时间轴】命令，在弹出的子菜单中显示了普通帧、关键帧和空白关键帧 3 种类型帧。不同类型的帧在动画中发挥的作用也不同，这 3 种类型帧的具体作用如下。

- 普通帧：Flash CS5 中连续的普通帧在时间轴上用灰色显示，并且在连续普通帧的最后一帧中有一个空心矩形块，如图 8-1 所示。连续普通帧的内容都相同，在修改其中的某一帧时其他帧的内容也同时被更新。由于普通帧的这一特性，通常用它来放置动画中静止的对象(如背景和静态文字)。
- 关键帧：关键帧在时间轴中是含有黑色实心圆点的帧，如图 8-2 所示。关键帧是用来定义动画变化的帧，在动画制作过程中是最重要的帧类型。在使用关键帧时不能过于频繁，过多的关键帧会增大文件的大小。补间动画的制作就是通过关键帧内插的方法实现的。

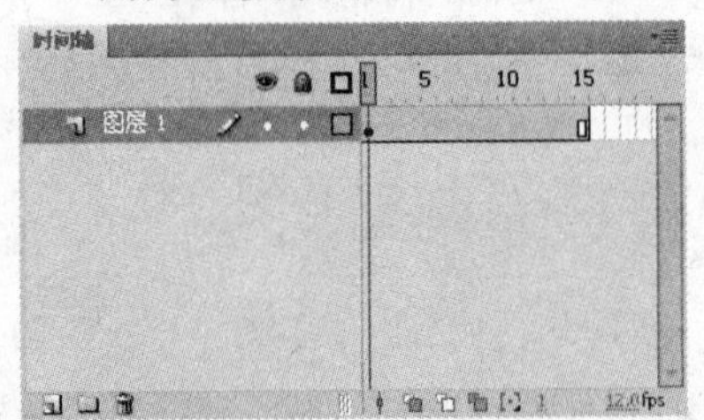

图 8-1　时间轴中的连续普通帧

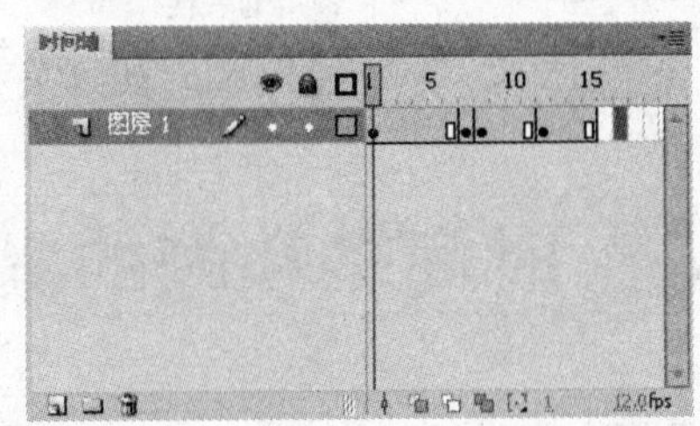

图 8-2　时间轴中的关键帧

- 空白关键帧：在时间轴中插入关键帧后，左侧相邻帧的内容就会自动复制到该关键帧中，如果不让新关键帧继承相邻左侧帧的内容，可以采用插入空白关键帧的方法。在每一个新建的 Flash 文档中都有一个空白关键帧。空白关键帧在时间轴中是含有空心小圆圈的帧，如图 8-3 所示。

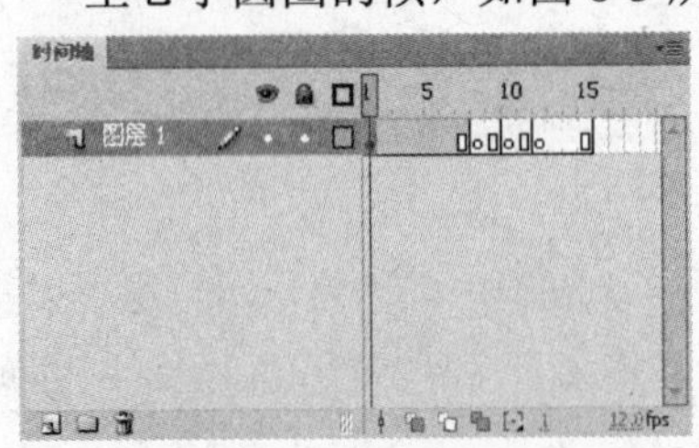

图 8-3　时间轴中的空白关键帧

提示

由于 Flash 文档会保存每一个关键帧中的形状，所以制作动画时只需在插图中有变化的点处创建关键帧。

§ 8.1.3　帧的基本操作

在制作动画时，用户可以根据需要对帧进行一些基本操作，例如插入、选择、删除、清

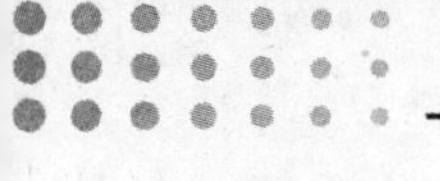

除、复制、移动和翻转帧等。

1. 插入帧

要在时间轴上插入帧，可以通过以下几种方法实现。

- 在时间轴上选中要创建关键帧的帧位置，按下 F5 键，可以插入帧；按下 F6 键，可以插入关键帧；按下 F7 键，可以插入空白关键帧。
- 右击时间轴上要创建关键帧的帧位置，在弹出的快捷菜单中选择【插入帧】、【插入关键帧】或【插入空白关键帧】命令，可以插入帧、关键帧或空白关键帧。
- 在时间轴上选中要创建关键帧的帧位置，选择【插入】|【时间轴】命令，在弹出的子菜单中选择相应命令，可插入帧、关键帧或空白关键帧。

提示

在插入了关键帧或空白关键帧之后，可以直接按下 F5 键，进行扩展，每按一次关键帧或空白关键帧长度将扩展 1 帧。

2. 选择帧

帧的选择是对帧以及帧中内容进行操作的前提条件。要对帧进行操作，首先必须选择【窗口】|【时间轴】命令，打开【时间轴】面板。选择帧可以通过以下几种方法实现。

- 选择单个帧：把光标移到需要的帧上，单击即可。
- 选择多个不连续的帧：按住 Ctrl 键，然后单击需要选择的帧，如图 8-4 所示。
- 选择多个连续的帧：按住 Shift 键，单击需要选中的该范围内的开始帧和结束帧，如图 8-5 所示。

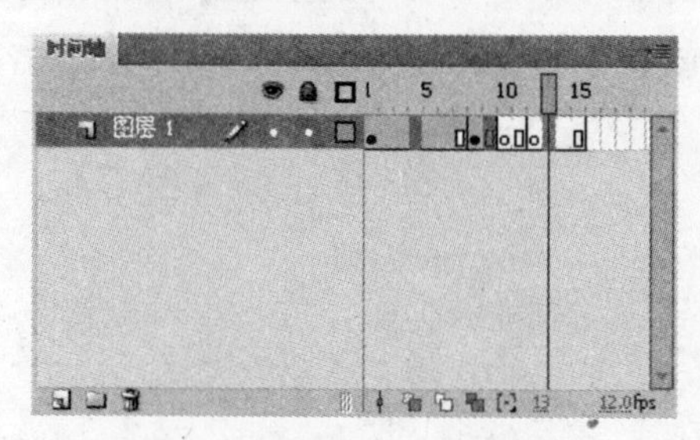

图 8-4　选择多个不连续的帧

图 8-5　选择多个连续的帧

- 选择所有的帧：在任意一个帧上右击，从弹出的快捷菜单中选择【选择所有帧】命令，或选择【编辑】|【时间轴】|【选择所有帧】命令，同样可以选择所有的帧。

3. 删除帧

删除帧操作不仅可以删除帧中的内容，还可以将选中的帧进行删除，还原为初始状态，如图 8-6 所示。

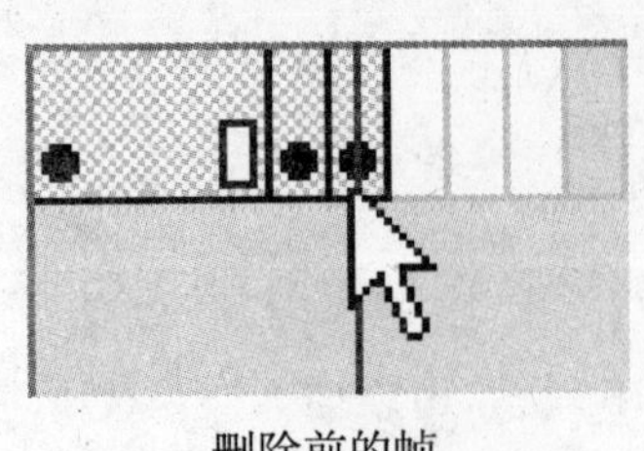

删除前的帧　　　　删除后的帧

图 8-6　删除帧

要进行删除帧的操作，可以按照选择帧的几种方法，先将要删除的帧选中，然后在选中的任意一帧上右击，从弹出的快捷菜单中选择【删除帧】命令；或者在选中帧以后选择【编辑】|【时间轴】|【删除帧】命令。

4. 清除帧

与删除帧不同，清除帧仅把被选中的帧上的内容清除，并将这些帧自动转换为空白关键帧，如图 8-7 所示。

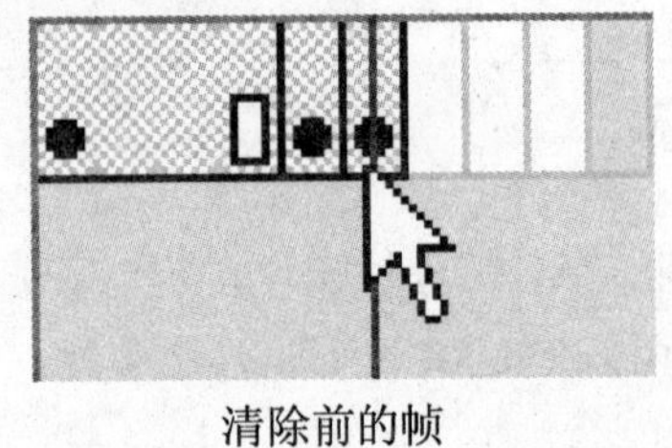

清除前的帧

清除后的帧

图 8-7　清除前后的帧

要进行清除帧的操作，可以按照选择帧的几种方法，先将要清除的帧选中，然后在被选的任意一帧上右击，从弹出的快捷菜单中选择【清除帧】命令；或者在选中帧以后选择【编辑】|【时间轴】|【清除帧】命令。

5. 复制帧

复制帧操作可以将同一个文档中的某些帧复制到该文档的其他帧位置，也可以将一个文档中的某些帧复制到另外一个文档的特定帧位置。

要进行复制帧的操作，可以按照选择帧的几种方法，先将要复制的帧选中，然后在被选中帧中的任意一帧上右击，从弹出的快捷菜单中选择【复制帧】命令；或者在选中帧以后选择【编辑】|【时间轴】|【复制帧】命令。最后把光标移动到需要粘贴的帧上右击，从弹出的快捷菜单中选择【粘贴帧】命令；或者在选中帧以后选择【编辑】|【时间轴】|【粘贴帧】命令。

6. 移动帧

在 Flash CS5 中经常需要移动帧的位置，进行帧的移动操作主要有下面两种。

- 选中要移动的帧，然后拖动选中的帧，移动到目标帧位置以后释放鼠标。此时的时间轴如图 8-8 所示。
- 选中需要移动的帧并右击，从打开的快捷菜单中选择【剪切帧】命令，然后用鼠标选中帧移动的目的地并右击，从打开的快捷菜单中选择【粘贴帧】命令，此时时间轴如图 8-9 所示。

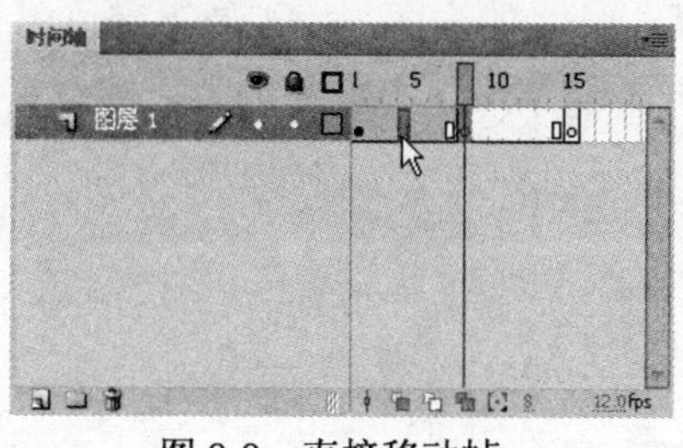

图 8-8　直接移动帧

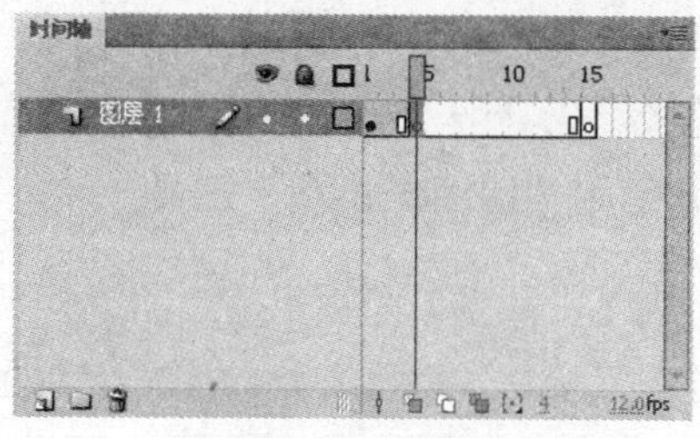

图 8-9　粘贴帧

7. 翻转帧

翻转帧功能可以使选定的一组帧按照顺序翻转过来，使原来的最后一帧变为第 1 帧，原来的第 1 帧变为最后一帧。

要进行翻转帧操作，首先在时间轴上将所有需要翻转的帧选中，然后右击被选中的帧，从弹出的快捷菜单中选择【翻转帧】命令即可。最后选择【控制】|【测试影片】命令，用户会发现播放顺序与翻转前完全相反。

§ 8.1.4　帧的显示状态

帧在时间轴上具有多种表现形式，根据创建动画的不同，帧会呈现出不同的状态甚至不同的颜色，如表 8-1 所示。

表 8-1　时间轴中帧的显示

帧的显示方式	说　明
	当起始关键帧和结束关键帧用一个黑色圆点表示，中间补间帧为浅蓝色背景并被一个黑色箭头贯穿时，表示该动画是设置成功的补间动作动画
	当起始关键帧和结束关键帧用一个黑色圆点表示，中间补间帧为绿色背景并被一个黑色箭头贯穿时，表示该动画是设置成功的补间形状动画
	当补间动作动画被一条虚线贯穿时，表明该动画是设置不成功的补间动作动画
	当补间形状动画被一条虚线贯穿时，表明该动画是设置不成功的补间形状动画
	如果在单个关键帧后面包含有浅灰色的帧，则表示这些帧包含与其前面第一个关键帧相同的内容
a	当关键帧上有一个小 a 标记时，表明该关键帧中包含帧动作
aaa	当关键帧上有一个小红旗标记时，表明该关键帧包含一个标签或注释
animation	当关键帧上有一个金色的锚记标记时，表明该帧是一个命名锚记

§ 8.1.5 绘图纸外观工具

在一般情况下，在舞台中只能显示动画序列的某一帧上的内容，为了便于定位和编辑动画，可以使用【绘图纸外观】工具，一次查看在舞台上两个或更多帧的内容。

1. 使用【绘图纸外观】工具

单击【时间轴】面板上【绘图纸外观】按钮，在【时间轴】面板播放头两侧会出现【绘图纸外观】标记，即【开始绘图纸外观】和【结束绘图纸外观】标记，如图 8-10 所示。在这两个标记之间的所有帧的对象都会显示出来，但这些内容不可以被编辑。

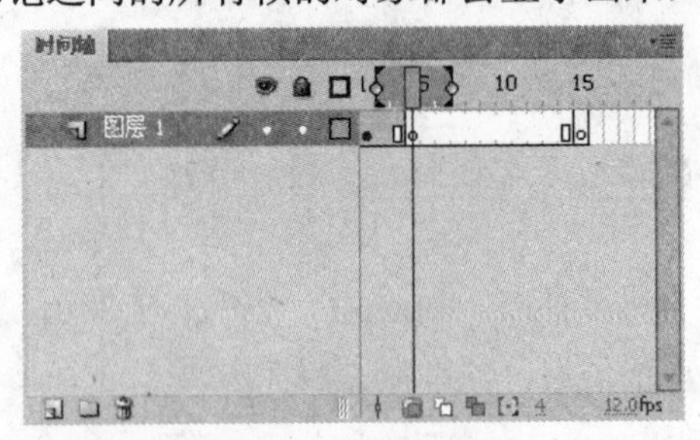

图 8-10 使用【绘图纸外观】工具

> **提示**
>
> 使用【绘图纸外观】工具时，不会显示锁定图层(带有挂锁图标的图层)的内容。为了便于清晰地查看对象，避免出现大量混乱的图像，可以锁定或隐藏不需要对其使用绘图纸外观的图层。

2. 控制【绘图纸外观】工具外观显示

使用【绘图纸外观】工具可以设置图像的显示方式和显示范围，并且可以编辑【绘图纸外观】标记内的所有帧，相关的操作如下。

- 设置显示方式：如果舞台中的对象太多，为了方便查看其他帧上的内容，可以将具有【绘图纸外观】的帧显示为轮廓，单击【绘图纸外观轮廓】按钮即可显示对象轮廓，如图 8-11 所示。

显示外观　　显示轮廓

图 8-11 显示绘图纸外观轮廓

- 移动【绘图纸外观】标记位置：选中【开始绘图纸外观】】标记，可以向动画起始帧位置移动；选中【结束绘图纸外观】标记，可以向动画结束帧位置移动。(一般情况下，【绘图纸外观】标记和当前帧指针一起移动。)
- 编辑标记内所有帧：【绘图纸外观】只允许编辑当前帧，单击【编辑多个帧】按钮，可以显示【绘图纸外观】标记内每个帧的内容。

3. 更改【绘图纸外观】标记的显示

使用【绘图纸外观】工具，还可以设置【绘图纸外观】标记的显示，单击【修改绘图纸标记】按钮，在弹出的下拉菜单中可以选择【总是显示标记】、【锚定绘图纸】、【绘图纸 2】、【绘图纸 5】和【绘制全部】5 个选项，这 5 个选项的具体作用如下。

- 【总是显示标记】：无论【绘图纸外观】是否打开，都会在时间轴标题中显示绘图纸外观标记。
- 【锚定绘图纸】：将【绘图纸外观】标记锁定在时间轴当前位置。(一般情况下，【绘图纸外观】范围和当前帧指针以及【绘图纸外观标记】相关，锚定【绘图纸外观】标记，可以防止它们随当前帧指针移动。)
- 【绘图纸 2】：显示当前帧左右两侧的两个帧内容。
- 【绘图纸 5】：显示当前帧左右两侧的 5 个帧内容。
- 【绘制全部】：显示当前帧左右两侧的所有帧内容。

8.2 逐帧动画制作

对于大多数 Flash 动画的初学者而言，逐帧动画是最简单易懂的一种动画形式，学习起来也比较简单。

§ 8.2.1 逐帧动画的基本原理

逐帧动画，也称为帧帧动画，是最常见的动画形式，最适合于图像在每一帧中都在变化而不是在舞台上移动的复杂动画。

逐帧动画的原理是在连续的关键帧中分解动画动作，也就是要创建每一帧的内容，才能连续播放而形成动画。逐帧动画的帧序列内容不同，不仅增加制作负担，而且最终输出的文件量也很大。但其优势也很明显，因为它与电影播放模式相似，适合于表演很细腻的动画，通常在网络上看到的行走、头发的飘动等动画，很多都是通过逐帧动画实现的。

逐帧动画在时间轴上表现为连续出现的关键帧。要创建逐帧动画，就要将每一个帧都定义为关键帧，为每个帧创建不同的对象。通常创建逐帧动画有以下几种方法。

- 用导入的静态图片建立逐帧动画。
- 将 jpg、png 等格式的静态图片连续导入到 Flash 中，就会建立一段逐帧动画。
- 绘制矢量逐帧动画，用鼠标或压感笔在场景中一帧帧地画出帧内容。
- 文字逐帧动画，用文字作帧中的元件，实现文字跳跃、旋转等特效。
- 指令逐帧动画，在时间帧面板上，逐帧写入动作脚本语句来完成元件的变化。
- 导入序列图像，可以导入 gif 序列图像、swf 动画文件或者利用第 3 方软件(如 swish、swift 3D 等)产生的动画序列。

§ 8.2.2　制作逐帧动画

本节通过实例介绍逐帧动画的制作过程。

【练习 8-1】新建一个文档，制作逐帧动画。

(1) 启动 Flash CS3 程序，选择【文件】|【新建】命令，新建一个 Flash 文档。

(2) 选择【文件】|【导入】|【导入到库】命令，将一组位图导入到【库】面板中，如图 8-12 所示。

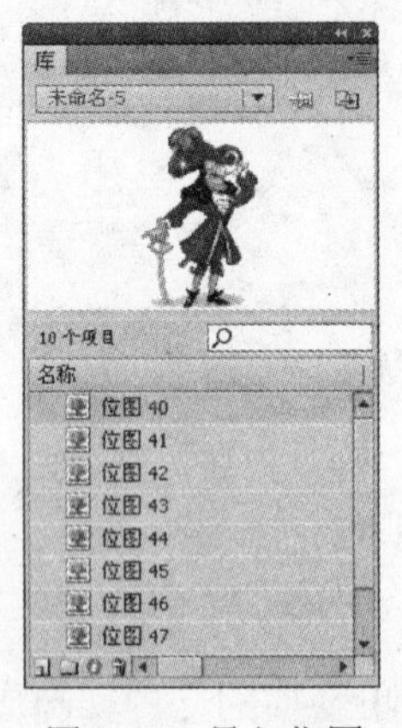

图 8-12　导入位图

图 8-13　插入关键帧并导入位图

(3) 在时间轴上选中第 1 帧，然后选择【插入】|【时间轴】|【关键帧】命令，使第 1 帧成为关键帧，然后将【库】面板中的第 1 幅位图拖入舞台中央，如图 8-13 所示。

(4) 选择时间轴上的第 2 帧后右击，在弹出的快捷菜单中选择【插入关键帧】命令，插入关键帧。

(5) 此时，第 2 帧中的内容与第 1 帧完全相同，选中舞台中的对象将其删除，然后将【库】面板中的第 2 幅位图导入到舞台中央，如图 8-14 所示。

(6) 依此类推重复之前的步骤，在时间轴上不断创建新的关键帧并导入【库】面板中的位图到舞台，完成后时间轴及舞台效果如图 8-15 所示。

图 8-14　在第 2 个关键帧中导入位图

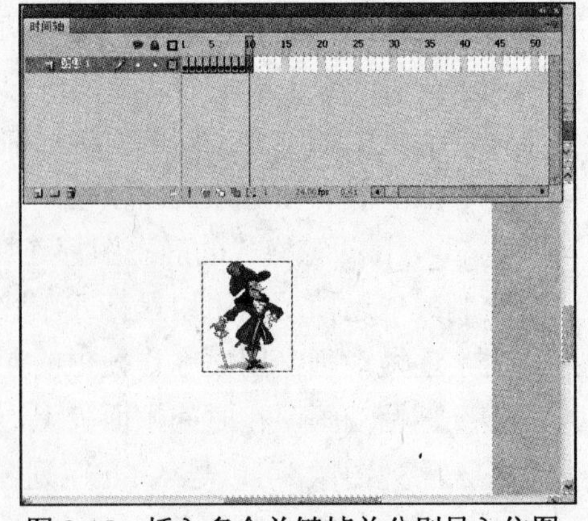

图 8-15　插入多个关键帧并分别导入位图

(7) 按下 Ctrl+Enter 快捷键即可观看逐帧动画的播放效果，如图 8-16 所示。

图 8-16　观看逐帧动画播放效果

8.3 创建动作补间动画

当需要在动画中展示移动位置、改变大小、旋转以及改变色彩等效果时，就可以使用动作补间动画了。在制作动作补间动画时，用户只需对最后一个关键帧的对象进行改变，其中间的变化过程即可自动形成，因此大大减小了用户的工作量。

§ 8.3.1　制作动作补间动画

动作补间动画也称动画补间动画，它可以用于补间实例、组和类型的位置、大小、旋转和倾斜，以及表现颜色、渐变颜色切换或淡入淡出效果。在动作补间动画中要改变组或文字的颜色，必须将其变换为元件；如果要使文本块中的每个字符分别动起来，则必须将其分离为单个字符。下面通过一个简单实例说明动作补间动画的创建方法。

【例 8-2】新建一个文档，创建动作补间动画。

(1) 启动 Flash CS5，选择【文件】|【新建】命令，新建一个 Flash 文档。

(2) 选择【文件】|【导入】|【导入到舞台】命令，导入一幅位图图像到舞台。

(3) 选择【修改】|【转换为元件】命令。在打开的【转换为元件】对话框中，将其转换为影片剪辑元件并为元件设置名称，如图 8-17 所示。

(4) 单击【确定】按钮，返回到舞台中。选中【时间轴】面板上的第 15 帧和第 30 帧，分别按下快捷键 F6 插入一个关键帧，如图 8-18 所示。

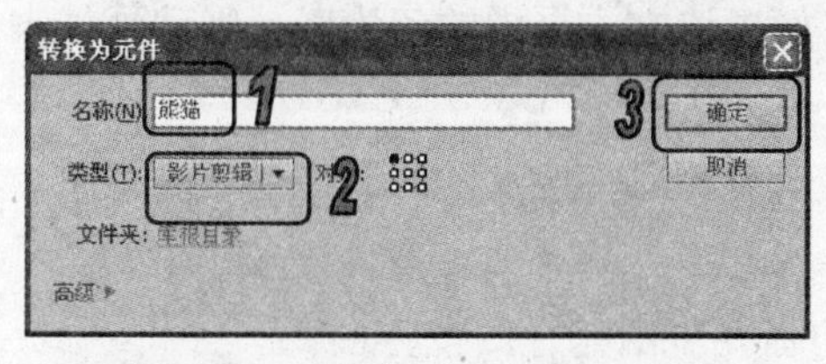

图 8-17　【转换为元件】对话框

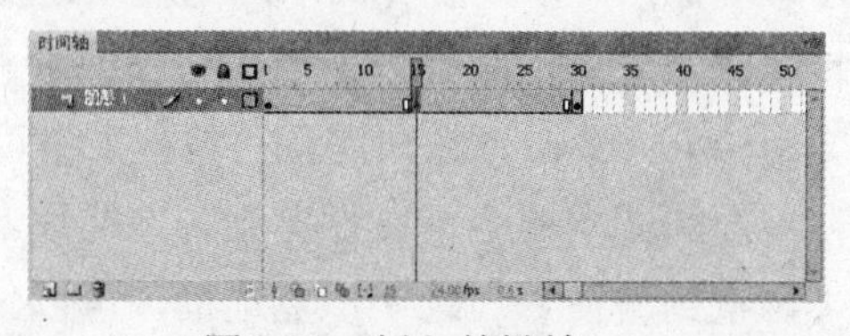

图 8-18　插入关键帧

(5) 在工具箱中选择【任意变形】工具，选中第 15 帧，将舞台上的元件放大并向右平移一段距离，如图 8-19 所示。

(6) 选中第 30 帧，将舞台上的元件缩小并向右平移一段距离，如图 8-20 所示。

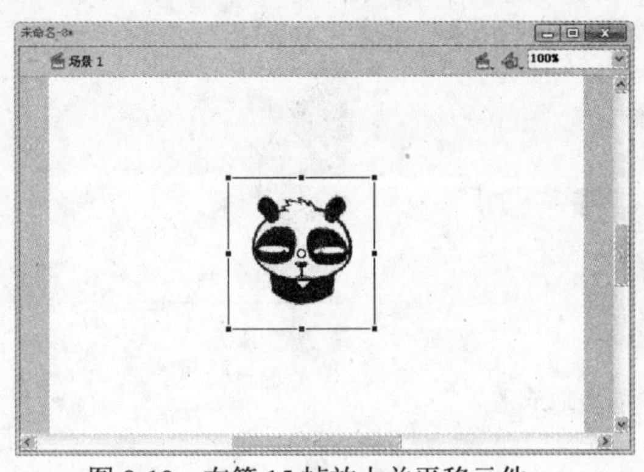

图 8-19　在第 15 帧放大并平移元件

图 8-20　在第 30 帧缩小并平移元件

(7) 设置完成后，分别右击第 1～15 帧和第 16～30 帧中的任意一帧，在弹出的快捷菜单中选择【创建传统补间】命令。此时，在开始关键帧和结束关键帧之间，将出现一个黑色箭头和一段淡紫色背景，如图 8-21 所示。

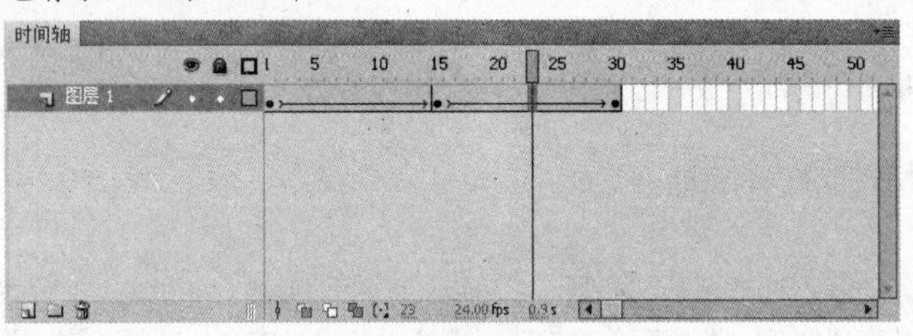

图 8-21　创建传统补间

(8) 动画制作完成后，选择【控制】|【测试影片】命令，即可看到元件在移动的同时并逐渐放大的动画效果，最后将文件保存为【传统补间动画】。

§ 8.3.2　编辑动作补间动画

在设置了动画补间动画之后，可以通过【属性】面板，对动作补间动画进一步加工编辑。选中创建动作补间动画的任意一帧，打开【属性】面板，如图 8-22 所示。

在该【属性】面板中各选项的具体作用如下。

- 【缓动】：可以设置补间动画的缓动速度。如果该文本框中的值为正，则动画越来越慢；如果为负，则越来越快。
- 【旋转】：单击该按钮，在下拉列表中可以设置对象在运动的同时产生旋转效果，在后面的文本框中可以设置旋转的次数。
- 【调整到路径】：选中该复选框，可以使动画元素沿路径改变方向。
- 【同步】：选中该复选框，可以对实例进行同步校准。
- 【贴紧】：选中该复选框，可以将对象自动对齐到路径上。
- 【缩放】：选中该复选框，可以将对象缩放显示。

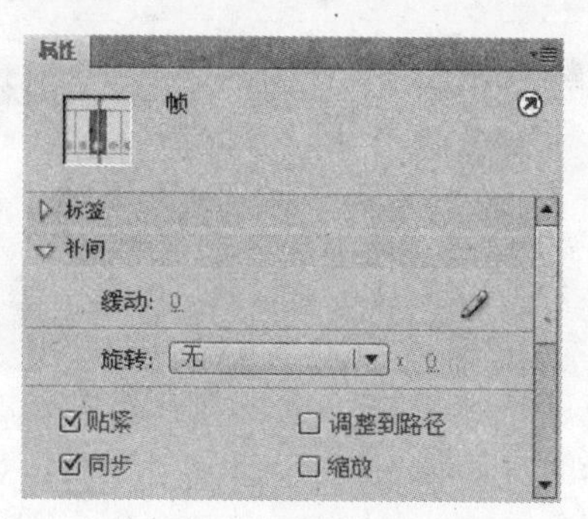

图 8-22　【属性】面板

> **技巧**
>
> 在设置动作补间动画的旋转效果时，可以设置顺时针或逆时针旋转。

8.4 创建形状补间动画

形状补间动画是一种在制作对象形状变化时经常被使用到的动画形式，其制作原理是通过在两个具有不同形状的关键帧之间指定形状补间，以表现中间变化过程的方法形成动画。

§ 8.4.1　制作形状补间动画

本节通过一个实例演示形状补间动画的制作。

【例 8-3】在 Flash CS5 中新建一个文档，创建如图 8-23 所示的补间形状动画。

图 8-23　创建补间形状动画

(1) 启动 Flash CS5，选择【文件】|【新建】命令，新建一个 Flash 文档。

(2) 选择【文件】|【导入】|【导入到库】命令，将一组运动矢量图像导入到【库】面板。

(3) 在时间轴上选中第 1 帧，将第 1 幅图像导入到舞台后，按下 Ctrl+B 快捷键将其分离。

(4) 在第 10 帧上插入空白关键帧，将第 2 幅图像导入到舞台中并将其分离，然后右击第 1～10 帧中的任意一帧，在弹出的菜单中选择【创建补间形状】命令。此时的时间轴如图 8-24 所示。

(5) 使用同样的方法，不断在新的关键帧中导入图像并创建形状补间动画，最终的时间轴如图 8-25 所示。

(6) 动画制作完成后，选择【控制】|【测试影片】命令，测试动画运行效果，最后将文件保存为【形状补间】。

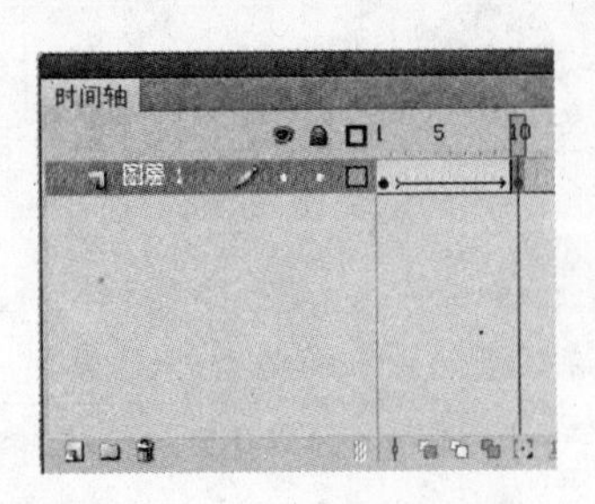

图 8-24　创建形状补间

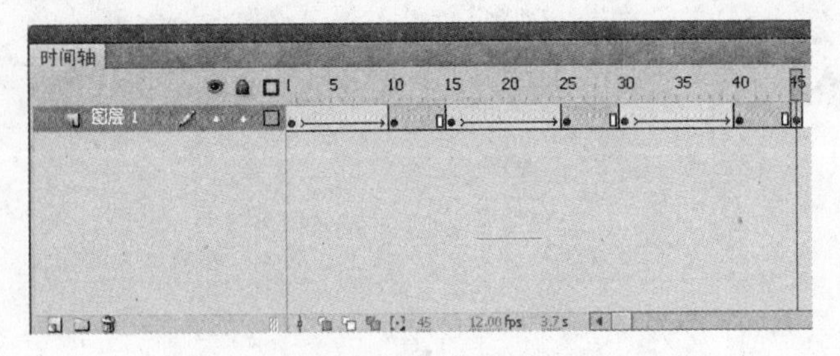

图 8-25　时间轴面板

§ 8.4.2　编辑形状补间动画

当建立了一个形状补间动画后，可以对其进行适当的编辑操作。选中创建补间动画中的某一帧，打开【属性】面板，如图 8-26 所示。在该面板中，主要参数选项的具体作用如下。

➢ 【缓动】：设置补间形状动画会随之发生相应的变化。数值范围在 1～100 间时，动画运动的速度从慢到快，朝运动结束的方向加速度补间；在-1～-100 间时，动画运动的速度从快到慢，朝运动结束的方向减速度补间。默认情况下，补间帧之间的变化速率不变。

➢ 【混合】：单击该按钮，在下拉列表中选择【角形】选项，在创建的动画中间形状会保留有明显的角和直线，适合于具有锐化转角和直线的混合形状；选择【分布式】选项，创建的动画中间形状比较平滑和不规则。

此外，在创建补间形状动画时，如果要控制较为复杂的形状变化，可使用形状提示。形状提示会标识起始形状和结束形状中相对应的点，以控制形状的变化，从而达到更加精确的动画效果。形状提示包含 26 个字母(从 a 到 z)，用于识别起始形状和结束形状中相对应的点。其中，起始关键帧的形状提示为黄色，结束关键帧的形状提示为绿色，而当形状提示不在一条曲线上时则为红色。在显示形状提示时，只有包含形状提示的层和关键帧处于当前状态下时，【显示形状提示】命令才处于可用状态。

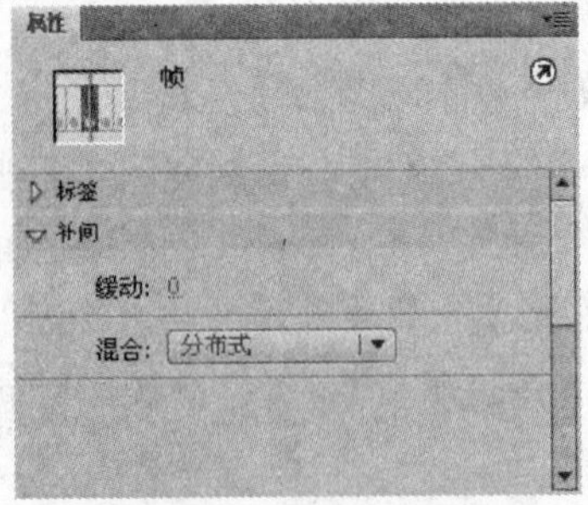

图 8-26　【属性】面板

技巧

在制作形状补间动画并使用形状提示时，如果按逆时针顺序从形状的左上角开始放置形状提示，得到的工作效果最好。

在补间形状动画中遵循以下原则，可获得最佳的变形效果。

➢ 在复杂的补间形状中，最好先创建中间形状然后再进行补间，而不要只定义起始和结束的形状。

➢ 使用形状提示时要确保形状提示是符合逻辑的。例如，如果在一个三角形中使用 3

个形状提示，则在原始三角形和要补间的三角形中它们的顺序必须是一致的，而不能在第一个关键帧中是 abc，而在第二个关键帧中是 acb。

8.5 上机实战

本章的上机实战主要练习主要介绍使用 Flash 的制作一些基础动画的制作方法。关于本章中的其他内容，例如帧的基本操作及各种类型动画的基础指示灯，可以根据相应的内容进行练习。

(1) 新建一个文档，设置文档的背景颜色为白色，帧频为 10fbs，如图 8-27 所示。

(2) 选择【文件】|【导入】|【导入到舞台】命令，将“停车牌.jpg”图像文件导入到舞台，如图 8-28 所示。

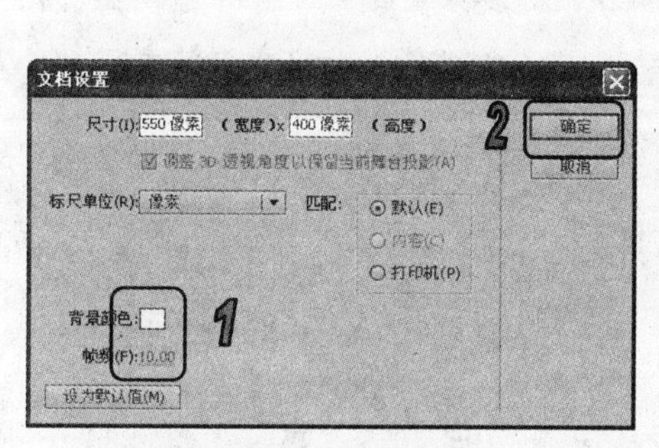

图 8-27　调整图像大小　　　　图 8-28　引入图像文件

(3) 在工具箱中选择【任意变形】工具，调整对象至合适大小，如图 8-29 所示。

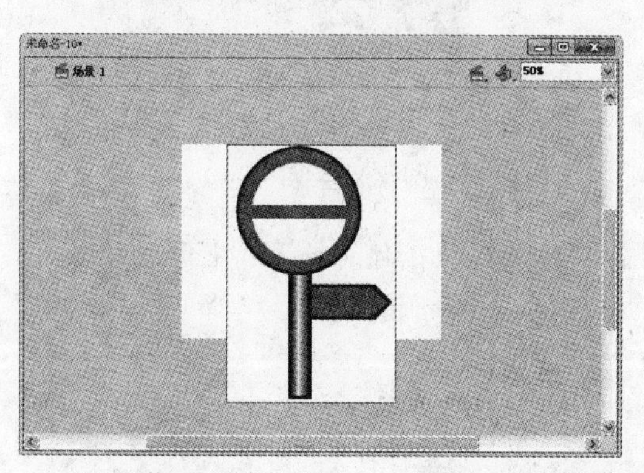

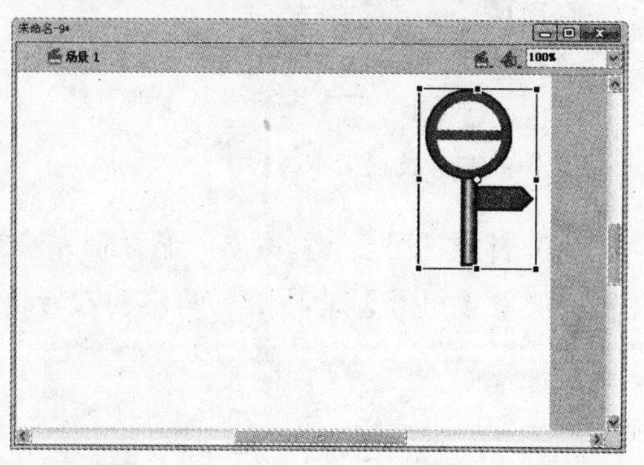

图 8-29　调整图形大小和位置

(4) 在【图层 1】图层的第 40 帧处插入帧。

(5) 新建一个【图层 2】图层，选中第 1 帧，导入一幅汽车图形到舞台，然后使用【任意变形】工具调整其位置和大小，如图 8-30 所示。

(6) 选中填充图形，在该图形所在的【图层 2】图层第 10 帧处插入关键帧，按住 Shift 键，将该帧处的图形水平移动至如图 8-31 所示的位置。

(7) 新建一个【图层 3】图层，选中时间轴上的第 11 帧，然后在工具箱中选择【文本】工具，在【属性】面板中设置为静态传统文本，字体为新宋体，字号为 40，文字颜色为橙色，如图 8-32 所示。然后在舞台上创建一个文本框并输入文本内容“遵守交通规则”，如图 8-33 所示。

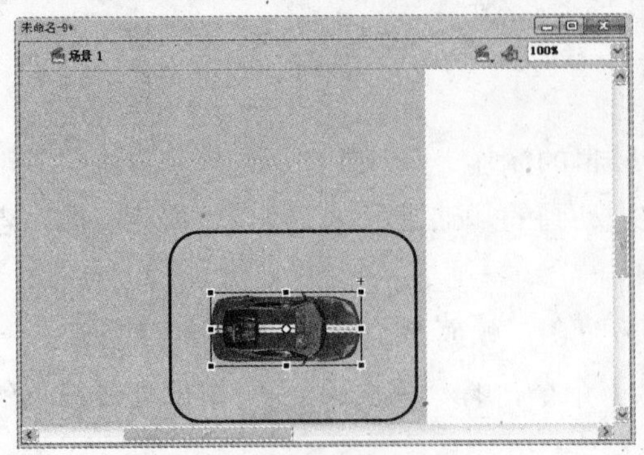

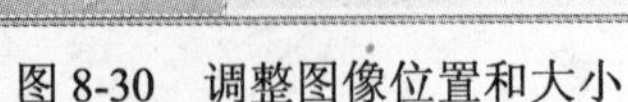

图 8-30　调整图像位置和大小

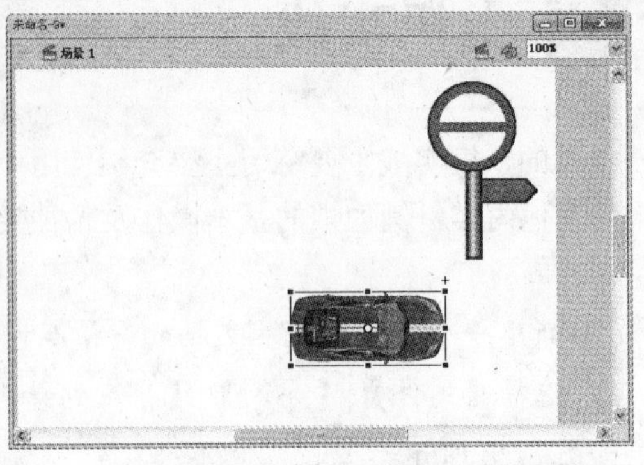

图 8-31　在第 10 帧调整图形位置

(8) 分别在【图层 3】图层的第 12～第 18 帧的每帧处插入关键帧，选择这些关键帧中的偶数帧，然后使用【任意变形】工具调整文本框的大小，再在属性面板中调整文字颜色为红色，如图 8-34 所示。

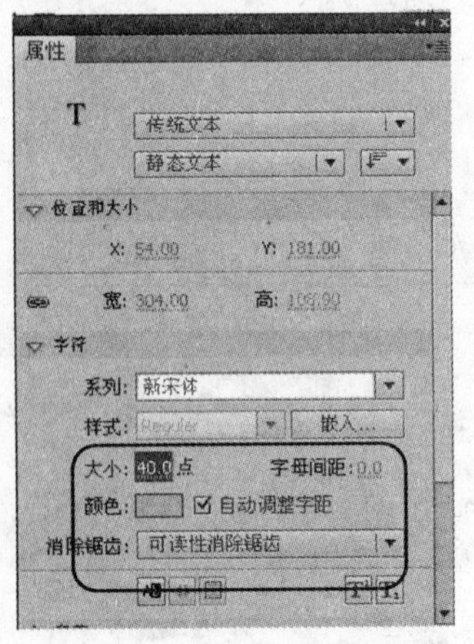

图 8-32　设置文本属性

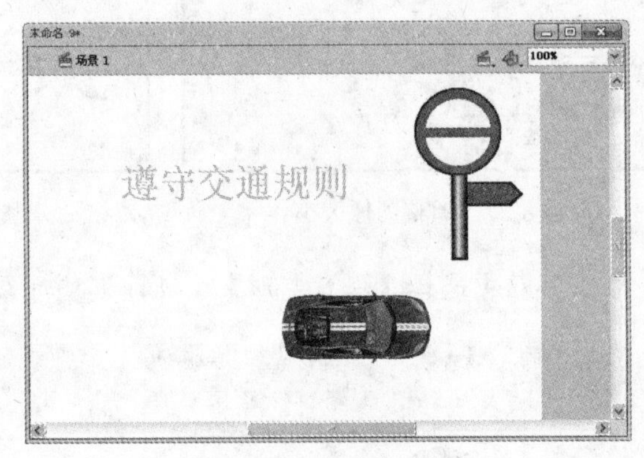

图 8-33　创建文本框

(9) 新建【图层 4】图层，将该图层调到最下层，然后在时间轴上选中第 1 帧，再在工具箱中使用【矩形】工具绘制马路和人行道，如图 8-35 所示。

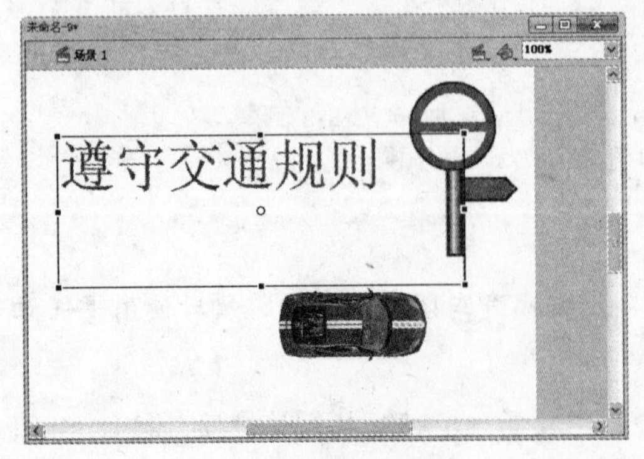

图 8-34　设置文本属性

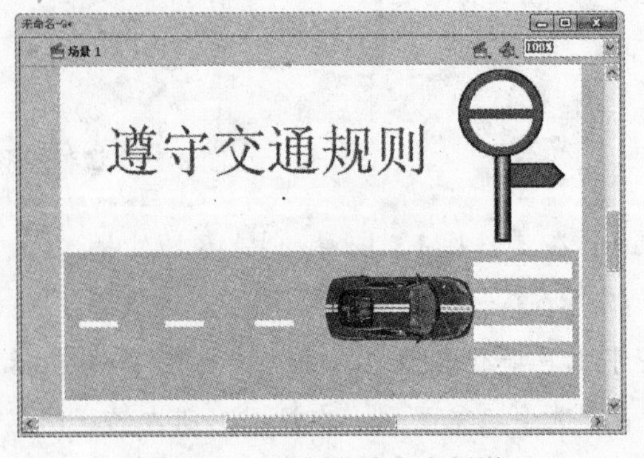

图 8-35　绘制马路和人行道

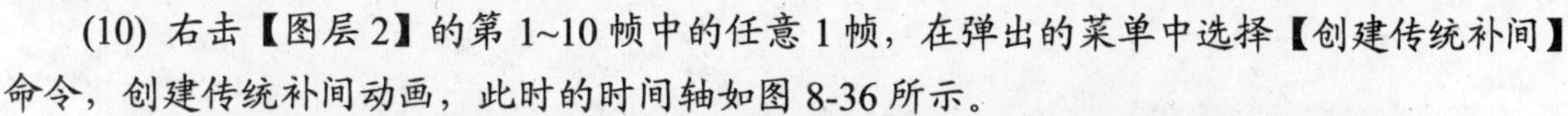

(10) 右击【图层 2】的第 1~10 帧中的任意 1 帧，在弹出的菜单中选择【创建传统补间】命令，创建传统补间动画，此时的时间轴如图 8-36 所示。

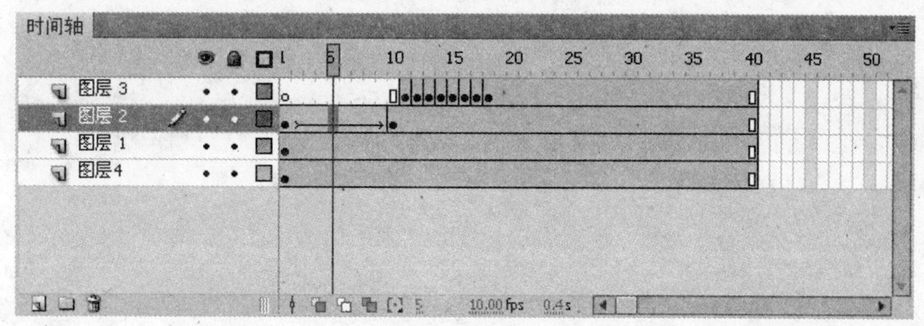

图 8-36　时间轴

(11) 按下 Ctrl+Enter 组合键测试动画，查看动画效果，最后将动画保存为【遵守交通规则】。

8.6 习题

1. 在设置动作补间动画的旋转效果时，可以设置哪些方向旋转？
2. 分别练习创建逐帧动画、动作补间动画和形状补间动画。

第9章

高级动画制作

主要内容

使用图层可以制作比较高级的动画，Flash CS5 中使用不同的图层种类也可以制作不同的动画。例如比较传统的引导层动画和遮罩层动画等传统动画方式，另外还包括了骨骼反向动画的新型动画种类。

本章重点

- 图层的创建
- 图层属性的设置
- 制作引导层动画
- 制作遮罩层动画
- 添加骨骼
- 制作反向运动动画

9.1 图层的基本操作

在 Flash CS5 中，图层是创建各种特殊效果最基本也是最重要的概念之一。使用图层可以将动画中的不同对象与动作区分开，例如可以绘制、编辑、粘贴和重新定位一个图层上的元素而不会影响到其他图层，因此不必担心在编辑过程中会对图像产生无法恢复的误操作。此外，使用特殊图层可以编辑特定的动画效果，例如引导层动画或遮罩层动画等。

§ 9.1.1 图层的概念

图层类似透明的薄片，层层叠加，如果一个图层上有一部分没有内容，那么就可以透过这部分看到下面的图层上的内容。通过图层可以方便地组织文档中的内容。而且，当在某一图层上绘制和编辑对象时，其他图层上的对象不会受到影响。在默认状态下，【图层】面板位于【时间轴】面板的左侧，如图 9-1 所示。在 Flash CS5 中，图层共分为 5 种类型，即一般图层、遮罩图层、被遮罩图层、引导图层和被引导图层，如图 9-2 所示。

图 9-1 显示图层

图 9-2 图层类型

有关图层类型的详细说明如下。

- 一般图层：指普通状态下的图层，这种类型图层名称的前面将显示普通图层图标。
- 遮罩层：指放置遮罩物的图层，当设置某个图层为遮罩层时，该图层的下一图层便被默认为被遮罩层。这种类型的图层名称的前面有一个遮罩层图标。
- 被遮罩层：被遮罩层是与遮罩层对应的、用来放置被遮罩物的图层。这种类型的图层名称的前面有一个被遮罩层的图标。
- 引导层：在引导层中可以设置运动路径，用来引导被引导层中的对象依照运动路径进行移动。当图层被设置成引导层时，在图层名称的前面会出现一个运动引导层图标，该图层的下方图层会被认为是被引导层；如果引导图层下没有任何图层可以成为被引导层，那么会在该图层名称的前面出现一个引导层图标。
- 被引导层：被引导层与其上面的引导层相辅相成，当上一个图层被设定为引导层时，该图层会自动转变成被引导层，并且图层名称会自动进行缩排。

§ 9.1.2 图层模式

Flash CS5 中的图层有多种图层模式，以适应不同的设计需要，这些图层模式的具体作用如下。

- 当前层模式：在任何时候只有一层处于该模式，该层即为当前操作的层，所有新对象或导入的场景都将放在这一层上。当前层的名称栏上将显示一个铅笔图标作为标识，如图 9-3 所示，【图层 3】图层即为当前操作层。
- 隐藏模式：要集中处理舞台中的某一部分时，可以将多余的图层隐藏起来。隐藏图层的名称栏上有✕作为标识，表示当前图层为隐藏图层。
- 锁定模式：要集中处理舞台中的某一部分时，可以将需要显示但不希望被修改的图层锁定起来。被锁定的图层的名称栏上有一个锁形图标作为标识。
- 轮廓模式：如果某图层处于轮廓模式，则该图层名称栏上会以空心的彩色方框作为标识，此时，设计区中将以彩色方框中的颜色显示该图层中内容的轮廓。如图 9-4 所示。

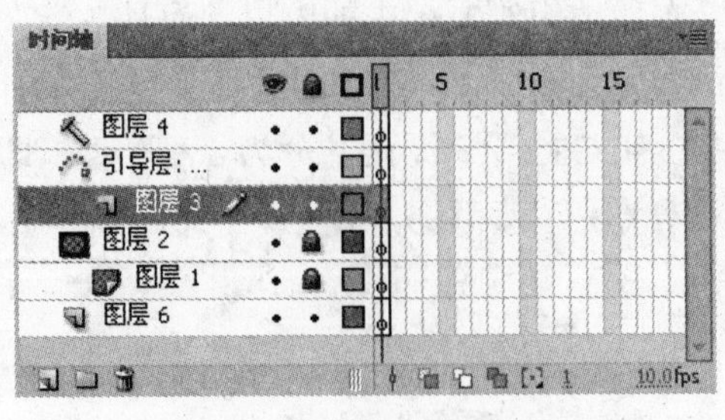

图 9-3 当前操作图层

图 9-4 轮廓模式显示

9.2 图层的编辑

编辑图层操作主要包括图层的基本操作和设置图层的属性。图层的基本操作主要包括创建各种类型图层、删除图层等；可以在【图层属性】对话框中设置图层属性。

§ 9.2.1 图层的基本操作

使用图层可以通过分层，将不同的内容或效果添加到不同图层上，从而组合成为复杂而生动的作品。下面介绍如何对图层进行基本的操作。

1. 创建图层

当创建了一个新的 Flash 文档后，它只包含一个图层。可以创建更多的图层来满足动画制作的需要。要创建图层，可以通过以下方法实现。

- 单击【时间轴】面板中的【新建图层】按钮，即可在选中图层的上方插入一个图层。
- 选择【插入】|【时间轴】|【图层】命令，即可在选中图层的上方插入一个图层。
- 右击图层，在弹出的快捷菜单中选择【插入图层】命令，即可在该图层上方插入一个图层。

2. 创建图层文件夹

图层文件夹可以用来放置和管理图层，当创建的图层数量过多时，可以将这些图层根据实际类型归纳到同一个图层文件夹中方便管理。创建图层文件夹，可以通过以下方法实现。

- 选中【时间轴】面板中顶部的图层，然后单击【新建文件夹】按钮，即可插入一个图层文件夹，如图 9-5 所示。
- 在【时间轴】面板中选择一个图层或图层文件夹，然后选择【插入】|【时间轴】|【图层文件夹】命令即可插入一个图层文件。
- 右击【时间轴】面板中的图层，在弹出的快捷菜单中选择【插入文件夹】命令，即可插入一个图层文件夹。

图 9-5 插入图层文件夹

技巧

由于图层文件夹仅仅用于管理图层而不是用于管理对象，因此图层文件夹没有时间线。

3. 选择图层

创建图层后，要修改和编辑图层，首先要选择图层，选中的图层名称栏上会显示铅笔图

新世纪高职高专规划教材

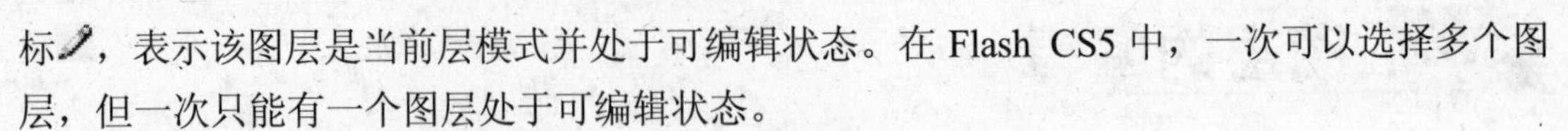

标，表示该图层是当前层模式并处于可编辑状态。在 Flash CS5 中，一次可以选择多个图层，但一次只能有一个图层处于可编辑状态。

要选择图层，可以通过以下方式实现。

- 单击【时间轴】面板图层名称即可选中图层。
- 单击【时间轴】面板图层上的某个帧，即可选中该图层。
- 单击设计区中某图层上的任意对象，即可选中该图层。
- 按住 Shift 键，单击【时间轴】面板中起始和结束位置的图层的名称，可以选中连续图层。
- 按住 Ctrl 键，单击【时间轴】面板中的图层名称，可以选中不连续的图层。

4. 删除图层

在选中图层后，可以进行删除图层操作，具体操作方法如下。

- 选中图层，单击【时间轴】面板的【删除】按钮，即可删除该图层。
- 拖动【时间轴】面板中所需删除的图层到【删除】按钮上即可删除图层。
- 右击所需删除的图层，在弹出的快捷菜单中选择【删除图层】命令即可删除图层。

5. 重命名图层

在默认情况下，创建的图层会以【图层+编号】的样式为该图层命名，但这种编号性质的名称在图层较多时不便于使用。可以对每个图层进行重命名，使每个图层的名称都具有一定的含义，方便用户对图层或图层中的对象进行操作。

要重命名图层，可以通过以下方法实现。

- 双击在【时间轴】面板的图层，然后输入新的图层名称即可，如图 9-6 所示。
- 右击图层，在弹出的快捷菜单中选择【属性】命令，打开【图层属性】对话框，如图 9-7 所示。在【名称】文本框中输入图层的名称，单击【确定】按钮即可。

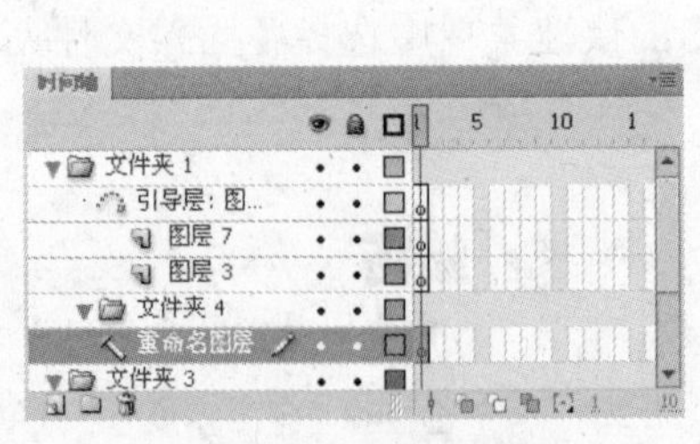

图 9-6　重命名图层

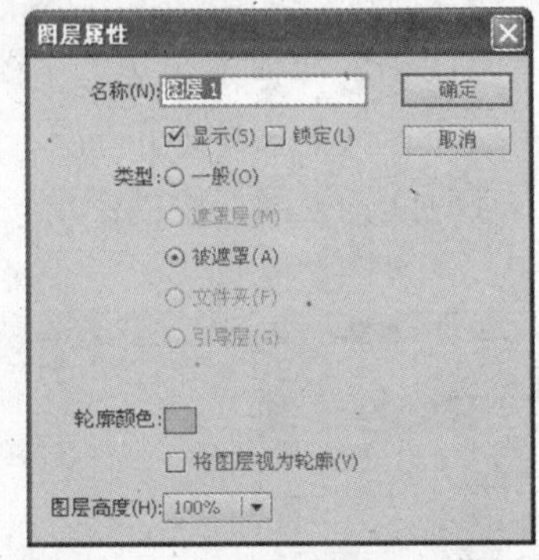

图 9-7　【图层属性】对话框

- 在【时间轴】面板中选择图层，选择【修改】|【时间轴】|【图层属性】命令，打开【图层属性】对话框，在【名称】文本框中输入图层的新名称。

6. 复制图层

在制作动画的过程中，有时可能需要重复使用两个图层中的对象，可以通过复制图层的方式来实现，从而减少重复操作。但在 Flash CS5 中无法直接实现图层的复制操作，只能通过复制与粘贴帧的方法来复制图层。

打开一个文档，该文档的【时间轴】面板中的图层显示如图 9-8 所示。选中【图层 1】图层，选择【编辑】|【时间轴】|【复制帧】命令，复制图层中包含的所有内容。选择【图层 2】图层，选择【编辑】|【时间轴】|【粘贴帧】命令，粘贴复制的所有内容，如图 9-9 所示。使用该方法相当于复制了图层。

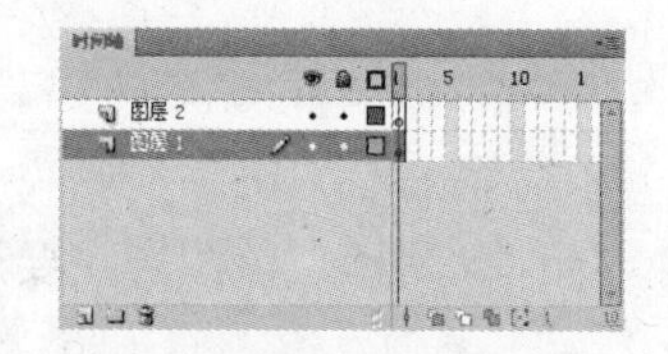

图 9-8　复制帧

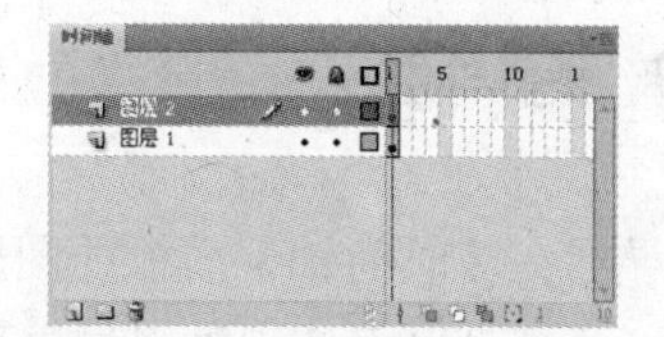

图 9-9　粘贴帧

7. 更改图层顺序

调整图层之间的相对位置，可以得到不同的动画效果和显示效果。要更改图层的顺序，直接拖动所需改变顺序的图层到适当的位置，然后释放鼠标即可。在拖动过程中会出现一条带圆圈的黑色实线，表示图层当前已被拖动的位置，如图 9-10 所示。

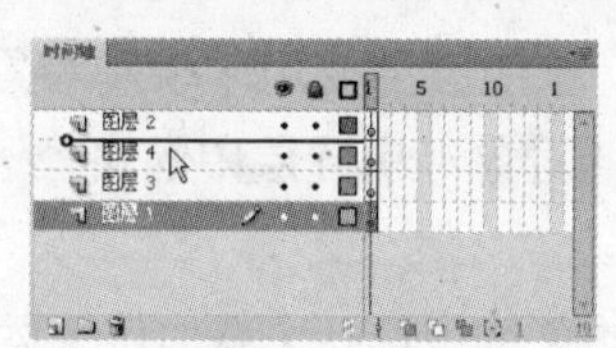

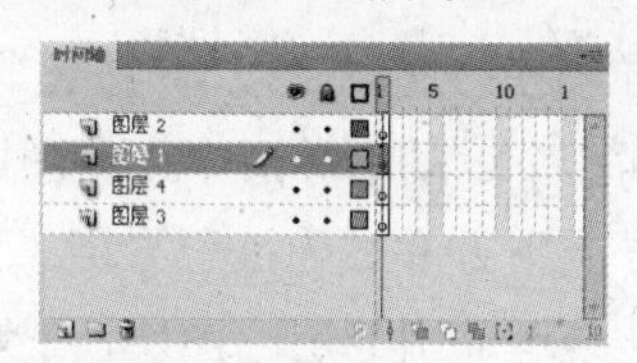

图 9-10　更改图层顺序

§ 9.2.2　图层属性的设置

在【时间轴】面板的图层区域中可以直接设置图层的显示和编辑属性，如果要设置某个图层的详细属性，例如轮廓颜色、图层类型等，可以在【图层属性】对话框中实现。

选择要设置属性的图层，选择【修改】|【时间轴】|【图层属性】命令，打开【图层属性】对话框，如图 9-7 所示。该对话框中主要参数选项的具体作用如下。

- 【名称】：可以在该文本框中输入或修改图层的名称。
- 【显示】：选中该复选框，可以显示或隐藏图层。
- 【锁定】：选中该复选框，可以锁定或解锁图层。
- 【类型】：可以在该选项区域中更改图层的类型。
- 【轮廓颜色】：单击该按钮，在打开的颜色调色板中可以选择颜色，以修改当图层以轮廓线方式显示时的轮廓颜色。
- 【将图层视为轮廓】：选中或取消选中该复选框，可以切换图层中的对象是否以轮廓线方式显示。
- 【图层高度】：在该下拉列表框中，可以设置图层高度比例。

9.3 引导层动画制作

引导层是一种特殊的图层，在该图层中，同样可以导入图形和引入元件，但是最终发布动画时引导层中的对象不会被显示出来。按照引导层发挥的功能不同，可以将其分为普通引导层和运动引导层两种类型。

§ 9.3.1 普通引导层

普通引导层在【时间轴】面板的图层名称前方会显示 图标，该图层主要用于辅助静态对象定位，并且可以不使用被引导层而单独使用。

创建普通引导层的方法与创建普通图层方法相似，右击要创建普通引导层的图层，在弹出的菜单中选择【引导层】命令，即可创建普通引导层，如图 9-11 所示。重复操作，右击普通引导层，在弹出的快捷菜单中选择【引导层】命令，可以转换为普通图层。

§ 9.3.2 传统运动引导层

传统运动引导层在时间轴上以 按钮表示，该图层主要用于绘制对象的运动路径，可以将图层链接到同一个运动引导层中，使图层中的对象沿引导层中的路径运动，此时，该图层将位于运动引导层下方并成为被引导层。

右击要创建传统运动引导层的图层，在弹出的菜单中选择【添加传统运动引导层】命令，即可创建传统运动引导层，而该引导层下方的图层会自动转换为被引导层，如图 9-12 所示。

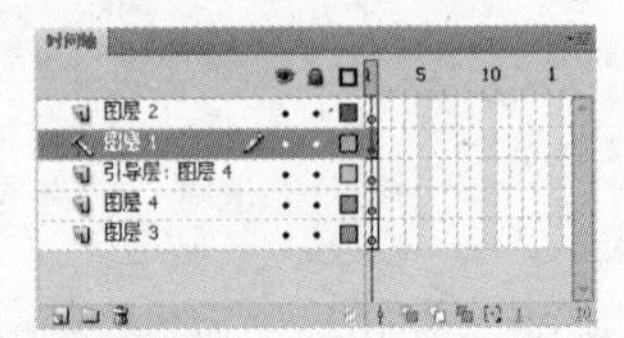

图 9-11　创建普通引导层

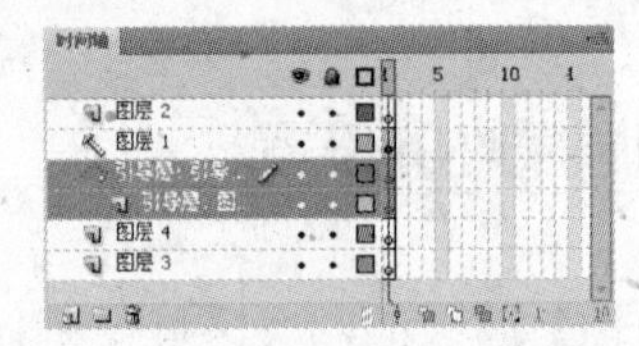

图 9-12　创建传统运动引导层

重复操作，右击传统运动引导层，在弹出的快捷菜单中选择【引导层】命令，可以转换为普通图层。

§ 9.3.3 制作引导层动画

【例 9-1】在 Flash CS5 中新建一个文档，使用运动引导层制作“蝴蝶绕花”效果。

(1) 启动 Flash CS5 程序，选择【文件】|【新建】命令，新建立一个 Flash 文档。

(2) 在时间轴上选中【图层 1】的第 1 帧，然后选择【文件】|【导入】|【导入到舞台】命令，将如图 9-13 所示的名为“鲜花”的图形导入到舞台中。

(3) 在时间轴面板上单击【插入图层】按钮，插入【图层 2】，然后选择【文件】|【导入】|【导入到舞台】命令，将“蝴蝶”图形导入舞台，如图 9-14 所示。

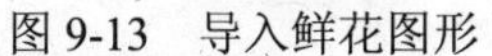

图 9-13　导入鲜花图形

图 9-14　导入蝴蝶图形

(4) 右击【图层 2】，然后选中【添加传统运动引导层】命令，在【图层 2】添加一个运动引导层，如图 9-15 所示。

(5) 在工具箱中选择【铅笔】工具后，在鲜花的外围绘制圆形引导线，并在接合处留一个小缺口，如图 9-16 所示。

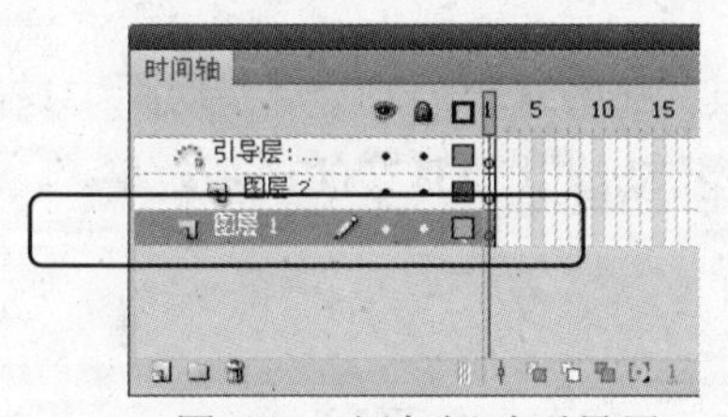

图 9-15　添加运动引导层

图 9-16　绘制引导线

(6) 分别选中【图层 1】和引导层，按下 F5 键直至添加帧到第 60 帧，然后选中【图层 2】，在时间轴上的第 60 帧处插入关键帧，此时，时间轴面板如图 9-17 所示。

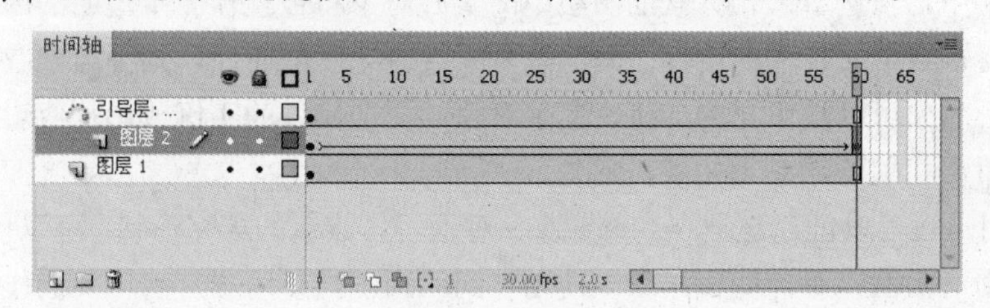

图 9-17　添加帧

(7) 选中【图层 2】上的第 1 帧，将舞台中蝴蝶图像的中心点贴附在引导线的起点上，如图 9-18 所示。然后选中第 60 帧，将动画角色吸附在终点上，如图 9-19 所示。

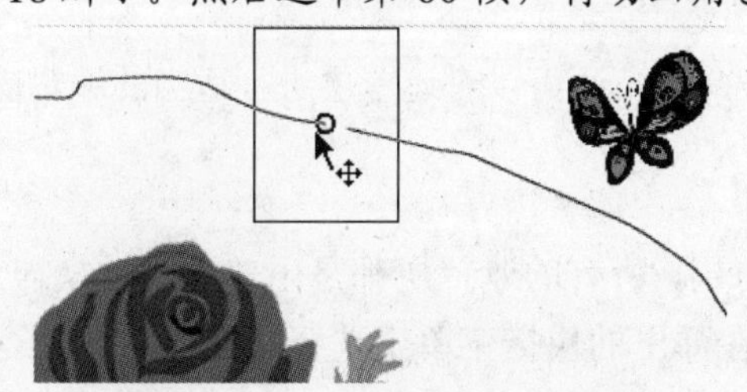

图 9-18　吸附对象到引导线起点

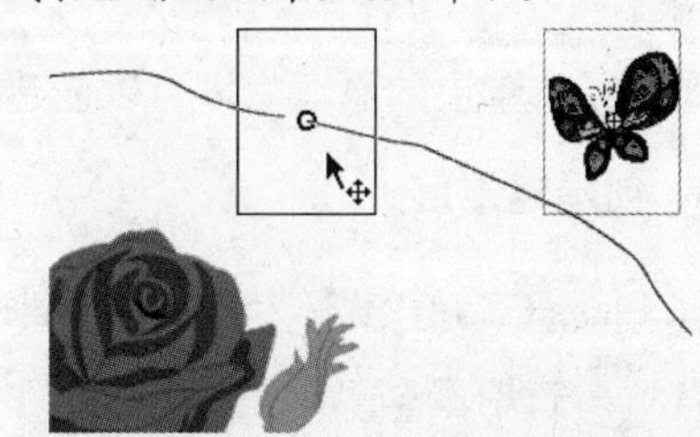

图 9-19　吸附对象到引导线终点

(8) 右击【图层 2】上第 1 帧到第 60 帧之间的任何一帧，在弹出的菜单中选择【创建补间动画】命令，为其创建补间动画后，动画效果制作完毕，此时，按下 Ctrl+Enter 快捷键可以预览动画的运行效果，如图 9-20 所示。

图 9-20 【蝴蝶绕花】动画

9.4 遮罩层动画制作

Flash 的遮罩层功能是一个强大的动画制作工具，利用遮罩层功能，在动画中只需要设置一个遮罩层，就能遮掩一些对象，可以制作出灯光移动或其他复杂的动画效果。

§ 9.4.1 遮罩层动画原理

Flash 中的遮罩层是制作动画时非常有用的一种特殊图层，其作用是可以通过遮罩层内的图形看到被遮罩层中的内容，利用该原理，制作者可以使用遮罩层制作出多种复杂的动画效果。

在遮罩层中，与遮罩层相关联的图层中的实心对象将被视作一个透明的区域，透过该区域可以看到遮罩层下面一层的内容；而与遮罩层没有关联的图层，则不会被看到。其中，遮罩层中的实心对象可以是填充的形状、文字对象、图形元件的实例或影片剪辑等，但线条不能作为与遮罩层相关联的图层中实心对象。

此外，用户还可以创建遮罩层动态效果。对于用作遮罩的填充形状，可以使用补间形状；对于对象、图形实例或影片剪辑，可以使用补间动画。当使用影片剪辑实例作为遮罩时，可以使遮罩沿着运动路径运动。

§ 9.4.2 创建遮罩层动画

了解了遮罩层的原理后，可以创建遮罩层，此外，还可以对遮罩层进行适当的编辑操作。

1. 创建遮罩层

在 Flash CS5 中没有专门的按钮来创建遮罩层，所有的遮罩层都是由普通层转换得到的。要将普通层转换为遮罩层，可以右击该图层，在弹出的快捷菜单中选择【遮罩层】命令，此时该图层的图标会变为▩，表明它已被转换为遮罩层；而紧贴在它下面的图层将自动转换为被遮罩层，图标为◪，它们在图层面板上的表示如图 9-21 所示。

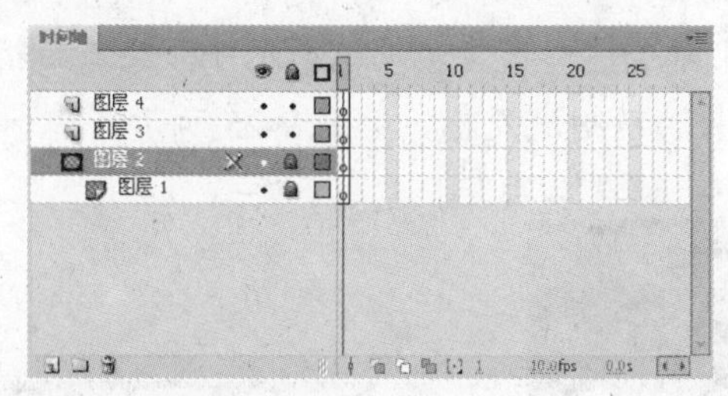

图 9-21 创建遮罩层

提示

仅当某一图层上方存在遮罩层时，【图层属性】对话框中的【被遮罩】单选按钮才处于可选状态。

2. 编辑遮罩层

在创建遮罩层后，通常遮罩层下方的一个图层会自动设置为被遮罩图层，若要创建遮罩层与普通图层的关联，使遮罩层能够同时遮罩多个图层，可以通过下列方法来实现。

- 在时间轴上的【图层】面板中，将现有的图层直接拖至遮罩层下面。
- 在遮罩层的下方创建新的图层。
- 选择【修改】|【时间轴】|【图层属性】命令，打开【图层属性】对话框，在【类型】选项区域中选中【被遮罩】单选按钮。

如果要断开某个被遮罩图层与遮罩层的关联，可先选择要断开关联的图层，然后将该图层拖到遮罩层的上面；或选择【修改】|【时间轴】|【图层属性】命令，在打开的【图层属性】对话框中的【类型】选项区域中选中【一般】单选按钮。

【例 9-2】新建一个文档，创建遮罩层动画。

制作一个汽车遮罩动画，该动画的效果是汽车的高光部分不停地闪耀，动画具体制作方法如下：

(1) 新建一个 flash 文档，在【属性】面板中将场景大小设置为 550×300 像素，背景颜色为黑色。

(2) 选择【文件】|【导入】|【导入到舞台】命令，将一幅汽车位图导入到舞台中，如图 9-22 所示。

(3) 新建【图层 2】图层，选中【图层 2】的第 1 帧，打开舞台右上角的【显示比例】下拉列表框，选择 800%选项，将舞台显示比例放大，然后使用工具箱中的【钢笔】工具勾画汽车高光部分的轮廓，如图 9-23 所示。

图 9-22 导入位图

图 9-23 使用【钢笔】工具勾画高光部分的边框

(4) 轮廓勾画完毕后，使用【刷子】工具和【颜料桶】工具为高光部分上色，此时的舞台效果如图 9-24 所示。

(5) 选择菜单栏中【插入】|【新建元件】命令，新建【元件 1】元件，在工具箱中选择【矩形】工具，绘制矩形并将矩形填充色设置为放射渐变色，如图 9-25 所示。

图 9-24　为高光部分上色

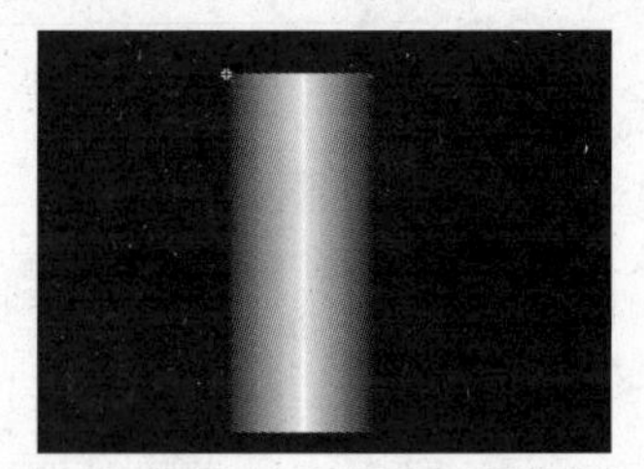

图 9-25　绘制矩形

(6) 返回场景后，新建【图层 3】图层，选中第 1 帧并将【元件 1】从【库】面板中拖至舞台的左侧，如图 9-26 所示。

(7) 在【图层 3】图层的第 30 帧和第 60 帧分别创建关键帧。在第 30 帧将【元件 1】元件拖动到场景的右侧。在第 1 帧至第 30 帧之间、第 30 帧至第 60 帧之间的任意一帧上分别右击，从弹出的快捷菜单中选择【创建补间动画】命令。如图 9-27 所示。

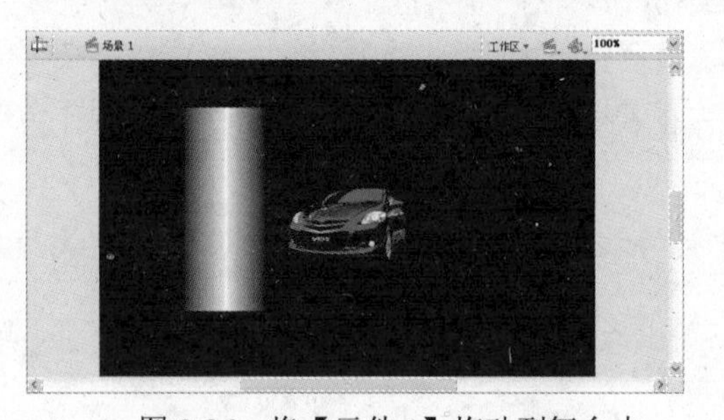

图 9-26　将【元件 1】拖动到舞台中

图 9-27　创建补间动画

(8) 将【图层 2】图层移动到【图层 3】图层之上，然后在【图层 2】图层上右击，在弹出的快捷菜单中选择【遮罩】命令。

(9) 至此完成动画制作，按下 Ctrl+Enter 组合键测试动画效果，如图 9-28 所示。

图 9-28　测试动画效果

9.5 反向运动动画制作

反向运动(IK)是使用骨骼的有关节结构对一个对象或彼此相关的一组对象进行动画处理的方法。

§ 9.5.1　【骨骼】工具

使用【骨骼】工具可以创建一系列链接的对象轻松创建链接效果，也可以使用【骨骼】工具快速扭曲单个对象。使用【骨骼】工具，元件实例和形状对象可以按复杂而自然的方式移动，只需做很少的设计工作。例如，通过反向运动可以更加轻松地创建人物动画，如胳膊、腿和面部表情。

可以向单独的元件实例或单个形状的内部添加骨骼。在一个骨骼移动时，与启动运动的骨骼相关的其他连接骨骼也会移动。使用反向运动进行动画处理时，只需指定对象的开始位置和结束位置即可。骨骼链称为骨架。在父子层次结构中，骨架中的骨骼彼此相连。骨架可以是线性或分支的。源于同一骨骼的骨架分支称为同级。骨骼之间的连接点称为关节。

在 Flash 中可以按两种方式使用【骨骼】工具：一是通过添加将每个实例与其他实例连接在一起的骨骼，用关节连接一系列的元件实例；二是向形状对象的内部添加骨架，可以在合并绘制模式或对象绘制模式中创建形状。在添加骨骼时，Flash 可以自动创建与对象关联的骨架移动到时间轴中的姿势图层。此新图层称为骨架图层。每个骨架图层只能包含一个骨架及其关联的实例或形状。

§ 9.5.2　添加骨骼

对于形状，可以向单个形状的内部添加多个骨骼，也可以为【对象绘制】模式下创建的形状添加骨骼。

向单个形状或一组形状添加骨骼。在任一情况下，在添加第一个骨骼之前必须选择所有形状。在将骨骼添加到所选内容后，Flash 将所有的形状和骨骼转换为骨骼形状对象，并将该对象移动到新的骨架图层。但某个形状转换为骨骼形状后，无法再与骨骼形状外的其他形状合并。

在设计区中绘制一个图形，选中该图形，选择【工具】面板中的【骨骼】工具，在图形中单击并拖动到形状内的其他位置。在拖动时，将显示骨骼。释放鼠标后，在单击的点和释放鼠标的点之间将显示一个实心骨骼。每个骨骼都由头部、圆端和尾部组成，如图 9-29 所示。

骨架中的第一个骨骼是根骨骼，显示为一个圆围绕骨骼头部。添加第一个骨骼时，在形状内希望骨架根部所在的位置单击。也可以稍后编辑每个骨骼的头部和尾部的位置。

添加第一个骨骼时，Flash 将形状转换为骨骼形状对象并移至时间轴中的新的骨架图层。每个骨架图层只能包含一个骨架。Flash 向时间轴中现有的图层之间添加新的骨架图层，以保持舞台上对象的以前堆叠顺序。

该形状变为骨骼形状后，就无法再为其添加新笔触。但仍可以向形状的现有笔触添加控制点或从中删除控制点。

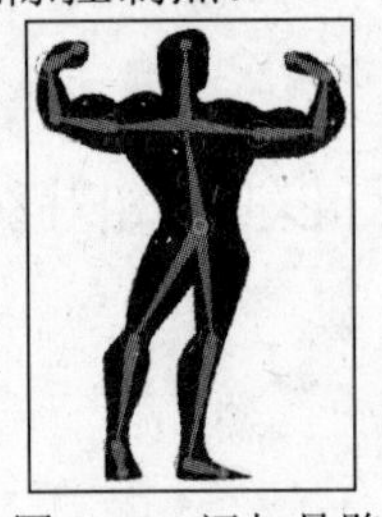

图 9-29　添加骨骼

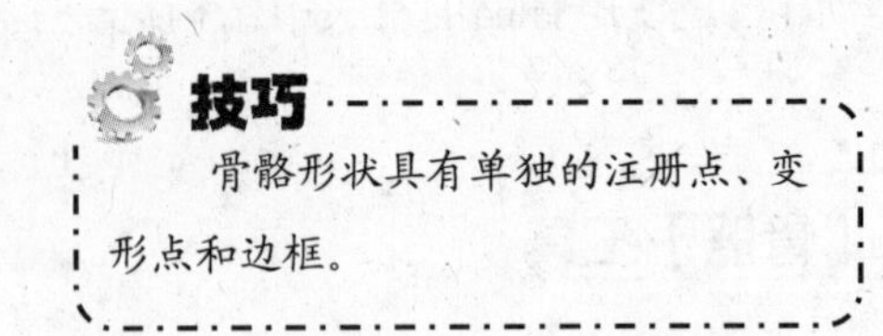

技巧

骨骼形状具有单独的注册点、变形点和边框。

要添加其他骨骼，拖动第一个骨骼的尾部到形状内的其他位置即可，第二个骨骼将成为根骨骼的子级。按照要创建的父子关系的顺序，将形状的各区域与骨骼链接在一起。例如，如果要向手臂形状添加骨骼，添加从肩部到肘部的第一个骨骼、从肘部到手腕的第二个骨骼和从手腕到手部的第三个骨骼。

若要创建分支骨架，单击分支开始的现有骨骼的头部，然后进行拖动以创建新分支的第一个骨骼。骨架可以具有所需数量的分支，但分支不能连接到其他分支(根部除外)。

§ 9.5.3　编辑骨架

创建骨骼后，可以使用多种方法编辑骨骼，例如重新定位骨骼及其关联的对象，在对象内移动骨骼、更改骨骼的长度、删除骨骼以及编辑包含骨骼的对象。

在编辑骨架时，只能在第一个帧(骨架在时间轴中的显示位置)中仅包含初始骨骼的骨架图层中编辑骨架。在骨架图层的后续帧中重新定位骨架后，无法对骨骼结构进行更改。若要编辑骨架，需要从时间轴中删除位于骨架的第一个帧之后的任何附加姿势。如果要重新定位骨架以达到动画处理目的，则可以在姿势图层的任何帧中进行位置更改。Flash 将该帧转换为姿势帧。

1. 选择骨骼

要编辑骨架，首先要选择骨骼，可以通过以下方法选择骨骼。

- 要选择单个骨骼，选择【选择】工具，单击骨骼即可。
- 按住 Shift 键，可以单击选择同个骨骼中的多个骨架。
- 要将所选内容移动到相邻骨骼，可以单击【属性】面板中的【上一个同级】、【下一个同级】、【父级】或【子级】按钮。
- 要选择骨架中的所有骨骼，双击某个骨骼即可。
- 要选择整个骨架并显示骨架的属性和骨架图层，可以单击骨骼图层中包含骨架的帧。
- 要选择骨骼形状，单击该形状即可。

2. 重新定位骨骼

可以对添加的骨骼重新定位，主要由以下方式实现。

- 要重新定位骨架的某个分支，可以拖动该分支中的任何骨骼。该分支中的所有骨骼都将移动，骨架的其他分支中的骨骼不会移动。

➢ 要将某个骨骼与子级骨骼一起旋转而不移动父级骨骼，可以按住 Shift 键拖动该骨骼。
➢ 要将某个骨骼形状移动到舞台上的新位置，在属性检查器中选择该形状并更改 X 和 Y 属性即可。

3. 删除骨骼

删除骨骼可以删除单个骨骼和所有骨骼，可以通过以下方式实现。
➢ 要删除单个骨骼及所有子级骨架，选中该骨骼，按下 Delete 键即可。
➢ 要从某个骨骼形状或元件骨架中删除所有骨骼，选择该形状或该骨架中的任何元件实例，选择【修改】|【分离】命令，分离为图形即可删除整个骨骼。

4. 移动骨骼

移动骨骼操作可以移动骨骼的任一端位置，并且可以调整骨骼的长度。
➢ 要移动骨骼形状内骨骼任一端的位置，选择【部分选取】工具，拖动骨骼的一端即可。
➢ 要移动元件实例内骨骼连接、头部或尾部的位置，打开【变形】面板，移动实例的变形点，骨骼将随变形点移动。
➢ 要移动单个元件实例而不移动任何其他链接的实例，可以按住 Alt 键，拖动该实例，或者使用任意变形工具拖动。连接到实例的骨骼会自动调整长度，以适应实例的新位置。

5. 编辑骨骼形状

除了以上介绍的有关骨骼的基本编辑操作外，还可以对骨骼形状进行编辑。使用部分选取工具，可以在骨骼形状中添加、删除和编辑轮廓的控制点。
➢ 要移动骨骼的位置而不更改骨骼形状，可以拖动骨骼的端点。
➢ 要显示骨骼形状边界的控制点，单击形状的笔触即可。
➢ 要移动控制点，直接拖动该控制点即可。
➢ 要添加新的控制点，单击笔触上没有任何控制点的部分即可，也可以选择【添加锚点】工具，添加新控制点。
➢ 要删除现有的控制点，选中控制点，按下 Delete 键即可，也可以选择【删除锚点】工具，来删除控制点。

§ 9.5.4　创建反向运动动画

创建骨骼动画的方式与 Flash 中的其他对象不同。对于骨架，只需向骨架图层中添加帧并在舞台上重新定位骨架即可创建关键帧。骨架图层中的关键帧称为姿势，每个姿势图层都自动充当补间图层。

要在时间轴中对骨架进行动画处理，可以右击骨架图层中要插入姿势的帧，在弹出的快捷菜单中选择【插入姿势】命令，插入姿势，然后使用选取工具，更改骨架的配置。Flash 会自动在姿势之间的帧中插入骨骼。如果要在时间轴中更改动画的长度，直接拖动骨骼图层中末尾的姿势即可。有关姿势的一些基本操作可以参考前文关于帧的基本操作小节内容。下面将通过一个实例介绍创建骨骼动画的方法。

【例 9-3】新建一个文档，通过骨骼动画制作一个简单的高中物理发动机工作原理课件。

(1) 新建一个文档，使用【工具】面板中的【基本椭圆】工具，首先绘制一大一小两个圆形，然后使用【线条】工具绘制公切线，如图 9-30 所示。

(2) 在工具箱中选择【颜料桶】工具，将该图形填充为黄色。

(3) 选中图形，按下 F8 键，将其转换为【曲轴】影片剪辑元件，如图 9-31 所示。

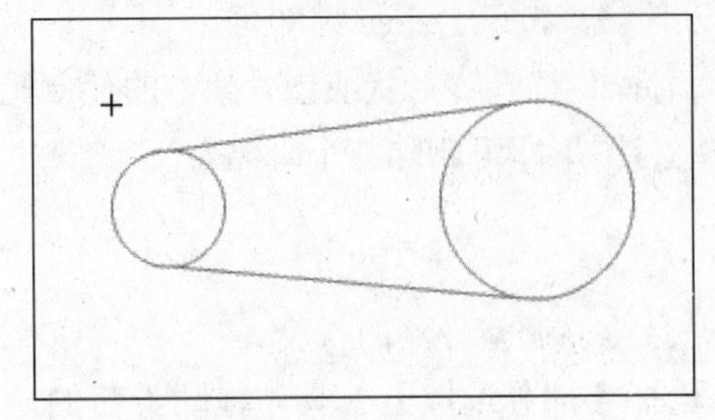

图 9-30 绘制图形

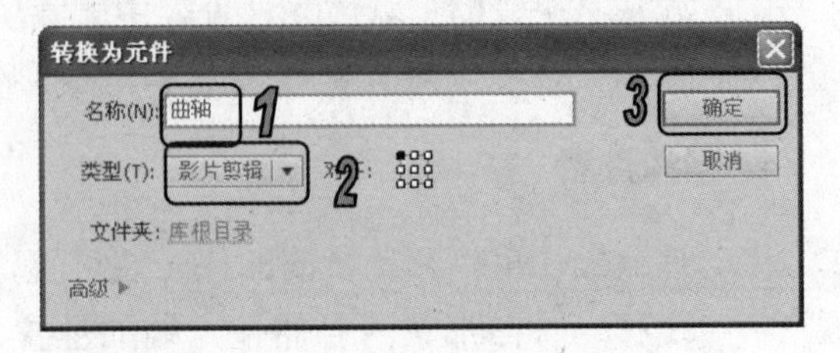

图 9-31 转换为影片剪辑元件

(4) 在工具箱中选择【基本矩形】工具，在舞台中绘制一个长条形状，然后使用【颜料桶】工具将其填充为红色，如图 9-32 所示。

(5) 将【连杆】影片剪辑元件拖动到【曲轴】影片剪辑元件的上方，然后在工具箱中使用【骨骼】工具，从曲轴向连杆创建一个骨骼，如图 9-33 所示。

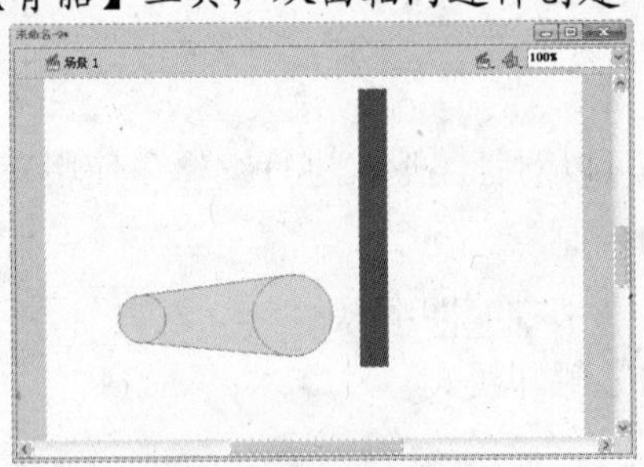

图 9-32 绘制图形

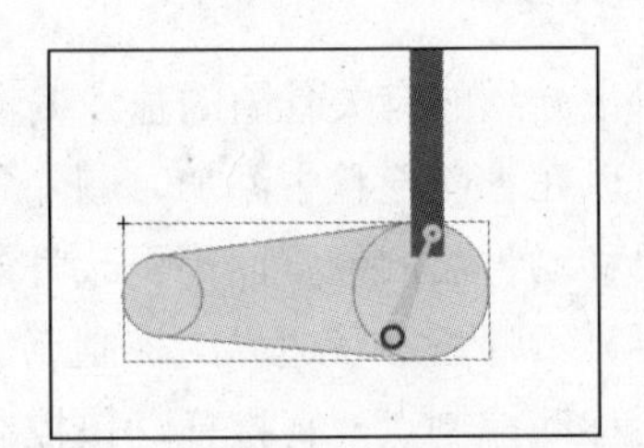

图 9-33 创建骨骼

(6) 选中【图层 1】的第 60 帧插入帧，然后在【骨架_1】图层上的第 10 帧插入关键帧。选中第 10 帧，在舞台中拖动【连杆】影片剪辑元件向上拉线，使【曲轴】影片剪辑元件旋转一些，如图 9-34 所示。

(7) 参考步骤(6)，在第 20、30、40、50 和 60 帧上插入关键帧，并不断调整【连杆】和【曲轴】影片剪辑元件的位置，使时间轴如图 9-35 所示。

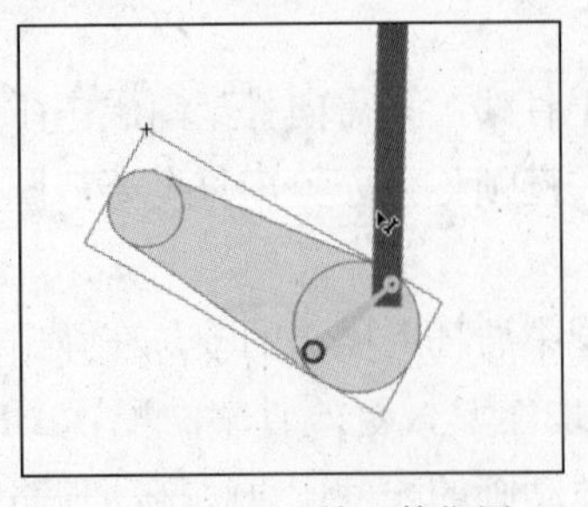

图 9-34 调整元件位置

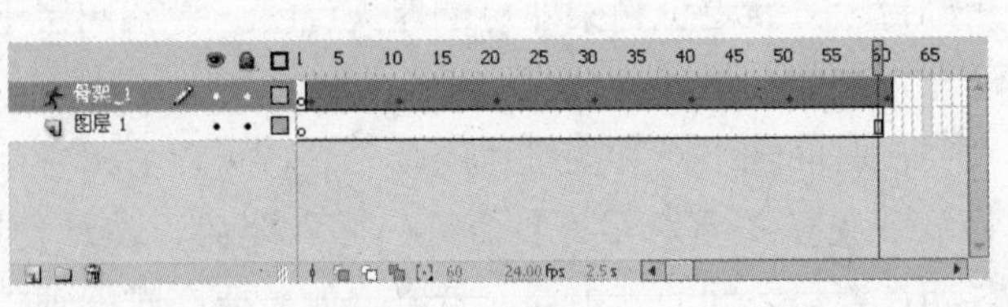

图 9-35 时间轴

新世纪高职高专规划教材

(8) 按下 Ctrl+Enter 组合键，测试动画效果，如图 9-36 所示。绘制的人物图形会根据第 5 帧处骨骼的调整而运动。

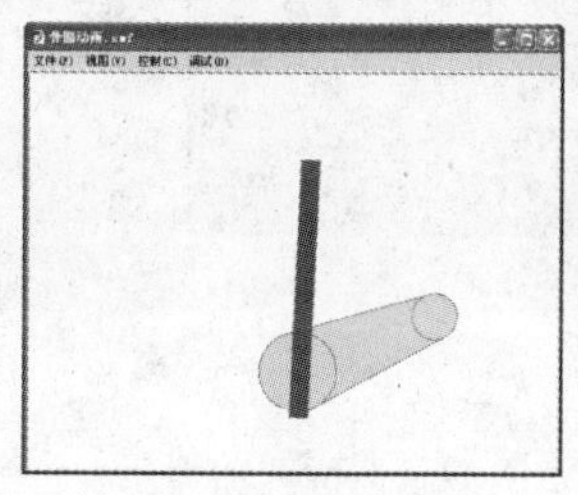
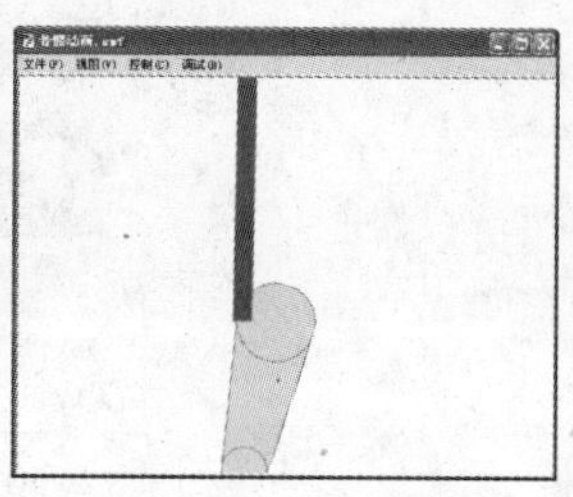
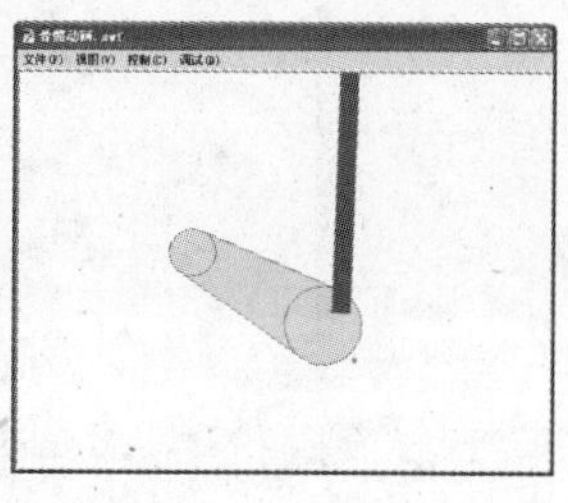

图 9-36　测试效果

(9) 保存文件为【骨骼动画】。

9.6 上机实战

本章的上机实战主要练习使用遮罩制作图片的卷轴展开效果。

(1) 启动 Flash CS5 程序，新建一个 Flash 文档。

(2) 选择【文件】|【导入】|【导入到库】命令，导入如图 9-37 所示的【山水画.jpg】位图文件到【库】面板中。

(3) 选择【修改】|【文档】命令，将舞台大小设置为 800×600 像素，然后单击【确定】按钮，返回舞台，如图 9-38 所示。

图 9-37　导入位图

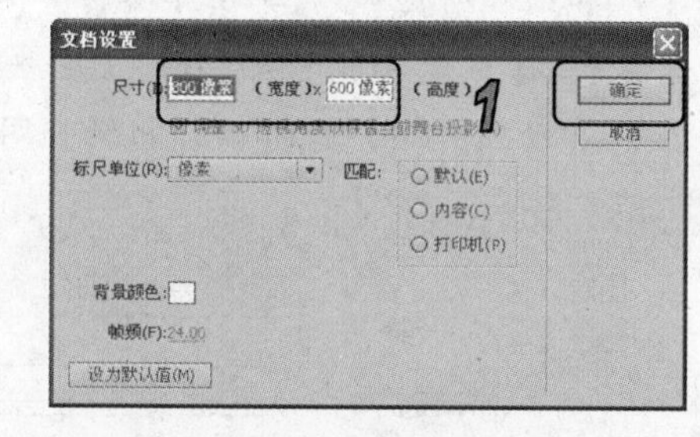

图 9-38　调整舞台大小

(4) 选择【插入】|【新建元件】命令，创建一个名为【卷轴】的图形元件，进入元件编辑模式后，使用工具箱中的【矩形】工具先绘制一个矩形，设置宽度为 350 像素，然后设置其填充颜色为线性渐变效果，如图 9-39 所示。

(5) 单击舞台左上角的按钮，返回场景，选中【图层 1】的第 1 帧，将【卷轴】图形元件拖入舞台左侧；新建【图层 2】，选中【图层 2】的第 1 帧，将【卷轴】图形元件拖入舞台右侧；新建【图层 3】，选中【图层 3】的第 1 帧，将位图文件从【库】面板中拖入舞台并将其转换成名为【底图】的图形元件。最后调整舞台中 3 个图形元件的位置和大小，使其效果如图 9-40 所示。

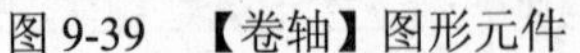

图 9-39 【卷轴】图形元件

图 9-40 调整元件位置和大小

(6) 选择【插入】|【新建元件】命令，创建一个名为【遮罩】的影片剪辑元件，进入元件编辑模式后，使用工具箱中的【矩形】工具在舞台中绘制一个大小和位置均与【图层 3】中的【底图】图形元件相同的矩形图案(颜色任选)。

(7) 在时间轴上的第 40 帧和第 80 帧分别按下 F6 键插入关键帧后，选中第 1 帧，将舞台中的图案向左平移使矩形的右边与原图左边相切，如图 9-41 所示。

图 9-41 移动矩形图案

(8) 同理，选中第 80 帧，将舞台中的图案向右平移使矩形的左边与原图右边相切。完成后分别在第 1 帧和第 30 帧上右击，在弹出的快捷菜单中选择【创建传统补间】命令，创建动画补间。在【图层 3】的第 1 帧和第 30 帧上右击，然后在弹出的快捷菜单中选择【创建补间动画】命令，创建动画补间，此时的时间轴如图 9-42 所示。

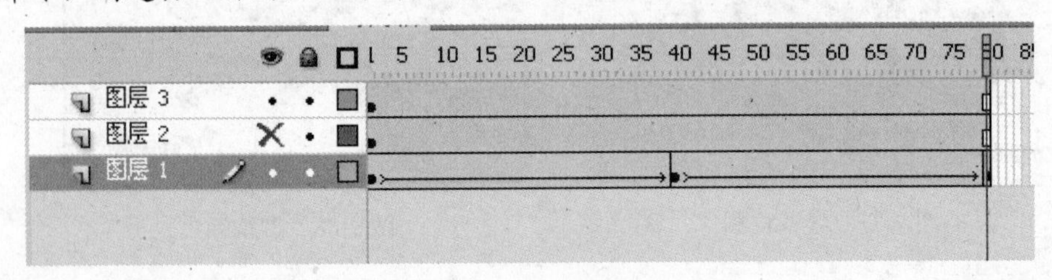

图 9-42 创建补间动画

(9) 单击舞台左上角的按钮，返回场景，新建【图层 4】，选中【图层 4】的第 1 帧后将【遮罩】影片剪辑元件拖入舞台，调整其位置使其与【图层 3】中【底图】图形元件的位置重叠，如图 9-43 所示。

(10) 选中【图层 1】的第 40 帧和第 80 帧，分别按下 F6 键插入关键帧，然后在第 40 帧上调整【卷轴】图形元件的位置，使其与【图层 2】中的元件相切，如图 9-44 所示。然后在第 1 ~ 40 帧和第 40 ~ 80 帧之间创建动画补间，实现【卷轴】的来回运动效果。

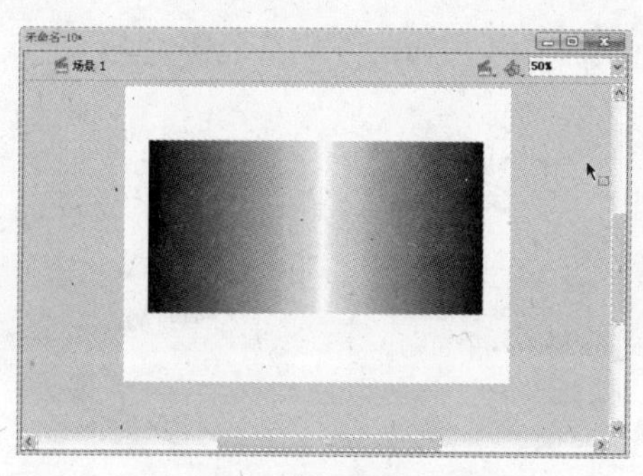

图 9-43　使遮罩覆盖底图

图 9-44　调整元件位置

(11) 分别在【图层 2】、【图层 3】和【图层 4】的第 80 帧上插入帧，然后在【图层 4】上右击，在弹出的快捷菜单中选择【遮罩层】命令，将其转换为遮罩层，而【图层 3】将自动转换为被遮罩层，此时的时间轴效果如图 9-45 所示。

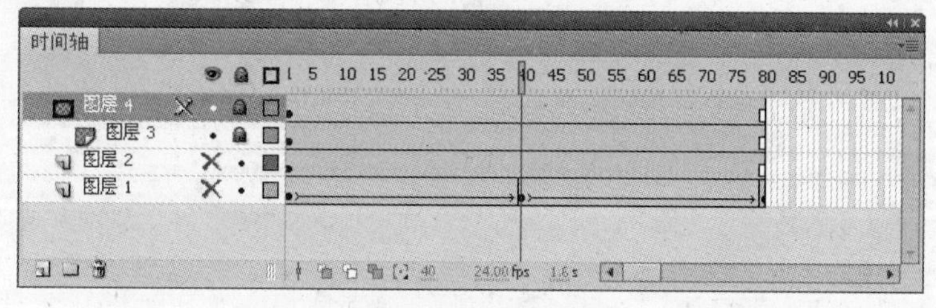

图 9-45　设置遮罩层

(12) 将文档保存为【展开卷轴】，然后按下 Ctrl+Enter 组合键测试动画效果。

9.7 习题

1. 使用引导层，创建如图 9-46 所示的毛笔字书写动画。
2. 使用遮罩层，创建如图 9-47 所示的百叶窗动画效果。

图 9-46　引导层动画

图 9-47　遮罩动画

ActionScript 编程基础

主要内容

ActionScript 是 Flash 的动作脚本语言，在 Flash 中使用动作脚本语言可以与 Flash 后台数据库进行交流，结合庞大的数据库系统和脚本语言，从而可以制作出交互性强、动画效果更加绚丽的 Flash 影片。动作脚本由一些动作、运算符和对象等元素组成，本章主要介绍这方面的基础知识。

本章重点

- 了解 ActionScript 3.0
- 数据类型
- 函数
- 关键字
- 运算符
- ActionScrip 语法规则

10.1 ActionScript 语言基础

ActionScript 是 Flash 与程序进行通信的方式。可以通过输入代码，让系统自动执行相应的任务，并询问在影片运行时发生的情况。这种双向的通信方式，可以创建具有交互功能的影片，也使得 Flash 能优于其他动画制作软件。它是通过 Flash Player 中的 ActionScript 虚拟机(AVM)来执行的。ActionScript 与其他脚本语言类似，都遵循特定的语法规则、保留关键字、提供运算符，并且允许使用变量存储和获取信息，而且还包含内置的对象和函数，允许用户创建自己的对象和函数。

§ 10.1.1 ActionScript 概述

ActionScript 语言是 Flash 提供的一种动作脚本语言。在 ActionScript 动作脚本中包含了动作、运算符以及对象等元素，可以将这些元素组织到动作脚本中，然后指定要执行的操作。使用 ActionScript 语言，能更好地控制动画元件，提高动画的交互性，例如控制【按钮】元件，当按下按钮时，执行指定的脚本语言动作。同样，也可以将 ActionScript 语句添加到【影片剪辑】元件中，从而实现不同的动画效果。

在 Flash CS5 中，要进行动作脚本设置，首先选中关键帧，然后选择【窗口】|【动作】命令，打开【动作】面板，如图 10-1 所示，该面板主要由工具栏、脚本语言编辑区域、动作工具箱和对象窗口组成。

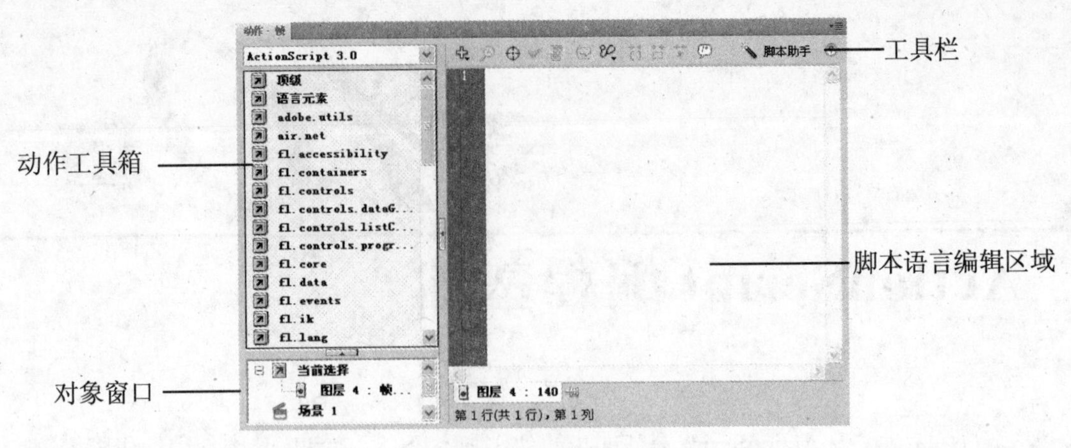

图 10-1 【动作】面板

1. 工具栏

工具栏位于脚本语言编辑区域上方，有关工具栏中主要按钮的具体作用如下。

➤ 【将新项目添加到脚本中】按钮：单击该按钮，在弹出的菜单中可以选择相应的动作语句并添加到脚本语言编辑区域中。该按钮中包含的动作语句与【动作】工具箱中的命令完全相同。

➤ 【查找】按钮：单击该按钮，打开【查找和替换】对话框，如图 10-2 所示，在【查找内容】文本框中可以输入要查找的内容；在【替换为】文本框中可以输入要替换的内容；单击【查找下一个】和【替换】按钮，可以进行查找与替换；单击【全部替换】按钮，可以替换脚本中所有与其相符的内容。

➤ 【插入目标路径】按钮：单击该按钮，打开【插入目标路径】对话框，如图 10-3 所示，可以选择插入按钮或影片剪辑元件实例的目标路径。

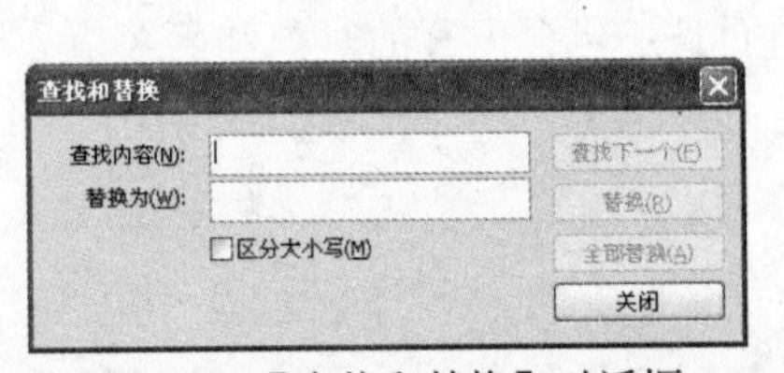

图 10-2 【查找和替换】对话框

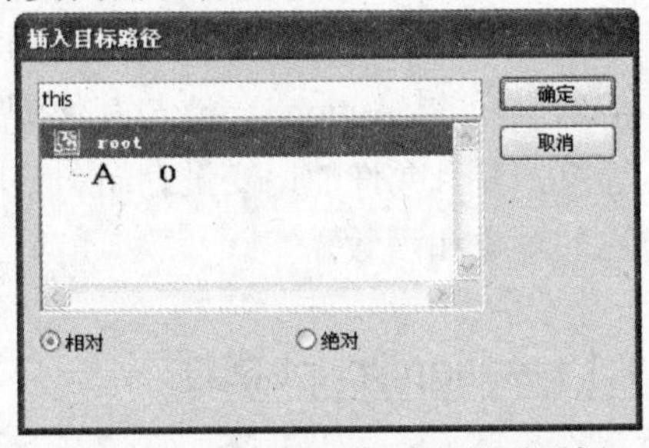

图 10-3 【插入目标路径】对话框

➤ 【语法检查】按钮：单击该按钮，可以对输入的动作脚本进行语法检查。如果脚本中存在错误，系统会打开一个信息提示框，并且在【输出】面板中会显示脚本的错误信息。

➤ 【自动套用格式】按钮：单击该按钮，自动进行格式排列输入的动作脚本。

➤ 【显示代码提示】按钮：单击该按钮，在输入动作脚本时显示代码提示。

➤ 【调试选项】按钮：单击该按钮，在弹出的菜单中选择【设置断点】选项，可以检查动作脚本的语法错误。

- ➢ 【脚本助手】按钮 脚本助手：单击该按钮，可以在打开的面板中显示当前脚本命令的使用说明。
- ➢ 【折叠成对大括号】按钮，单击该按钮，可以在代码间以大括号收缩。
- ➢ 【折叠所选】按钮，单击该按钮，可以在所选择的代码间以大括号收缩。
- ➢ 【展开全部】按钮，单击该按钮，可以展开所有收缩的代码。

2. 脚本语言编辑区域

当前对象上所有调用或输入的 ActionScript 语言都会在脚本语言编辑区域中显示，是编辑脚本语言的主区域。

3. 动作工具箱

动作工具箱包含了 Flash 提供的所有 ActionScript 动作命令和相关语法。在该工具箱中，可以选择 ActionScript 脚本语言的运行环境，在列表中选择所需的命令、语法等，双击即可添加到脚本语言编辑区域中。

4. 对象窗口

对象窗口会显示当前 Flash 文档所有添加过脚本语言的元件，并且在脚本语言编辑区域中会显示添加的动作。

§ 10.1.2 了解 ActionScript 常用术语

在学习编写 ActionScript 之前，首先要了解一些 ActionScript 的常用术语，有关 ActionScript 中的常用术语名称和介绍说明如表 10-1 所示。

表 10-1 ActionScript 常用术语

名 称	说 明
动作	在播放影片时指示影片行某些任务的语句。例如，使用 gotoAndStop 动作可以将播放头置于特定的帧或标签
布尔值	true 或 false 值
类	用于定义新类型对象的数据类型。要定义类，需要创建一个构造函数
常数	不变的元素。例如，常数 Key.TAB 的含义始终不变，它代表键盘上的 Tab 键。常数对于比较值是非常有用的
数据类型	值和可以对这些值执行的动作的集合，包括字符串、数字、布尔值、对象、影片剪辑、函数、空值和未定义等
事件	在影片播放时发生的动作。例如，加载影片、播放头进入帧、用户单击按钮或影片剪辑以及用户通过键盘输入时可以产生不同的事件

(续表)

名　称	说　明
事件处理函数	管理诸如 mouseDown 或 load 等事件的特殊动作，包括动作和方法两类。但事件处理函数动作包括 on 和 onClipEvent 两个，而每个具有事件处理函数方法的动作脚本对象都有一个名为“事件”的子类别
函数	可以向其传递参数并能够返回值的可重复使用的代码块。例如，可以向 getProperty 函数传递属性名和影片剪辑的实例名，然后它会返回属性值；使用 getVersion 函数可以得到当前正在播放影片的 Flash Player 版本号
标识符	用于表明变量、属性、对象、函数或方法的名称。它的第一个字符必须是字母、下划线 (_) 或美元记号 ($)。其后的字符必须是字母、数字、下划线或美元记号。例如，firstName 是变量的名称
实例	属于某个类的对象。类的每个实例包含该类的所有属性和方法。所有影片剪辑都是具有 MovieClip 类属性(例如_alpha 和_visible)和方法(例如 gotoAndPlay 和 getURL)的实例
实例名称	在脚本中用来代表影片剪辑和按钮实例的唯一名称。可以使用属性面板为舞台上的实例指定实例名称
关键字	有特殊含义的保留字。例如，var 是用于声明本地变量的关键字。但是在 Flash 中，不能使用关键字作为标识符。例如，var 不是合法的变量名
对象	属性和方法的集合，每个对象都有自己的名称，并且都是特定类的实例。内置对象是在动作脚本语言中预先定义的。例如，内置对象 Date 可以提供系统时钟信息
运算符	通过一个或多个值计算新值的术语。例如，加法 (+) 运算符可以将两个或多个值相加到一起，从而产生一个新值。运算符处理的值称为操作数
属性	定义一个对象的属性
变量	保存任何数据类型的值的标识符。可以创建、更改和更新变量，也可以获得它们存储的值并在脚本中使用

§ 10.1.3　ActionScript 3.0 的特点

ActionScript 3.0 与之前的版本相比有很大区别，它需要一个全新的虚拟机运行，并且 ActionScript 3.0 在 Flash Player 中的回放速度要比 ActionScript 2.0 代码快，在早期版本中有些并不复杂的人物在 ActionScript 3.0 的代码长度会变为原来的两倍，在操作细节上的完善使动画制作者的编程工作更加得心应手。

有关 ActionScript 3.0 的特点，主要有以下几点。

- 增强处理运行错误能力：提示的运行错误中显示了详细的附注，列出出错的源文件和以数字提示的时间线，有助于快速定位产生错误的位置。
- 类封装：ActionScript 3.0 引入密封的类的概念，在编译时间内的密封类拥有唯一固定的特征和方法，其他的特征和方法不会被加入。因而提高了对内存的使用率，避免了为每一个对象实例增加内在的杂乱指令。
- 命名空间：不仅在 XML 中支持命名空间，在类的定义中也同样支持。
- 运行时变量类型检测：在回放时会检测变量的类型是否合法。
- Int 和 uint 数据类型：新的数据变量类型允许 ActionScript 使用更快的整形数据来进行计算。

10.2 ActionScript 常用语言

学习 ActionScript，要对 ActionScript 语句的组成部分和一些语法规则有所了解。在本章节的前文中已经介绍了有关 ActionScript 中的常用术语名称和说明，下面将详细介绍 ActionScript 的一些主要组成部分。

§ 10.2.1　ActionScript 的数据类型

数据类型用于描述变量或动作脚本元素可以存储的数据信息。在 Flash 中包括两种数据类型，即原始数据类型和引用数据类型。原始数据类型包括字符串、数字和布尔值，都有一个常数值，因此可以包含它们所代表元素的实际值；引用数据类型是指影片剪辑和对象，值可能发生更改，因此它们包含对该元素实际值的引用。此外，在 Flash 中还包含有两种特殊的数据类型，即空值和未定义。

1. 字符串

字符串是由诸如字母、数字和标点符号等字符组成的序列。在 ActionScript 中，字符串必须在单引号或双引号之间输入，否则将被作为变量进行处理。例如在下面的语句中，"JXD24"即为一个字符串。

```
favoriteBand = "JXD24";
```

可以使用加法(+)运算符连接或合并两个字符串。在连接或合并字符串时，字符串前面或后面的空格将作为该字符串的一部分被连接或合并。在如下代码中，在 Flash 执行程序时，自动将 Welcome 和 Beijing 两个字符串连接合并为一个字符串。

```
"Welcome, " + "Beijing";
```

但要注意的是，虽然动作脚本在引用变量、实例名称和帧标签时不区分大小写，但文本字符串却要区分大小写。例如，"chiangxd"和"CHIANGXD"将被认为是两个不同的字符串。

如果要在字符串中包含引号，可在其前面使用反斜杠字符(\)，这称为字符转义。在动作脚本中，还有一些字符必须使用特殊的转义序列才能表示出来，如表 10-2 所示。

表 10-2　ActionScript 常用字符

转 义 序 列	字　符
\b	退格符 (ASCII 8)
\f	换页符 (ASCII 12)
\n	换行符 (ASCII 10)
\r	回车符 (ASCII 13)
\t	制表符 (ASCII 9)
\"	双引号
\'	单引号
\\	反斜杠
\000 - \377	以八进制指定的字节
\x00 - \xFF	以十六进制指定的字节
\u0000 - \uFFFF	以十六进制指定的 16 位 Unicode 字符

2. 数值型

数值类型是一种很常见的数据类型，它包含的都是数字。所有的数值类型都是双精度浮点类，可以用数学算术运算符来获得或者修改变量，例如利用加(+)、减(－)、乘(*)、除(/)、递增(++)、递减(--)等对数值型数据进行处理；也可以使用 Flash 内置的数学函数库，这些函数被放置在 Math 对象里，例如，使用 sqrt(平方根)函数，求出 90 的平方根，然后给 number 变量赋值。

```
number=Math.sqrt(90);
```

3. 布尔值

布尔值是 true 或 false 值。动作脚本会在需要时将 true 转换为 1，将 false 转换为 0。布尔值在控制脚本流的动作脚本语句过程中，经常与逻辑运算符一起使用。例如下面代码中，如果变量 i 值为 flase，转到第 1 帧开始播放影片。

```
if (i == flase) {
gotoAndPlay(1);
}
```

4. 对象

对象是属性的集合，每个属性都包含有名称和值两部分。属性的值可以是 Flash 中的任何数据类型。可以将对象相互包含或进行嵌套。要指定对象和它们的属性，可以使用点(.)运算符。例如，在如下的代码中，hoursWorked 是 weeklyStats 的属性，而 weeklyStats 又是 employee

的属性：

```
employee.weeklyStats.hoursWorked
```

可以使用内置的动作脚本对象访问和处理特定种类的信息。例如，在如下代码中，Math 对象的一些方法可以对传递给它们的数字进行数学运算。

```
Root=Math.sqrt(90);
```

在 Flash 中，也可以自己创建对象来组织影片中的信息。要使用动作脚本添加交互操作，就需要不同的信息，比如用户的姓名、年龄、性格以及联系方式等。创建对象可以将这些信息分组，简化编写动作脚本过程。

5. 影片剪辑

影片剪辑是对象类型中的一种，它是 Flash 影片中可以播放动画的元件，是唯一引用图形元素的数据类型。影片剪辑数据类型允许用户使用 MovieClip 对象的方法对影片剪辑元件进行控制。用户可以通过点(.)运算符调用该方法。例如：

```
mc1.startDrag(true);
```

6. 空值与未定义

空值数据类型只有一个值即 null，表示没有值，缺少数据，它可以在各种情况下使用。

- 表明变量还没有接收到值。
- 表明变量不再包含值。
- 作为函数的返回值，表明函数没有可以返回的值。
- 作为函数的一个参数，表明省略了一个参数

此外，未定义数据类型同样也只有一个值，即 undefined，用于尚未分配值的变量。

§ 10.2.2 ActionScript 变量

变量是动作脚本中可以变化的量，在动画播放过程中可以更改变量的值，还可以记录和保存用户的操作信息、记录影片播放时更改的值或评估某个条件是否成立等。在首次定义变量时，建议用户对变量进行初始化操作，为变量指定一个初始值。初始化变量有助于用户在播放影片时跟踪和比较变量值。

变量中可以存储诸如数值、字符串、布尔值、对象或影片剪辑等任何类型的数据；也可以存储典型的信息类型，如 URL、用户姓名、数学运算的结果、事件发生的次数或是否单击了某个按钮等。

1. 命名变量

对变量进行命名必须遵循以下规则。

- 必须是标识符，即必须以字母或者下划线开头，例如 JXD24、365games 等均为有效变量名。

- 不能和关键字或动作脚本同名，例如 true、false、null 或 undefined 等。
- 在变量的范围内必须是唯一的。

在输入变量时，不需要定义变量的数据类型，为变量赋值时，系统会自动确定其数据类型。例如表达式 x = "nanjing"，由于"nanjing"的数据类型为字符串型，因此变量 x 的类型也将被定义为字符串型。对于尚未赋值的变量来，其数据类型为 undefined。

2. 变量的赋值

在 Flash 中，当为一个变量赋值时，会同时确定该变量的数据类型。例如表达式"age=24"，24 是 age 变量的值，因此变量 age 是数值型数据类型变量。如果没有为变量赋值，该变量则不属于任何数据类型。

在编写动作脚本过程中，Flash 会自动将一种类型的数据转换为另一种类型。例如：

```
"one minute is"+60+"seconds"
```

60 属于数值型数据类型，左右两边用运算符号(+)连接的都是字符串数据类型，Flash 会将 60 自动转换为字符，因为运算符号(+)在用于字符串变量时，左右两边的内容都是字符串类型，Flash 会自动转换，该脚本在实际执行的值为"one minute is 60 seconds"。

3. 变量类型

在 Flash 中，主要有 4 种类型的变量。

- 逻辑变量：用于判定指定的条件是否成立，即 true 和 false。True 表示条件成立，false 表示条件不成立。
- 数值型变量：用于存储一些特定的数值。
- 字符串变量：用于保存特定的文本内容。
- 对象型变量：用于存储对象类型数据。

4. 变量的作用范围

变量的作用范围是指变量能够被识别并且可以引用的范围，在该范围内的变量是已知并可以引用的。动作脚本包括以下 3 种类型变量范围。

- 本地变量：只能在变量自身的代码块(由大括号界定)中可用的变量。
- 时间轴变量：可以用于任何时间轴的变量，但必须使用目标路径进行调用。
- 全局变量：可以用于任何时间轴的变量，并且不需要使用目标路径即可直接调用。

本地变量可以防止出现名称冲突，名称冲突会导致动画出现错误。而使用本地变量可以在一个环境中存储用户名，而在其他环境中存储剪辑实例，这些变量在不同的范围那运行，因此不会发生冲突。本地变量可在脚本中使用 var 语句。由于本地变量只在它自己的代码块中可以更改，而不会受到外部变量的影响，因此在函数体中使用本地变量，就可以将函数作为独立的程序模块使用；而如果在函数中使用全局变量，则在函数之外也可以更改它的值，从而更改了该函数。

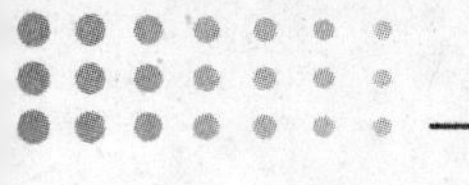

5. 变量声明

要声明时间轴变量，可以使用 set variable 动作或赋值运算符(=)。要声明本地变量，可在函数体内部使用 var 语句。本地变量的使用范围只限于包含该本地变量的代码块，它会随着代码块的结束而结束。没有在代码块中声明的本地变量会在它的脚本结束时结束，例如：

```
function myColor() {
  var i = 2;
}
```

声明全局变量，可在该变量名前面使用_global 标识符。例如：

```
myName= "chiangxiaotung";
```

6. 在脚本中使用变量

在脚本中必须先声明变量，然后才能在表达式中使用。如果未声明变量，该变量的值为 undefined，并且脚本将会出错。例如下面的代码。

```
getURL(WebSite);
WebSite = "http://www.xdchiang.com.cn";
```

在上述代码中，声明变量 WebSite 的语句必须最先出现，这样才能用其值替换 getURL 动作中的变量。

在一个脚本中，可以多次更改变量的值。变量包含的数据类型将影响任何时候更改的变量。原始数据类型是按值进行传递的。这意味着变量的实际内容会传递给变量。例如，在下面的代码中，x 设置为 15，该值会复制到 y 中。当在第 3 行中 x 更改为 30 时，y 的值仍然为 15，这是因为 y 并不依赖 x 的改变而改变。

```
var x = 15;
var y = x;
var x = 30;
```

对象数据类型可以包含大量复杂的信息，所以属于该类型的变量并不包含实际的值；它包含的是对值的引用。这种引用类似于指向变量内容的别名。当变量需要知道它的值时，该引用会查询内容，然后返回答案，而无需将该值传递给变量。例如，下面的代码是按引用进行传递的。

```
var myArray = ["tom", "dick"];
var newArray = myArray;
myArray[1] = "jack";
trace(newArray);
```

在上面的代码中先创建了一个名为 myArray 的数组对象，它有两个元素。然后创建了变量 newArray，并向它传递了对 myArray 的引用。当 myArray 的第二个元素变化时，影响引用它的每个变量。trace 动作会向“输出”窗口发送 tom, jack。

在下面的例子中，myArray 包含一个数组对象，因此它会按引用传递给函数 zeroArray。zeroArray 函数会更改 myArray 中的数组内容。

```
function zeroArray (theArray){
 var i;
 for (i=0; i < theArray.length; i++) {
  theArray[i] = 0;
 }
}
var myArray = new Array();
myArray[0] = 1;
myArray[1] = 2;
myArray[2] = 3;
zeroArray(myArray);
```

函数 zeroArray 会将数组对象当做参数来接收，并将该数组的所有元素设置为 0。因为该数组是按引用进行传递的，所以该函数可以修改它。

§ 10.2.3 ActionScript 常量

常量在程序中是始终保持不变的量，它分为数值型、字符串型和逻辑型。

- 数值型常量：由数值表示，例如"setProperty(yen,_alpha,100);"中，100 就是数值型常量。
- 字符串型常量：由若干字符构成的数值，它必须在常量两端引用标号，但并不是所有包含引用标号的内容都是字符串，因为 Flash 会根据上下文的内容来判断一个值是字符串还是数值。
- 逻辑型常量：又称为布尔型，表明条件成立与否，如果条件成立，在脚本语言中用 1 或 true 表示，如果条件不成立，则用 0 或 false 表示。

§ 10.2.4 ActionScript 关键字

ActionScript 保留了一些具有特殊用途的单词便于调用，这些单词被称为关键字。ActionScript 中常用的关键帧如表所示。在编写脚本时，要注意不能再将它们作为变量、函数或实例名称使用，如表 10-3 所示。

表 10-3 ActionScript 常用关键字

break	else	Instanceof	typeof
case	for	New	var
continue	function	Return	void
default	if	Switch	while
delete	in	this	with

§ 10.2.5 ActionScript 函数

在 ActionScript 中，函数是一个动作脚本的代码块，可以在任何位置重复使用，减少代码量，从而提供工作效率，同时也可以减少手动输入代码时引起的错误。在 Flash 中可以直接调用已有的内置函数，也可以创建自定义函数，然后进行调用。用户将值作为参数传递给函数，它将对这些值进行操作。函数常用于复杂和交互性较强的动作制作中。

1. 内置函数

内置函数是一种语言在内部集成的函数，它已经完成了定义的过程。当需要传递参数调用时，可以直接使用。它可用于访问特定的信息以及执行特定的任务。例如，获取播放影片的 Flash Player 版本号(getVersion())。

2. 自定义函数

可以把执行自定义功能的一系列语句定义为一个函数。自定义的函数同样可以返回值和传递参数，也可以任意调用它。

同变量类似，函数附加在定义它们的影片剪辑的时间轴上。必须使用目标路径才能调用它们。此外，也可以使用_global 标识符声明一个全局函数，全局函数可以在所有时间轴中被调用，而且不必使用目标路径。该特点和变量很相似。

要定义全局函数，可以在函数名称前面加上标识符_global。例如：

```
_global.myFunction = function (x) {
    return (x*2)+3;
}
```

要定义时间轴函数，可以使用 function 动作，后接函数名、传递给该函数的参数以及指示该函数功能的 ActionScript 语句。例如，以下语句定义了函数 areaOfCircle，其参数为 radius。

```
function areaOfCircle(radius) {
   return Math.PI * radius * radius;
}
```

一旦定义了函数，就可以在任意一个时间轴中调用它。一个写得好的函数可以被看作一个“黑匣子”。如果该函数系统地包含了有关输入、输出和详细的注释，那么使用该函数的用户无需太多理解该函数的内部工作原理。

3. 向函数传递参数

参数是指某些函数执行其代码时所需要的元素。例如，以下函数使用了参数 initials 和 finalScore。

```
function fillOutScorecard(initials, finalScore) {
   scorecard.display = initials;
   scorecard.score = finalScore;
}
```

当调用函数时，所需的参数必须传递给函数。函数会使用传递的值替换函数定义中的参数。例如以下代码，scorecard 是影片剪辑的实例名称，display 和 score 是影片剪辑中可输入文本块。以下函数调用会将值"JEB"赋予变量 display，并将值 45000 赋予变量 score。

```
fillOutScorecard("JEB", 45000);
```

参数 initials 在函数 fillOutScorecard()中类似于一个本地变量，它只有在调用该函数时才存在，当该函数退出时，该参数也将停止。如果在函数调用时省略了参数，则省略的参数将被传递 undefined 类型值。如果在调用函数时提供了多余参数，则多余的参数将被忽略。

4. 从函数返回值

使用 return 语句可以从函数中返回值。return 语句将停止函数运行并使用 return 语句的值替换它。在函数中使用 return 语句时要遵循以下规则。

- 如果为函数指定除 void 之外的其他返回类型，则必须在函数中加入一条 return 语句。
- 如果指定返回类型为 void，则不应加入 return 语句。
- 如果不指定返回类型，则可以选择是否加入 return 语句。如果不加入该语句，将返回一个空字符串。

例如，以下函数返回参数 x 的平方，并且指定了返回值的类型为 Number。

```
function sqr(x):Number {
    return x * x;
}
```

有些函数只是执行一系列的任务，但不返回值。例如，以下函数只是初始化一系列全局变量。

```
function initialize() {
    boat_x = _global.boat._x;
    boat_y = _global.boat._y;
    car_x = _global.car._x;
     car_y = _global.car._y;
}
```

5. 自定义函数的调用

使用目标路径从任意时间轴中调用任意时间轴内的函数。如果函数是使用_global 标识符声明的，则无需使用目标路径即可调用它。

要调用自定义函数，可以在目标路径中输入函数名称，有的自定义函数需要在括号内传递所有必需的参数。例如，以下语句中，在主时间轴上调用影片剪辑 MathLib 中的函数 sqr()，其参数为 3，最后把结果存储在变量 temp 中：

```
var temp = _root.MathLib.sqr(3);
```

在调用自定义函数时，可以使用绝对路径或相对路径来调用。

在下面示例中，使用绝对路径调用 initialize()函数，并且该函数是在主时间轴上定义的，

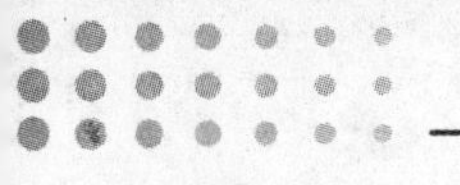

也不需要参数。

```
_root.initialize();
```

在下面代码中，使用相对路径调用 list() 函数，该函数是在 functionsClip 影片剪辑中定义的：

```
_parent.functionsClip.list(6)
```

§ 10.2.6　ActionScript 运算符

ActionScript 中的表达式都是通过运算符连接变量和数值的。运算符是在进行动作脚本编程过程中经常会用到的元素，使用它可以连接、比较和修改已经定义的数值。ActionScript 中的运算符分为：数值运算符、赋值运算符、逻辑运算符以及等于运算符等。运算符处理的值称为操作数，例如 x=100;，其中=为运算符，x 为操作数。

1. 运算符的优先顺序

在一个语句中使用两个或两个以上运算符时，各运算符会遵循一定的优先顺序进行运算。比如运算符加(＋)和减(－)的优先顺序最低，运算符乘(*)和除(/)的优先顺序较高，而括号的优先顺序最高。

如果一个表达式中包含有相同优先级的运算符时，动作脚本将按照从左到右的顺序依次进行计算；当表达式中包含有较高优先级的运算符时，动作脚本将按照从左到右的顺序，先计算优先级高的运算符，然后再计算优先级较低的运算符；当表达式中包含括号时，则先对括号中的内容进行计算，然后按照优先顺序依次进行计算。

2. 数值运算符

数值运算符可以执行加、减、乘、除及其他算术运算。动作脚本数值运算符如表所示。

表 10-4　运算符

运　算　符	执行的运算
+	加法
*	乘法
/	除法
%	求模(除后的余数)
–	减法
++	递增
––	递减

在递增和递减运算中，最常见的用法是递增运算 i++；同样，递减运算用 i--。递增/递减运算符可以在操作数前面使用，也可以在操作数的后面使用。若递增/递减运算符出现在操作

新世纪高职高专规划教材

数的前面表示先进行递增/递减操作，然后再使用操作数如++i；若递增/递减运算符出现在操作数的后面，则表示先使用操作数，然后再进行递增/递减操作如 i++。

3. 比较运算符

比较运算符用于比较表达式的值，然后返回一个布尔值(true 或 false)，这些运算符常用于循环语句和条件语句中。动作脚本中的比较运算符如表 10-5 所示。比较运算符通常用于循环语句及条件语句中。例如在下面的示例中，若变量 i 的值小于 10，则开始影片的播放；否则停止影片播放。

```
If (I < 10){
  stop();
} else {
  play();
}
```

表 10-5　比较运算符

运　算　符	执行的运算
<	小于
>	大于
<=	小于或等于
>=	大于或等于

4. 字符串运算符

加(+)运算符处理字符串时会产生特殊效果，它可以将两个字符串操作数连接起来，使其成为一个字符串。若加(+)运算符连接的操作数中只有一个是字符串，Flash 会将另一个操作数也转换为字符串，然后将它们连接为一个字符串。

使用比较运算符>、>=、<和<=在处理字符串时也会产生特殊的效果，这些运算符会比较两个字符串，将字符串按字母数字顺序排在前面。如果两个操作数都是字符串，比较运算符将只比较字符串。如果只有一个操作数是字符串，Flash 会将两个操作数都转换为数值，然后进行数值比较。

5. 逻辑运算符

逻辑运算符是对布尔值(true 和 false)进行比较，然后返回另一个布尔值，动作脚本中的逻辑运算符如表 10-6 所示，该表按优先级递减的顺序列出了逻辑运算符。例如，如果两个操作数都为 true，逻辑与运算符(&&)将返回 true。如果其中一个或两个操作数为 true，则逻辑或运算符(||)将返回 true。逻辑运算符通常与比较运算符配合使用，以确定 if 动作的条件。例如下面的语句中，当两个表达式中有一个符合条件，返回布尔值 true，然后执行 if 语句。

```
if (i > 50 || n <= 20){
stop();
}
```

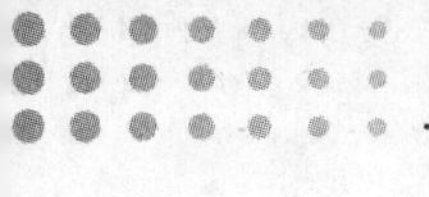

表 10-6 逻辑运算符

运 算 符	执行的运算
&&	逻辑与
||	逻辑或
!	逻辑非

6. 按位运算符

按位运算符会在内部对浮点数值进行处理，并转换为 32 位整型数值。在执行按位运算符时，动作脚本会分别评估 32 位整型数值中的每个二进制位，从而计算出新的值。动作脚本中按位运算符如表 10-7 所示。

表 10-7 按位运算符

运 算 符	执行的运算
&	按位与
|	按位或
^	按位异或
~	按位非
<<	左移位
>>	右移位
>>>	右移位填零

7. 等于运算符

等于(= =)运算符一般用于确定两个操作数的值或标识是否相等，动作脚本中的等于运算符如表 10-8 所示。它会返回一个布尔值(true 或 flase)，若操作数为字符串、数值或布尔值将按照值进行比较；若操作数为对象或数组，按照引用进行比较。用赋值运算符检查等式是用户经常犯的错误。例如，代码 if (x = = 2)，表示将 x 与 2 进行比较；若使用 if (x = 2)，则会将值 2 赋予变量 x，而不是对 x 和 2 进行比较。

全等(= = =)运算符与等于(= =)运算符在操作上很相似，但全等运算符不仅可以比较值，还会对数据类型进行比较。如果两个操作数属于不同类型，全等运算符会返回 false，不全等(!= =)运算符会返回全等运算符的相反值。例如：

```
i=2;
n="2";
trace (i= =n);
trace(i= ==n);
```

使用等于(= =)运算符将返回 true；而使用全等(= = =)运算符则返回 false。这是由变量 i 和变量 n 的数值类型不一致引起的。

表 10-8　等于运算符

运　算　符	执行的运算
==	等于
===	全等
!=	不等于
!==	不全等

8. 赋值值运算符

赋值(=)运算符可以将数值赋给变量，或在一个表达式中同时给多个参数赋值。例如如下代码中，表达式 asde=5 中会将数值 5 赋给变量 asde；在表达式 a=b=c=d 中，将 a 的值分别赋予变量 b，c 和 d。

```
asde = 5;
a = b = c = d;
```

使用复合赋值运算符可以联合多个运算，复合运算符可以对两个操作数都进行运算，然后将得到的值赋予第一个操作数。例如，下面两条语句将得到相同的结果：

```
x -= 5;
x = x - 5;
```

动作脚本中的赋值运算符如表 10-9 所示。

表 10-9　赋值运算符

运　算　符	执行的运算
=	赋值
+=	相加并赋值
-=	相减并赋值
*=	相乘并赋值
%=	求模并赋值
/=	相除并赋值
<<=	按位左移位并赋值
>>=	按位右移位并赋值
>>>=	右移位填零并赋值
^=	按位异或并赋值
|=	按位或并赋值
&=	按位与并赋值

9. 点运算符和数组访问运算符

使用点运算符(.)和数组访问运算符([ ])可以访问内置或自定义的动作脚本对象属性，包括影片剪辑的属性。点运算符的左侧是对象的名称，右侧是属性或变量的名称。例如：

```
mc.height = 24;
mc. = "ball";
```

要注意的是，属性或变量名称不能是字符串或被评估为字符串的变量，必须是一个标识符。

点运算符可以和数组访问运算符执行相同的功能，但是点运算符将标识符作为属性，而数组访问运算符会将内容评估为名称，然后访问已命名属性的值。例如下面的代码中，都用于访问影片剪辑 mc1 中的同一个变量 ball。

```
mc1.ball;
mc1["ball"];
```

使用数组访问运算符可以动态设置和检索实例名称和变量。例如如下代码中，会评估[ ]运算符中的表达式，评估结果将用作从影片剪辑 ourName 中检索的变量的名称。

```
ourCountry["mc" + i]
```

数组访问运算符还可以用在赋值语句的左侧，可以动态设置实例、变量和对象的名称。

要访问构建的多维数组元素，可以将数组访问运算符进行自我嵌套，例如：

```
var chessboard = new Array();
for (var i=0; i<8; i++) {
 chessboard.push(new Array(8));
}
function getContentsOfSquare(row, column){
chessboard[row][column];
}
```

10.3 ActionScript 的语法规则

ActionScript 语法是 ActionScript 编程中最重要环节之一，与其他专业程序相比，ActionScript 的语法相对较为简单。ActionScript 动作脚本具有语法和标点规则，这些规则可以确定哪些字符和单词能够用来创建含义及编写它们的顺序。例如，在动作脚本中，分号通常用于结束一个语句。

§ 10.3.1　点语法

在动作脚本中，点(.)通常用于指向一个对象的某一个属性或方法，或标识影片剪辑、变量、函数或对象的目标路径。点语法表达式是以对象或影片剪辑的名称开始，后面跟一个点，最后以要指定的元素结束。

例如，影片剪辑的_alpha 属性表示影片剪辑元件实例的透明度属性，则表达式 mc1_alpha 就表示引用影片剪辑元件实例 mc1 的_alpha 属性。

在 Flash 中，用来表达对象或影片剪辑的方法同样也遵从上述模式。例如，MCjxd 实例的 play 方法可在 MCjxds 的时间轴中移动播放头，如下所示：

```
MCjxd.play();
```

在 ActionScript 中，点(.)不但可以指向一个对象或影片剪辑相关的属性或方法，还可以指向一个影片剪辑或变量的目标路径。

§ 10.3.2 分号与括号

在 ActionScript 中分号与括号通常用于将一段代码分段或表示其结束，因此它们也被称为界定符。

1. 分号

在 ActionScript 中，分号(;)通常用于结束一段语句，例如：

```
On(release){
getURl("http://sports.sina.com.cn/nba");
}
```

2. 大括号

在 AcrtionScript 中，大括号({ })用于分割代码段，也就是把大括号中的代码分成独立的一块，可以把括号中的代码看作是一句表达式，例如如下代码中，_MC.stop();就是一段独立的代码。

```
On(release) {
    _MC.stop();
    }
```

3. 小括号

在 AcrtionScript 中，小括号用于定义和调用函数。在定义函数和调用函数时，原函数的参数和传递给函数的各个参数值都用小括号括起来，如果括号里面是空，表示没有任何参数传递。

§ 10.3.3 字母大小写

在 ActionScript 中，除了关键字以外，对于动作脚本的其余部分，是不严格区分大小写的，例如如下代码表达的效果相同，在 Flash 中都是执行的同样过程。

```
ball.height =100;
Ball.Height=100;
```

在编写脚本语言时，对于函数和变量的名称，最好将首字母大写，以便于在查阅动作脚本代码时更易于被识别。

由于动作脚本不区分大小写，因此在设置变量名时不可以使用与内置动作脚本对象相同的名称。例如代码 date = new Date()，但可以使用变量名 myDate、hisDate 等。

在输入关键字时一定要使用正确的大小写字母，否则脚本会出错。如下代码中，var 是关键字，因此代码中第 2 句的语法是错误的，Flash 在执行时会报告错误信息并停止。

```
var K=30;

Var K=30;
```

§ 10.3.4 注释

注释可以向脚本中添加说明，便于对程序的理解，常用于团队合作或向其他人员提供范例信息。若要添加注释，可以执行下列操作之一。

- 注释某一行内容，在【动作】面板的脚本语言编辑区域中输入符号“//”，然后输入注释内容。
- 注释多行内容，在【动作】面板的专家模式下输入符号“/*”和“*/”符号，然后在两个符号之间输入注释内容。

默认情况下，注释在脚本窗格中显示为灰色。注释内容的长度没有限制，并且不会影响导出文件的大小，而且它们不必遵从动作脚本的语法或关键字规则。

§ 10.3.5 注释斜杠

斜杠(/)在早期的 Flash 版本中用于表示路径，在 ActionScript 中的作用与点语法相似。但 Flash CS5 不支持该语法，所以在编写时，使用点语法即可。

10.4 上机实战

新建一个文档，创建【影片剪辑】元件，在外部 AS 文件中添加代码，链接到元件，在文档中添加代码，创建下雪效果。

(1) 新建一个文档，选择【修改】|【文档】命令，打开【文档属性】对话框，设置文档背景颜色为黑色。

(2) 选择【插入】|【新建元件】命令，打开【创建新元件】对话框，创建一个 Snow 影片剪辑元件。

(3) 打开【影片剪辑】元件编辑模式，选择【椭圆工具】，按住 Shift 键，绘制一个正圆图形。删除正圆图形笔触，选择【颜料桶】工具，设置填充色为放射性渐变色，填充图形，如图 10-4 所示。

(4) 返回场景，选择【文件】|【新建】命令，打开【新建文档】对话框，选择 ActionScript 选项，如图 10-5 所示。

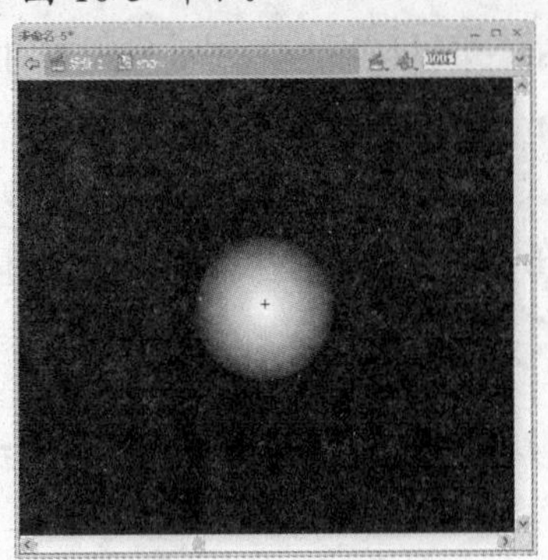

图 10-4　填充图形

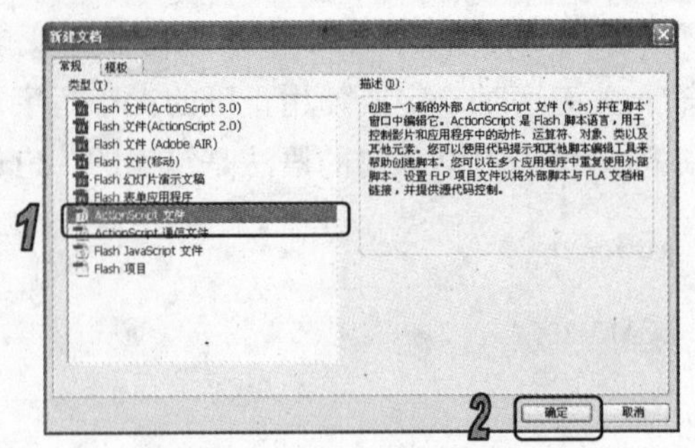

图 10-5　【新建文档】对话框

(5) 单击【确定】按钮，新建一个 ActionScript 文件，此时，系统会自动打开一个【脚本】动作面板，在代码编辑区域输入代码，如图 10-6 所示。

(6) 选择【文件】|【另存为】命令，保存 ActionScript 文件名称为 SnowFlake，将文件保存到【下雪】文件夹中，文件夹名称可以自己定义。

(7) 返回文档，打开【库】面板，右击 snow 影片剪辑元件，在弹出的快捷菜单中选择【属性】命令，打开【元件属性】对话框，单击【高级】按钮，打开该对话框。

(8) 选中【为 ActionScript 导出】复选框，然后在【类】文本框中输入文件名称 SnowFlake，如图 10-7 所示，单击【确定】按钮。有关类的编写将在之后章节中详细介绍。

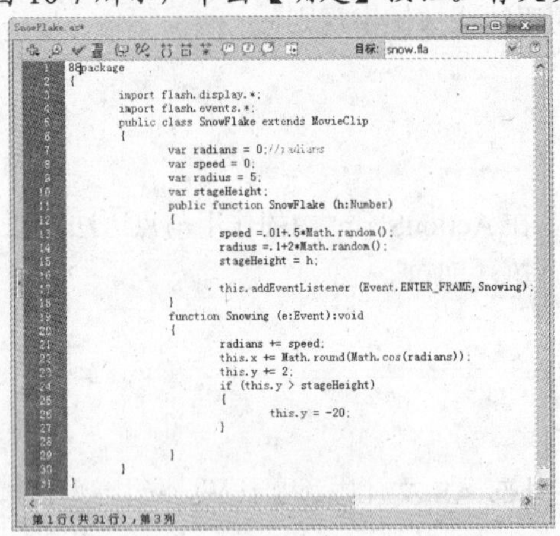

图 10-6　展开【元件属性】对话框

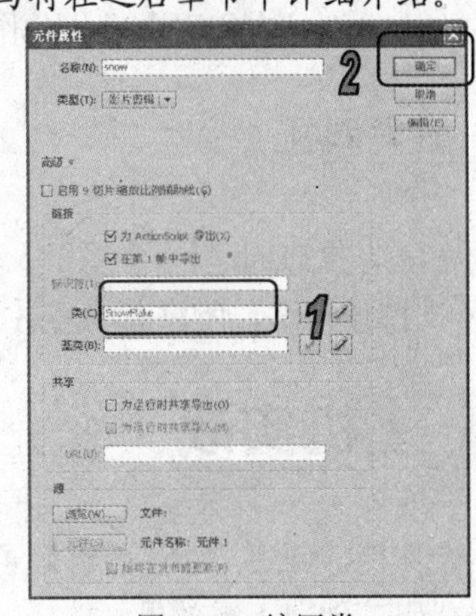

图 10-7　编写类

(9) 返回场景，右击【图层 1】图层第 1 帧，在弹出的快捷菜单中选择【动作】命令，打开【动作】面板，输入如下代码。

```
import SnowFlake;
function DisplaySnow ()
{
        for (var i:int=0; i<30; i++){
        //最多产生 30 个雪花
```

```
            var _SnowFlake:SnowFlake = new SnowFlake(300);
            this.addChild (_SnowFlake);
           _SnowFlake.x =Math.random()*600;
           _SnowFlake.y =Math.random()*400;
           //在 600×400 范围内随机产生雪花
           _SnowFlake.alpha = .2+Math.random()*5;
           //设置雪花随机透明度
            var scale:Number = .3+Math.random()*2;
            //设置雪花随机大小
           _SnowFlake.scaleX = _SnowFlake.scaleY =scale;
           //按随机比例放大雪花
        }
}
DisplaySnow();
```

(10) 新建【图层 2】图层，将图层移至【图层 1】图层下方，导入一个图像到设计区中，调整图像合适大小，如图 10-8 所示。

(11) 保存文件名称为 Snow，将文件与 SnowFlake.as 文件保存在同一个文件中。

(12) 按下 Ctrl+Enter 组合键，测试动画效果，如图 10-9 所示。

图 10-8 调整图像

图 10-9 测试效果

(13) 在该实例中，要注意创建的 SnowFlake.as(ActionScript 文件)与 snow.fla(FLA 文件)保存在同一个文件夹中才能链接外部 SnowFlake.as 文件。

10.5 习题

1. 简单叙述与之前版本相比 ActionScript 3.0 有哪些特点。
2. ActionScript 3.0 中点语法主要有什么作用？分号的作用是什么？

第11章

ActionScript 3.0 语言应用

主要内容

在前一章已经介绍了有关 ActionScript 的一些基础知识，例如输入 ActionScript、ActionScript 的一些常用术语等。本章将进一步介绍 ActionScript 的应用，主要介绍一些常用的语句以及编写类的方法。

本章重点

- 了解 ActionScript 3.0
- 循环控制语句
- 类的创建和使用
- Include 类
- 元件类
- 动态类

11.1 ActionScript 常用语句

ActionScript 语句是动作或者命令，动作可以相互独立地运行，也可以在一个动作内使用另一个动作，从而达到嵌套效果，使动作之间可以相互影响。条件判断语句及循环控制语句是制作 Flash 动画时较常用到的两种语句，使用它们可以控制动画的进行，从而达到与用户交互的效果。

§ 11.1.1 条件判断语句

条件语句用于决定在特定情况下才执行命令，或者针对不同的条件执行具体操作。在制作交互性动画时，使用条件语句，只有当符合设置的条件时，才能执行相应的动画操作。在 Flash CS5 中，条件语句主要有 if…else 语句、if…else…if 和 switch…case3 种。

1. if…else 语句

if…else 条件语句用于测试一个条件，如果条件存在，则执行一个代码块，否则执行替代代码块。例如，下面的代码测试 x 的值是否超过 100，如果是，则生成一个 trace()函数，否则生成另一个 trace()函数。

```
if (x > 100)
{
```

```
trace("x is > 100");
}
else
{
trace("x is <= 100");
}
```

提示

如果不希望执行替代代码块，也可以仅使用 if 语句，而不用 else 语句。

2. if…else…if 控制语句

可以使用 if…else…if 条件语句来测试多个条件。例如，下面的代码不仅测试 x 的值是否超过 100，而且还测试 x 的值是否为负数。

```
if (x > 100)
{
trace("x is >100");
}
else if (x < 0)
{
trace("x is negative");
}
```

如果 if 或 else 语句后面只有一条语句，则无需用大括号括起后面的语句。例如，下面的代码不使用大括号。

```
if (x > 0)
trace("x is positive”);
else if (x < 0)
trace("x is negative");
else
trace("x is 0");
```

但是在实际代码编写过程中，建议用户始终使用大括号，因为以后在缺少大括号的条件语句中添加语句时，可能会出现意外的行为。例如，在下面的代码中，无论条件的计算结果是否为 true，positiveNums 的值总是按 1 递增：

```
var x:int;
var positiveNums:int = 0;
if (x > 0)
trace("x is positive");
positiveNums++;
trace(positiveNums); // 1
```

3. switch…case 控制语句

如果多个执行路径依赖于同一个条件表达式，则 switch 语句非常有用。其功能大致相当于一系列 if…else…if 语句，但是它更便于阅读。switch 语句不是对条件进行测试以获得布尔值，而是对表达式进行求值并使用计算结果来确定要执行的代码块。代码块以 case 语句开头，以 break 语句结尾。

例如，在下面的代码中，如果 number 参数的计算结果为 1，则执行 case1 后面的trace()动作；如果 number 参数的计算结果为 2，则执行 case2 后面的trace()动作，依此类推；如果 case 表达式与 number 参数都不匹配，则执行 default 关键字后面的trace()动作。

```
switch (number) {
  case 1:
    trace ("case 1 tested true");
    break;
  case 2:
    trace ("case 2 tested true");
    break;
  case 3:
    trace ("case 3 tested true");
    break;
  default:
    trace ("no case tested true")
}
```

上面的代码几乎每一个 case 语句中都有 break 语句，用户在使用 switch…case 语句时，必须要明确 break 语句的功能。

【例 11-1】新建一个文档，通过 switch...case 语句在【输出】面板中返回当前的时间。

(1) 新建一个文档，右击第 1 帧，在弹出的快捷菜单中选择【动作】命令，打开【动作】面板，输入如下代码。

```
var someDate:Date = new Date();
var dayNum:uint = someDate.getDay();
switch (dayNum) {
    case 0 :
        trace("星期日");
        break;
    case 1 :
       trace("星期一");
       break;
    case 2 :
       trace("星期二");
        break;
```

```
    case 3 :
        trace("星期三");
        break;
    case 4 :
        trace("星期四");
        break;
    case 5 :
        trace("星期五");
        break;
    case 6 :
        trace("星期六");
        break;
default :
        trace("Out of range");
        break;
}
```

(2) 按下 Ctrl+Enter 组合键进行测试，Flash 将自动打开【输出】面板显示当前时间。如图 11-1 所示。

图 11-1　在【输出】面板中显示结果

技巧

在 switch 结构中，使用 break 语句可以使流程跳出分支结构，继续执行 switch 结构下面的一条语句。

§ 11.1.2　循环控制语句

循环类动作主要控制一个动作重复的次数，或是在特定的条件成立时重复动作。在 Flash CS5 中可以使用 while、do…while、for、for…in 和 for each…in 动作创建循环。

1. for 语句

for 循环用于循环访问某个变量以获得特定范围的值。必须在 for 语句中提供 3 个表达式：

- 一个设置了初始值的变量。
- 一个用于确定循环何时结束的条件语句。
- 一个在每次循环中都更改变量值的表达式。

例如，下面的代码循环 5 次。变量 i 的值从 0 开始到 4 结束，输出结果是从 0 到 4 的 5 个数字，每个数字各占 1 行。

```
var i:int;
for (i = 0; i < 5; i++)
{
trace(i);
```

在实际脚本编辑过程中，有时 for 语句也可以用 if…else 语句来代替，但是 for 语句要显得更为精炼。

2. for…in 语句

for…in 循环用于循环访问对象属性或数组元素。例如，可以使用 for…in 循环来循环访问通用对象的属性：

```
var myObj:Object = {x:20, y:30};
for (var i:String in myObj)
{
trace(i + ": " + myObj[i]);
}
// 输出：
// x: 20
// y: 30
```

另外，使用 for…in 循环还可以循环访问数组中的元素：

```
var myArray:Array = ["one", "two", "three"];
for (var i:String in myArray)
{
trace(myArray[i]);
}
// 输出：
// one
// two
// three
```

如果对象是自定义类的一个实例，则除非该类是动态类，否则将无法循环访问该对象的属性。即便对于动态类的实例，也只能循环访问动态添加的属性。

技巧

使用 for…in 循环来循环访问通用对象的属性时，不按任何特定的顺序来保存对象的属性，因此属性可能以看是以随机顺序出现。

3. for each…in 语句

for each…in 循环用于循环访问集合中的项目，它可以是 XML 或 XMLList 对象中的标签、对象属性保存的值或数组元素。例如，如下面所摘录的代码所示，用户可以使用 for each…in 循环来循环访问通用对象的属性。但与 for…in 循环不同的是，for each…in 循环中的迭代变量包含属性所保存的值，而不包含属性的名称：

```
var myObj:Object = {x:20, y:30};
for each (var num in myObj)
{
trace(num);
}
// 输出：
// 20
// 30
```

用户可以循环访问 XML 或 XMLList 对象，如下面的示例所示：

```
var myXML:XML = <users>
<fname>Jane</fname>
<fname>Susan</fname>
<fname>John</fname>
</users>;
for each (var item in myXML.fname)
{
trace(item);
}
/* 输出
Jane
Susan
John
*/
```

用户还可以循环访问数组中的元素，如下面的示例所示：

```
var myArray:Array = ["one", "two", "three"];
for each (var item in myArray)
{
trace(item);
}
// 输出：
// one
// two
// three
```

提示

如果对象是密封类的实例，则无法循环访问该对象的属性。即使对于动态类的实例，也无法循环访问任何固定属性。

4. while 语句

while 循环与 if 语句相似，只要条件为 true，就会反复执行。例如，下面的代码与 for 循环示例生成的输出结果相同：

```
var i:int = 0;
while (i < 5)
{
trace(i);
i++;
}
```

使用 while 循环的一个缺点是，编写的 while 循环中更容易出现无限循环。如果省略了用来递增计数器变量的表达式，则 for 循环示例代码将无法编译，而 while 循环示例代码仍然能够编译。

提示

若没有用来递增 i 的表达式，循环将成为无限循环。

5. do…while 语句

do…while 循环是一种 while 循环，它保证至少执行一次代码块，这是因为在执行代码块后才会检查条件。下面的代码显示了 do…while 循环的一个简单示例，即使条件不满足，该示例也会生成输出结果：

```
var i:int = 5;
do
{
trace(i);
i++;
} while (i < 5);
// 输出：5
```

11.2 编写类

ActionScript 3.0 中的类有许多种，类是 ActionScript 的基础。下面将介绍一些常用的类。

§ 11.2.1 Include 类

与 ActionScript 2.0 类似，在 ActionScript 3.0 中，Includc 指令依然可以用来导入外部代码。

【例 11-2】新建一个文档，应用 Include 类，使用鼠标选中物体后，可以移动物体。

(1) 新建一个文档，选择【文件】|【导入】|【导入到库】命令，导入 2 个图像文件到【库】面板中。

(2) 拖动一个图像到【图层 1】图层的第 1 帧处，调整图像合适大小。

(3) 在【图层 1】图层下方新建【图层 2】图层，拖动一个图像到该图层第 1 帧处，调整图像至合适大小，如图 11-2 所示。

(4) 选择【修改】|【文档】命令，打开【文档属性】对话框，选中【内容】单选按钮，然后单击【确定】按钮，如图 11-3 所示，设置文档大小。

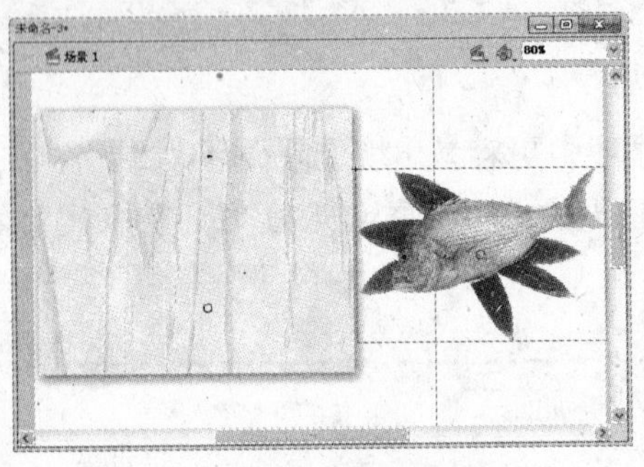

图 11-2　导入图像

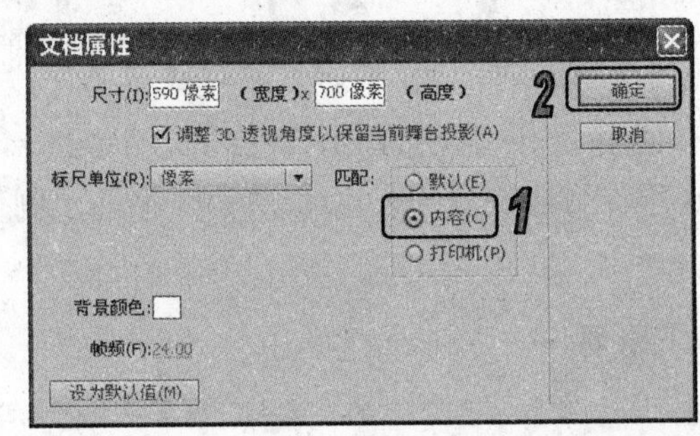

图 11-3　【文档属性】对话框

(5) 选中【图层 2】图层的图像，选择【修改】|【转换为元件】命令，打开【转换为元件】对话框，转换为 yu 影片剪辑元件，如图 11-4 所示。

(6) 选中 yu 影片剪辑元件，打开【属性】面板，在【实例名称】文本框中输入实例名称为 rw，如图 11-5 所示。

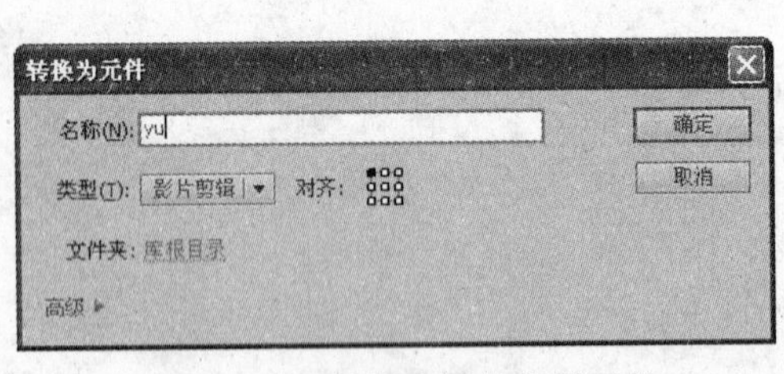

图 11-4　转换为影片剪辑元件

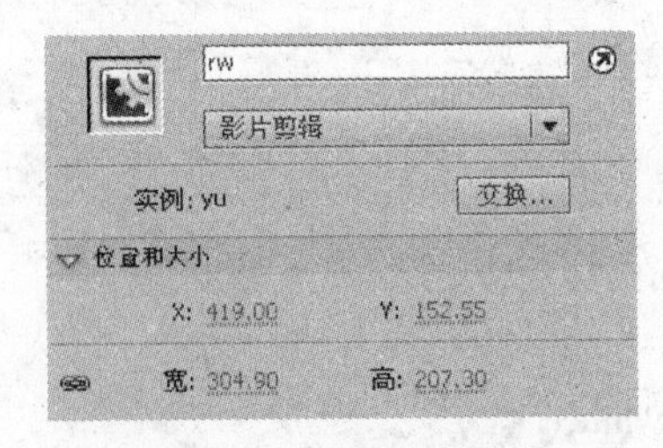

图 11-5　设置实例名称

(7) 选择【文件】|【新建】命令，打开【新建文档】对话框，选择【ActionScript3.0 类】选项，然后单击【确定】按钮，如图 11-6 所示。

(8) 此时，弹出【创建 Actionscript 3.0 类】对话框，在该对话框中输入类名称为“脚本”，然后单击【确定】按钮，如图 11-7 所示。

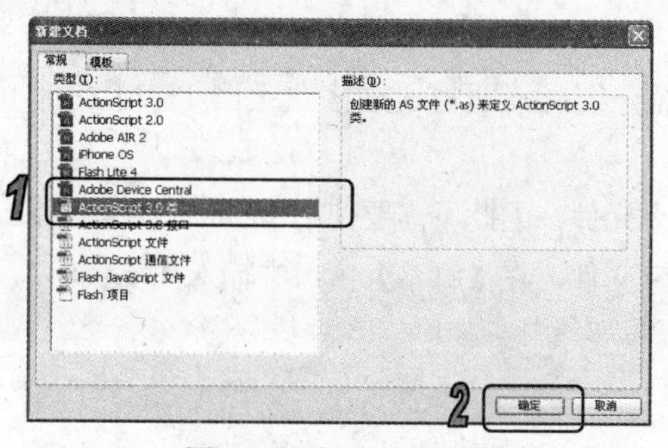

图 11-6　创建外部类文件

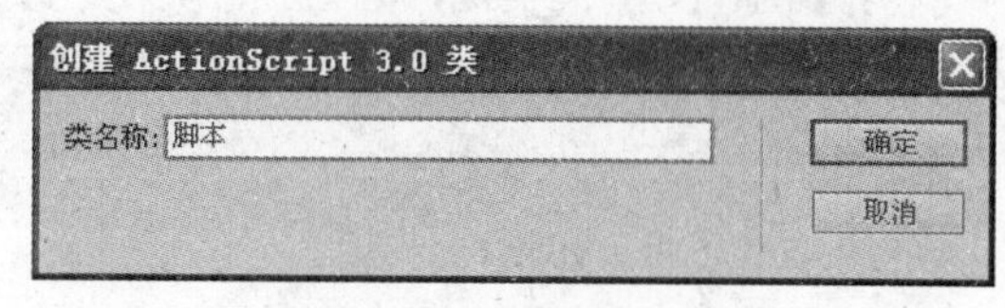

图 11-7　设置类名称

(9) 在窗口中输入如下代码。

```
rw.buttonMode =true;
//设置当光标移到 rw 元件上时显示手形光标形状
rw.addEventListener(MouseEvent.MOUSE_DOWN,onDown);
rw.addEventListener(MouseEvent.MOUSE_UP,onUp);
//侦听事件
function onDown(event:MouseEvent):void{
    rw.startDrag();
}
//定义 onDown 事件
function onUp(event:MouseEvent):void{
    rw.stopDrag();
}
//定义 onUp 事件
```

(10) 返回文档，新建【图层 3】图层，右击该图层第 1 帧，在弹出的快捷菜单中选择【动作】命令，打开【动作】面板，输入如下代码，应用 include 类调用外部 AS 文件。

```
include"脚本.as"
```

(11) 保存文件为【include 类】，将文件与【脚本.as】文件保存在同一个文件夹中，然后按下 Ctrl+Enter 组合键，测试动画效果，如图 11-8 所示。

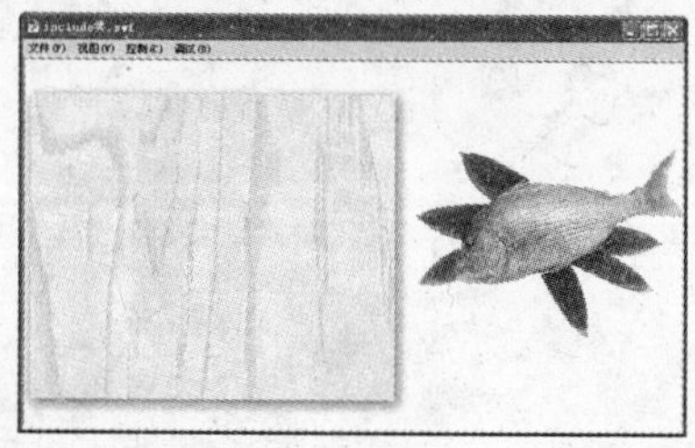

图 11-8　测试效果

§ 11.2.2　元件类

元件类的作用实际上是为 Flash 动画中的元件指定一个链接类名，它与之前介绍的

Include 类的不同，元件类使用的类结构更为严格，且有别于通常在时间轴上书写代码的方式。有关元件类的链接方法在前一章节的上机练习中已经介绍，下面将通过修改【例 11-2】，来介绍元件类的使用方法。

打开【例 11-2】的实例，因为元件类是链接到某个元件，因此不需要使用 include 类来调用外部 AS 文件，可以删除【图层 3】图层。新建一个 AS 文件，在【脚本】窗口中输入如下代码。

```
package {
    import flash.display.MovieClip;
    import flash.events.MouseEvent;
    public class fm extends MovieClip { //定义文件名
        public function fm(){
            this.buttonMode = true;
            this.addEventListener(MouseEvent.MOUSE_DOWN,onDown);
            this.addEventListener(MouseEvent.MOUSE_UP,onUp);
        }
        private function onDown(event:MouseEvent):void{
            this.startDrag();
        }
        private function onUp(event:MouseEvent):void{
            this.stopDrag();
        }
    }
}
```

保存 ActionScript 文件名称为 fm，该文件名称与程序内部定义的名称必须相同。返回文档中，打开【库】面板，右击 yu 影片剪辑元件，在弹出的快捷菜单中选择【属性】命令，打开【元件属性】面板，单击【高级】按钮，展开面板，选中【为 ActionScript 导出】复选框，在【类】文本框中输入保存的 ActionScript 文件名 fm，如图 11-9 所示。单击【确定】按钮，在【库】面板中的【链接】列表中会显示 yu 影片剪辑元件导出 fm，表示该影片剪辑元件链接到外部 fm.as 文件，如图 11-10 所示。

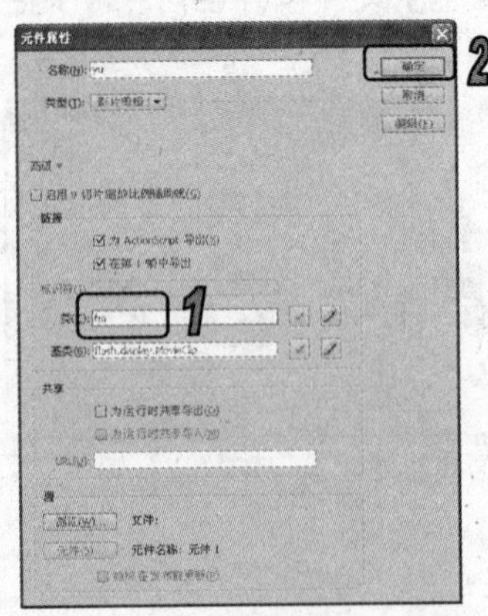

图 11-9 【元件属性】对话框

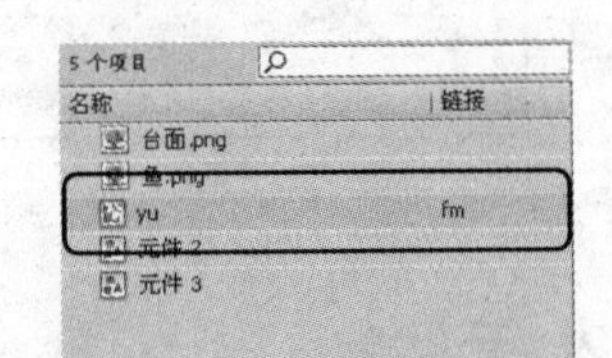

图 11-10 显示链接 AS 文件

提示

在制作元件较多的动画时，推荐使用元件类。因为 include 类必需通过文档中的代码来调用，并且只可以调用一次，也就是只能针对一个元件。而使用元件类，可以一个元件对应一个外部 AS 文件。

按下 Ctrl+Enter 组合键，测试动画效果，其动画效果与使用 Include 类相同。

§ 11.2.3 动态类

在制作一些比较复杂的程序时，往往需要由主类和多个辅助类组合而成。其中主类用于显示和集成各部分功能，辅助类则负责分割开的功能。在前面章节的上机练习制作的下雪效果就是一个典型的动态类的应用。

打开 snow.fla 文件，可将该【图层 1】图层的第 1 帧处的代码看成是主类。打开【库】面板，如图 11-11 所示，在 snow 影片剪辑元件的链接列表中显示了【SnowFlake】，SnowFlake 可以视为辅助类。主类是针对整个文档的元件，辅助类是针对某个元件，结合主类和辅助类，可以制作出一些特殊的效果。

图 11-11 【库】面板

提示

一般情况下，主类是针对整个文档的元件，辅助类是针对某个元件。结合主类和辅助类，可以制作出一些特殊的效果，例如下雪效果、扩散效果等。

11.3 上机实战

本章的上机实战主要练习使用 Actionscript 3.0 语言制作交互动画的方法，其中主要用到类的操作。

§ 11.3.1 控制动画的导入和播放

在 Actionscript 2.0 语言中，可以使用 loadMovie 影片剪辑类来添加动画，在 Actionscript 3.0 中这个类的方法有了变化，由 loader 代替了 loadMovie，而且在使用 load 的时候不能直接添加路径名，需要通过 URLRequest 来载入，下面通过一个实例予以说明。

(1) 启动 Flash CS5 程序，选择【文件】|【新建】命令，新建一个名称为【控制动画】的 ActionScript 3.0 文档。

(2) 选择【窗口】|【公用库】|【按钮】选项，在打开的【库_Buttons.fla】面板中打开【Classic Buttons】文件夹，将一个红色按钮拖动到舞台，如图 11-12 所示。

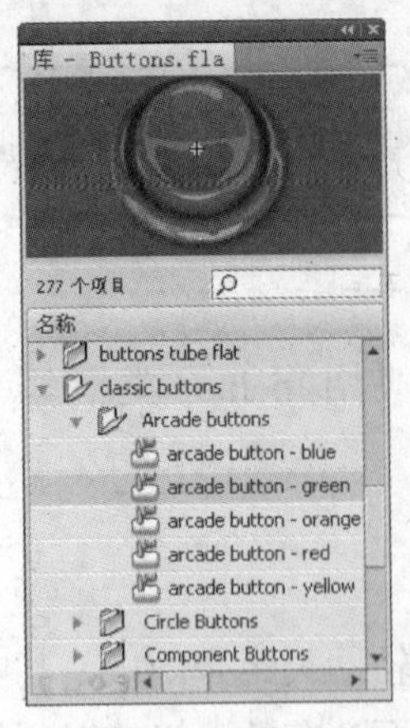

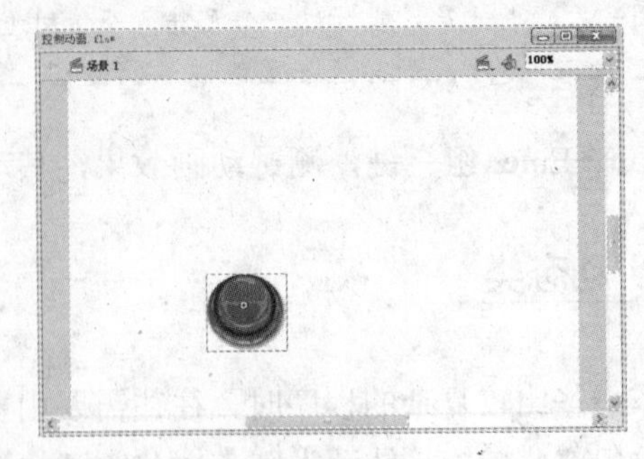

图 11-12　在公用库中选中按钮拖动到舞台

(3) 选中绿色按钮，在其【属性】面板中输入实例名称【A_btn】。

(4) 在时间轴上单击【插入图层】按钮新建一个图层，选中第 1 帧后按下 F9 键输入如下代码:

```
var loader:Loader = new Loader();
loader.load(new URLRequest("1.swf"));
A_btn.addEventListener(MouseEvent.CLICK, showSwf);
function showSwf(event:MouseEvent):void {
 addChild(loader);
}
```

(5) 选择【文件】|【发布】命令发布“控制动画.swf”文件，然后再次选择【文件】|【新建】命令，在“控制.swf”文件所在目录下新建一个名称为 1 的 ActionScript 3.0 文档。

(6) 选择【文件】|【导入】|【导入到舞台】命令，将一个具有文字特效的 go.swf 文件导入舞台。

(7) 参考步骤(2)的操作，在舞台的右下角创建一个红色按钮，然后选中该按钮，在其【属性】面板中输入实例名称“B_btn”，如图 11-13 所示。

图 11-13　导入 swf 并添加按钮

(8) 在时间轴上单击【插入图层】按钮新建一个图层，选中第 1 帧后按下 F9 键输入如下代码:

```
B_btn.addEventListener(MouseEvent.CLICK, closeWindow);
function closeWindow(event:MouseEvent):void
{
    this.parent.parent.removeChild(this.parent);
}
```

(9) 选择【文件】|【发布】命令发布“1.swf”文件，然后打开之前制作的“控制.swf”文件即可测试效果，单击“文字特效演示”按钮可以载入动画，单击“停止播放”按钮，可结束动画，如图 11-14 所示。

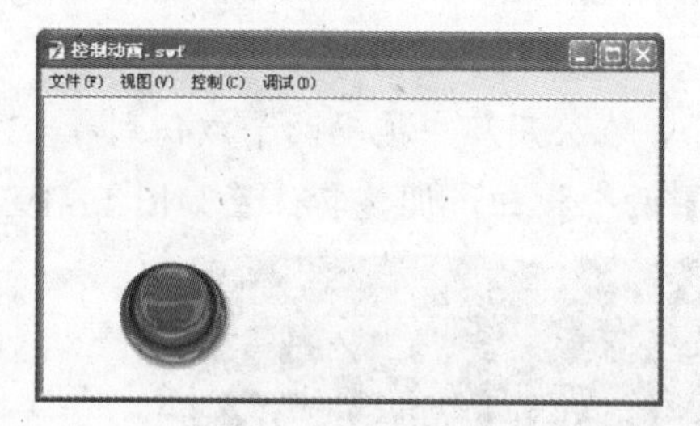

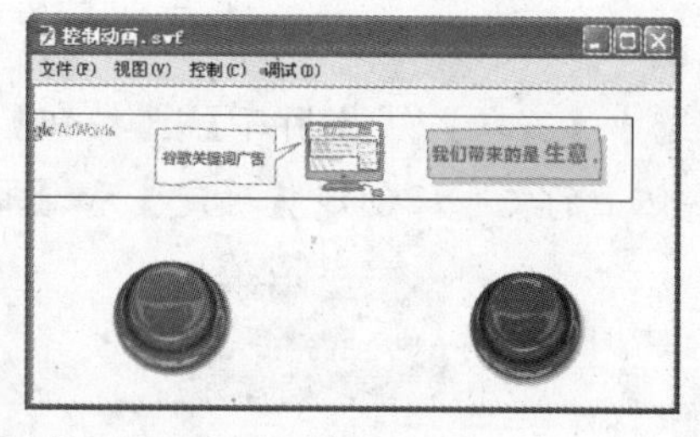

图 11-14　测试效果

§ 11.3.2　制作用户登录系统

本例使用按钮监听动作，并使用 if…else…if 条件判断语句，通过场景的跳转创建用户登录系统。

(1) 启动 Flash CS5 程序，选择【文件】|【新建】命令，新建一个名称为“用户登录系统”的 ActionScript 3.0 文档。

(2) 选择【修改】|【文档】命令，在打开的【文档设置】对话框中，设置背景颜色为蓝色，如图 11-15 所示。

(3) 在工具箱中选择【文本】工具，然后在舞台上创建三个静态传统文本框，设置字体为黑体，字号为 40，颜色为红色，并分别输入文字“学生成绩查询系统”、“用户名”和“密码”，如图 11-16 所示。

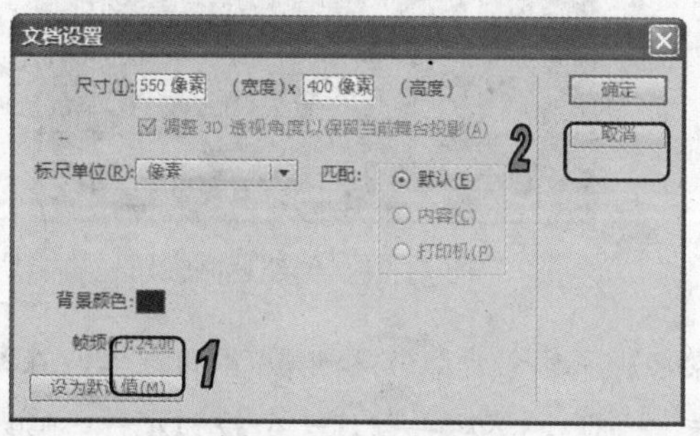

图 11-15　文档设置

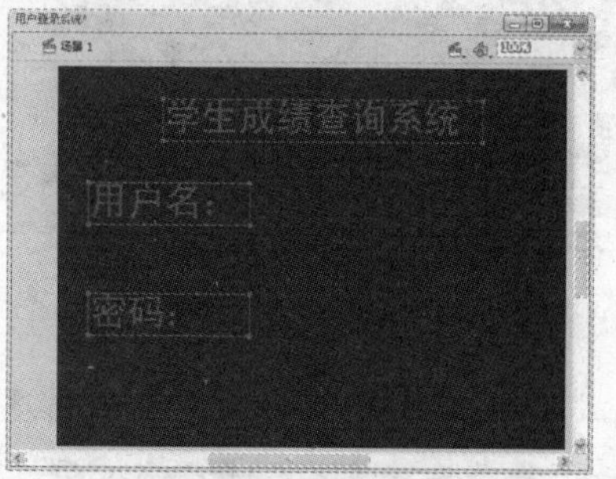

图 11-16　创建静态文本

(4) 继续使用【文本】工具，在其属性面板中选择【TLF 文本】选项，然后选择【可编辑】选项，设置文字为黑色宋体，如图 11-17 所示，然后在【用户名】和【密码】文本框后创建两个空白的 TLF 文档，如图 11-18 所示。

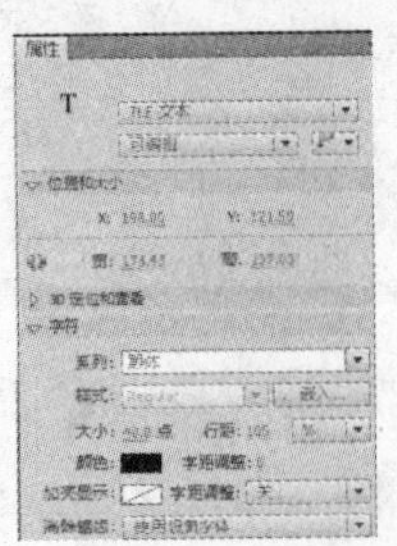

图 11-17　TLF 文档设置

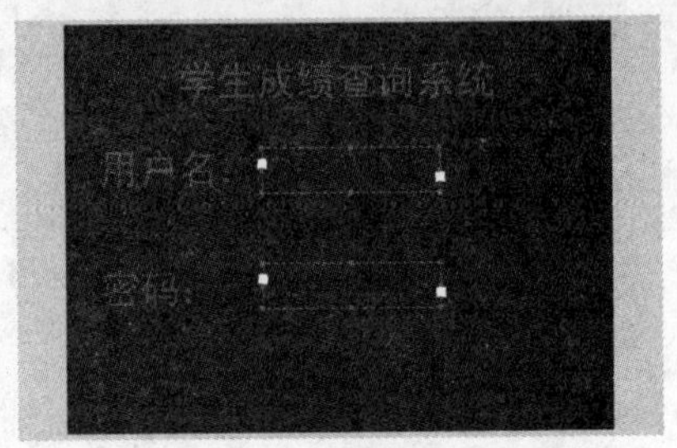

图 11-18　创建两个 TLF 文本

(5) 选中上方的 TLF 文本框，将其命名为 myText；选中下方的 TLF 文本框，将其命名为 myPwd。

(6) 选中【窗口】|【公用库】|【按钮】命令，在公用库中拖动两个按钮到舞台上，然后修改其按钮上的文字，创建【确定】和【取消】两个按钮，调整其位置如图 11-19 所示。

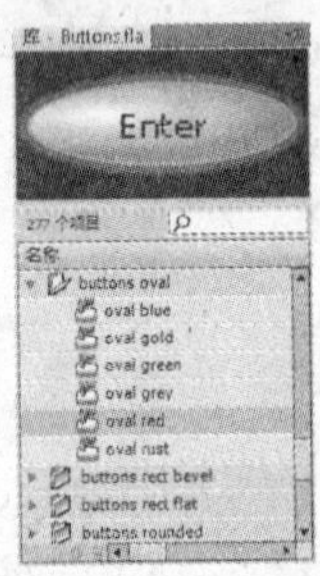

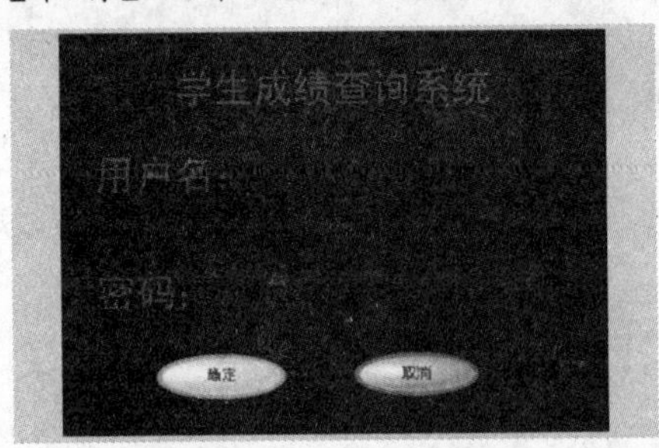

图 11-19　创建两个按钮

(7) 选择【插入】|【场景】命令，插入场景 2，参考步骤(2)的操作，在舞台中创建一个静态传统文本框，并输入文字“登录成功！”，如图 11-20 所示。

(8) 参考步骤(6)，在公用库中拖动一个按钮到右下角，然后修改其按钮中的文字为“返回”，然后在【属性】面板中将该按钮命名为“Button3”，如图 11-21 所示。

图 11-20　在【场景 2】中创建静态文本

图 11-21　创建返回按钮

(9) 选择【插入】|【场景】命令新建【场景 3】，参考步骤(7)和步骤(8)的操作，在舞台中创建一个静态传统文本框并输入文字“登录失败！”，然后再创建一个按钮元件，修改文字为“重新登录！”，然后将其元件实例命名为“Button4”，如图 11-22 所示。

(10) 选择【窗口】|【其他面板】|【场景】命令，打开【场景】窗口，在该窗口中双击场景修改场景名称，将【场景 1】修改为【login】；将【场景 2】修改为【success】；将【场景 3】修改为【fail】，如图 11-23 所示。

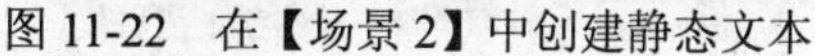
图 11-22 在【场景 2】中创建静态文本

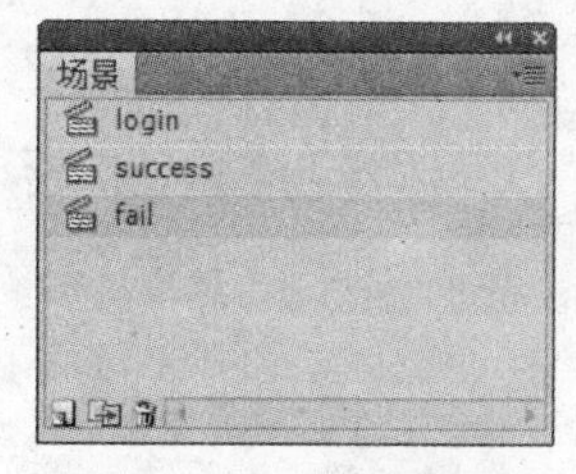

图 11-23 修改场景名称

(11) 选择【login】场景，选中时间轴上的第 1 帧，按下 F9 键打开动作脚本窗口，输入如下代码:

```
stop() ;    //停止播放
Button1.addEventListener(MouseEvent.CLICK,playMove1);    //为确定按钮添加监听
function playMove1(event:MouseEvent):void        //自定义监听函数
{
 if  (myText.text == "王通"  &&  myPwd.text== "8888")
     {              //如果用户名为王通，密码为 8888，则跳转到 success 场景的第 1 帧
   gotoAndPlay(1,"success");
  }
  else if (myText.text == "陈笑"  &&  myPwd.text == "6666")
     {
   gotoAndPlay(1,"success");
   }
 else if (myText.text == "高娟妮"  &&  myPwd.text == "4444")
     {
   gotoAndPlay(1,"success");
   }
  else if (myText.text == "方俊"  &&  myPwd.text == "7777")
      {
   gotoAndPlay(1,"success");
   }
  else if (myText.text == "曹小震"  &&  myPwd.text == "5555")
      {
   gotoAndPlay(1,"success");
```

```
    }
else
    {                                  //如果用户名或密码不正确，则跳转到 fail 场景，并播放第 1 帧
        gotoAndPlay(1,"fail");
    }
}
Button2.addEventListener(MouseEvent.CLICK,playMove2);  //为取消按钮添加监听
function playMove2(event:MouseEvent):void       //自定义监听函数
{
 myText.text = "" ;
 myPwd.text = "" ;
}
```

提示

关于【login】场景代码中的用户名和密码，读者可以在练习的时候自由设置。

(12) 选择【success】场景，选中时间轴上的第 1 帧，按下 F9 键打开动作脚本窗口，输入如下代码：

```
stop()  ;
Button3.addEventListener(MouseEvent.CLICK,playMove3);
function playMove3(event:MouseEvent):void       //自定义监听函数
{
 gotoAndPlay(1,"login");
}
```

(13) 选择【fail】场景，选中时间轴上的第 1 帧，按下 F9 键打开动作脚本窗口，输入如下代码：

```
stop()  ;
Button4.addEventListener(MouseEvent.CLICK,playMove4);
function playMove4(event:MouseEvent):void       //自定义监听函数
{
 gotoAndPlay(1,"login");
}
```

(14) 将文档保存，按下 Ctrl+Enter 快捷键测试影片效果，如果输入的用户名或者密码不匹配，则单击【确定】按钮后会显示登录失败，单击【重新登录】按钮可以返回登录界面，如图 11-24 所示；如果输入的用户名和密码正确，则会显示登录成功，如图 11-25 所示。

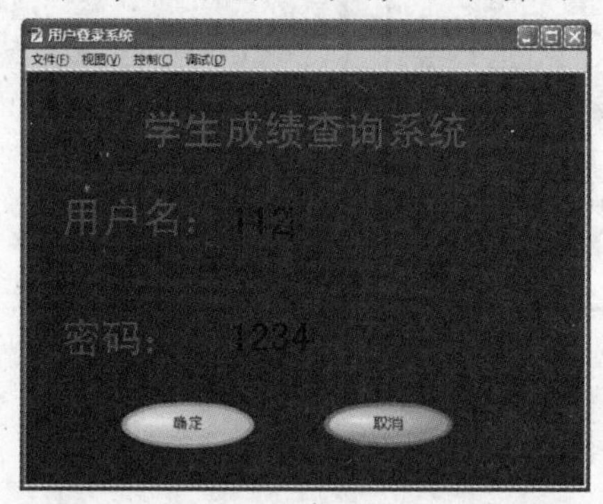

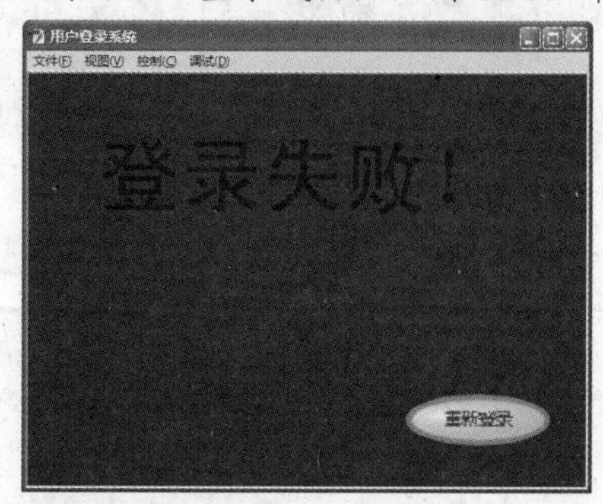

图 11-24　登录失败

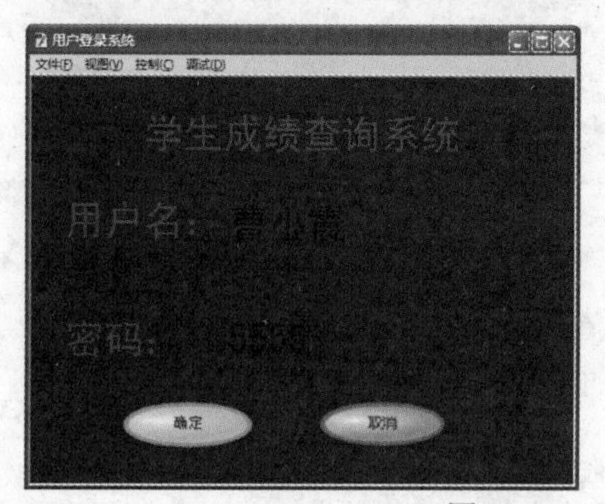

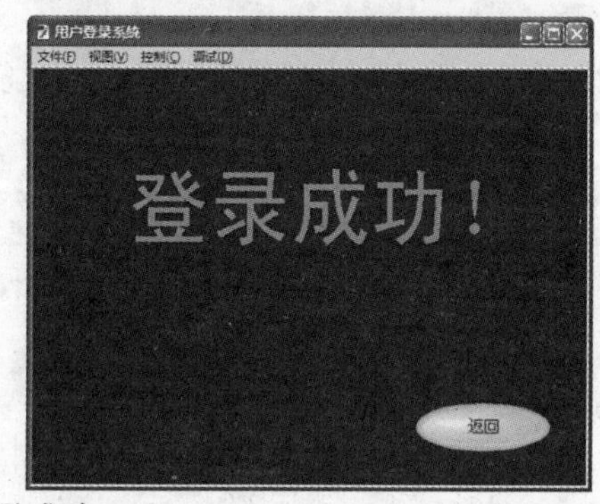

图 11-25　登录成功

11.4 习题

1. 分别定义主类和辅助类，再通过两种类的组合制作 Flash 动画特效，实现随机产生影片剪辑数量，并且可以拖动影片剪辑的效果，如图 11-26 所示。

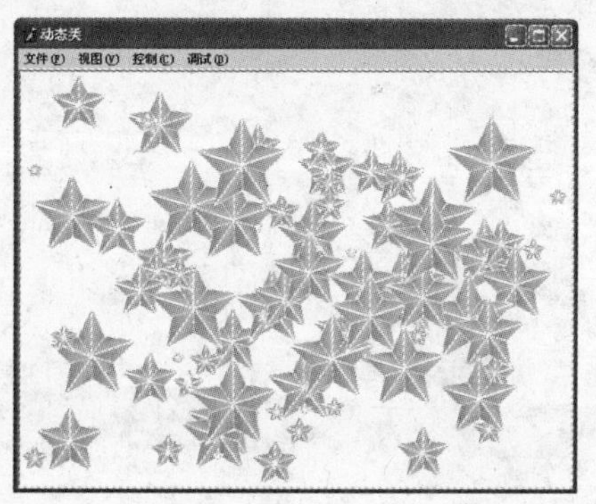

图 11-26　参考图

2. 创建影片剪辑，创建侦听动作，结合条件语句，制作猜数字游戏，如图 11-27 所示。

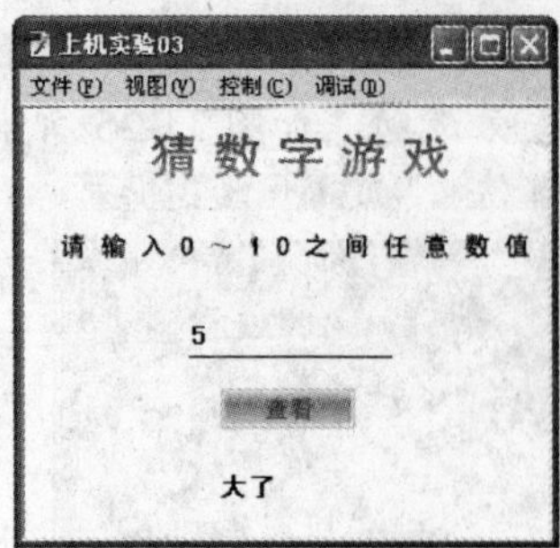

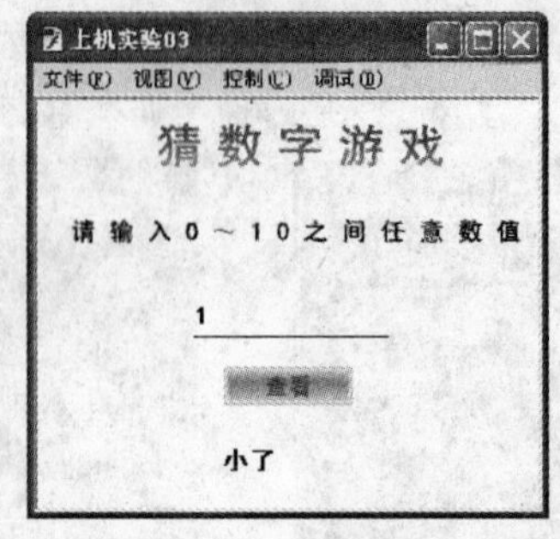

图 11-27　猜数字游戏动画效果

第12章

Flash组件应用

主要内容

组件是一种带有参数的影片剪辑，它可以帮助用户在不编写ActionScript的情况下，方便而快速地在Flash文档中添加所需的界面元素，如单选按钮或复选框等控件。在Flash中的组件主要分为按钮、复选框以及列表框等。

本章重点

- 组件的基本操作
- 添加和删除组件
- Button组件
- CheckBox组件
- ComboBox组件
- 视频组件

12.1 组件的基础知识

组件是一种带有参数的影片剪辑，每个组件都有一组独特的动作脚本方法，即使对动作脚本语言没有深入的理解，也可以使用组件在Flash中快速构建应用程序，因此可以将组件理解为一种动画的半成品。此外Flash中，组件的范围不仅仅限于软件提供的自带组件，还可以下载其他开发人员创建的组件，甚至自定义组件。

§ 12.1.1 了解组件

Flash中的组件都显示在【组件】面板中，选择【窗口】|【组件】命令，打开【组件】面板，如图12-1所示。在该面板中可查看和调用系统中的组件，Flash CS5的组件包括Flex组件、UI组件和视频Video组件3大类，各组件大类中包含的组件如图12-2所示。

值得注意的是，从Flash CS5开始，组件的参数设置不再在【属性检查器】中进行，而是在【属性】面板中的【属性检查器】中进行具体的参数设置。

提示

要在Flash CS5中创建Flex组件，必须为Flash安装Flex组件工具包。用户需要安装Adobe Extension Manager安装组件工具，本书仅介绍UI组件和视频组件，关于Flex组件部分本书限于篇幅不再介绍。

图 12-1 【组件】面板

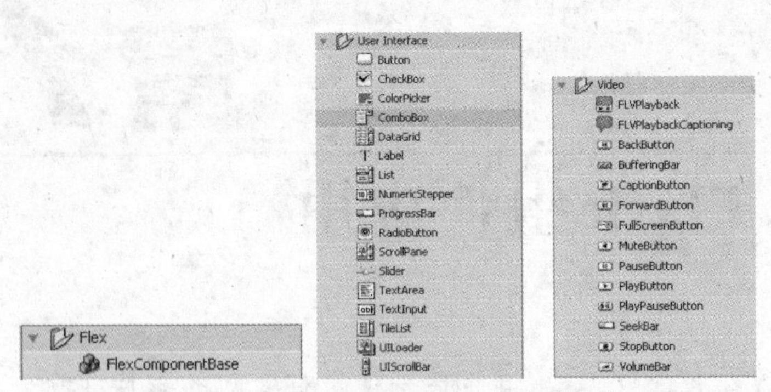

图 12-2 各组件大类中的组件

§ 12.1.2 组件的基础操作

组件的基本操作主要包括添加/删除组件、预览/查看组件、调整组件外观以及安装新组件。下面将详解介绍有关组件的基本操作。

1. 添加和删除组件

添加组件的方法非常简单，用户可以直接双击【组件】面板中要添加的组件，将其添加到舞台中央，也可以将其选中后拖到舞台中的任意位置。如果需要在舞台中创建多个相同的组件实例，还可以将组件拖到【库】面板中以便于反复使用。

如果要在 Flash 影片中删除已经添加的组件实例，可以直接选中舞台上的实例，按下 BackSpace 键或者 Delete 键将其删除；如果要从【库】面板中将组件彻底删除，可以在【库】面板中选中要删除的组件，然后单击【库】面板底部的按钮，或者直接将其拖动到按钮上。

2. 预览和查看组件

使用动态预览模式，可以在制作动画时查看组件发布后的外观，并且反映不同组件的不同参数，选择【控制】|【启动动态预览】命令，即可启动动态预览模式，重复操作，可以关闭动态预览模式。

启动动态预览模式后，从【组件】面板中拖动所需的组件到设计区中，即可预览组件的效果。

3. 调整组件外观

拖动到设计区中的组件被系统默认为组件实例，并且都是默认大小的。如果组件实例不够大，无法显示其标签，标签文本就会被截断，如果组件实例比文本大，那么单击区域就会超出标签，这时可以通过【属性】面板中的设置来调整组件大小。

选中组件实例后，打开【属性】面板，设置组件实例宽度和高度即可调整组件外观，并且该组件内容的布局保持不变，但该操作会导致组件在影片回放时发生扭曲现象。可以使用

【任意变形】工具或调整组件的 setSize 和 setWidth 属性来调整组件大小。

提示

既然拖动到设计区中的组件系统默认为组件实例，关于实例的其他设置，同样可以应用于组件实例当中，例如调整色调、透明度等。

12.2　常用 UI 组件应用

在 Flash CS5 的组件类型中，User Interface(UI)组件用于设置用户界面，并实现大部分的交互式操作，因此在制作交互式动画方面，UI 组件应用最广，也是最常用的组件类别之一。下面分别对几个较为常用的 UI 组件进行介绍。

§ 12.2.1　按钮组件 Button

按钮组件 Button 是一个可使用自定义图标来定义其大小的按钮，它可以执行鼠标和键盘的交互事件，也可以将按钮的行为从按下改为切换。

在【组件】面板中选择按钮组件 Button，拖动到设计区中即可创建一个按钮组件的实例，如图 12-3 所示。选中按钮组件实例后，在其【属性】面板中会显示【属性检查器】面板，用户可以在此修改其参数，如图 12-4 所示。

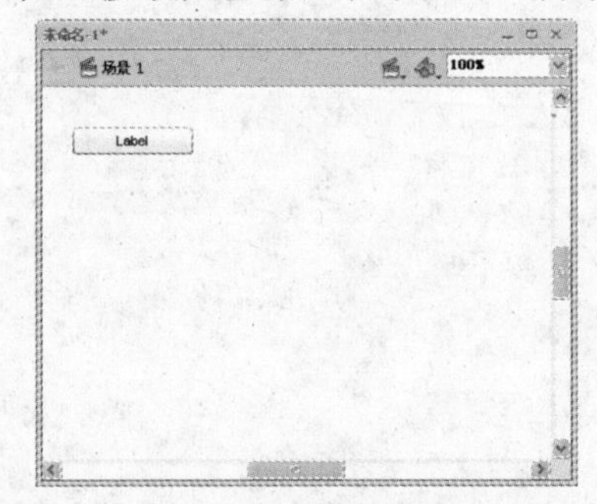

图 12-3　创建按钮组件实例

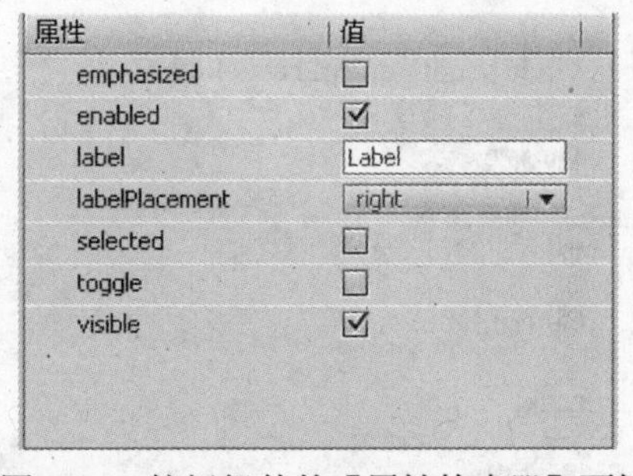

图 12-4　按钮组件的【属性检查器】面板

在按钮组件的【属性检查器】面板中有很多复选框，只要选中复选框即可代表该项的值为 true，取消选中则为 false，该面板中主要参数设置如下。

- enabled：指示组件是否可以接受焦点和输入，默认值为选中。
- label：设置按钮上的标签名称，默认值为 label。
- labelPlacement：确定按钮上的标签文本相对于图标的方向。
- selected：如果 toggle 参数的值为 true，则该参数指定按钮是处于按下状态 true，或者是释放状态 false。
- toggle：将按钮转变为切换开关。如果值是 true，则按钮在单击后将保持按下状态，并在再次单击时返回弹起状态。如果值是 false，则按钮行为与一般按钮相同。
- visible：指示对象是否可见，默认值为 true。

【例 12-1】使用按钮组件 Button 创建一个可交互的应用程序。

(1) 启动 Flash CS5 程序，新建一个 Flash 文档。

(2) 选择【窗口】|【组件】命令，打开【组件】面板，将按钮组件 Button 拖到舞台中创建一个实例。

(3) 在该实例的【属性】面板中，输入实例名称为aButton，然后打开【组件参数】面板，为label 参数输入文字“开始”，如图12-5所示。

图 12-5　设置组件名称及参数

(4) 从【组件】面板中拖动拾色器组件 ColorPicker 到舞台中，然后将该实例命名为 aCP。

(5) 在时间轴上选中第 1 帧，然后打开【动作】面板输入如下代码:

```
aCp.visible = false;
aButton.addEventListener(MouseEvent.CLICK, clickHandler);
function clickHandler(event:MouseEvent):void {
switch(event.currentTarget.label) {
case "开始":
aCp.visible = true;
aButton.label = "黑";
break;
case "黑":
aCp.enabled = false;
aButton.label = "白";
break;
case "白":
aCp.enabled = true;
aButton.label = "返回";
break;
case "返回":
aCp.visible = false;
```

新世纪高职高专规划教材

```
aButton.label = "开始";
break;
}
}
```

(6) 按下 Ctrl+Enter 组合键，预览影片效果，可以看到一个可控制的应用程序，部分效果如图 12-6 所示。

图 12-6　用按钮组件创建的应用程序

§ 12.2.2　复选框组件 CheckBox

复选框是一个可以选中或取消选中的方框，它是表单或应用程序中常用的控件之一，当需要收集一组非互相排斥的选项时都可以使用复选框。

在【组件】面板中选择复选框组件 CheckBox，将其拖到舞台中即可创建一个复选框组件的实例，如图 12-7 所示。

选中舞台中的复选框组件实例后，其【属性检查器】面板如图 12-8 所示。

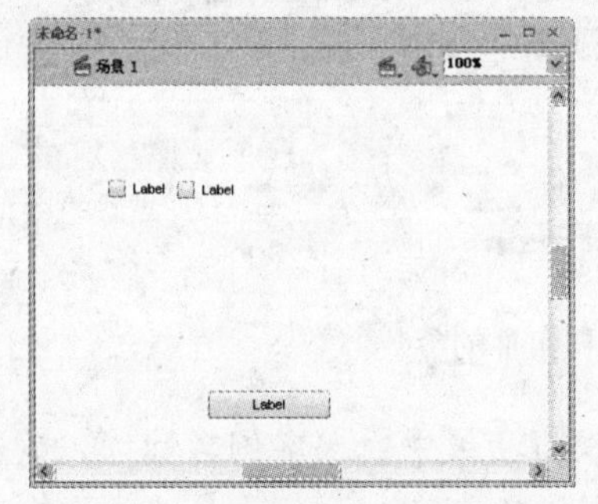

图 12-7　创建复选框组件实例

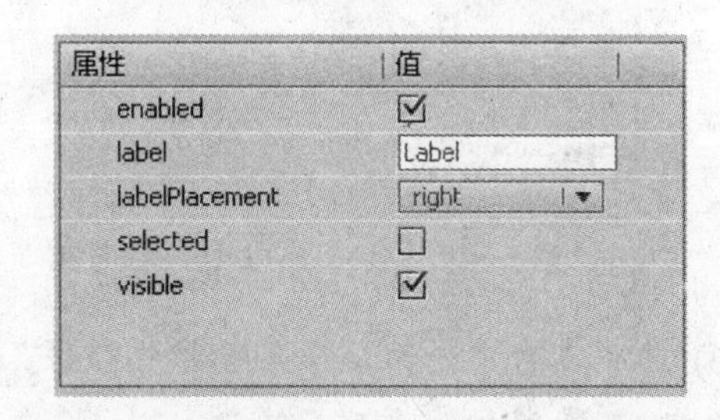

图 12-8　复选框组件的【属性检查器】面板

在复选框组件的【属性检查器】面板中，主要参数设置如下。

- enabled：指示组件是否可以接受焦点和输入，默认值为 true。
- label：设置复选框的名称，默认值为 label。
- labelPlacement：设置名称相对于复选框的位置，默认情况下位于复选框的右侧。
- selected：设置复选框的初始值为 true 或者 false。
- visible：指示对象是否可见，默认值为 true。

【例 12-2】使用复选框组件 CheckBox 创建一个应用程序。

(1) 启动 Flash CS5 程序，新建一个 Flash 文档。

(2) 选择【窗口】|【组件】命令，打开【组件】面板，将复选框组件 CheckBox 拖至舞台中创建一个实例。

(3) 在该实例的【属性】面板中，输入实例名称为homeCh，然后打开【参数】面板，为

label 参数输入文字“复选框”，如图12-9所示。

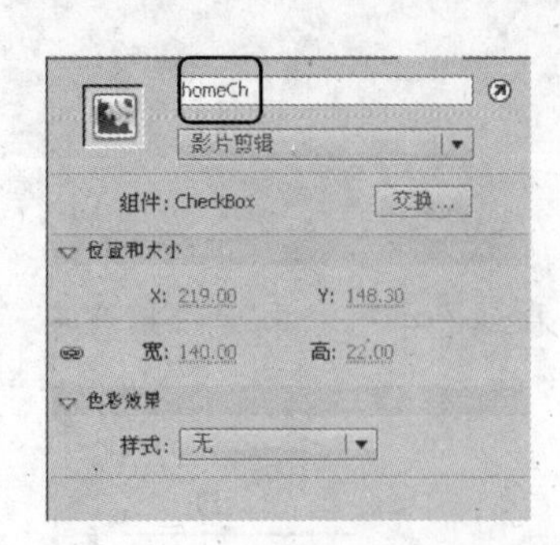

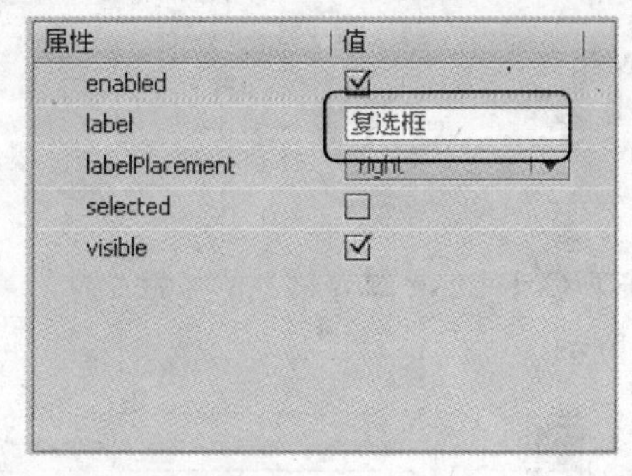

图 12-9　设置组件名称及参数

(4) 从【组件】面板中拖动两个单选按钮组件 RadioButton 至舞台中，并将它们置于复选框组件的下方。

(5) 选中舞台中的第 1 个单选按钮组件，打开【参数】面板，输入实例名称“单选按钮 1”，然后为 label 参数输入文字“男”，为 groupName 参数输入 valueGrp，如图 12-10 所示。

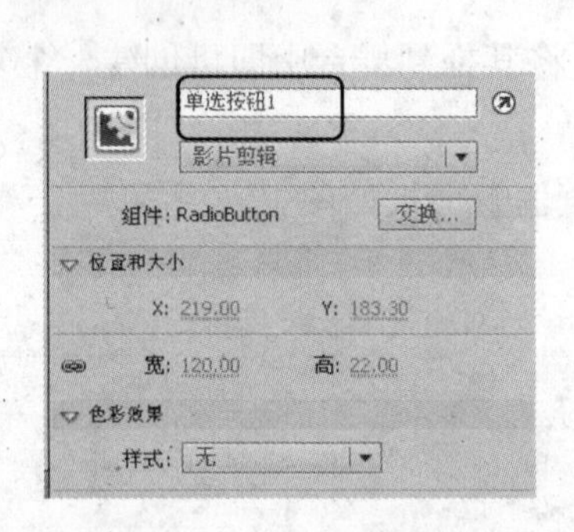

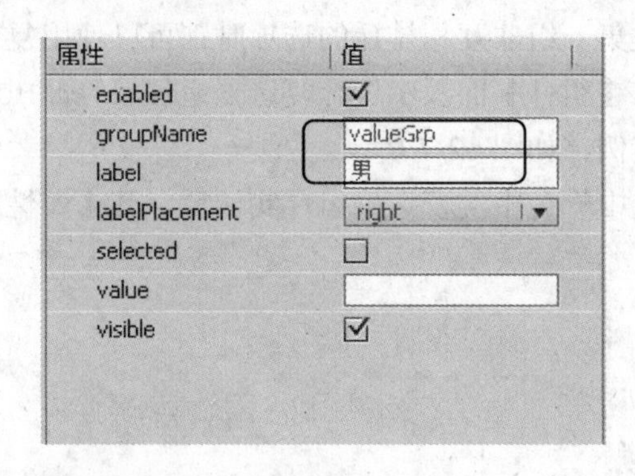

图 12-10　设置第 1 个单选按钮组件的参数

(6) 选中舞台中的第 2 个单选按钮组件，在其【参数】面板中输入实例名称“单选按钮 2”，然后为 label 参数输入文字“女”，为 groupName 参数输入 valueGrp，如图 12-11 所示。

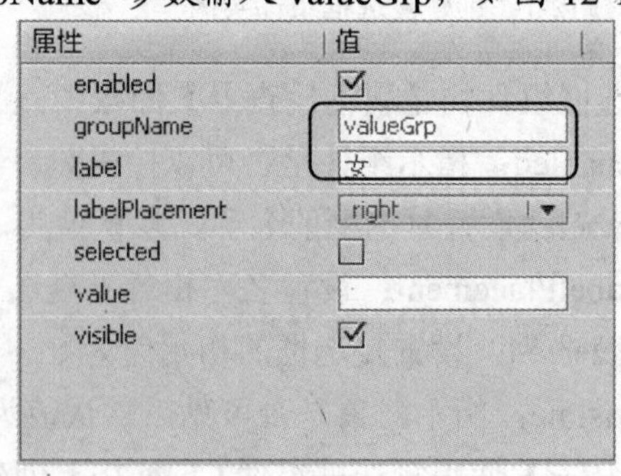

图 12-11　设置第 2 个单选按钮组件的参数

(7) 在时间轴上选中第 1 帧，然后打开【动作】面板输入如下代码：

```
homeCh.addEventListener(MouseEvent.CLICK, clickHandler);
单选按钮 1.enabled = false;
```

```
单选按钮 2.enabled = false;
function clickHandler(event:MouseEvent):void {
单选按钮 1.enabled = event.target.selected;
单选按钮 2.enabled = event.target.selected;
}
```

(8) 按下 Ctrl+Enter 组合键预览制作的应用程序。在该程序中，只有选中复选框后，单选按钮才处于可选状态，如图 12-12 所示。

图 12-12　用复选框组件创建的应用程序

§ 12.2.3　单选按钮组件 RadioButton

单选按钮组件 RadioButton 允许在互相排斥的选项之间进行选择，可以利用该组件创建多个不同的组，从而创建一系列的选择组。

提示

由于单选按钮需要创建成组才可以实现单选效果，因此用户应至少使用两个或两个以上的单选按钮组件才可以制作出完整的应用程序。

在【组件】面板中选择下拉列表组件 RadioButton，将其拖到舞台中即可创建一个单选按钮组件的实例，如图 12-13 所示。

选中舞台中的下拉列表框组件实例后，其【属性检查器】面板如图 12-14 所示。

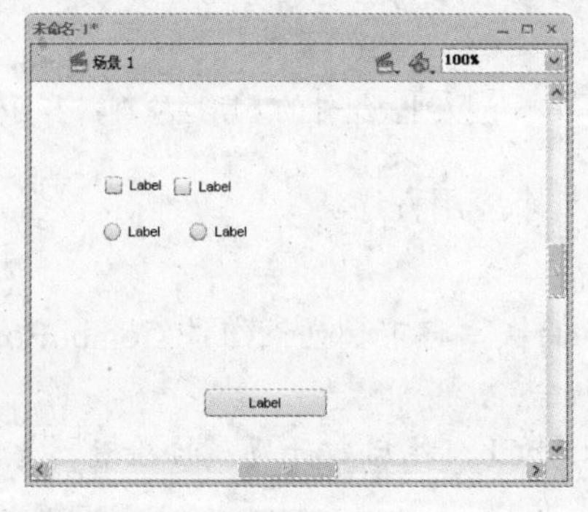

图 12-13　创建单选按钮组件实例

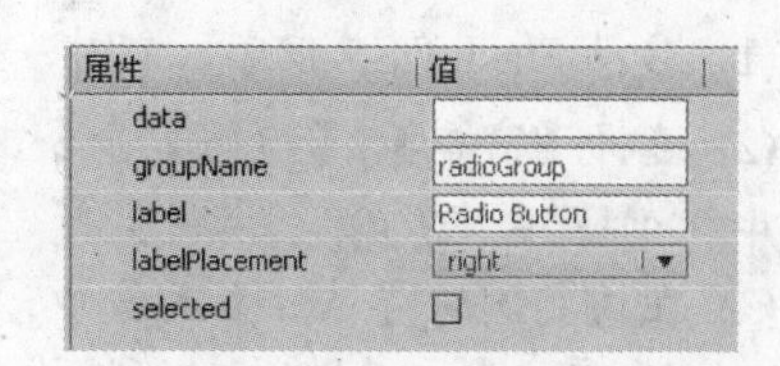

图 12-14　单选按钮组件的【属性检查器】面板

在单选按钮组件的【属性检查器】面板中，主要参数设置如下。

- groupName：可以指定当前单选按钮所属的单选按钮组，该参数相同的单选按钮为一组，且在一个单选按钮组中只能选择一个单选按钮。
- label：用于设置 RadioButton 的文本内容，其默认值为 label。
- labelplacement：可以确定单选按钮旁边标签文本的方向，默认值为 right。
- selected：用于确定单选按钮的初始状态是否被选中，默认值为 false。
- date：一个文本字符串数组，可以为 label 参数中各选项指定关联的值。

§ 12.2.4 下拉列表组件 ComboBox

下拉列表组件 ComboBox 由 3 个子组件构成：BaseButton、TextInput 和 List，它允许用户从打开的下拉列表框中选择一个选项。下拉列表框组件 ComboBox 可以是静态的，也可以是可编辑的。可编辑的下拉列表组件允许在列表顶端的文本框中直接输入文本。

在【组件】面板中选择下拉列表组件 ComboBox，将它拖动到设计区中后即可创建一个下拉列表框组件的实例，如图 12-15 所示。

选中设计区中的下拉列表框组件实例后，打开【属性检查器】面板，如图 12-16 所示，在该面板中主要参数设置如下。

- editable：确定 ComboBox 组件是否允许被编辑，默认值为 false 不可编辑。
- enabled：指示组件是否可以接收焦点和输入。
- rowCount：设置下拉列表中最多可以显示的项数，默认值为 5。
- restrict：可在组合框的文本字段中输入字符集。
- visible：指示对象是否可见，默认值为 true。

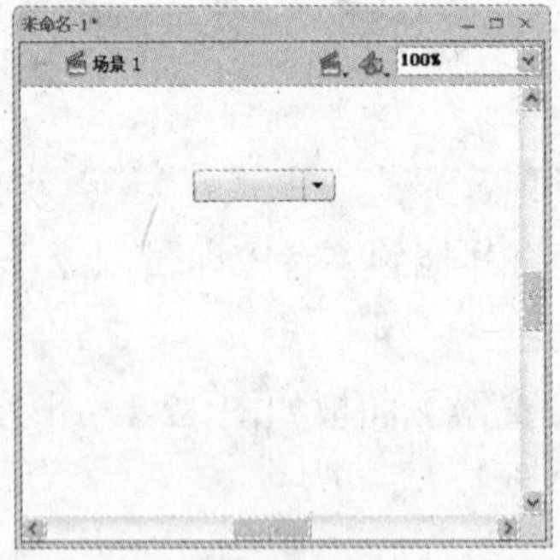

图 12-15　创建下拉列表组件实例

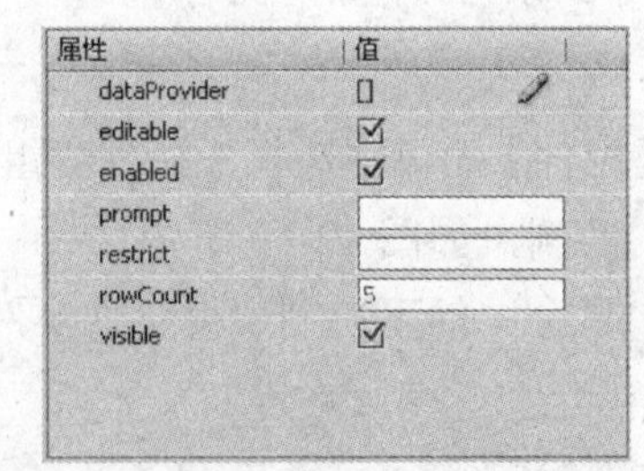

图 12-16　下拉列表组件的【属性检查器】面板

【例 12-3】使用下拉列表组件 ComboBox 创建一个应用程序。

(1) 启动 Flash CS5 程序，新建一个 Flash 文档。

(2) 选择【窗口】|【组件】命令，打开【组件】面板，将下拉列表组件 ComboBox 拖到舞台中，创建一个实例。

(3) 在该实例的【属性】面板中，输入实例名称为aCb，然后打开【属性检查器】面板，选中editable复选框，如图12-17所示。

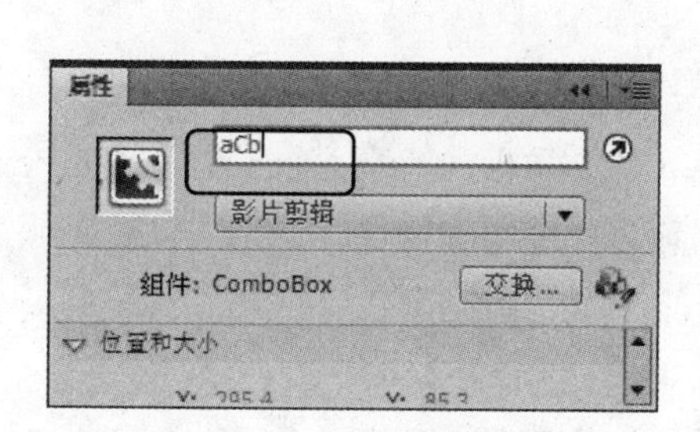

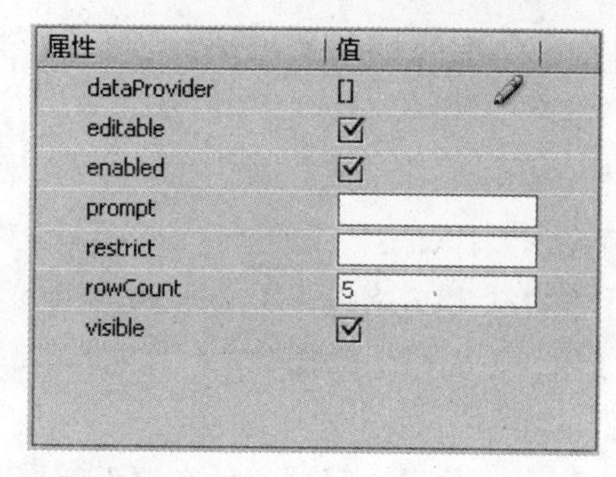

图 12-17　设置组件名称及参数

(4) 在时间轴上选中第1帧，然后打开【动作】面板，输入如下代码:

```
import fl.data.DataProvider;

import fl.events.ComponentEvent;
var items:Array = [
{label:"选项 1"},
{label:"选项 2"},
{label:"选项 3"},
{label:"选项 4"},
{label:"选项 5"},
];
aCb.dataProvider = new DataProvider(items);
aCb.addEventListener(ComponentEvent.ENTER, onAddItem);
function onAddItem(event:ComponentEvent):void {
var newRow:int = 0;
if (event.target.text == "Add") {
newRow = event.target.length + 1;
event.target.addItemAt({label:"选项" + newRow},
event.target.length);
}
}
```

(5) 按下 Ctrl+Enter 组合键预览应用程序，用户可在下拉列表中选择选项，也可以直接在文本框中输入文字，如图 12-18 所示。

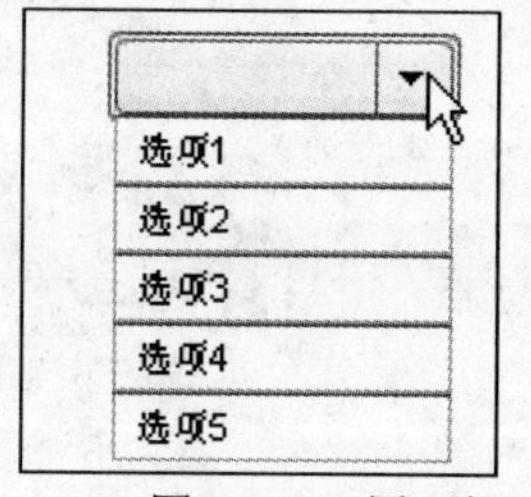

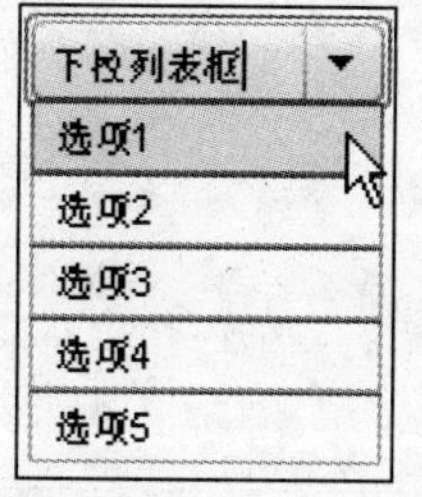

图 12-18　用下拉列表组件创建的应用程序

§ 12.2.5 文本区域组件 TextArea

文本区域组件 TextArea 用于创建多行文本字段，例如，可以在表单中使用 TextArea 组件创建一个静态的注释文本，或者创建一个支持文本输入的文本框。另外，通过设置 HtmlText 属性可以使用 HTML 格式来设置 TextArea 组件，同时可以用星号遮蔽文本的形式创建密码字段。

在【组件】面板中选择文本区域组件 TextArea，将它拖动到设计区中即可创建一个文本区域组件的实例，如图 12-19 所示。

选中舞台中的文本区域组件实例后，打开【属性检查器】面板，如图 12-20 所示。

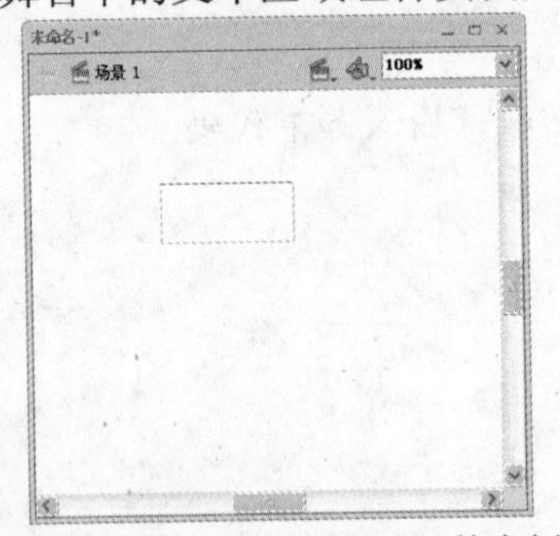

图 12-19　创建文本区域组件实例

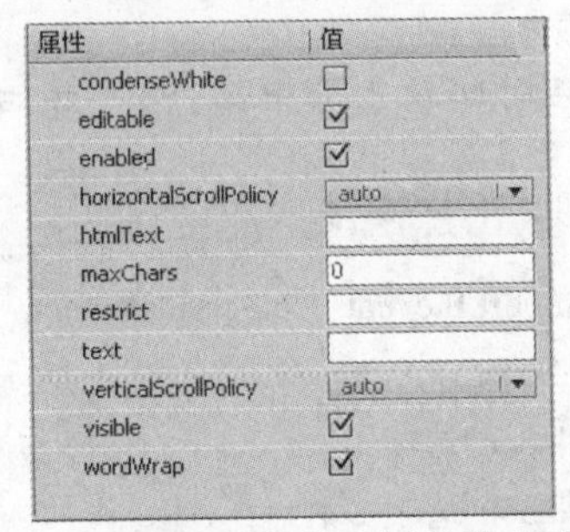

图 12-20　文本区域组件的【属性检查器】面板

在文本区域组件的【属性检查器】面板中的主要参数设置如下。

- editable：确定 TextArea 组件是否允许被编辑，默认值为 true 可编辑。
- text：指示 TextArea 组件的内容。
- wordWrap：指示文本是否可以自动换行，默认值为 true 可自动换行。

【例 12-4】使用文本区域组件 TextArea 创建两个可输入的文本框，使第 1 个文本框中只允许输入数字，第 2 个文本框中只允许输入字母，且在第 1 个文本框中输入的内容会自动出现在第 2 个文本框中。

(1) 启动 Flash CS5 程序，新建一个 Flash 文档。

(2) 选择【窗口】|【组件】命令，打开【组件】面板，拖动两个文本区域组件 TextArea 到舞台中，如图 12-21 所示。

(3) 选中上方的 TextArea 组件，在其【属性】面板中，输入实例名称 aTa；选中下方的 TextArea 组件，输入实例名称为 bTa，如图 12-22 所示。

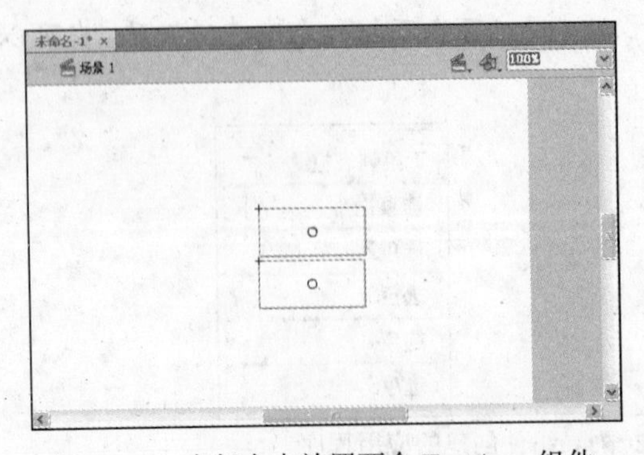

图 12-21　在舞台中放置两个 TextArea 组件

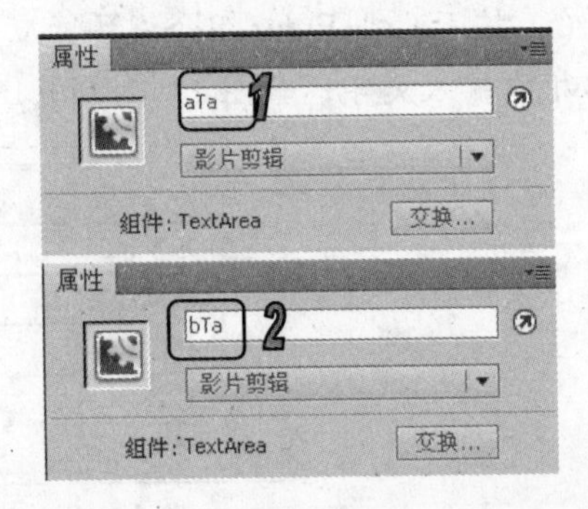

图 12-22　分别输入实例名称

(4) 在时间轴上选中第1帧，然后打开【动作】面板输入如下代码：

```
import flash.events.FocusEvent;
aTa.restrict = "0-9";
bTa.restrict = "a-z";
aTa.addEventListener(Event.CHANGE,changeHandler);
aTa.addEventListener(FocusEvent.KEY_FOCUS_CHANGE, k_m_fHandler);
aTa.addEventListener(FocusEvent.MOUSE_FOCUS_CHANGE, k_m_fHandler);
function changeHandler(ch_evt:Event):void {
bTa.text = aTa.text;
}
function k_m_fHandler(kmf_event:FocusEvent):void {
kmf_event.preventDefault();
}
```

(5) 按下 Ctrl+Enter 组合键，预览应用程序，并在文本框内输入数字和字母进行测试，效果如图 12-23 所示。

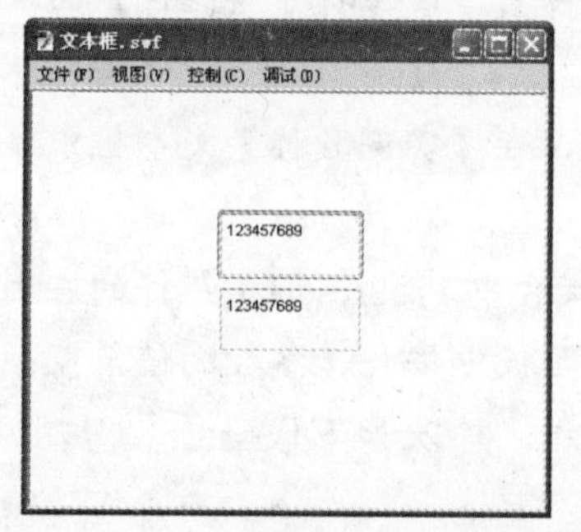

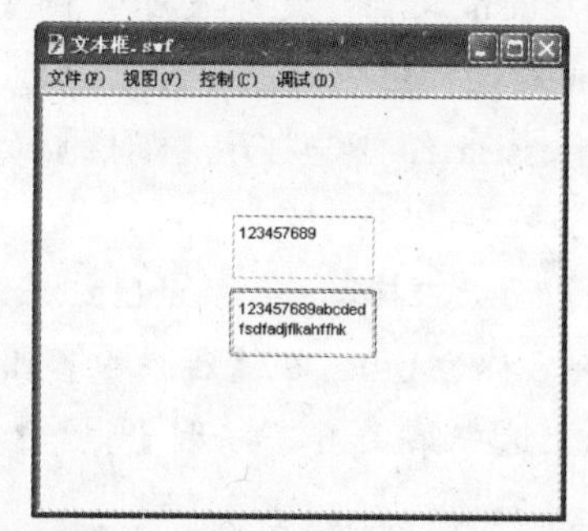

图 12-23　测试效果

§ 12.2.6　进程栏组件 ProgressBar

使用进程栏组件 ProgressBar 可以方便快速地创建出动画预载画面，即通常在打开 Flash 动画时见到的 Loading 界面。配合上标签组件 Label，还可以将加载进度显示为百分比。

在 Flash CS5 中，进程栏运行的模式有 3 种：事件模式、轮询模式和手动模式。其中最常用的模式是事件模式和轮询模式，这两种模式的特点是会指定一个发出 progress 和 complete 事件(事件模式和轮询模式)或公开 bytesLoaded 和 bytesTotal 属性(轮询模式)的加载进程。如果要在手动模式下使用 ProgressBar 组件，可以设置 maximum、minimum 和 value 属性，并调用 ProgressBar.setProgress() 方法。

在【组件】面板中选择进程栏组件 ProgressBar，将其拖到舞台中即可创建一个进程栏组件的实例，如图 12-24 所示。选中舞台中的进程栏组件实例后，其【属性检查器】面板如图 12-25 所示。

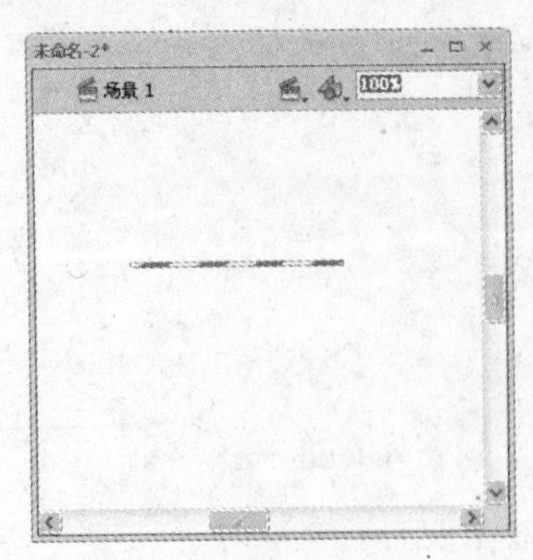
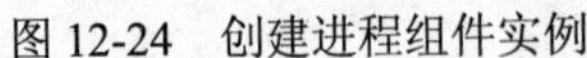

图 12-24　创建进程组件实例

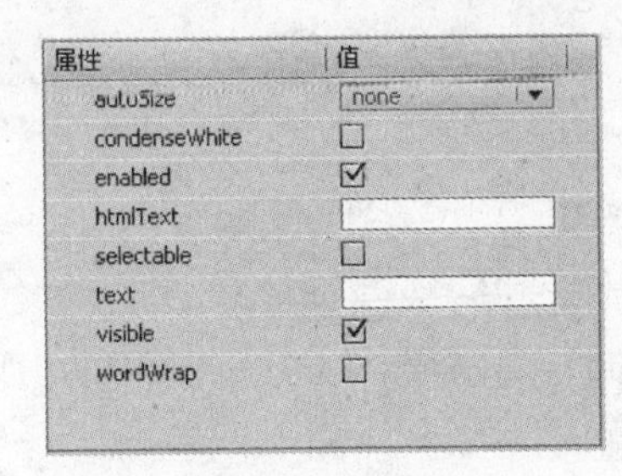

图 12-25　进程栏组件的【属性检查器】面板

在进程栏组件的【属性检查器】面板中主要参数设置如下。

- direction：用于指示进度蓝的填充方向。默认值为 right 向右。
- mode：用于设置进度栏运行的模式。该值可以是 event、polled 或 manual，默认为 event。
- source：是一个要转换为对象的字符串，它表示源的实例名称。
- text：输入进度条的名称。

【例 12-4】使用进程栏组件 ProgressBar 和一个 Label 组件，采用轮询模式创建一个可以反映加载进度百分比的 Loading 画面。

(1) 新建一个 Flash 文档，选择【窗口】|【组件】命令，打开【组件】面板，拖动进程栏组件 ProgressBar 到设计区中。

(2) 选中 ProgressBa 组件，打开【属性】面板，在【实例名称】文本框中年输入实例名称为 jd。

(3) 在【组件】面板中拖动一个 Label 组件到舞台中 ProgressBar 组件的左上方，在【属性】面板输入实例名称为 bfb。在【属性检查器】面板中将 text 参数的值清空。

(4) 在时间轴上选中第 1 帧，打开【动作】面板，输入如下代码：

```
import fl.controls.ProgressBarMode;
import flash.events.ProgressEvent;
import flash.media.Sound;
var aSound:Sound = new Sound();
var url:String ="http://60.10.2.79/lt/wapcs1/pic/200711516302258.mp3";
var request:URLRequest = new URLRequest(url);
jd.mode = ProgressBarMode.POLLED;
jd.source = aSound;
aSound.addEventListener(ProgressEvent.PROGRESS, loadListener);
aSound.load(request);
function loadListener(event:ProgressEvent) {
var percentLoaded:int = event.target.bytesLoaded /
event.target.bytesTotal * 100;
bfb.text = "加载进度 " + percentLoaded + "%";
trace("加载进度 " + percentLoaded + "%");
}
```

(5) 按下 Ctrl+Enter 组合键测试动画效果，如图 12-26 所示。

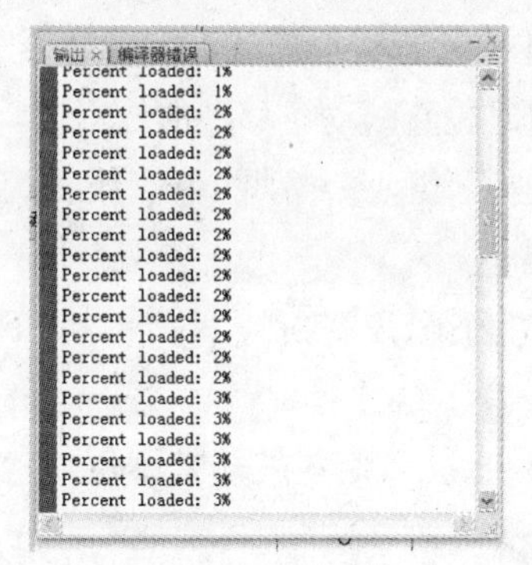

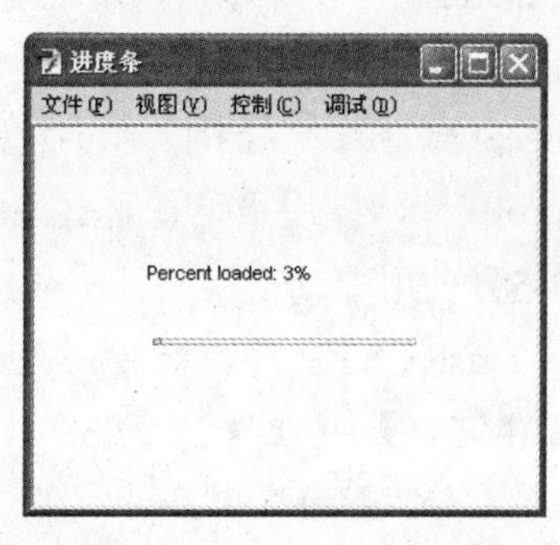

图 12-26 显示加载进度

(6) 保存文件为【进度条】。

§ 12.2.7 滚动窗格组件 ScrollPane

如果需要在 Flash 文档中创建一个能显示大量内容的区域，但又不能为此占用过大的舞台空间，就可以使用滚动窗格组件 ScrollPane。在 ScrollPane 组件中可以添加有垂直或水平滚动条的窗口，用户可以将影片剪辑、JPEG、PNG、GIF 或者 SWF 文件导入到该窗口中。

在【组件】面板中选择滚动窗格组件 ScrollPane，将其拖到舞台中即可创建一个滚动窗格组件的实例，如图 12-27 所示。

选中舞台中的滚动窗格组件实例后，其【组件检查器】面板如图 12-28 所示，在该面板中用户可以设置以下参数：

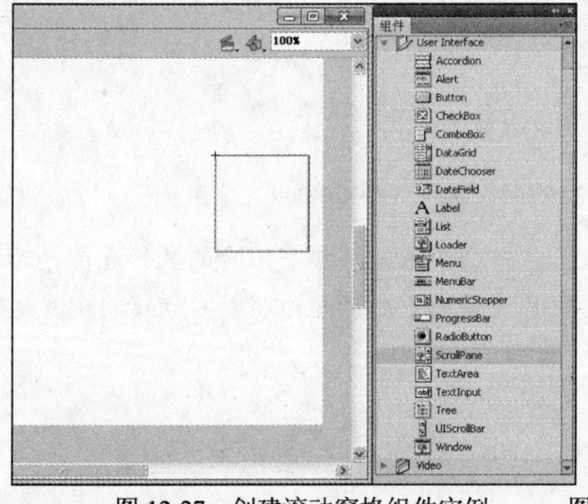

图 12-27 创建滚动窗格组件实例

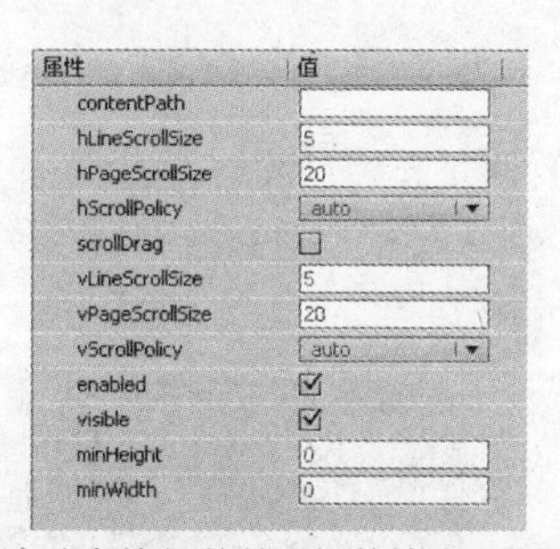

图 12-28 滚动窗格组件的【组件检查器】面板

- contentPath：用于指示加载到滚动窗格中的内容。其中的值可以是本地 SWF 或 JPEG 文件的相对路径，也可以是 Internet 上文件的相对或绝对路径。
- hLineScrollSize：用于指示每次单击箭头按钮时水平滚动条移动的像素值，默认值为 5。
- hPageScrollSize：用于指示每次单击轨道时水平滚动条移动的像素值，默认值为 20。

➢ hScrollPolicy：用于设置水平滚动条是否显示。

➢ scrollDrag：一个布尔值，用于确定当用户在滚动窗格中拖动内容时是否发生滚动。

➢ vLineScrollsize：用于指示每次单击箭头按钮时垂直滚动条移动的像素值，默认值为 5。

➢ vPageScrollSize：用于指示每次单击轨道时垂直滚动条移动的单位数，默认值为 20。

➢ vScrollPolicy：用于设置垂直滚动条是否显示。

【例 12-5】使用滚动窗格组件 ScrollPane 创建一个图片窗口。

(1) 启动 Flash CS5 程序，新建一个 Flash 文档。

(2) 选择【窗口】|【组件】命令，打开【组件】面板，拖动滚动窗格组件 ScrollPane 到舞台中，在其【属性】面板中，输入实例名称为 asp。

(3) 在时间轴上选中第1帧，然后打开【动作】面板输入如下代码:

```
import fl.events.ScrollEvent;
aSp.setSize(300, 200);
function scrollListener(event:ScrollEvent):void {
trace("horizontalScPosition: " + aSp.horizontalScrollPosition +
", verticalScrollPosition = " + aSp.verticalScrollPosition);
}
aSp.addEventListener(ScrollEvent.SCROLL, scrollListener);
function completeListener(event:Event):void {
trace(event.target.source + " has completed loading.");
}
aSp.addEventListener(Event.COMPLETE, completeListener);
aSp.source = "http://www.helpexamples.com/flash/images/image1.jpg";
```

(4) 按下 Ctrl+Enter 组合键预览效果，窗口中的图像能够根据用户的鼠标或键盘动作改变显示位置，如图 12-29 所示。另外，在弹出的【输出】对话框中将会自动反映用户的动作，如图 12-30 所示。

图 12-29　测试滚动窗格效果

```
horizontalScPosition: 0, verticalScrollPosition = 3.4012738853503186
horizontalScPosition: 0, verticalScrollPosition = 5.101910828025478
horizontalScPosition: 0, verticalScrollPosition = 6.802547770700637
horizontalScPosition: 0, verticalScrollPosition = 11.904458598726114
horizontalScPosition: 0, verticalScrollPosition = 18.70700636942675
horizontalScPosition: 0, verticalScrollPosition = 25.50955414012739
horizontalScPosition: 0, verticalScrollPosition = 32.31210191082803
```

图 12-30　【输出】对话框

新世纪高职高专规划教材

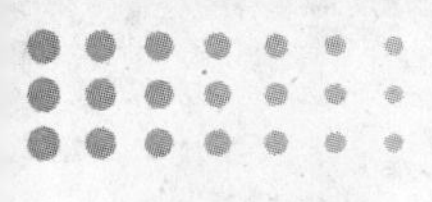

12.3 视频组件

除了 UI 组件之外，在 Flash CS5 的【组件】窗口中还包含了 Video 组件，即视频组件。该组件主要用于控制导入到 Flash CS5 中的视频，其中主要包括了使用视频播放器组件 FLVplayback 和一系列用于视频控制的按键组件。通过 FLVplayback 组件，可以将视频播放器包括在 Flash CS5 应用程序中，以便播放通过 HTTP 渐进式下载的 Flash 视频(FLV)文件，如图 12-31 所示。

选中舞台中的视频组件实例后，打开【属性检查器】面板，如图 12-32 所示，在该面板中主要参数设置如下。

图 12-31　FLVplayback 组件效果

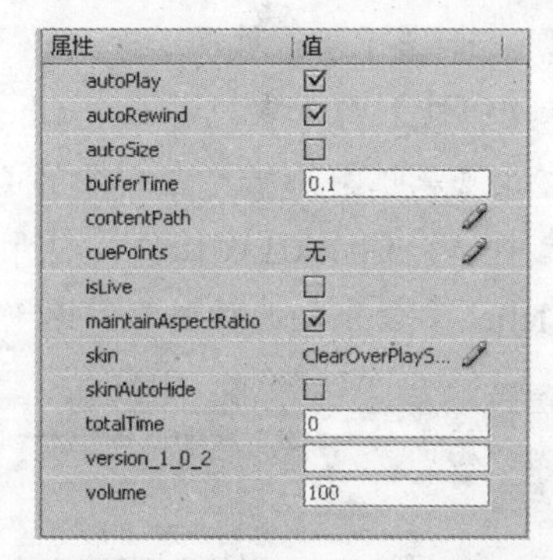

属性	值
autoPlay	☑
autoRewind	☑
autoSize	☐
bufferTime	0.1
contentPath	
cuePoints	无
isLive	☐
maintainAspectRatio	☑
skin	ClearOverPlayS...
skinAutoHide	☐
totalTime	0
version_1_0_2	
volume	100

图 12-32　【属性检查器】面板

- autoplay：一个用于确定 FLV 文件播放方式的布尔值。如果是 ture，则该组件将在加载 FLV 文件后立即播放；如果是 false，则该组件会在加载第 1 帧后暂停。
- autoRewind：一个用于确定 FLV 文件在播放完成是否自动后退的布尔值。如果是 ture，则播放头达到末端或用户单击停止按钮时，FLVplayback 组件会自动使 FLV 文件退回到开始处；如果是 false，则组件在播放完成后会自动停止。
- autoSize：一个用于确定组件默认尺寸的布尔值。
- bufferTime：用于设置在开始回放前，在内存中缓冲 FLV 文件的时间。
- contentPath：一个字符串，用于指定 FLV 文件的 URL，或者指定描述如何播放一个或多个 FLV 文件的 XML 文件。
- cuePoint：一个描述 FLV 文件的提示点的字符串。
- isLive：一个布尔值，用于指定 FLV 文件的实时加载流。
- maintainAspectRatio：一个布尔值，用于指定组件播放器大小，如果为 ture，则可以调整 FLVplayback 组件中视频播放器的大小，以保持源 FLV 文件的高宽比。
- skin：该参数用于打开【选择外观】对话框，用户可以在该对话框中选择组件的外观。
- skinAutoHide：一个布尔值，用于设置外观是否可以隐藏。
- totalTime：源 FLV 文件中的总秒数，精确到毫秒。
- volume：用于表示相对于最大音量的百分比的值，范围是 0～100。

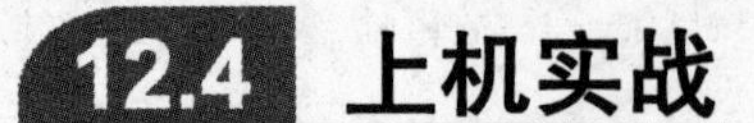

12.4 上机实战

本章的上机实战主要练习多种 UI 组件配合使用的方法。本例中需要练习 CheckBox 和 RadioButton 组件的应用，只有选中 RadioButton 组件时，才能选择 CheckBox 选项。

(1) 新建一个文档，选择【窗口】|【组件】命令，打开【组件】面板，将拖动 RadioButton 组件到设计区中。

(2) 选中 RadioButton 组件，打开【属性】面板，在【实例名称】文本框中输入实例名称 home。

(3) 选择【窗口】|【属性检查器】面板，打开【属性检查器】面板，设置 label 值为“喜欢的运动”，如图 12-33 所示。

(4) 从【组件】面板中拖动 6 个 CheckBox 组件至设计区，移至 RadioButton 组件下方。

(5) 打开【属性】面板，分别命名 CheckBox 组件实例名称为 xx1、xx2…xx8。

(6) 选中一个 CheckBox 组件，打开【属性检查器】面板，设置 label 参数为 valueGrp，然后设置 label 参数为要选择的影片名称，如图 12-34 所示是设置 xx8 组件实例参数。

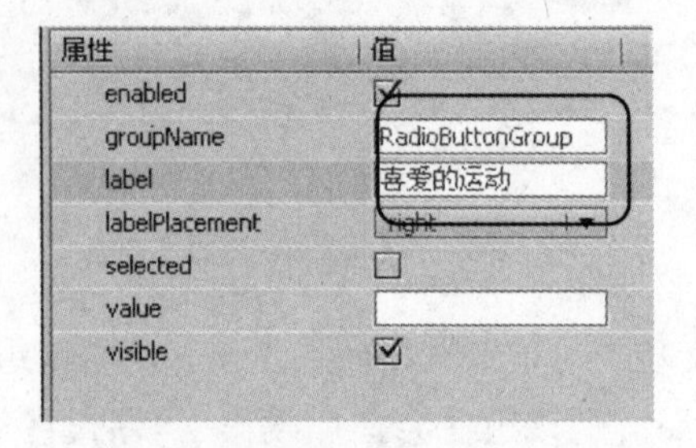

图 12-33　设置 RadioButton 组件

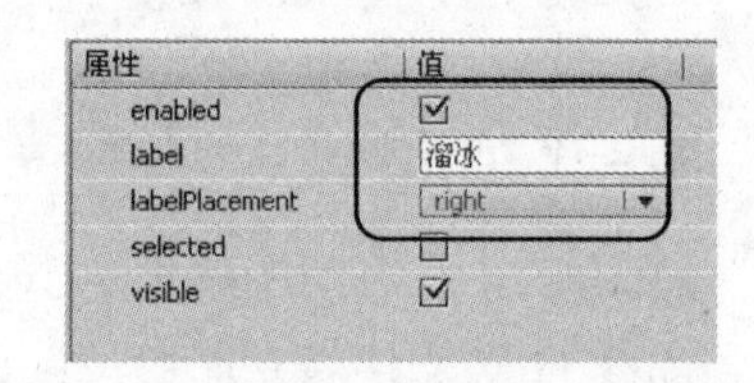

图 12-34　设置 xx8 组件

(7) 右击第 1 帧，在弹出的快捷菜单中选择【动作】命令，打开【动作】面板，输入如下代码。

```
home.addEventListener(MouseEvent.CLICK, clickHandler);
xx1.enabled = false;
xx2.enabled = false;
xx3.enabled = false;
xx4.enabled = false;
xx5.enabled = false;
xx6.enabled = false;
xx7.enabled = false;
xx8.enabled = false;
function clickHandler(event:MouseEvent):void {
xx1.enabled = event.target.selected;
xx2.enabled = event.target.selected;
xx3.enabled = event.target.selected;
xx4.enabled = event.target.selected;
xx5.enabled = event.target.selected;
```

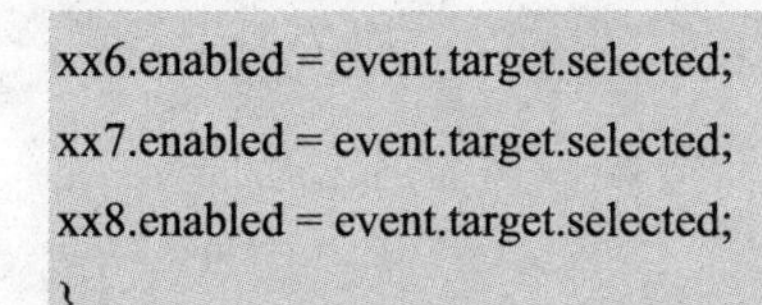

```
xx6.enabled = event.target.selected;
xx7.enabled = event.target.selected;
xx8.enabled = event.target.selected;
}
```

(8) 按下 Ctrl+Enter 组合键，测试动画效果，如图 12-35 所示。只有当单选按钮被选中时，复选框才处于可选状态。

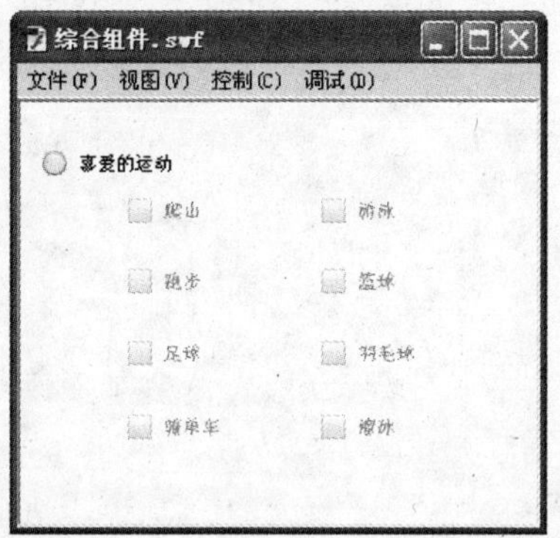

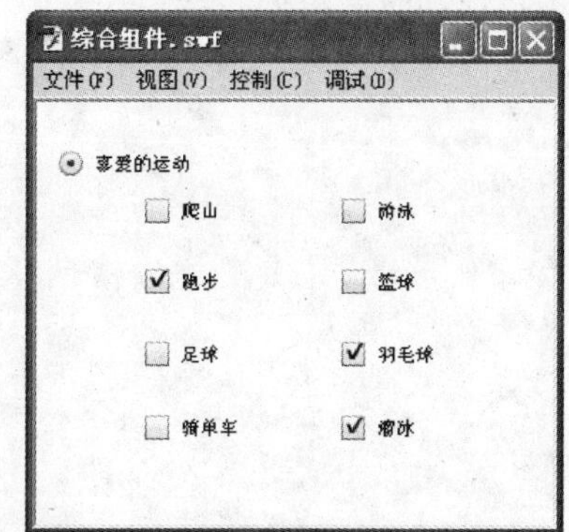

图 12-35　测试效果

(9) 保存文件为【综合组件】。

12.5 习题

1. 简述组件的添加及删除方法。
2. 使用多个 UI 组件，制作网站留言簿。
3. 使用 Video 组件，制作视频播放器。

第13章

测试与发布影片

主要内容

制作完影片后，可以将影片导出或发布。在发布影片之前，可以根据使用场合的需要，对影片进行适当的优化处理，从而保证在不影响影片质量的前提下获得最快的影片播放速度。此外，在发布影片时，可以设置多种发布格式，可以保证制作影片与其他的应用程序兼容。

本章重点

- 测试影片
- 优化影片
- 测试影片下载性能
- Flash 发布格式设置
- HTML 发布格式设置
- 导出影片

13.1 测试影片

对于制作好的影片，在发布之前应养成测试影片的好习惯。测试影片，可以确保影片播放的平滑，使用 Flash Player 提供的一些优化影片和排除动作脚本故障的工具，也可以对动画的进行测试。除此之外，影片的优化也是一项很重要的工作。

§ 13.1.1 测试影片概述

Flash CS5 的集成环境中提供了测试影片环境，可以在该环境进行一些比较简单的测试工作，例如测试按钮的状态、主时间轴上的声音、主时间轴上的帧动作、主时间轴上的动画、动画剪辑、动作、动画速度以及下载性能等。

根据测试对象的不同，测试影片可以分为测试影片、测试场景、测试环境、测试动画功能和测试动画作品下载性能等。

- 测试影片与测试场景实际上是产生.swf 文件，并将它放置在与编辑文件相同的目录下。如果测试文件运行正常，且希望用作最终文件，那么可将它保存在硬盘中，并加载到服务器上。
- 测试环境，可以选择【控制】|【测试影片】或【控制】|【测试场景】命令进行场景测试，虽然仍然是在 Flash 环境中，但界面已经改变，因为是在测试环境而非编辑环境。

- 在测试动画期间，应当完整地观看作品并对场景中所有的互动元素进行测试，查看动画有无遗漏、错误或不合理。

§ 13.1.2 优化影片

优化影片主要是为了缩短影片下载和回放时间，影片的下载和回放时间与影片文件的大小成正比。在发布影片时，Flash 会自动对影片进行优化处理。在导出影片之前，可以在总体上优化影片，还可以优化元素、文本以及颜色等。

1. 总体优化影片

要总体优化影片，主要有以下几种方法。

- 对于重复使用的元素，应尽量使用元件、动画或者其他对象。
- 在制作动画时，应尽量使用补间动画。
- 对于动画序列，建议使用影片剪辑而不是图形元件。
- 限制每个关键帧中的改变区域，在尽可能小的区域中执行动作。
- 避免使用动画位图元素，或使用位图图像作为背景或静态元素。
- 尽可能使用 MP3 格式的声音文件。

2. 优化元素和线条

要优化元素和线条，主要有以下几种方法。

- 尽量将元素组合在一起。
- 对于随动画过程改变的元素和不随动画过程改变的元素，可以使用不同的图层分开。
- 使用【优化】命令，减少线条中分隔线段的数量。
- 尽可能少地使用如虚线、点状线以及锯齿状线之类的特殊线条。
- 尽量使用【铅笔】工具绘制线条。

3. 优化文本和字体

要优化文本和字体，主要有以下几种方法。

- 尽可能使用同一种字体和字形，减少嵌入字体的使用。
- 对于【嵌入字体】选项只选中需要的字符，不要包括所有字体。

4. 优化颜色

要优化颜色，主要有以下几种方法。

- 使用【颜色】面板，匹配影片的颜色调色板与浏览器专用的调色板。
- 减少渐变色的使用。
- 减少 Alpha 透明度的使用，否则会减慢影片回放的速度。

5. 优化动作脚本

要优化动作脚本，主要有以下几种方法。

- 在【发布设置】对话框的 Flash 选项卡中，启用【省略跟踪动作】复选框。这样在发布影片时就不使用 trace 动作。
- 定义经常重复使用的代码为函数。
- 尽量使用本地变量。

技巧

可以在制作动画过程中就对影片进行一些优化操作，例如尽量使用补间动画、组合元素等，但在进行这些优化操作时，都应以不影响影片质量为前提。

§ 13.1.3　测试影片下载性能

随着网络的发展，许多 Flash 作品都是通过网络进行传送的，因此下载性能非常重要。在网络流媒体播放状态下，如果动画的所需数据在到达某帧时仍未下载，影片的播放将会出现停滞，因此在计划、设计和创建动画的同时要考虑到网络带宽的限制以及测试影片的下载性能。

打开一个文档，选择【控制】|【测试影片】命令或【控制】|【测试场景】命令，打开测试环境，然后选择【视图】|【下载设置】命令，在弹出的子菜单中选择一种带宽，用以测试动画在该带宽下的下载性能，如图 13-1 所示。选择【视图】|【数据流图表】命令，则动画开始模拟在 Web 上放映，播放速度为上步操作所选择的连接带宽。

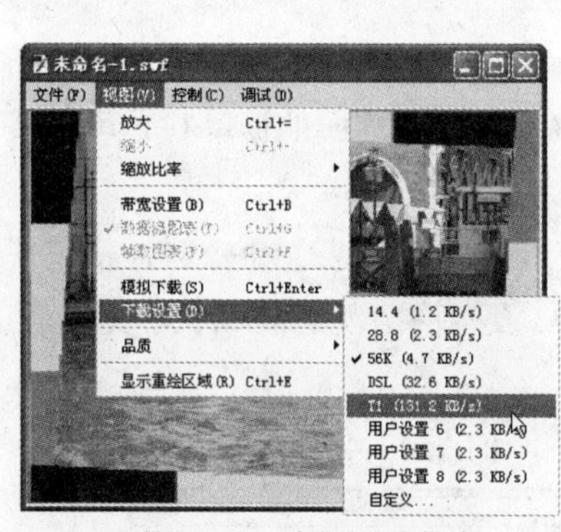

图 13-1　选择测试带宽

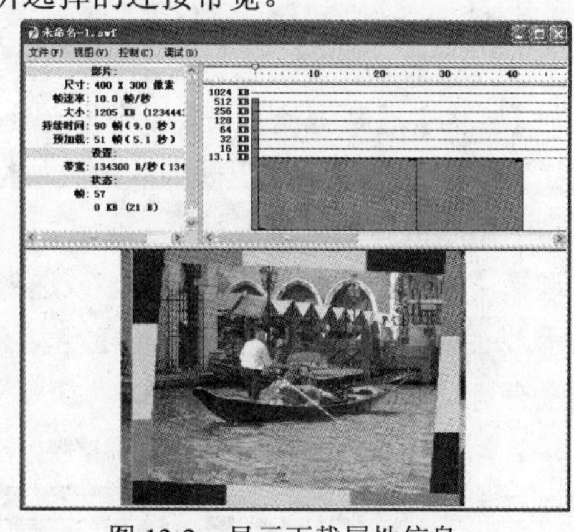

图 13-2　显示下载属性信息

选择【视图】|【带宽设置】命令，将显示带宽设置面板，如图 13-2 所示，显示了测试下载属性最重要的信息，例如持续时间、预加载信息等。

技巧

带宽设置可以提供关键的统计数字，以帮助用户查找流程中出现问题的区域，这些统计信息包括动画中单个帧的大小，从动画的实际起始点开始流动所需要的时间及开始播放的时间等。带宽设置可以模拟使用 1.2Kb/s、2.3 Kb/s、4.7 Kb/s、32.6 Kb/s、131.2 Kb/s 等调制解调器的实际下载情况，或者使用自定义设置模拟 ISDN 或 LAN 连接的下载过程。通过模拟调制解调器的速度，可以检测流程中因重负载帧而引起的暂停，以便重新编辑，从而提高性能。最重要的是用户可以在网络断开的状态下，以模拟方式进行 Web 连接测试。

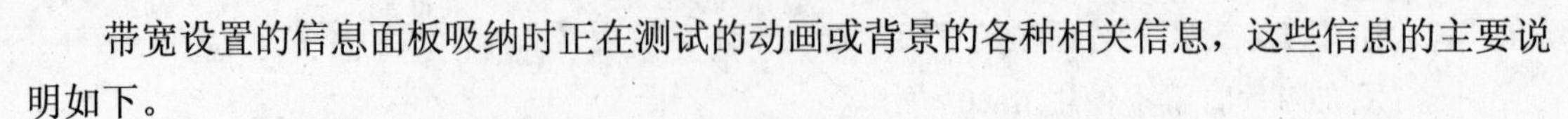

带宽设置的信息面板吸纳时正在测试的动画或背景的各种相关信息，这些信息的主要说明如下。

- 【尺寸】：动画的大小。
- 【帧速率】：动画放映的速度，用帧每秒表示。
- 【大小】：整个动画文件的大小(如果测试的是场景，则为在整个动画中所占的文件大小)，括号中的数字是用字节表示的精确数值。
- 【持续时间】：动画的帧数，括号中的数值表示动画的持续时间(单位为秒)。
- 【预加载】：从动画开始下载到开始放映之间的帧数，或者根据当前的放映速度折算成相应的时间。
- 【带宽】：用于模拟实际下载的带宽速度。
- 【帧】：显示两组数字，上面的数字表示时间线放映头当前所在的测试环境中的帧编号；下面的数字则是表示当前帧在整个动画中所占的文件大小，括号中的数字是文件大小的精确值。如果将放映头移到时间线，就会出现各个帧的统计信息，通过调整放映头所在帧，可以找到最大帧。

测试时间与编辑环境中的时间线在外观和功能上基本相似，但有一个明显的区别，即流动栏，如图 13-3 所示。

图 13-3　流动栏

与【视图】|【数据流图表】命令结合使用时，流动栏将显示出已下载到背景的动画量(用绿色栏表示)，而放映头则反映当前的放映位置。观察实际放映前面的流动栏，可以找到可能在流动中引起故障的区域或帧。

选择【视图】|【帧数图表】命令或选择【视图】|【数据流图表】命令时，将出现帧的图形表示。灰色块表示动画中的帧，其高度表示帧的大小。没有块出现的区域表示无内容的帧(空帧或没有运动或交互的帧)。

- 帧数图表：用图形表示时间线上各帧的大小，如图 13-4 所示。

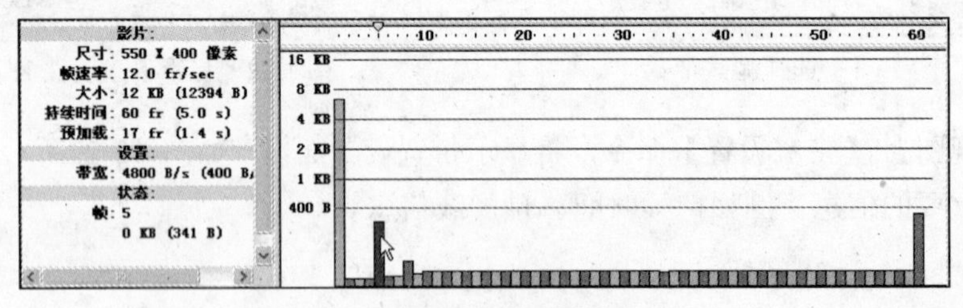

图 13-4　帧数图表

- 数据流图表：可以用来确定在 Web 中下载的过程中，将出现暂停的区域，如图 13-5 所示。红线以上的块表示流动过程中可能引起暂停的区域，如果超出红色线条，则必须等待该帧加载后播放。

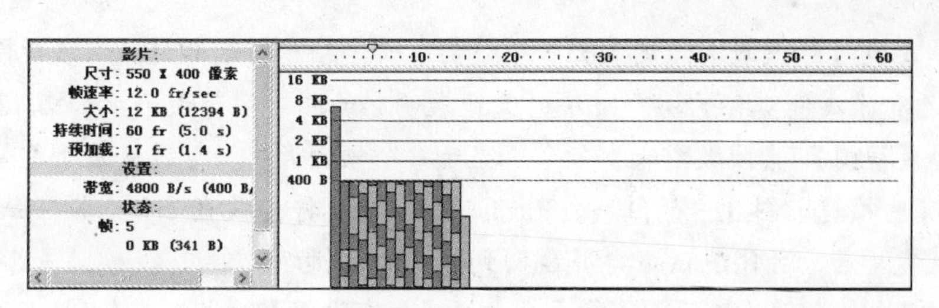

图 13-5　数据流图表

在 Flash CS5 中，还可以自定义速度进行影片下载性能的测试。要设置自定义测试速度，可以选择【视图】|【下载设置】|【自定义】命令，打开【自定义下载设置】对话框，如图 13-6 所示。在该对话框中的【菜单文本】选项区域的各文本框中，可以输入作为调制解调器速度选项出现在菜单中的名称；在【比特率】选项区域的各文本框中，可以输入用户需要的模拟比特率。

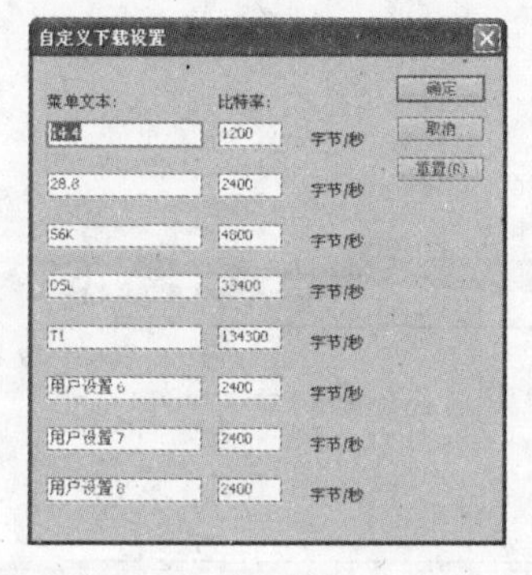

图 13-6　【自定义下载设置】对话框

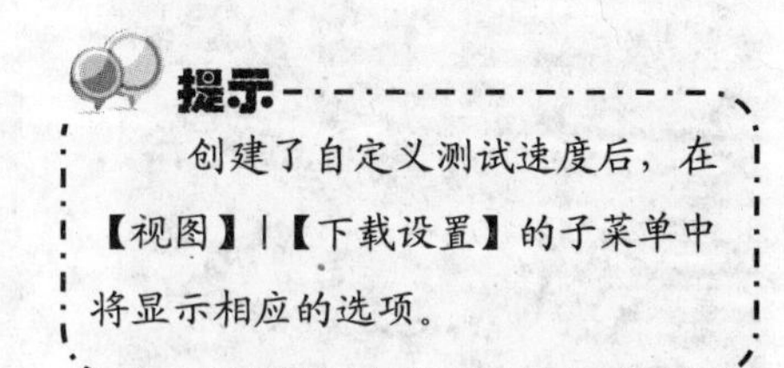
提示

创建了自定义测试速度后，在【视图】|【下载设置】的子菜单中将显示相应的选项。

【例 13-1】打开一个文档，在测试环境中测试影片的下载性能。

(1) 打开文档【海报效果】，选择【控制】|【测试影片】命令，打开影片测试窗口，如图 13-7 所示。

(2) 选择【视图】|【下载设置】命令，在弹出的菜单中选择 14.4(1.2KB/s)。

(3) 选择【视图】|【带宽设置】命令，显示下载性能图表，其中带宽设置左侧会显示关于影片的信息、影片设置及其状态；带宽配置右侧会显示时间轴标题和图表，如图 13-8 所示。

图 13-7　影片测试窗口

图 13-8　显示下载性能图表

新世纪高职高专规划教材

(4) 选择【视图】|【数据流图表】命令，显示哪一帧将引起暂停。默认视图显示代表每个帧的淡灰色和深灰色交替的块。每块的旁边表明它的相对字节大小，如图 13-9 所示。

(5) 选择【视图】|【帧数图表】命令，显示每个帧的大小，可以查看哪些帧导致数据流延迟。如果有些帧超出图表中的红线，Flash Player 将暂停播放直至整个帧下载完毕。

(6) 测试完毕后，关闭测试窗口并返回到文档的编辑环境中。

(7) 选择【文件】|【发布设置】命令，打开【发布设置】对话框。在 Flash 选项卡的【选项】选项区域中，选中【生成大小报告】复选框，则在选择【文件】|【发布】命令时，将自动生成帧大小报告。该报告会逐帧列出最终生成的 Flash Player 文件中的数据数量，如图 13-10 所示。

图 13-9　显示数据流图标

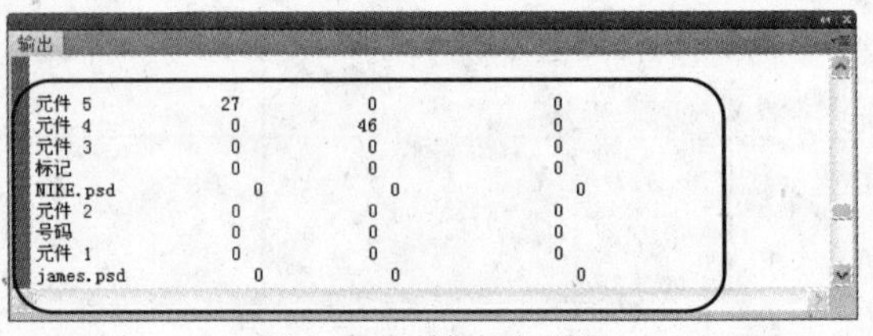

图 13-10　帧大小报告

13.2 发布影片

用 Flash CS5 制作的动画为 FLA 格式，所以在动画制作完成后，需要将 FLA 格式的文件发布成 SWF 格式的文件(即扩展名为.SWF，可以被 Flash CS5 播放器播放的动画文件)用于网页播放。

在默认情况下，使用【发布】命令可创建 Flash SWF 文件以及将 Flash 影片插入浏览器窗口所需的 HTML 文档。Flash CS5 还提供了多种其他发布格式，可以根据需要选择发布格式并设置发布参数。

§ 13.2.1　预览和发布影片

在发布 Flash 文档之前，首先需要确定发布的格式并设置该格式的发布参数才可进行发布。

在发布 Flash 文档时，最好先为要发布的 Flash 文档创建一个文件夹，将要发布的 Flash 文档保存在该文件夹中；然后选择【文件】|【发布设置】命令，打开如图 13-11 所示的【发布设置】对话框。在默认情况下，Flash (SWF)和 HTML 复选框处于选中状态，这是因为在浏

览器中显示 SWF 文件，需要相应的 HTML 文件。

在【发布设置】对话框中提供了多种发布格式，当选择了某种发布格式后，若该格式包含参数设置，则会显示相应的格式选项卡，用于设置其发布格式的参数。

默认情况下，在发布影片时会使用文档原有的名称，如果需要命名新的名称，可在【文件】文本框中输入新的文件名。不同格式文件的扩展名不同，在自定义文件名的时候注意不要修改扩展名。如果改动了扩展名而又忘了正确的扩展名，单击【使用默认名称】按钮，文件名会变为默认的文件名，扩展名也会变为正确的扩展名，然后再自定义文件名即可。

完成基本的发布设置后，单击【确定】按钮，可保存设置但不进行发布。选择【文件】|【发布】菜单命令，或按 Shift+F12 组合键，或直接单击【发布】按钮，Flash CS5 会将动画文件发布到源文件所在的文件夹中。如果在更改文件名时设定了存储路径，Flash CS5 会将文件发布到该路径所指向的文件夹中。

§ 13.2.2　设置 Flash 发布格式

SWF 动画格式是 Flash CS5 自身的动画格式，也是输出动画的默认形式。在输出动画的时候，单击【发布设置】对话框中的 Flash 选项卡，打开该选项卡对话框，可以设定 SWF 动画的图像和声音压缩比例等参数，如图 13-12 所示。

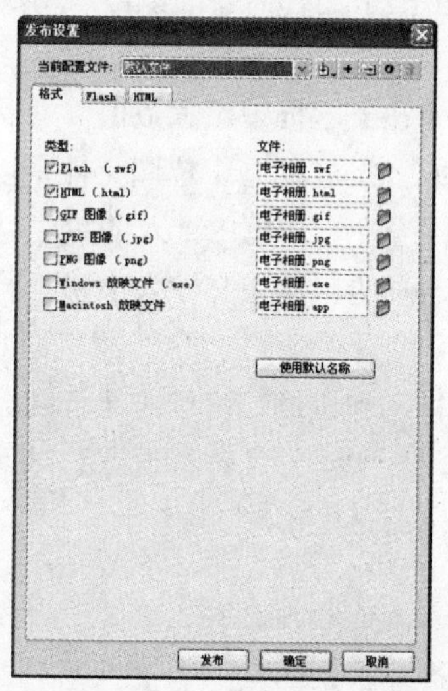

图 13-11　【发布设置】对话框

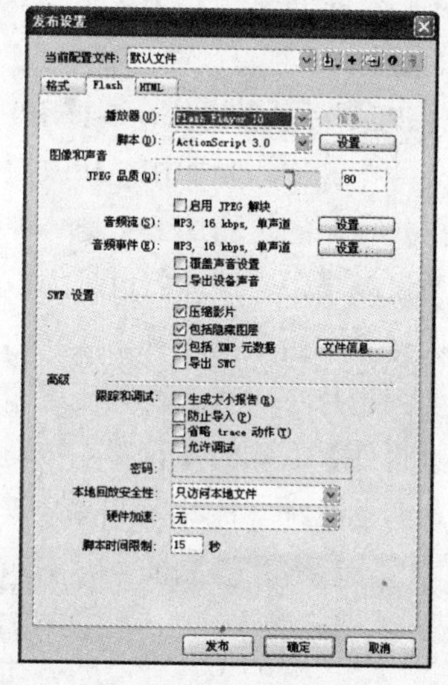

图 13-12　Flash 选项卡

在 Flash 选项卡中主要参数选项具体作用如下。

- 【版本】下拉列表框：可以选择所输出的 Flash 动画的版本，范围从 Flash 1~9 和 Flash lite 1.0～2.1。因为 Flash 动画的播放是由插件支持的，如果用户系统中没有安装高版本的插件，那么使用高版本输出的 Flash 动画在此系统中不能被正确地播放。如果使用低版本输出，那么 Flash 动画所有的新增功能将无法正确地运行。所以，除非有必须，否则一般不提倡使用低版本输出 Flash 动画。
- 【加载顺序】下拉列表框：加载顺序是指当动画被读入时所装载的每一层的先后顺序。当 Flash 动画被网络远程调用时，尤其是在网络传输速率较低的时候，设置加载顺序很重要，它决定了在动画的舞台上哪一层先显示出来。但是在网络速度较快或在本地计算机上欣赏动画时，用户察觉不到动画加载的先后顺序。加载顺序主要有两种类型：【由下而上】是指先加载并绘制 Flash 动画的最下层，再逐渐地载入并绘制上面的层；【由上而下】是指先加载并绘制 Flash 动画的最上层，再逐渐地载入并绘制下面的层。

- 【选项】选项区域：该项目主要包括一组复选框。选中【生成大小报告】复选框可以生成 Flash 动画运行的过程中传输数据的报告文件。选中【防止导入】复选框可以有效地防止所生成的动画文件被他人非法导入到新的动画文件中继续编辑。在选中此项后，对话框中的【密码】文本框被激活，在其中可以设置导入此动画文件时所需要的密码。以后当文件被导入时，系统会要求输入正确的密码。选中【压缩影片】复选框后，在发布动画时对视频进行压缩处理，使文件便于在网络上快速传输。选中【省略 trace 动作】复选框可以忽略在调试 Flash 动画的脚本时经常要使用的跟踪动作，避免查找并删除跟踪动作的过程。选中【允许调试】复选框后，允许在 Flash CS5 的外部跟踪动画文件，而且对话框的密码文本框也被激活，可以在此设置密码。选中【压缩影片】复选框，可压缩 Flash 影片减小文件大小，以缩短下载时间。选中【导出隐藏的图层】复选框，可以将 Flash 动画中的隐藏层导出。
- 【脚本时间限制】文本框：用户可以在该文本框中输入需要的数值，用于限制脚本的运行时间。
- 【JPEG 品质】滑块：调整 JPEG 品质滑块，或在文本框中设置数值，可以设置位图文件在 Flash 动画中的 JPEG 压缩比例和画质。Flash 动画中位图文件是以 JPEG 的格式存储的，而 JPEG 是一种有损压缩格式，当在文本框中键入的数值越大，位图质量越高，文件体积也越大。所以需要根据动画的用途在文件大小和画面质量之间选择一个折中的方案。
- 要为影片中所有的音频流或事件声音设置采样率和压缩，可单击【音频流】或【音频事件】右侧的【设置】按钮，打开如图 13-13 所示的【声音设置】对话框，设置声音的压缩、比特率和品质。

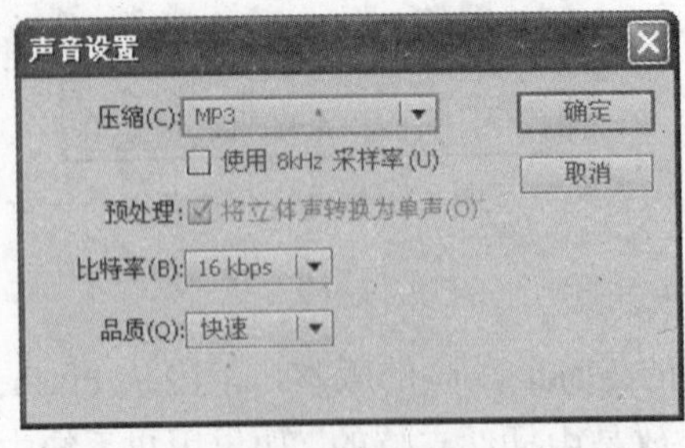

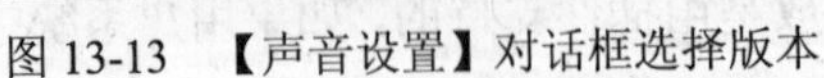
图 13-13 【声音设置】对话框选择版本

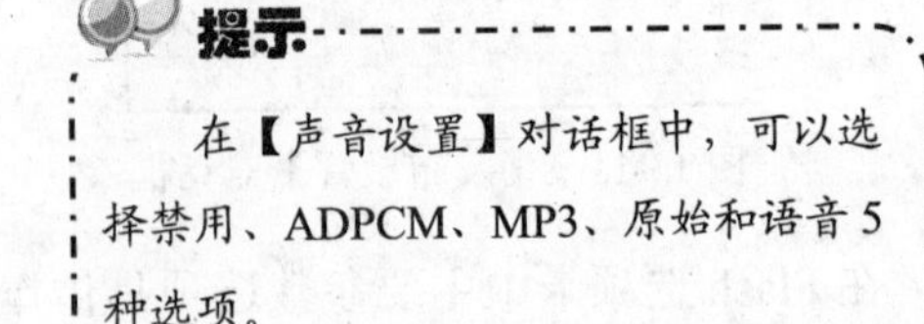
提示

在【声音设置】对话框中，可以选择禁用、ADPCM、MP3、原始和语音 5 种选项。

- 【覆盖声音设置】复选框：选中后可以设定声音属性并覆盖【属性】面板中的设置。
- 【导出设备声音】复选框：选中后可以将声音以设备声音的形式导出。
- 【本地回放安全性】下拉列表框：该对话框中有【只访问本地文件】和【只访问网络】两个选项，可以选择其一设置本地文件的回放方式。

§ 13.2.3　设置 HTML 发布格式

在默认情况下，HTML 文档格式是随 Flash 文档格式一同发布的。要在 Web 浏览器中播放 Flash 电影，则必须创建 HTML 文档、激活电影和指定浏览器设置。

使用【发布】菜单命令即可以自动生成必须的 HTML 文档。可以在【发布设置】对话框中的【HTML】选项卡中设置一些参数，控制 Flash 电影出现在浏览器窗口中的位置、背景颜色以及电影大小等，在导出为 HTML 文档后，还可以使用其他 HTML 编辑器手工输入任何所需的 HTML 参数，【HTML】选项卡如图 13-14 所示。

在 HTML 选项卡中，各参数设置选项功能如下。

➢ 【模板】下拉列表框：用来选择一个已安装的模板。单击信息按钮，可显示所选模板的说明信息，如图 13-15 所示。在相应的下拉列表中，选择要使用的设计模板，这些模板文件均位于 Flash 应用程序文件夹的【HTML】文件夹中。

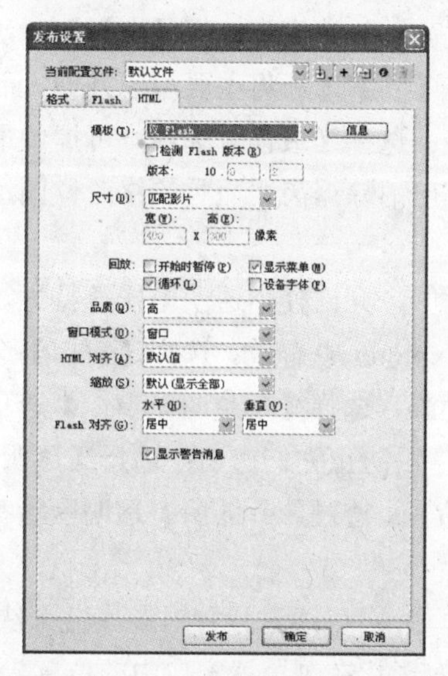

图 13-14　【HTML】选项卡对话框

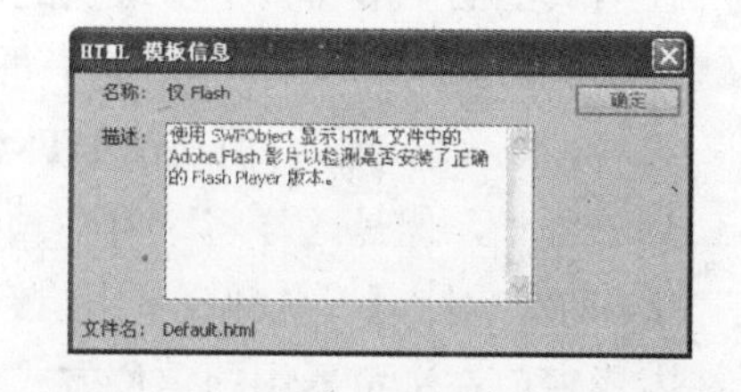

图 13-15　【HTML 模板信息】对话框

➢ 【检测 Flash 版本】复选框：用来检测打开当前影片所需要的最低 Flash 版本。选中该复选框后，【版本】选项区域中的两个文本框将处于可输入状态，用户可以在其中输入代表版本序号的数字。

➢ 【尺寸】下拉列表框：在尺寸下拉列表框中，可以设置影片的宽度和高度属性值。选择【匹配影片】选项后将浏览器中的尺寸设置与电影等大，该选项为默认值；选择【像素】选项后允许用户在【宽】和【高】文本框中输入像素值；选择【百分比】选项后允许用户设置和浏览器窗口相对大小的电影尺寸，可在【宽】和【高】文本框中输入数值确定百分比。

➢ 【回放】选项区域：在【回放】选项区域中，可以设置循环、显示菜单和设计字体参数。选中【开始时暂停】复选框后，电影只有在访问者启动时才播放。访问者可以通过点击电影中的按钮或右击后，在其快捷菜单中选择【播放】命令来启动电影播放。在默认情况下，该选项被关闭，这样电影载入后立即可开始播放。选中【循

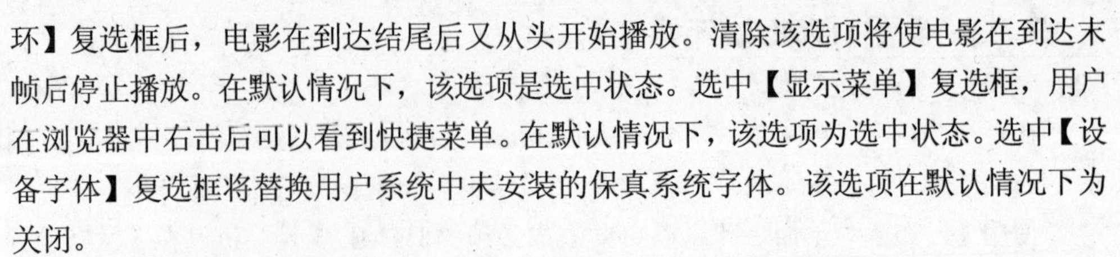
环】复选框后，电影在到达结尾后又从头开始播放。清除该选项将使电影在到达末帧后停止播放。在默认情况下，该选项是选中状态。选中【显示菜单】复选框，用户在浏览器中右击后可以看到快捷菜单。在默认情况下，该选项为选中状态。选中【设备字体】复选框将替换用户系统中未安装的保真系统字体。该选项在默认情况下为关闭。

➢ 【品质】下拉列表框：可在处理时间与应用消除锯齿功能之间确定一个平衡点，从而在将每一帧呈现给观众之前对其进行平滑处理。选择【低】选项，将主要考虑回放速度，而基本不考虑外观，并且从不使用消除锯齿功能；选择【自动降低】选项将主要强调速度，但也会尽可能改善外观，在回放开始时消除锯齿功能处于关闭状态，如果 Flash Player 检测到处理器可以处理消除锯齿功能，则会打开该功能；选择【自动升高】选项，会在开始时同等强调回放速度和外观，但在必要时会牺牲外观来保证回放速度，在回放开始时消除锯齿功能处于打开状态。如果实际帧频降到指定帧频以下，则会关闭消除锯齿功能以提高回放速度；选择【中】选项，可运用一些消除锯齿功能，但不会平滑位图；选择【高】选项将主要考虑外观，而基本不考虑回放速度，并且始终使用消除锯齿功能；选择【最佳】选项，可提供最佳的显示品质，但不考虑回放速度；所有的输出都已消除锯齿，而且始终对位图进行平滑处理。

➢ 【窗口模式】下拉列表框：在该下拉列表框中，允许使用透明电影等特性。该选项只有在具有 Flash ActiveX 控件的 Internet Explorer 中有效。选择【窗口】选项，可在网页上的矩形窗口中以最快的速度播放动画；选择【不透明无窗口】选项，可以移动 Flash 影片后面的元素(如动态 HTML)，以防止它们透明；选择【透明无窗口】选项，将显示该影片所在的 HTML 页面的背景，透过影片的所有透明区域都可以看到该背景，但是这样将减慢动画播放速度。

➢ 【HTML 对齐】下拉列表框：在该下拉列表框中，可以通过设置对齐属性来决定 Flash 电影窗口在浏览器中的定位方式，确定 Flash 影片在浏览器窗口中的位置。选择【默认】选项，可以使影片在浏览器窗口内居中显示；选择【左对齐】、【右对齐】、【顶端】或【底边】选项，会使影片与浏览器窗口的相应边缘对齐。

➢ 【缩放】下拉列表框：在该下拉列表框中，可以使用比例参数值定义电影在指定宽度和高度边界中的放置方式。该选项只有在【宽度】和【高度】文本框中输入了和电影的源尺寸不同的值时才可用。选择【默认(全部显示)】选项，可在指定区域内显示整个影片；选择【无边框】选项，可以对影片进行缩放，使其填充指定的区域，并保持影片的原始宽高比；选择【精确匹配】选项，可以在指定区域显示整个影片，它不保持影片的原始宽高比，影片可能会发生扭曲；选择【无缩放】选项，可禁止影片在调整 Flash Player 窗口大小时进行缩放。

➢ 【Flash 对齐】选项区域：可以通过【水平】和【垂直】下拉列表框设置如何在影片窗口内放置影片以及在必要时如何裁剪影片边缘。

➢ 【显示警告消息】复选框：用来在标记设置发生冲突时显示错误消息，某个模板的代码引用了尚未制定的替代图像时。

§ 13.2.4　设置其他发布格式

1. GIF 发布格式

GIF 是一种输出 Flash 动画较方便的方法，选择【发布设置】对话框中的 GIF 选项卡，可以设定 GIF 格式输出的相关参数，如图 13-16 所示。

在 GIF 选项卡对话框中，主要参数选项的具体作用如下。

- 【尺寸】选项区域：设定动画的尺寸。既可以使用【匹配影片】复选框进行默认设置，也可以自定义影片的高与宽，单位为像素。
- 【回放】选项区域：该选项用于控制动画的播放效果，包括 4 个单选按钮。选中【静态】单选按钮后导出的动画为静止状态；选中【动画】单选按钮可以导出连续播放的动画。此时，如果选中右侧的【不断循环】单选按钮，动画可以一直循环播放；如果选中【重复】单选按钮，并在旁边的文本框中输入播放次数，可以让动画循环播放，当达到播放次数后，动画就停止播放。
- 【选项】选项区域：该项目主要包括一组复选框。选中【优化颜色】复选框可以去除动画中不用的颜色。在不影响动画质量的前提下，将文件尺寸减小 1000~1500 字节，但是会增加对内存的需求。默认情况下此项处于选中状态。选中【交错】复选框可以在文件没有完全下载完之前显示图片的基本内容，在网速较慢时加快下载速度，但是对于 GIF 动画不能使用【交错】复选框。【交错】复选框不是默认选择。选中【平滑】复选框可以减少位图的锯齿，使画面质量提高，但是平滑处理后会增大文件的大小，该项是默认选项。选中【抖动纯色】复选框可使纯色产生渐变色效果。选中【删除渐变】复选框可以使用渐变色中的第 1 种颜色代替渐变色。为了避免出现不良后果，要慎重选择渐变色的第 1 种颜色。
- 【透明】下拉列表框：用于确定动画背景的透明度。选择【不透明】选项将背景以纯色方式显示。【不透明】选项是默认选择。选择【透明】选项使背景色透明。选择【Alpha】选项可以对背景的透明度进行设置，范围在 0~255 之间。在右边的文本框中输入一个数值，所有色彩指数低于设定值的颜色都将变得透明，高于设定值的颜色都将被部分透明化。
- 【抖动】下拉列表框：确定像素的合并形式。抖动操作可以提高画面的质量，但是会增加文件的大小。可以设置 3 种抖动方式，分别是无、有序和扩散，对应的动画的质量依次从低到高。选择【无】选项将不对画面进行抖动修改。将非基础色的颜色用近似的纯色代替。这样会减小文件的尺寸，但会使色彩失真。选择【无】选项即没有抖动，是 Flash 的默认设置。选择【有序】选项可以产生质量较好的抖动效果，与此同时动画文件的大小不会有太大程度的增加。选择【扩散】选项可以产生质量较高的动画效果，与此同时不可避免地增加动画文件的大小。
- 【调色板类型】下拉列表框：在列表框中选择一种调色板用于图像的编辑。除了可以在列表框中选择外，还可以在调色板中自定义颜色。

➢ 【最多颜色】文本框：如果选择最适色或接近网页的最适色，此文本框将变为可选。在其中填入 0~255 中的任一个数值，可以去除超过这一设定值的颜色。设定的数值较小则可以生成较小的文件，但是画面质量会较差。

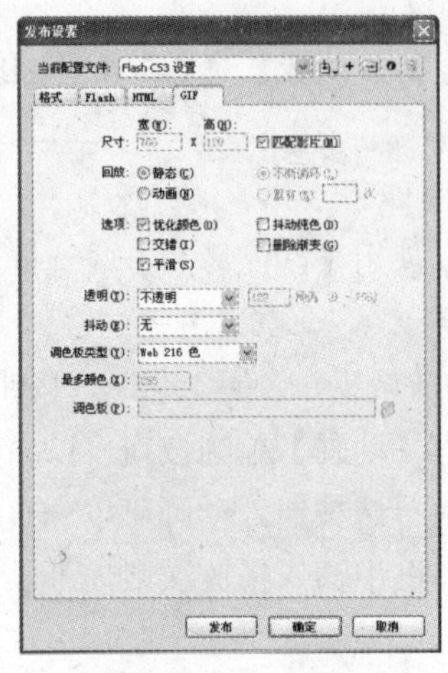

图 13-16　GIF 选项卡

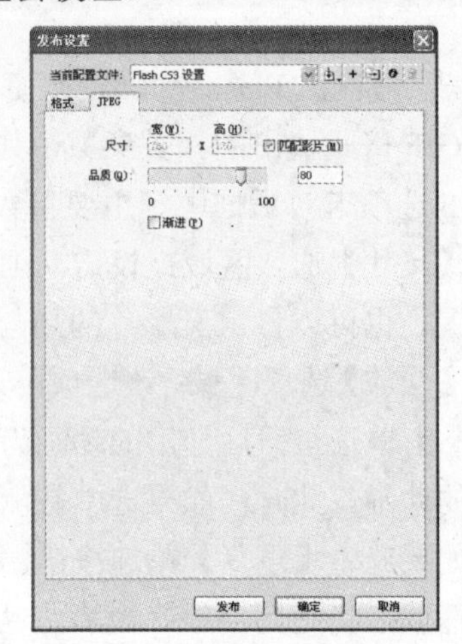

图 13-17　JPEG 选项卡

2. JPEG 发布格式

使用 JPEG 格式可以输出高压缩的 24 位图像。通常情况下，GIF 更适合于导出图形，而 JPEG 则更适合于导出图像。选择【发布设置】对话框中的 JPEG 选项卡，打开该选项卡对话框，如图 13-17 所示，可以设置导出图像的尺寸和质量。图片质量越好，则文件越大，因此要按照实际需要设置导出图像的质量。

在 JPEG 选项卡对话框中的主要参数选项具体作用如下。

➢ 【尺寸】选项区域：可设置所创建的 JPEG 在垂直和水平方向的大小，单位为像素。

➢ 【匹配电影】复选框：选中该复选框后将创建一个与【文档属性】框中的设置相同大小的 JPEG，且【宽】和【高】文本框不再可用。

➢ 【品质】滑块：可设置应用在导出的 JPEG 中的压缩量。设置 0 将以最低的视觉量导出 JPEG，此时图像文件体积最小；设置 100 将以最高的视觉质量导出 JPEG，此时文件的体积最大。

➢ 【渐进】复选框：当 JPEG 以较慢的连接速度下载时，选中该复选框将使它逐渐清晰地显示在舞台上。

3. PNG 发布格式

PNG 格式是 Macromedia Fireworks 的默认文件格式。作为 Flash 中的最佳图像格式，PNG 格式也是唯一支持透明度的跨平台位图格式，如果没有特别指定，Flash 将导出影片中的首帧作为 PNG 图像。选择【发布设置】对话框中的 PNG 选项卡，打开该选项卡对话框，如图 13-18 所示，在该对话框中可以进行相关的参数设置。

PNG 选项卡对话框中的主要参数选项具体作用如下。

- 【尺寸】选项区域：可以设置导入的位图图像的大小。
- 【位深度】下拉列表框：可以指定在创建图像时每个像素所用的位素。图像位素决定用于图像中的颜色数。256 色图像可以选择【8 位】选项。如果要使用数千种颜色，需要选择【24 位】选项。如果颜色数超过数千种，还要求有透明度，则要选择【24 位 Alpha】选项。位数越高，文件越大。
- 【选项】选项区域：包含一组复选框，可以为导出的 PNG 图像指定一种外观显示设置。选中【优化颜色】复选框将删除 PNG 的颜色表中所有未使用的颜色，从而减小最终的 PNG 文件的大小。
- 【抖动】下拉列表框：如果选择 8 位的位深度，所获得的调色板中最多可包含 256 种颜色；如果正在导出的 PNG 使用的是当前调色板中没有的颜色，那么抖动操作可以通过混合可用的颜色来帮助模拟那些没有的颜色。
- 【调色板类型】下拉列表框：通过选择适当的调色板，使导出文件的颜色尽可能地准确。选择【Web 216 色】选项时如果用户的项目中使用的大多是适于 Web 的颜色。选择【最适合】选项将根据图像中的颜色创建一个自定义调色板。
- 【最多颜色】文本框：如果选择最适色或接近网页的最适色，此文本框将变为可选状态，在其中填入 0~255 中的任一个数值，可以去除超过这一设定值的颜色。设定的数值较小则可以生成较小的文件，但是画面质量会较差。
- 【过滤器选项】下拉列表框：在压缩过程中，PNG 图像会经过一个筛选的过程，此过程使图像以一种最有效的方式进行压缩。过滤可同时获得最佳的图像质量和文件大小。但是要使用此过程需要一些实践，通过选择【无】、【下】、【上】、【平均】、【线性函数】和【最合适】等不同的选项来比较它们之间的差异。

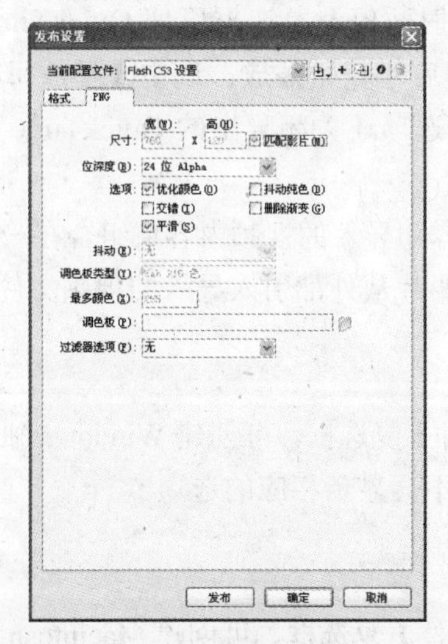

图 13-18　PNG 选项卡

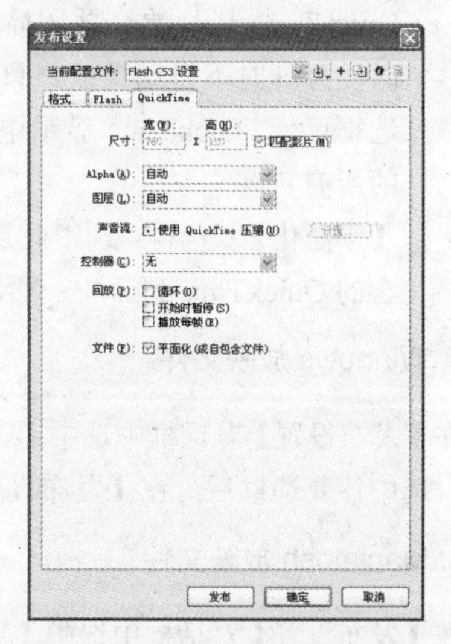

图 13-19　QuickTime 选项卡

4. QuickTime 发布格式

QuickTime 发布选项可以创建 QuickTime 格式的电影。Flash 电影在 QuickTime 和

FlashPlayer 中的播放效果完全相同，可以保留所有的交互功能。单击 QuickTime 选项卡，打开该选项卡对话框，如图 13-19 所示，可以在其中进行相关的参数设置。

值得注意的是，QuickTime 不支持 Flash 5 以上版本的 Adobe Flash 音轨，如果用户在【发布设置】对话框中选中【带 Flash 音轨的 QuickTime】复选框，系统会打开一个信息提示框，如图 13-20 所示。

图 13-20　信息提示框

QuickTime 选项卡对话框中的主要参数选项具体作用如下。

- 【尺寸】选项区域：设置导出的 QuickTime 电影的大小。
- 【Alpha】下拉列表框：在该下拉列表框中可以选择 QuickTime 电影中 Flash 轨道的透明模式。
- 【图层】下拉列表框：定义 Flash 轨道放置在 QuickTime 电影中的位置。其中，【自动】选项是指 Flash CS5 自动定位；【顶部】选项是指将 Flash 轨道放置在 QuickTime 电影中的最上层；【底部】选项是指将 Flash 轨道放置在 QuickTime 电影中的最底层。
- 【声音流】选项区域：选中【使用 QuickTime 压缩】复选框，可以将 Flash 电影中的所有流式音频导出到 QuickTime 电影中，并使用标准的 QuickTime 音频设置重新压缩音频。
- 【控制栏】下拉列表框：可以指定用于播放被导出电影的 QuickTime 控制器类型。
- 【回放】选项区域：在该选项区域中有 3 个复选框。选中【循环】复选框可使 QuickTime 影片始终循环播放；选中【开始时暂停】复选框可使 QuickTime 电影时在打开时不自动播放，只在单击某个按钮后才开始播放；选中【播放每帧】复选框可使 QuickTime 显示电影的每一帧，此选项还关闭导出的 QuickTime 电影中的所有声音。
- 【平面化】复选框：选中此复选框，Flash 内容和导入的视频内容将组合在一个自包含的 QuickTime 影片中；否则，QuickTime 影片从外部引入导入的视频文件。

5. Windows 放映文件

在【发布设置】对话框中选中【Windows 放映文件】复选框，可创建 Windows 独立放映文件。选中该复选框后，在【发布设置】对话框中将不会显示相应的选项卡。

6. Macintosh 放映文件

在【发布设置】对话框中选中【Macintosh 放映文件】复选框，可创建 Macintosh 独立放映文件。选中该复选框后，在【发布设置】对话框中将不会显示相应的选项卡。

13.3 导出影片

在 Flash CS5 中导出影片，可以选择导出命令，创建能够在其他应用程序中进行编辑的内容，并将影片直接导出为单一的格式。与发布影片不同，导出影片无需对背景音乐、图形格式以及颜色等进行单独设置，它可以把当前的 Flash 动画的全部内容导出为 Flash 支持的文件格式。文件有两种导出方式：导出影片和导出图像。例如，可以将整个影片导出为 Flash 影片、一系列位图图像、单一的帧或图像文件、不同格式的活动和静止图像，包括 GIF、JPEG、PNG、BMP、PICT、QuickTime 或 AVI。

要在其他应用程序中应用 Flash 内容，或以特定文件格式导出当前 Flash 影片的内容，可以选择【文件】|【导出】命令，在弹出的子菜单中可以选择【导出影片】或【导出图像】命令。选择【导出影片】命令，可以将 Flash 影片导出为静止图像格式，而且可以为影片中的每一帧都创建一个带有编号的图像文件，也可以使用【导出影片】命令将影片中的声音导出为 WAV 文件；选择【导出图像】命令，可以将当前帧内容或当前所选图像导出为一种静止图像格式或导出为单帧 Flash Player 影片。

在导出图像时，应注意以下两点。

- 在将 Flash 图像导出为矢量图形文件(如 Adobe Illustrator 格式)时，可以保留其矢量信息。并能够在其他基于矢量的绘画程序中编辑这些文件，但是不能将这些图像导入到字处理程序中。
- 将 Flash 图像保存为位图 GIF、JPEG、PICT (Macintosh)或 BMP (Windows)文件时，图像会丢失其矢量信息，仅以像素信息保存。用户可以在其他图像编辑器(如 Photoshop)中编辑导出为位图的 Flash 图像，但不能再在基于矢量的绘画程序中对其进行编辑。

【例 13-2】打开一个文档，将该文档导出为 AVI 格式影片。

(1) 打开文档【春天】，如图 13-21 所示。

(2) 选择【文件】|【导出】|【导出影片】命令，打开【导出影片】对话框，选择【保存类型】为 Windows AVI，如图 13-22 所示。

图 13-21　打开文档

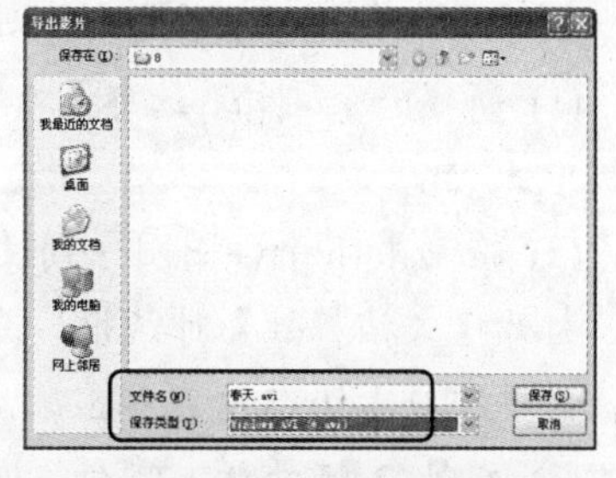

图 13-22　选择导出类型

(3) 在【导出影片】对话框中设置导出影片的路径和名称，然后单击【保存】按钮，打开【导出 Windows AVI】对话框，如图 13-23 所示，应用该对话框的默认参数选项设置。

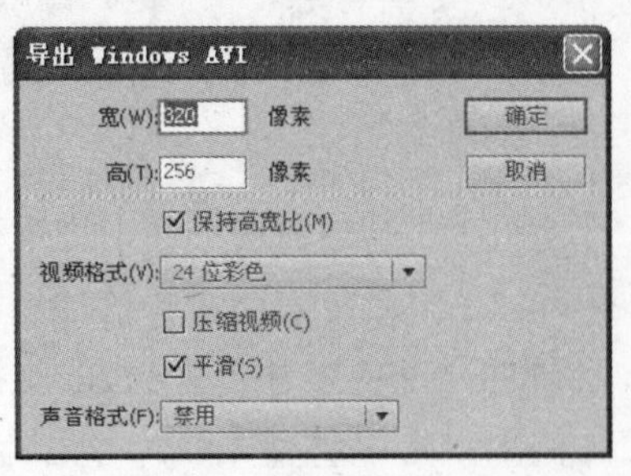

图 13-23 【导出 Windows AVI】对话框

提示

默认情况下，导出的 AVI 影片大小与文档大小匹配，视频格式会选择最高位色彩输出，如果导出的影片包含声音文件，可以设置声音文件的格式。

(4) 单击【导出 Windows AVI】对话框的【确定】按钮，系统会打开【正在导出 AVI 影片】对话框，显示导出影片进度，如图 13-24 所示。

(5) 完成导出影片进度后，可以使用播放器播放AVI影片，如图 13-25 所示。

图 13-24 显示导出影片进度

图 13-25 播放 AVI 影片

13.4 上机实战

本章的上机实战主要介绍了发布操作，可以自制表情，发布为 GIF 动画文件。关于本章中的其他内容，例如影片的测试和优化操作、将文档导出成多种格式的文件等，可以根据本章中相应的内容进行练习。

新建一个文档，制作逐帧动画，发布为 GIF 格式文件，制作 GIF 图像。

(1) 新建一个文档，选择【文件】|【导入】|【导入到库】命令，导入两张位图图像至【库】面板中。

(2) 拖动第 1 个位图图像到设计区中，调整图像至合适大小，选择【修改】|【文档】命令，打开【文档属性】对话框，选中【内容】单选按钮，如图 13-26 所示。单击【确定】按钮，设置文档大小与内容相匹配。

(3) 在第 2 帧处插入空白关键帧，将另一张位图图像拖动至设计区中，打开【属性】面板，设置 x 和 y 轴坐标位置均为 0，如图 13-27 所示。

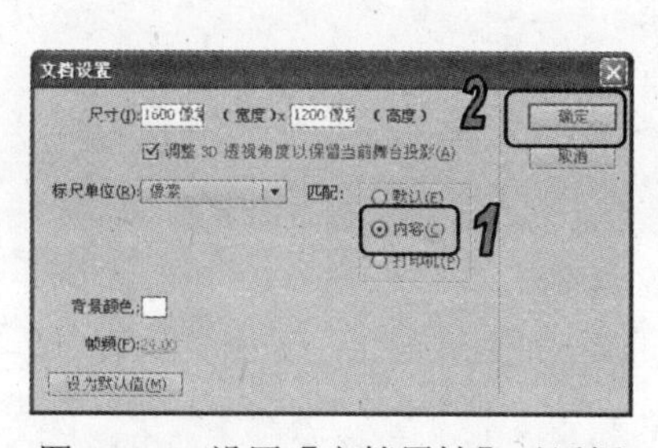

图 13-26　设置【文档属性】对话框

图 13-27　设置图像坐标位置

(4) 选择【文件】|【发布设置】对话框，在【格式】选项卡对话框中选中【GIF 图像】复选框，然后选中发布文件位置和名称，单击【GIF】选项卡，打开该选项卡对话框，该选项卡对话框中的设置如图 13-28 所示。

(5) 单击【发布】按钮，即可发布 GIF 图像，然后打开保存的图像位置，打开并预览图像，如图 13-29 所示。

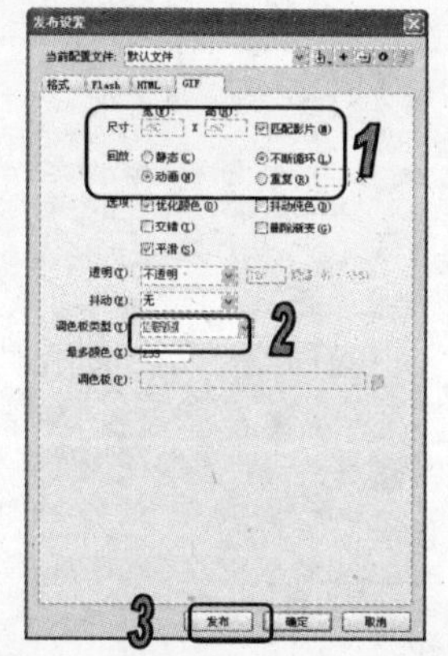

图 13-28　设置 GIF 选项卡对话框

图 13-29　预览 GIF 图像

13.5 习题

1. 阐述优化动画的一般原则。

2. 在 Flash CS5 中，如何发布影片？

3. 创建一个 Flash 影片，测试其下载性能，并创建文件大小报告，最后将其导出为 GIF 文件格式。

Flash 综合应用实例

主要内容

本章主要帮助读者巩固 Flash CS5 制作动画的一些重点知识点，主要包括绘图工具的使用、动作脚本语言的编写、外部类文件使用、遮罩动画和补间动画制作。

本章重点

- 绘图工具的使用
- Actionscript 3.0 语言
- 外部类文件的调用
- 遮罩动画制作
- 传统补间动画
- 与 xml 文件的交互

14.1 创建可绘画的黑板

本节主要练习在 Flash CS5 中使用基础绘图工具绘制黑板图形，然后使用 Actionscript 3.0 语言创建笔触，使用户可以在黑板上自由绘图。

(1) 启动 Flash CS4，新建一个 Flash 文档。

(2) 在工具箱中选择【矩形】工具，设置其笔触和填充颜色均为黑色，然后在舞台中绘制一个矩形形状，如图 14-1 所示。

(3) 在工具箱中选择【线条】工具，在矩形形状的上方绘制一个平行四边形，如图 14-2 所示。

图 14-1　绘制矩形

图 14-2　绘制平行四边形

(4) 继续绘制平行四边形，作为黑板的右侧支撑杆和擦槽，如图 14-3 所示。

(5) 继续绘制黑板左侧的支撑杆，如图 14-4 所示。

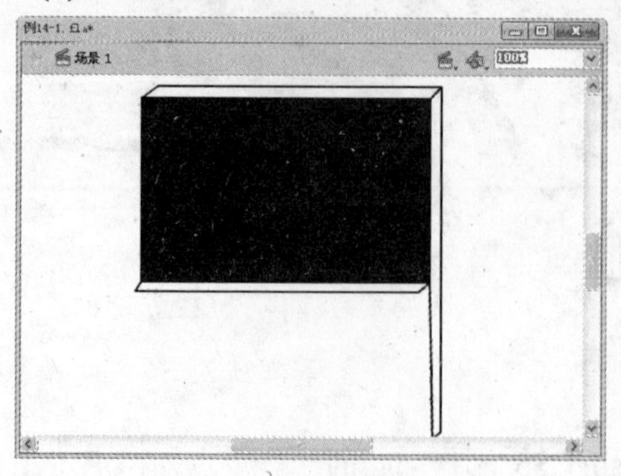

图 14-3　绘制右侧支撑杆

图 14-4　绘制左侧支撑杆

(6) 继续绘制黑板左侧的支撑杆，如图 14-5 所示。

(7) 在支撑杆之间绘制横杆，然后选择【橡皮擦】工具，擦去多余的线条，最终效果的黑板图形如图 14-6 所示。

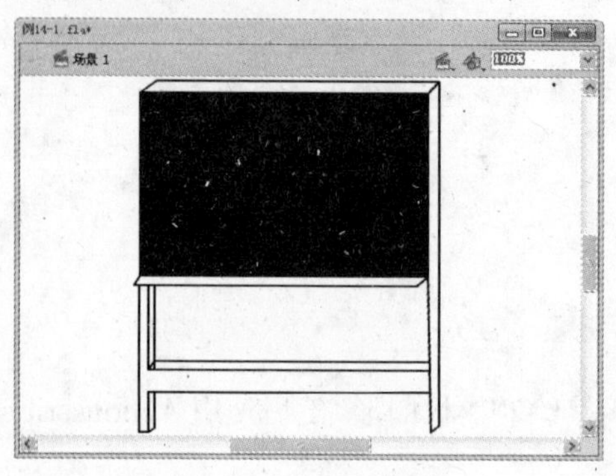

图 14-5　绘制横杆

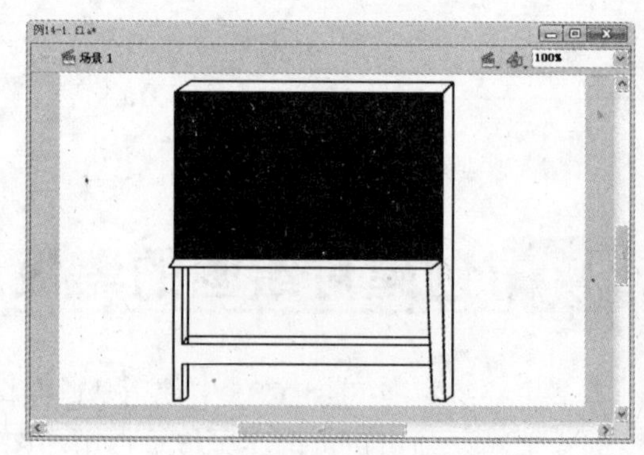

图 14-6　得到黑板图形

(8) 选中舞台上的黑板模型，然后按下 F8 键打开【转换为元件】对话框，将其转换为【黑板】图形元件，如图 14-7 所示。

(9) 单击舞台中的空白处，在文档的【属性】面板中的在【类】文本框中输入“tablet.Tablet”，设置文档类，如图 14-8 所示。

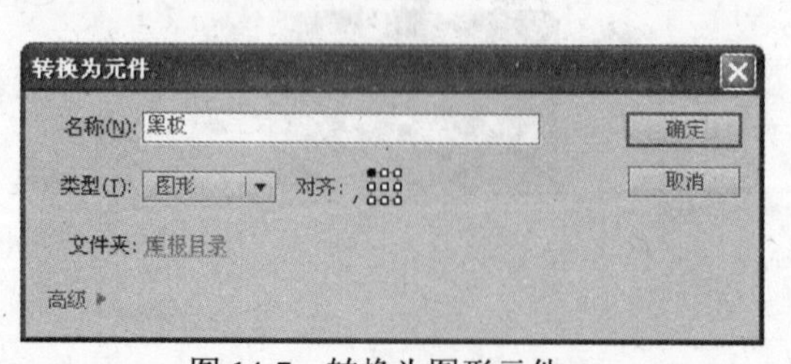

图 14-7　转换为图形元件

图 14-8　设置文档类

(10) 选择【文件】|【新建】命令，打开【新建文档】对话框，在该对话框中选中【ActionScript 3.0 类】选项，然后单击【确定】按钮，创建一个 AS 文件，如图 14-9 所示。

(11) 此时，打开【脚本-1】窗口，如图 14-10 所示，在其中输入代码，部分代码如图 14-11 所示。

(12) 参考之前的步骤，新建 AS 文件打开【脚本-2】窗口，在其中输入代码，部分代码如图 14-12 所示。

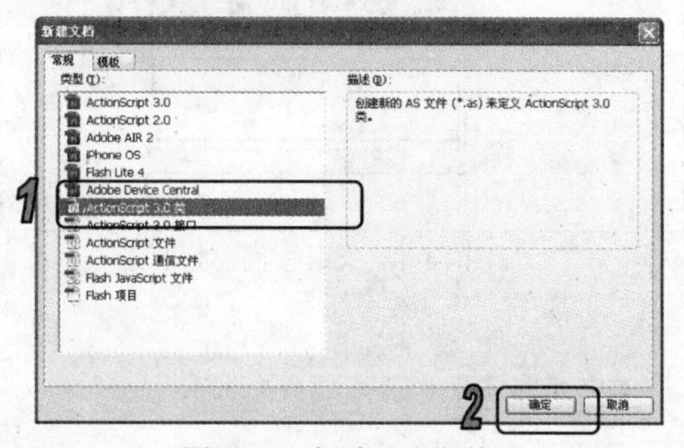

图 14-9　新建 AS 文件

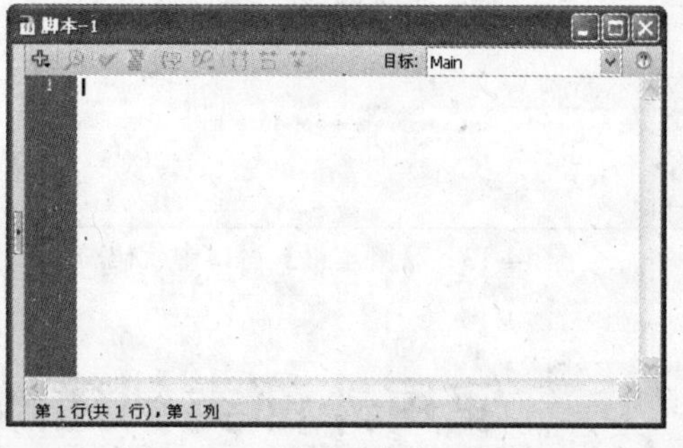

图 14-10　打开【脚本-1】窗口

```
7   package tablet{
8       import flash.display.Sprite;
9       import flash.text.TextField;
10      import flash.text.TextFieldType;
11      import flash.events.KeyboardEvent;
12
13      class LineThickness extends Sprite{
14          private var _valueText:TextField=new TextField();
15          private var _val:String="5";
16          function LineThickness(){
17              initValueText();
18
19
20          }
21          private function initValueText(){
22              _valueText.background=true;
23              _valueText.backgroundColor=0xFF0000;
24              //_text.border=true;
25              _valueText.type=TextFieldType.INPUT;
26              _valueText.maxChars=2;
27              _valueText.text=_val;
28              _valueText.height=18;
29              _valueText.width=20;
30              _valueText.addEventListener(KeyboardEvent.KEY_DOWN,getValue);
31
32              addChild(_valueText);
33          }
34          private function getValue(evt:KeyboardEvent){
35              if(evt.keyCode==13){
36                  _val=evt.target.text;
37                  //trace(1)
38                  //_draw.setLinePro(Number(_val)).
39                  //trace(n);
40                  //trace(_draw.setLinePro(n));
41                  //trace(_valueText.text)
```

图 14-11　【脚本-1】窗口中代码

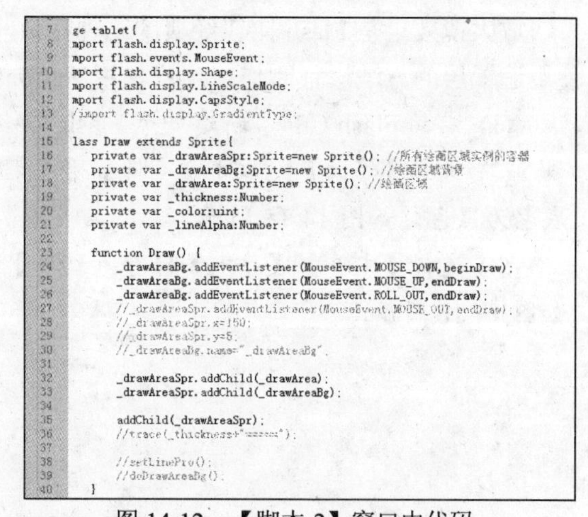

```
7   ge tablet{
8   mport flash.display.Sprite;
9   mport flash.events.MouseEvent;
10  mport flash.display.Shape;
11  mport flash.display.LineScaleMode;
12  mport flash.display.CapsStyle;
13  /import flash.display.GradientType;
14
15  lass Draw extends Sprite{
16     private var _drawAreaSpr:Sprite=new Sprite(); //所有绘画区域实例的容器
17     private var _drawAreaBg:Sprite=new Sprite(); //绘画区域背景
18     private var _drawArea:Sprite=new Sprite(); //绘画区域
19     private var _thickness:Number;
20     private var _color:uint;
21     private var _lineAlpha:Number;
22
23     function Draw() {
24         _drawAreaBg.addEventListener(MouseEvent.MOUSE_DOWN,beginDraw);
25         _drawAreaBg.addEventListener(MouseEvent.MOUSE_UP,endDraw);
26         _drawAreaBg.addEventListener(MouseEvent.ROLL_OUT,endDraw);
27         //_drawAreaSpr.addEventListener(MouseEvent.MOUSE_OUT,endDraw);
28         //_drawAreaSpr.x=150;
29         //_drawAreaSpr.y=5;
30         //_drawAreaBg.name="_drawAreaBg".
31
32         _drawAreaSpr.addChild(_drawArea);
33         _drawAreaSpr.addChild(_drawAreaBg);
34
35         addChild(_drawAreaSpr);
36         //trace(_thickness+"=====");
37
38         //setLinePro();
39         //doDrawAreaBg();
40     }
```

图 14-12　【脚本-2】窗口中代码

(13) 新建 AS 文件打开【脚本-3】窗口，在其中输入代码，部分代码如图 14-13 所示。

(14) 返回之前制作的 Flash 文档，选择【文件】|【另存为】命令，将文档保存在指定文件夹，然后在该文件夹内新建 tablet 文件夹，然后将制作的 AS 文件分别以不同文件名保存在 tablet 文件夹内，具体如下：

- 【脚本-1】：Draw
- 【脚本-2】：LineThickness
- 【脚本-3】：Tablet

(15) 将 Flash 文档发布成影片测试动画效果，用户可以在画板上拖动鼠标任意绘制图形，如图 14-14 所示。

```
7   package tablet{
8       import flash.display.Sprite;
9       import flash.events.Event;
10
11      public class Tablet extends Sprite{
12          private var _draw:Draw = new Draw();
13          private var _lineThickness:LineThickness=new LineThickness();
14          private var _val:Number;
15          function Tablet(){
16              initLineThickness();
17              initDraw();
18
19
20          }
21          private function initDraw(){
22              _draw.x=240;
23              _draw.y=5;
24              _draw.doDrawAreaBg(stage.stageWidth-_draw.x-50,stage.stageHeight-10
25              //_draw.setLinePro(_val)
26              addChild(_draw);
27          }
28          private function initLineThickness(){
29              _lineThickness.x=100;
30              _lineThickness.y=100;
31              _lineThickness.addEventListener(Event.ENTER_FRAME,ef);
32              addChild(_lineThickness);
33          }
34          private function ef(evt:Event){
35              this._val=Number(_lineThickness.val);
36              _draw.setLinePro(_val);
37              //trace(this._val)
38          }
39
40
```

图 14-13 【脚本-3】窗口中代码

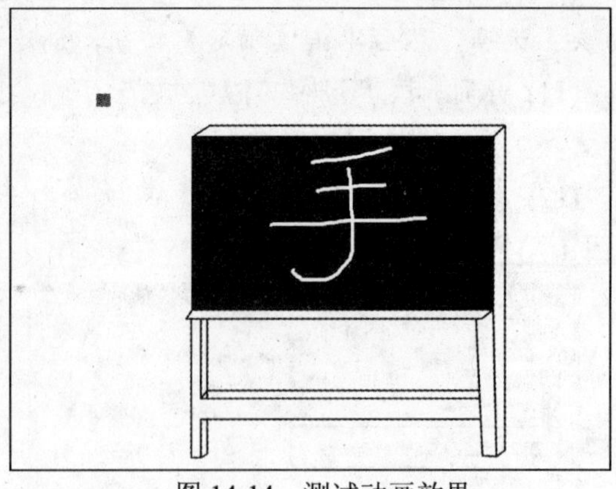

图 14-14 测试动画效果

14.2 使用外部类创建放大镜效果

放大镜效果是 Flash 比较经典的一种特效，在制作 Flash 产品展示时经常用到。以前一般使用遮罩层的方法进行制作，用户使用 Actionscript 3.0 类，也可以制作放大镜效果。

(1) 启动 Flash CS4，新建一个 Flash 文档。

(2) 选择【修改】|【文档】命令，将文档修改为 800×600 像素规格，然后设置文档底色为黑色，如图 14-15 所示。

(3) 选择【文件】|【导入】|【导入到库】命令，将两幅位图文件导入到【库】面板中，如图 14-16 所示。

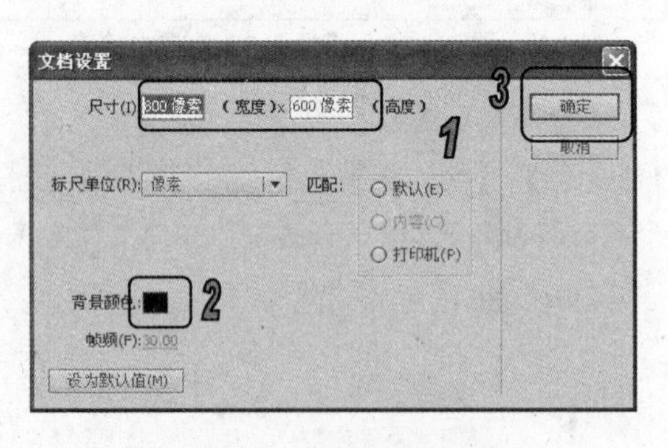

图 14-15 修改文档属性

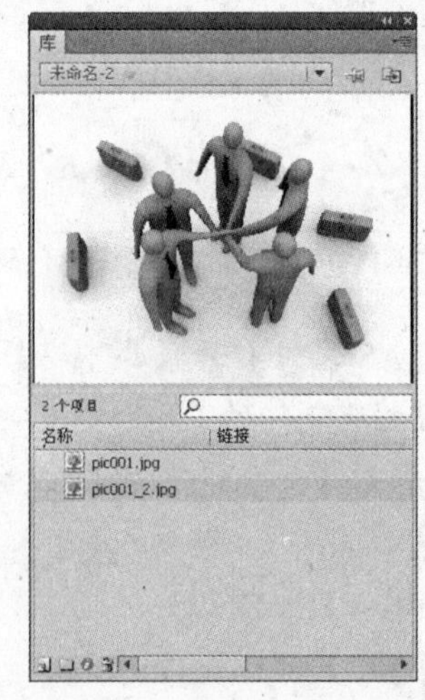

图 14-16 导入两幅位图文件到库

(4) 选择【插入】|【新建元件】命令，新建一个名为“pic001”的影片剪辑元件，然后打开【高级】选项，选中【为 Actionscript 导出】复选框，然后单击【确定】按钮，如图 14-17 所示。

(5) 进入元件编辑模式后，将【库】面板中的“pic001”位图文件拖动到舞台，如图 14-18 所示。

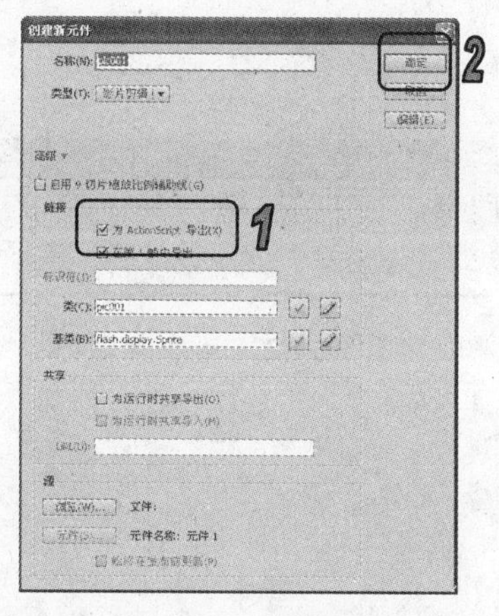

图 14-17　创建元件

图 14-18　导入位图

(6) 参考步骤(4)和步骤(5)，创建【pic001_2】影片剪辑元件，然后设置其可以为 Actionscript 导出。

(7) 新建一个【magMask】影片剪辑元件，在【高级】选项中选中【为 Actionscript 导出】复选框，然后单击【确定】按钮，进入元件编辑模式后，在工具箱中选择【基本椭圆】工具，在舞台中央绘制一个 150×150 像素规格的正圆形，笔触颜色为透明，填充颜色为灰色，如图 14-19 所示。

(8) 返回主场景后，再次新建一个【magnifier】影片剪辑元件，在【高级】选项中选中【为 Actionscript 导出】复选框，然后使用【基本椭圆】工具在舞台中央绘制一个 150×150 像素的圆形，笔触颜色为黑色，笔触高度为 1，填充颜色为透明，如图 14-20 所示。

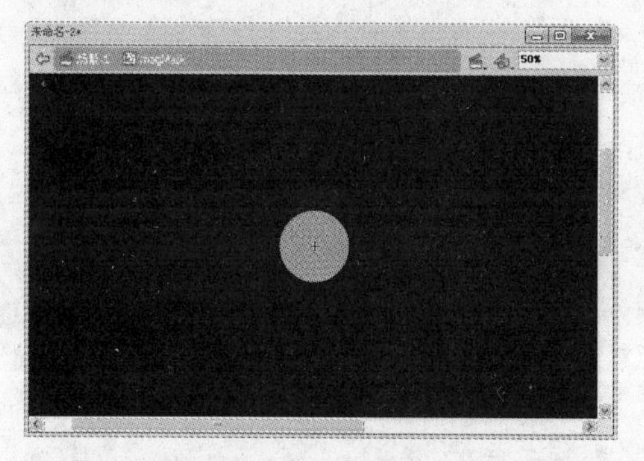

图 14-19　【magMask】影片剪辑元件

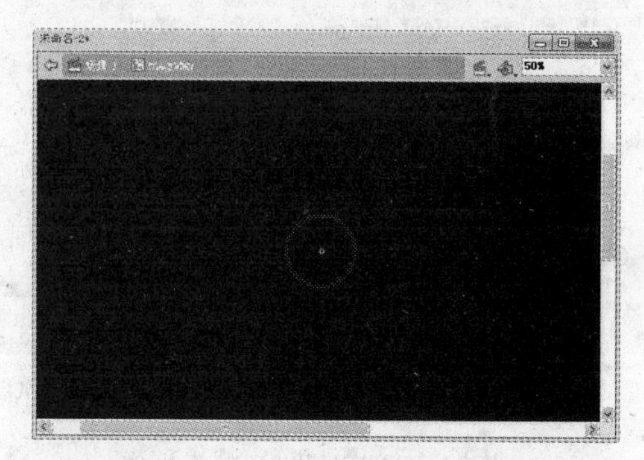

图 14-20　【magnifier】影片剪辑元件

(9) 选择【文件】|【新建】命令，选择【Actionscript 3.0】选项，然后单击【确定】按钮，如图 14-21 所示。在打开的对话框中输入类名称为“magTest”，然后单击【确定】按钮，如图 14-22 所示。

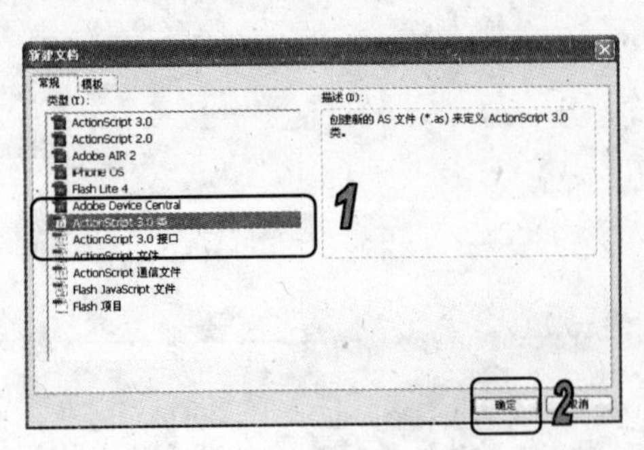

图 14-21　新建类文件

图 14-22　输入类名称

(10) 在打开的脚本语言窗口中，输入如下代码:

```
package {
 import flash.display.Sprite;
 import flash.display.Graphics;
 import flash.events.MouseEvent;
 import flash.ui.Mouse;
 import magnifier;
 import magMask;
 import pic001;
 import pic001_2;
 public class magTest extends Sprite {
   var sPic:Sprite;
   var sMag:Sprite;
   var sScaled:Sprite;
   var sMask:Sprite;
   var mag:magnifier;
   var magRange:magMask;
   var imgPic001:pic001;
   var imgPic001S2:pic001_2;
   public function magTest() {
     sPic = new Sprite();
     sScaled = new Sprite();
     sMag = new Sprite();
     sMask = new Sprite();
     addChild(sPic);
     addChild(sScaled);
```

```
    addChild(sMask);
    addChild(sMag);
    mag = new magnifier();
    magRange = new magMask();
    imgPic001 = new pic001();
    imgPic001S2 = new pic001_2();
    sMag.addChild(mag);
    sMask.addChild(magRange);
    sPic.addChild(imgPic001);
    sScaled.addChild(imgPic001S2);
    Mouse.hide();
    mag.startDrag(true);
    imgPic001S2.mask = magRange;
    addEventListener(MouseEvent.MOUSE_MOVE, onMouseMove);
  }
  private function onMouseMove(evt:MouseEvent):void{
    var posx:Number = mag.x;
    var posy:Number = mag.y;
    var pw:Number = posx / 800;
    var ph:Number = posy / 600;
    var sx:Number = imgPic001S2.width * pw;
    var sy:Number = imgPic001S2.height * ph;
    imgPic001S2.x = posx - sx;
    imgPic001S2.y = posy - sy;
    magRange.x = posx;
    magRange.y = posy;
      }
    }
}
```

(11) 将类文档保存，然后将 Flash 文档保存为【magTest】，并和类文档存放在一个文件夹中，按下 Ctrl+Enter 组合键，测试影片效果，则光标移动到的位置将会放大显示，如图 14-23 所示。

图 14-23　测试放大镜效果

14.3 创建动态时钟

本例使用外部类创建时钟效果，要求时钟不仅可以正确显示时间，而且在整点时播放声音，进行报时。

(1) 启动 Flash CS4，新建一个 Flash 文档。

(2) 选择【文件】|【导入】|【导入到库】命令，在【将图层转换为】下拉列表框中选择【Flash 图层】选项，导入一个 PSD 文件到库，如图 14-24 所示。

(3) 修改【图层 1】为【背景】图层，然后将【库】面板中的图形导入到舞台，然后在工具箱中选择【任意变形】工具，调整图形的大小和位置，如图 14-25 所示。

(4) 选择图形文件，然后按下 F8 快捷键，打开【转换为元件】对话框，在该对话框中，将其转换为名为“钟面”的影片剪辑元件，如图 14-26 所示。

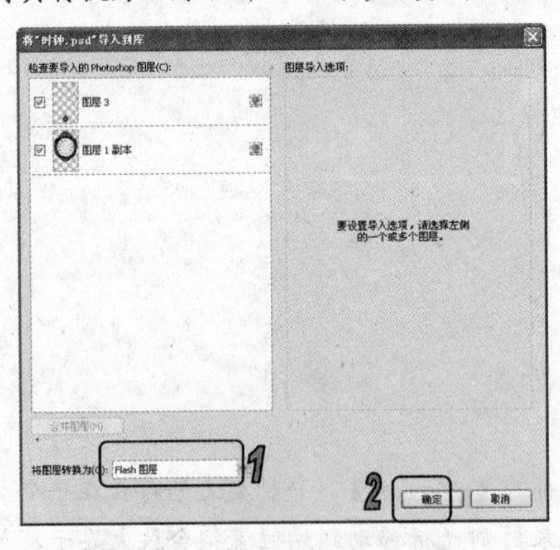

图 14-24　导入 PSD 文件到舞台

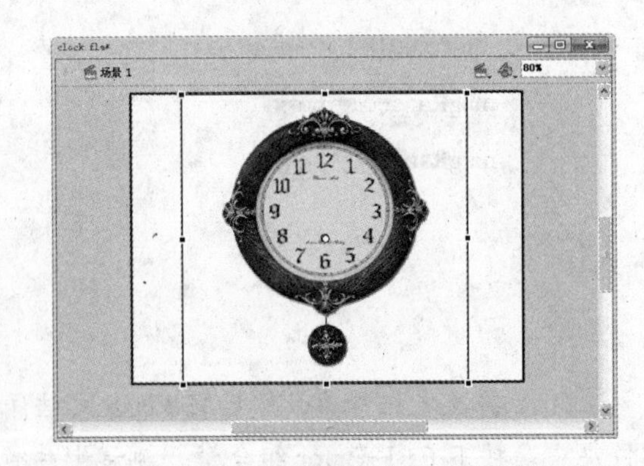

图 14-25　调整图形的大小和位置

(5) 单击【确定】按钮，进入元件编辑模式后，连续两次双击图形，进入 PSD 分层界面，在【图层 1】的第 40 帧插入关键帧，在【图层 2】的第 20 帧和第 40 帧插入关键帧。

(6) 在【图层 2】的第 10 帧上插入关键帧，然后将下面的钟摆稍微向左挪动；然后在第 30 帧上插入关键帧，将钟摆向右挪动，如图 14-27 所示。

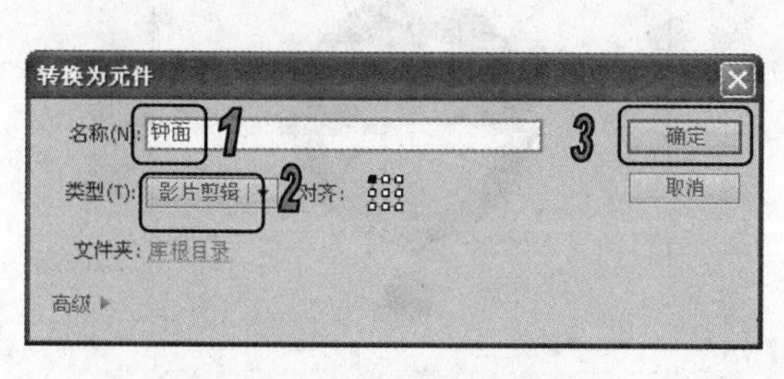

图 14-26　转换为影片剪辑元件

图 14-27　调整钟摆的位置

(7) 右击关键帧之间的任意帧，然后选择【创建传统补间】命令，创建补间动画后的时间轴如图 14-28 所示。

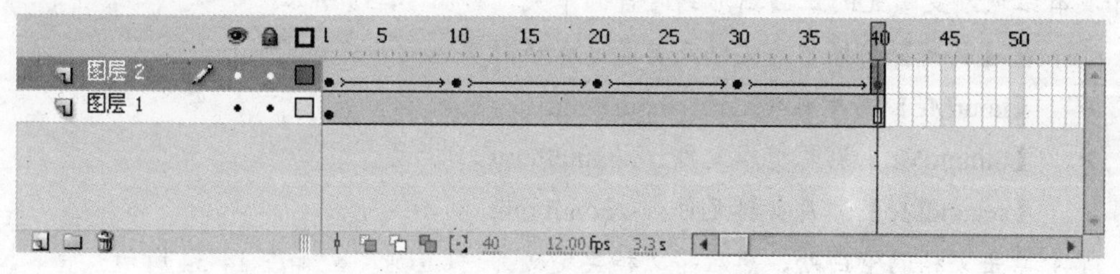

图 14-28　创建补间动画后的时间轴

(8) 返回主场景，选择【插入】|【新建元件】命令，新建一个名为“hourMc”的影片剪辑元件，如图 14-29 所示。

(9) 进入元件编辑模式后，使用【钢笔】工具，绘制一个时针的形状，如图 14-30 所示。

图 14-29　创建【hourMc】影片剪辑元件

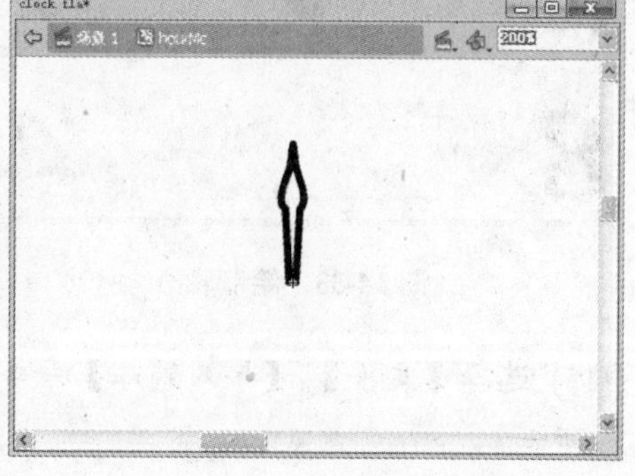

图 14-30　绘制时针形状

(10) 返回主场景后，新建一个【hourMc】图层，然后选中该图层的第 1 帧，将【hourMc】影片剪辑元件对齐到时钟上，如图 14-31 所示。

(11) 参考步骤(8)、步骤(9)和步骤(10)的操作，创建【minuteMc】和【secondMc】影片剪辑元件，将它们放在同名图层上，并对齐到时钟上，效果如图 14-32 所示。

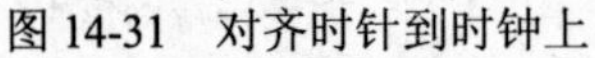
图 14-31　对齐时针到时钟上

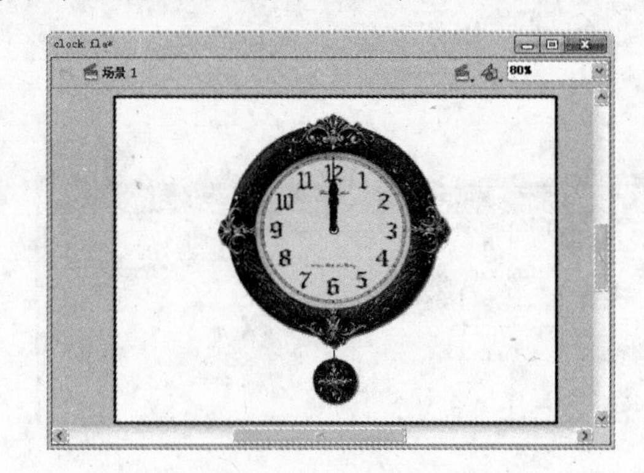

图 14-32　添加指针

(12) 新建一个【轴心】图层，选中其第 1 帧在工具箱中选择【基本椭圆】工具，绘制一个具有红色渐变填充的正圆图形到时钟的中央，如图 14-33 所示。

(13) 在【属性】面板中为文档及其各元素进行实例的命名，具体如下。

- 【hourMc】影片剪辑元件：hourPoint
- 【minuteMc】影片剪辑元件：minutePoint
- 【secondMc】影片剪辑元件：secondPoint

(14) 单击文档的空白处，然后将文档类定义为“Clock”，如图 14-34 所示。

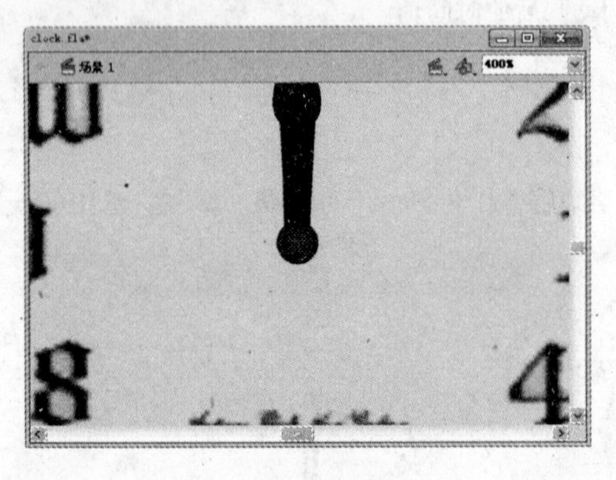

图 14-33　绘制轴心

图 14-34　定义文档类

(15) 选择【文件】|【导入到库】命令，将一个声音文件“bell.Mp3”导入到库，如图 14-35 所示。

(16) 在【库】面板中双击该声音文件后的【链接】区域，然后输入文字“Bell”，如图 14-36 所示。

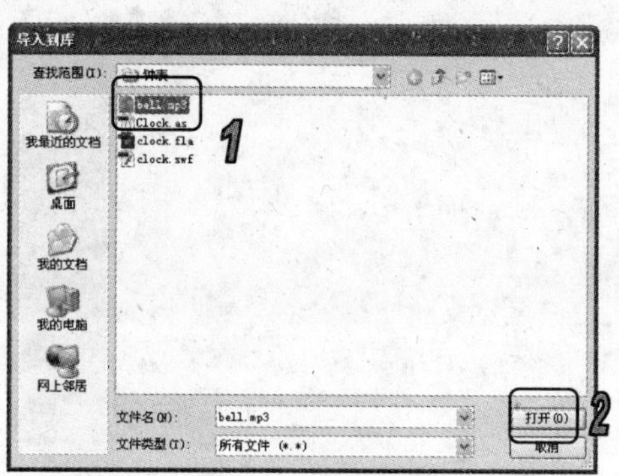

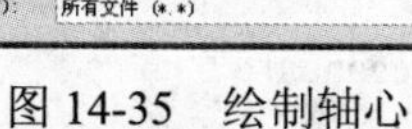

图 14-35　绘制轴心

图 14-36　定义文档类

(17) 选择【文件】|【新建】命令，选择【Actionscript 3.0】选项，然后单击【确定】按钮。在打开的对话框中输入类名称为“Clock”，然后单击【确定】按钮。

(18) 在打开的脚本语言窗口中，输入如下代码:

```
package
{
import flash.display.Sprite;
import flash.display.MovieClip;
import flash.utils.Timer;
import flash.events.TimerEvent;
public class Clock extends Sprite
{
 var clockTimer:Timer=new Timer(1000,0);
 var bellSound:Bell=new Bell();
 public function Clock()
 {
  refreshPoint(); //初始化指针
  clockTimer.start(); //开始运行计时器
  clockTimer.addEventListener(TimerEvent.TIMER,timerFunction); //添加事件
 }
   private function timerFunction(evtObj:TimerEvent):void
 {
  refreshPoint();
 }
```

```
    private function refreshPoint():void
   {
   var currentDate:Date=new Date();
   //秒针每走一格旋转 6 度
   secondPoint.rotation=currentDate.seconds*6;
   //分针每走一格旋转 6 度加上秒针对它的增量
   minutePoint.rotation=currentDate.minutes*6+currentDate.seconds*6/60;
   //使用取余数的方法把 24 小时制转化为 12 小时制，时针每走一格旋转 30 度加上分针对它的增量
   hourPoint.rotation=currentDate.hours%12*30+currentDate.minutes*30/60;
       //整点报时功能
   if(currentDate.minutes==0 && currentDate.seconds==0)
   {
     var hour12:int=currentDate.hours%12;
     if(hour12)
     {
       bellSound.play(0,hour12);
     }
     else
     {
       bellSound.play(0,12); //0 点时敲 12 下
     }
   }
  }
 }
}
```

(19) 将 Flash 文档和类文件保存在同一文件夹下后，按下 Ctrl+Enter 组合键，查看动画效果，整点时时钟会发声报时，如图 14-37 所示。

图 14-37 测试效果

14.4 创建动态图片展示窗口

要将 Flash 动画应用于网页，还常常涉及 Flash 与其他网页制作软件间的协作。最常见的是 DreamWeaver 的 xml 文件(可扩展标记语言文档)，使用该文件可以为 Flash 指导导入图片的路径。本例将创建一个图片展示网页，主要用到了文本应用、元件及库的应用、遮罩动画制作及 ActionScript 3.0 等知识点。

(1) 新建一个 ActionScript 3.0 文档，选择【修改】|【文档】命令，打开【文档属性】对话框，设置文档大小为 1000×600 像素，帧频为 5。

(2) 在工具箱中选择【矩形】工具，绘制一个矩形图形，选中舞台中的图形，打开【属性】面板，设置笔触颜色为【无色】，然后并设置矩形图形大小为 1000×600 像素。

(3) 打开【颜色】面板，在【类型】下拉列表框中选择【线性】选项，单击【填充颜色】按，设置填充颜色为【蓝色】，单击下方的滑块设置渐变色分别为【蓝色】和【灰色】，填充矩形图形，如图 14-38 所示。

(4) 在工具箱中选择【直线】工具，打开【直线】工具的【属性】面板，设置笔触高度为 20，笔触颜色为淡黄色，然后在舞台中绘制网页框架，如图 14-39 所示。

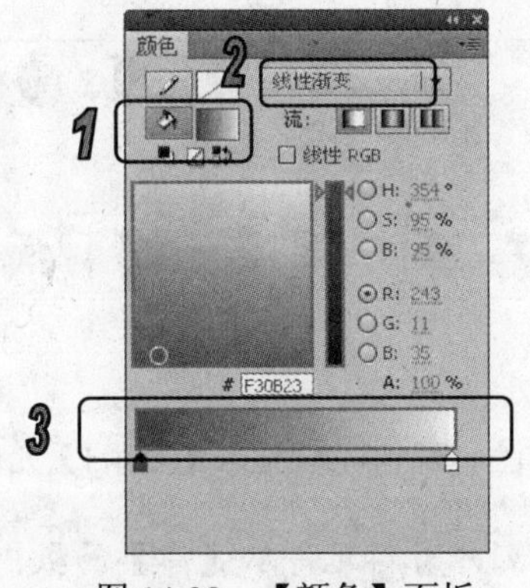

图 14-38 【颜色】面板

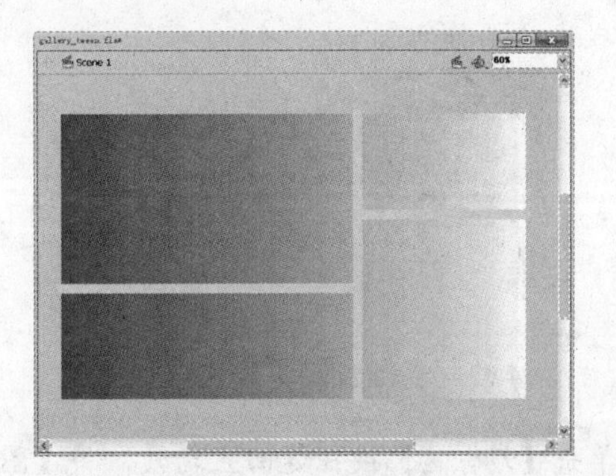

图 14-39 绘制框架

(5) 选择【插入】|【新建元件】命令，新建一个名为【元件 1】的影片剪辑元件。

(6) 在【元件 1】的编辑模式下，选中【图层 1】的第 1 帧，在工具箱中选择【刷子】工具，设置合适的刷子形状，然后在舞台中拖动绘制出如图 14-40 所示的任意颜色的波浪形状。

(7) 分别选中【图层 1】的第 30 帧和第 60 帧并插入关键帧，然后将第 60 帧中舞台上的波浪形状整体向右下角移动一定距离(可以使用方向键)。

(8) 在第 1 帧到第 30 帧，以及第 31 到第 60 帧之间创建传统补间动画，如图 14-41 所示。

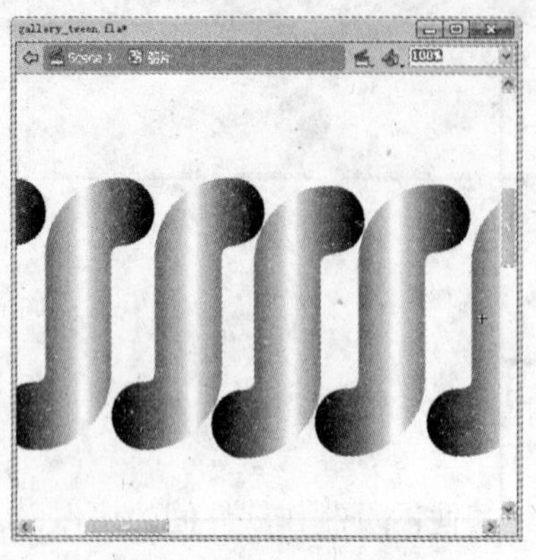

图 14-40　绘制波浪形状

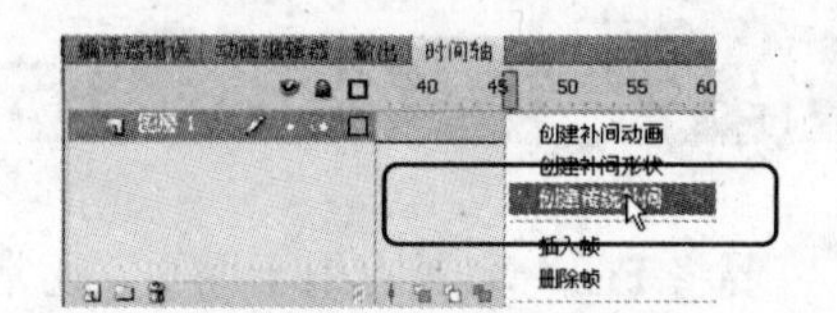

图 14-41　创建补间动画

(9) 单击【场景 1】按钮，返回主场景，然后选择【插入】|【新建元件】命令，创建一个名为【图片】的影片剪辑元件。

(10) 进入【图片】元件的编辑模式后，选中【图层 1】的第 1 帧，然后选择【文件】|【导入】|【导入到舞台】命令，将如图 14-42 所示的位图文件导入到舞台中央。

(11) 按下 Ctrl+ C 组合键将图像复制，然后新建【图层 2】，选中第 1 帧后，按下 Ctrl+Shift+V 快捷键将复制的图形粘贴，然后使用方向键将图形向右下角略移动几个像素。

(12) 在时间轴上单击【插入图层】按钮新建【图层 3】，将【元件 1】影片剪辑元件拖动至舞台中，如图 14-43 所示。然后右击【图层 3】，在弹出的菜单中选择【遮罩层】命令，使【图层 3】遮罩【图层 2】。

图 14-42　导入位图

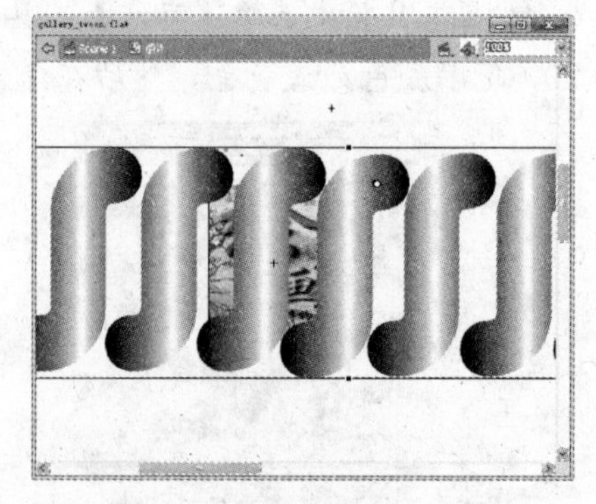

图 14-43　拖入【元件 1】元件

(13) 单击【场景 1】按钮返回主场景，将【图片】影片剪辑元件从【库】面板中拖入舞台右下区域，如图 14-44 所示。

(14) 在工具箱中选择【文本】工具，选择一种艺术字字体，设置字号为 40，颜色为黑色，在舞台中创建文本框并输入文字，效果如图 14-45 所示。

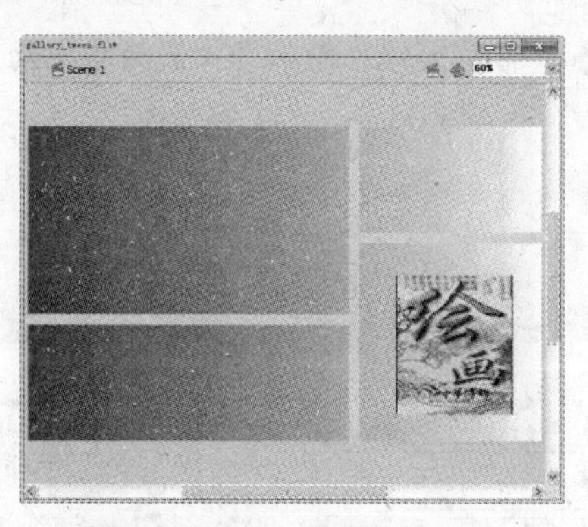

图 14-44　拖入【图片】元件

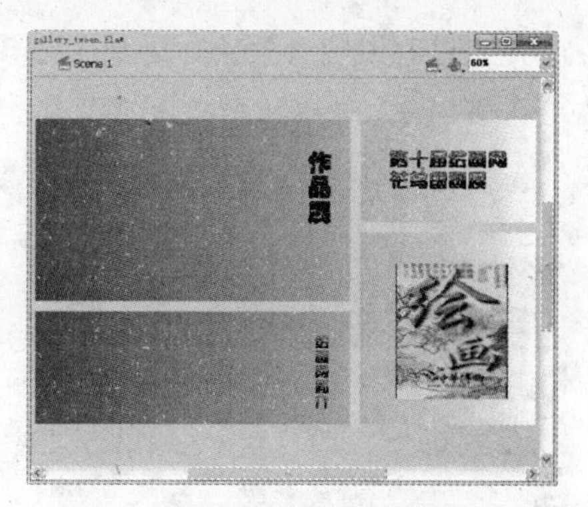

图 14-45　创建文本框

(15) 单击【插入图层】按钮，新建一个名为【字幕】的图层，选择【字幕】图层的第 1 帧，选择【插入】|【新建元件】命令，新建一个名为【字幕】的影片剪辑元件。

(16) 进入【字幕】元件的编辑模式后，首先使用【文本】工具在舞台中创建一个横排静态文本框并输入介绍文字，然后按下 F8 快捷键打开【转换为元件】对话框，将其转换为名为【简介】的图形元件，如图 14-46 所示。

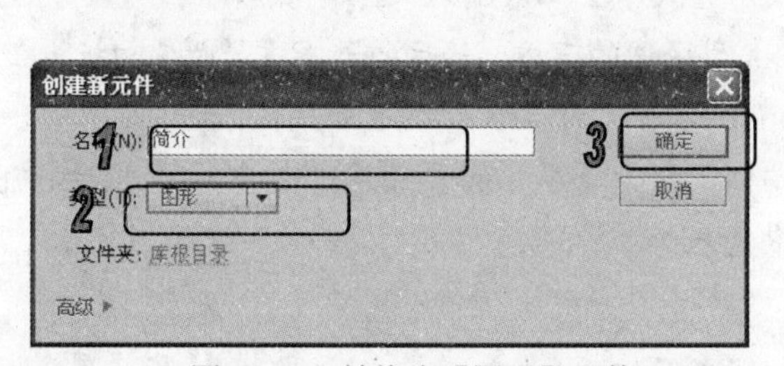

图 14-46　转换为【图形】元件

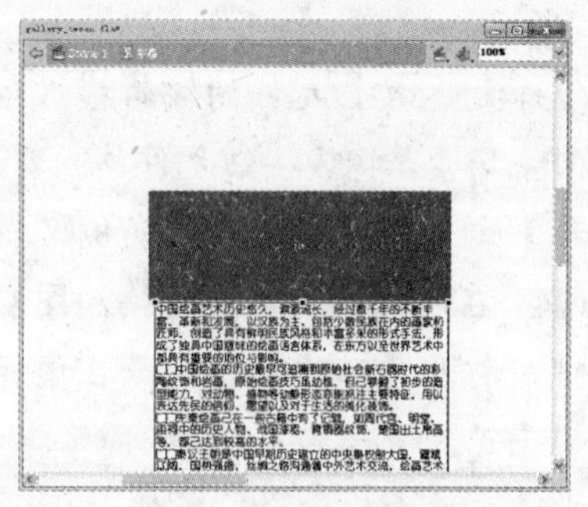

图 14-47　绘制矩形形状

(17) 在时间轴上单击【插入图层】按钮，新建一个名为【mask】的图层，使用【矩形】工具在舞台中央绘制一个 350×150 像素的矩形形状(颜色任意)，然后将舞台中的【简介】图形元件的上边与矩形图形的下边对齐，如图 14-47 所示。

(18) 在时间轴上选中【mask】图层的第 200 帧插入帧，选中【图层 1】的第 200 帧并插入关键帧，然后将舞台中【简介】图形元件的下边边与矩形图形的上边对齐。

(19) 右击【图层 1】上任何一帧，在弹出菜单中选择【创建传统补间】命令，创建动作补间，然后右击【mask】图层，在弹出菜单中选择【遮罩层】命令，创建遮罩，此时的时间轴如图 14-48 所示。

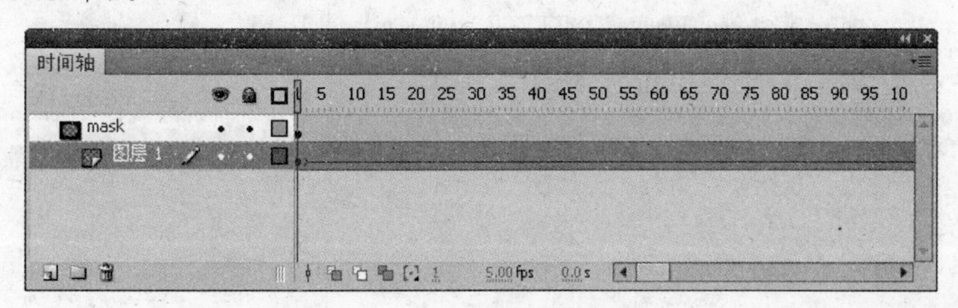

图 14-48　创建补间动画和遮罩

(20) 单击【场景 1】按钮返回主场景，将【字幕】影片剪辑元件从【库】面板拖动至舞台左下角区域中，如图 14-49 所示。

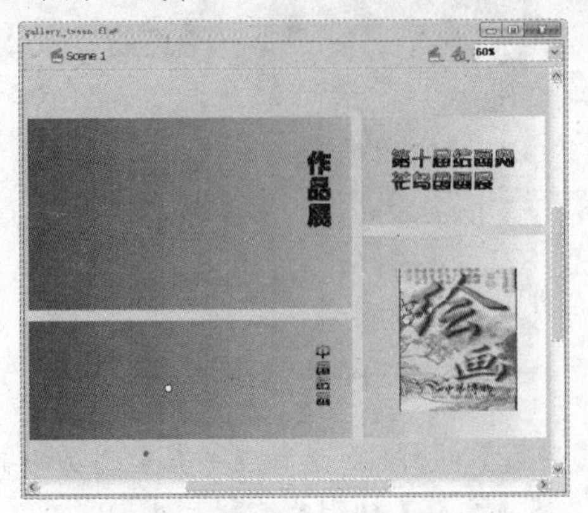

图 14-49　拖入【字幕】元件

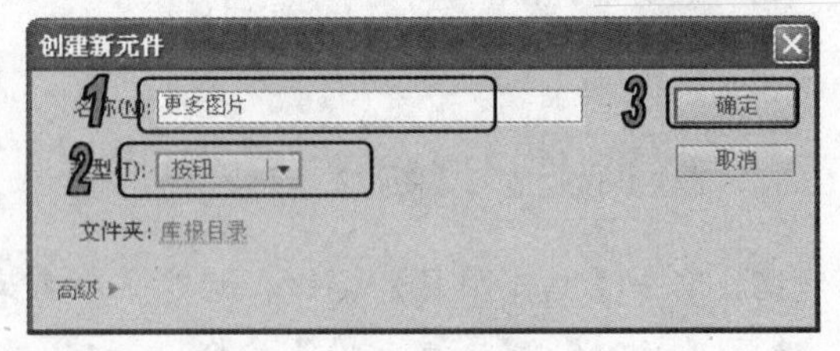

图 14-50　创建按钮元件

(21) 在时间轴上单击【插入图层】按钮，新建一个名为【链接按钮】的图层。

(22) 选择【插入】|【新建元件】命令，创建一个名为【更多图片】的按钮元件，如图 14-50 所示。

(23) 进入按钮元件的编辑模式后，使用【文本】工具输入文字，然后单击【场景 1】按钮返回主场景，将该按钮元件拖入舞台左上角区域的下方，然后打开其【属性】面板，在【实例名称】文本框中为其输入实例名称“button1”。

(24) 在时间轴上单击【插入图层】按钮，新建【Actions】图层，选中第 1 帧后按下 F9 快捷键，打开【动作】面板，在该面板中输入如下代码：

```
import fl.transitions.*;
import fl.transitions.easing.*;
// 图片位置
thisX = 30;
thisY = 70;
// 配置 XML 文件
var gallery_xml:XML;
var xmlLdr:URLLoader = new URLLoader();
xmlLdr.addEventListener(Event.COMPLETE, completeHandler);
xmlLdr.load(new URLRequest("gallery_tween.xml"));
function completeHandler(event:Event):void {
 try {
   gallery_xml = new XML(event.target.data);
   var images:XMLList = gallery_xml.img;
```

```
  var gallery_array:Array = new Array();
  var i:int;
  var galleryLength:int = images.length();
  for (i = 0; i < galleryLength; i++) {
    gallery_array.push({src:images[i].text()});
  }
  displayGallery(gallery_array);
 } catch (error:Error) {
  trace(error.message);
 }
}
function displayGallery(gallery_array:Array):void {
 var i:int;
 var galleryLength:Number = gallery_array.length;
  for (i = 0; i<galleryLength; i++) {
  var thisLdr:Loader = new Loader();
  thisLdr.contentLoaderInfo.addEventListener(Event.COMPLETE, loaderCompleteHandler);
  thisLdr.load(new URLRequest(gallery_array[i].src));
  var thisMC:MovieClip = new MovieClip();
  thisMC.x = thisX;
  thisMC.y = thisY;
  thisMC.addChild(thisLdr);
  addChild(thisMC);
  if (((i + 1) % 5) == 0) {
    thisX = 20;
    thisY += 80;
  } else {
    thisX += 80 + 20;
  }
 }
```

```
}
function loaderCompleteHandler(event:Event):void {
var thisLdr:Loader = LoaderInfo(event.currentTarget).loader as Loader;
var thisMC:MovieClip = thisLdr.parent;
var thisWidth:Number = thisLdr.width;
var thisHeight:Number = thisLdr.height;
var borderWidth:Number = 2;
var marginWidth:Number = 8;
var totalMargin:Number = borderWidth + marginWidth;
var totalWidth:Number = thisWidth + (totalMargin * 2);
var totalHeight:Number = thisHeight + (totalMargin * 2);
thisMC.graphics.lineStyle(borderWidth, 0x000000, 100);
thisMC.graphics.beginFill(0xFFFFFF, 100);
thisMC.graphics.drawRect(-totalMargin, -totalMargin, totalWidth, totalHeight);
thisMC.graphics.endFill();
thisMC.scaleX = 0.2;
thisMC.scaleY = 0.2;
thisMC.rotation = Math.round(Math.random() * - 10) + 5;
thisMC.origX = thisMC.x;
thisMC.origY = thisMC.y;
thisMC.addEventListener(MouseEvent.MOUSE_DOWN, mouseDownHandler);
thisMC.addEventListener(MouseEvent.MOUSE_UP, mouseUpHandler);
thisMC.addEventListener(MouseEvent.MOUSE_MOVE, mouseMoveHandler);
}
function mouseDownHandler(event:MouseEvent):void {
var thisMC:MovieClip = event.currentTarget as MovieClip;
thisMC.startDrag();
thisMC.scaleX = 1;
thisMC.scaleY = 1;
setChildIndex(thisMC, numChildren - 1);
```

```
thisMC.x = int((stage.stageWidth - thisMC.width + 20) / 2);
thisMC.y = int((stage.stageHeight - thisMC.height + 20) / 2);
var transitionProps:Object = {type:Photo, direction:0, duration:1, easing:Strong.easeOut};
TransitionManager.start(thisMC, transitionProps);
}
function mouseUpHandler(event:MouseEvent):void {
var thisMC:MovieClip = event.currentTarget as MovieClip;
thisMC.stopDrag();
thisMC.x = int(thisMC.origX);
thisMC.y = int(thisMC.origY);
thisMC.scaleX = 0.2;
thisMC.scaleY = 0.2;
}
// 监听按钮链接到指定网页
function mouseMoveHandler(event:MouseEvent):void {
event.updateAfterEvent();
}
button1.addEventListener(MouseEvent.CLICK,geturl);
function geturl(evt:MouseEvent) {
var myurl=new URLRequest("http://www.shuhua008.com");
navigateToURL(myurl);
}
```

(25) 选择【文件】|【另存为】命令，将当前 Flash 文档以【gallery_tween】为文件名保存在指定文件夹内。

(26) 在保存 Flash 文档的文件夹内放置一些用于展示的图片，然后根据图片的文件名用 DreamWeaver 制作的一个 XML 文件保存在当前文件夹内，具体代码请见源文件。

(27) 切换回 Flash 文档，按下 Ctrl+Enter 快捷键测试影片效果。用户可以单击网页中的小图将其放大，放大后的图片可以拖动。另外，单击【更多图片】按钮将打开浏览器链接到指定的网站，如图 14-51 所示。

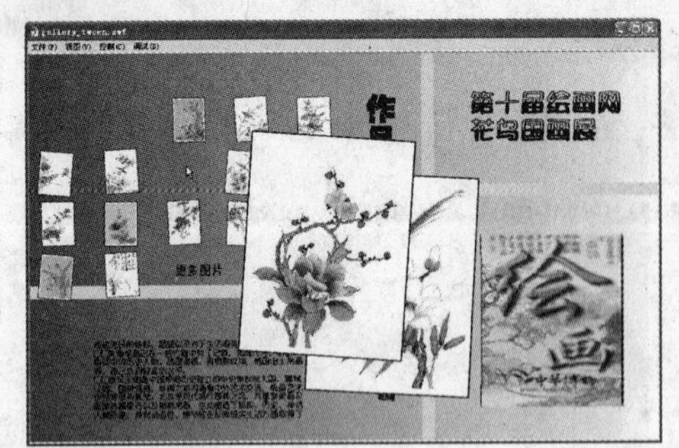

图 14-51　测试图片展示网页的动画效果